中国轻工业"十三五"规划教材

食品保藏技术原理

何 强 吕远平 主编

中国轻工业出版社

图书在版编目（CIP）数据

食品保藏技术原理/何强，吕远平主编 .—北京：中国轻工业出版社，2025.1

中国轻工业"十三五"规划教材

ISBN 978-7-5184-2578-5

Ⅰ.①食…　Ⅱ.①何…②吕…　Ⅲ.①食品保鲜—高等学校—教材②食品贮藏—高等学校—教材　Ⅳ.①TS205

中国版本图书馆 CIP 数据核字（2019）第 153958 号

责任编辑：马　妍　　责任终审：劳国强　　整体设计：锋尚设计
策划编辑：马　妍　　责任校对：晋　洁　　责任监印：张　可

出版发行：中国轻工业出版社（北京鲁谷东街 5 号，邮编：100040）
印　　刷：三河市国英印务有限公司
经　　销：各地新华书店
版　　次：2025 年 1 月第 1 版第 3 次印刷
开　　本：787×1092　1/16　印张：19
字　　数：430 千字
书　　号：ISBN 978-7-5184-2578-5　定价：55.00 元
邮购电话：010-85119873
发行电话：010-85119832　　010-85119912
网　　址：http：//www.chlip.com.cn
Email：club@chlip.com.cn
版权所有　侵权必究
如发现图书残缺请与我社邮购联系调换
242628J1C103ZBW

本书编写委员会

主　　编：何　强（四川大学）

　　　　　吕远平（四川大学）

参编人员：董　怡（四川大学）

　　　　　任　尧（四川大学）

　　　　　段飞霞（四川大学）

　　　　　钟　凯（四川大学）

前言 | Preface

　　食品保藏原理基于微生物学、生物化学、物理学、食品工程学等理论知识，解释各类食品腐败现象，并给出合理有效的防治措施，从而为食品的储藏加工提供理论指导和技术基础。人类的生活离不开食品，食品的流通、储备、销售过程离不开保藏，作为高等院校食品科学与工程类专业的主要课程之一，食品保藏是现代食品工业的重要组成部分，保藏技术的科技进步是食品工业发展的重要保障。因此，了解和掌握食品保藏的原理、食品腐败的控制方法、食品保藏技术装备及具体应用，是防止食品腐败变质、延长食品保质期所必需的知识和技能，对维护国家食品安全有着重要意义。

　　传统的食品保藏方法，如热杀菌、低温保藏、添加防腐剂等，为食品工业的发展做出了重要贡献。随着社会的发展和技术的进步，特别是近年来多种新型食品保藏技术的出现，传统保藏方法在某些领域表现了一定的局限性。因此，能适应现代化生产需要、提供高质量食品、生产成本合理的新型食品保藏技术具有良好的应用前景。基于此，本书在紧跟国内外食品保藏技术的发展，参考国内外在该领域内的最新应用技术和研究成果的基础上，重视理论与实践的结合，从教学、科研和生产实践出发，重点对各类新型食品保藏技术的原理、设备进行了系统的介绍，对其应用现状及发展进行了分析和展望，以使其在食品加工与保藏中得到更好地推广和应用。

　　本书共分八章。第一章绪论，主要介绍了食品保藏的基本原理、目的及意义；第二章至第八章依次介绍了辐照、脉冲电场、超高静压、超声波、臭氧杀菌、微波杀菌、膜分离等新型保藏技术。本书由何强、吕远平主编，编写人员分工如下：第一章由吕远平、何强撰写；第二章由董怡、任尧撰写；第三章由董怡撰写；第四章由任尧撰写；第五章、第七章由段飞霞撰写；第六章；第八章由钟凯撰写。

　　本书在编写过程中参考了大量资料和许多学者的研究成果，在此表示真诚的谢意。

　　本书涉及多领域的内容，由于编者水平所限，书中不足之处，恳请读者及同行批评指正。

编者

2020 年 1 月

目录 | Contents

绪 论

第一节　食品保藏

一、　食品保藏概念

食品种类繁多、营养丰富，是人类赖以生存的必需物质，但在加工、运输、储藏过程中容易因自身和环境因素发生腐败变质。这不仅会缩短食品保藏期，带来经济损失，且威胁着人们的身体健康。随着生活水平提高，人们对食品加工的要求逐步上升，食品质量与安全问题已经成为社会关注热点，如何研发与合理应用食品保藏技术具有重要的意义。食品保藏学基于微生物学、食品化学、生物化学和食品工程学等理论知识，重点阐述食品腐败变质的原因、食品保藏方法的原理和基本工艺，给出合理科学的预防措施，从而为各类食品储藏加工提供理论基础，是现代食品工业的重要组成部分。

二、　食品保藏原理

食品动植物原料是碳水化合物、脂肪、蛋白质的水系统，这些物质营养丰富，是微生物生长繁殖的理想场所。同时，动植物自身含有丰富的酶类，在食物采集收获、宰杀之后，酶会在适宜的条件下参与一系列的生化反应，从而影响食物中的营养成分。因而食品保藏具有特殊性，不仅要防止外部环境对食品的影响，同时还要减缓食品自身的酶促作用。外在因素主要为环境温度、相对湿度、气体成分等，而内在因素主要为食品的抵御疾病的能力、加工方式、包装类型等。

就内在因素而言：（1）食品抵御疾病的能力与其种类以及生长情况等因素有关。不同种类的食品，其组织结构、化学成分和生物学特性不同，因此对外界微生物的抵御能力和食品自身的理化反应不同，其贮藏特性也不同。（2）食品加工方式也会改变食品品质的稳定。在加工过程中，通常采用冷加工、干制脱水、浓缩、腌制、烟熏、气调、涂膜、辐照、防腐剂等方式，抑制食品中微生物的生长繁殖和酶的活性，减缓自身的物理化学变化速率，从而减慢食品品质劣变。例如，有些食品在加工处理前要进行热烫，以破坏酶的活性；冷藏的食品出库前要进行回热，以防止水蒸气在食品表面凝结，从而减少微生物对食品的影响。（3）食品的包装在其运输流通过程中扮演着重要角色，一种适宜的包装能够有效地保持产品的稳定性，大大减缓食品品质劣变。例如，充氮或真空包装可以使食品有效隔绝氧气，防止食品的氧化酸败；硬纸箱、泡沫箱包装可以防止食品的机械损伤；罐藏食品可以防止微生物的二次污染。

从外在因素而言：（1）温度是影响食品稳定性的重要因素，它不仅会影响食品自身的物理化学变化以及酶促反应速率，而且还会对食品中微生物的生长繁殖造成影响。通常情况下，温度越高，食品自身的物理化学变化速率越快，微生物的生长繁殖也会加快，从而加快食品品质劣变，因此食品在加工、流通、贮存过程中要保持低温状态，这是维持食品稳定性最常用的方式。（2）环境的相对湿度可以直接影响食品的水分含量和水分活度，对食品的稳定性具有重要的影响。过高或过低的水分含量对食品的品质以及稳定性都是不利的，不仅会影响微生物的生长繁殖，对食品的成分、风味口感和外观形态都会造成一定的影响。（3）气体成分中，O_2 会对食品的稳定性造成巨大的影响。空气中的 O_2 会使食品发生酶促褐变和氧化酸败等一系列氧化反应，造成食品品质下降。在实际生活中，通常采用真空包装、充氮包装或使用脱氧剂来延缓各类氧化反应的速率，从而有效地保持食品的稳定性。

如下介绍几种通过对微生物的控制来对食品进行有效保藏的方法。

（一）　减少微生物的初始数量

在进行食品前处理时，采取良好的清洁卫生措施能够有效延缓食品腐败现象的发生，而且微生物的初始菌落数越少，食品腐败变质的速率也越缓慢。只要采取有效的措施，例如，彻底对原料进行清洁，就能够大量减少微生物的初始数量，延缓食品的腐败变质。

（二）　缩短食品收获与消费的时间间隔

时间对微生物的生长具有重要影响，腐败微生物的生长是温度和时间的函数，缩短食品从收获到消费的时间间隔，是控制食品腐败的又一重要因素。

（三）　利用生物体的天然免疫力抑制微生物的侵害

任何有生命的生物体都具有天然免疫能力，能够抑制微生物侵害。果蔬采摘后仍然保持着一定的呼吸及代谢等生命活动，体内的生物化学反应向着分解方向进行，组织结构迅速瓦解，不宜久藏。我们可以采取相应的措施维持食品最低的生命活动，既能保持其自身的天然免疫力以抑制微生物对自身的侵害，又可以减缓自身的分解速率，以延长食品的保质期。基于这一原理，通常采用以下方法与措施。

（1）降低温度，抑制果蔬的呼吸与酶的活动。

（2）适当流通空气，排除果蔬呼吸产物，减缓果蔬成熟速率。

（3）调节环境中的气体成分，如增加 CO_2 含量，减少 O_2 含量，或者以 N_2 为填充剂，减缓果蔬的呼吸强度。

（4）采用涂膜保鲜法，给果蔬外表面涂上一层安全、可食用的保鲜膜，可以使果蔬有效隔绝空气，减缓氧化作用，同时减少食物水分的损失，达到保鲜的效果。

（5）采用电子保鲜法，利用电场所产生的负氧离子钝化果蔬代谢中的酶，可以达到保鲜果蔬的目的。

（四）　抑制微生物的生长繁殖

微生物的生长繁殖对食物的腐败具有重要的影响。一般而言，影响微生物生产繁殖导致食物腐败的因素有：水分、温度、O_2、营养素、污染程度和生长抑制剂等。通过控制以上因素的一种或多种，即可抑制微生物的生长繁殖，达到减缓食物腐败的目的。通常采用以下措施来实现此目的。

（1）水分的控制 只有游离水才能够被微生物、酶以及生物化学反应所利用，因此可以通过干制，添加亲水性物质等方法减少食物中游离水，控制水分含量。

（2）抑制剂的利用 在食物中添加一些对微生物的生长繁殖有抑制作用的化学防腐剂来延缓食品的腐败变质。常用的食品防腐剂有苯甲酸、苯甲酸钠、山梨酸、山梨酸钾等。

（3）氧的控制 多数食品腐败菌都是好氧菌，采用改变气体组分的方法，降低氧分压，一方面可以抑制好氧微生物的生长繁殖，另一方面也可以减少食品中营养成分的氧化损失，达到减缓食品腐败变质的要求。

（五） 除去食品中的微生物

加热作为传统的食品保藏方法，通过提高温度来杀灭食品中的微生物，从而使食品长时间保持品质稳定的状态，这种方法虽然简单高效，但是高温会对食品的营养、外观以及口感造成一定的不利影响。在现代社会，也可以利用辐照技术、脉冲电场技术、超高静压技术、超声波技术、臭氧杀菌技术、微波杀菌技术和膜分离等手段使食品中的微生物数量降至长期储藏所允许的最低限度，达到在常温下储藏的目的。

（六） 利用微生物的发酵产物抑制有害微生物的生长繁殖

利用某些微生物发酵过程中所产生的酒精、乳酸、醋酸等物质，建立抑制腐败菌生长繁殖的环境，从而延缓食品的腐败变质。例如，以蔬菜、牛乳等原料制作而成的发酵菜、酸奶等，即是利用发酵过程中产生的乳酸来抑制腐败菌的生长繁殖。

另外，食品自身含有的酶类也对食品的稳定性具有较大的影响。常见酶有氧化酶（如多酚氧化酶、抗坏血酸氧化酶、过氧化物酶、脂肪氧化酶）和水解酶（如果胶酶）等。合理控制和利用这些酶，是保证食品长期稳定的基础。通常可以通过加热处理、控制 pH 和控制水分活度等方式来控制食品中酶的活性，并且这些处理通常也会对微生物的生长活动造成一定影响。例如，降低食品水分和温度可以抑制微生物的生长繁殖，同时也可以延缓酶的作用以及其他生化反应对食品质量的影响。降低食品所处环境的氧含量可以抑制好氧微生物的生长繁殖，同时也减缓了食品氧化反应的速率。

上述食品保藏的原理都是通过创造出控制一种或多种有害因素的条件，达到长期保藏的目的。随着科学技术的发展，辐照技术、脉冲电场技术、超高静压技术、超声波技术、臭氧杀菌技术、微波杀菌技术、膜分离技术等现代食品保藏新技术逐渐显露出其独特的优越性，这正符合现代科技对食品加工的要求，即在保证产品品质的同时，采用更简便、高效的方法来完成食品的保藏。

三、 食品保藏与食品加工的关系

食品保藏与食品加工在本质上具有紧密的联系，从狭义上讲，食品保藏是为了防止食品腐败变质而采取的技术手段，因此是与食品加工相对应而存在的。从广义上讲，食品保藏与食品加工是互相包容的，因为食品加工的重要目的之一就是保藏食品，因此必须采用合理科学的加工工艺来达到此目的。实质上，各种食品保藏方法都是创造一种条件来控制有害因素的发生，而食品加工则是在寻求最佳的保藏方法中逐步完善的。

从食品加工过程的角度来看，食品保藏不仅针对食品的流通和贮藏，而是包括食品加工的全过程，并且食品的保藏往往在食品加工初期就开始了。例如，果蔬、肉类食品加工初期要对其进行除杂、清洗等，这样可以大大减少产品中微生物数量。从食品加工过程对食品保藏所造成的影响来看，食品生产过程中的一些加工处理方式可能会对食品的营养成分、风味口感以及保质期等造成一定的不良影响。为了减少这些加工过程对食品造成的不利影响，需要开发更先进的食品加工方法，以便对不利影响加以控制。例如食品经过油炸处理后，产品的颜色、风味、营养成分都受到了很大的破坏。而利用低温真空油炸技术，由于在油炸过程中品温较低，因此产品的营养成分损失小，色、香、味俱佳，深受消费者喜爱。

四、 食品保藏的必要性

人类的生活离不开食品，食品含有丰富的营养成分，支持着自然万物的繁衍生息。但是在被采摘或屠宰之后，这些食品就不能再从外界获得营养来合成自身的成分，在自身酶以及外界微生物的作用下，开始发生剧烈的分解反应。这些分解反应不仅发生在食品的加工过程中，在食品的流通、储藏、销售过程中，同样会发生一定程度的劣变。食品内部的物理化学反应会引起蛋白质变性、淀粉老化、脂肪酸败、维生素氧化、色素分解等，有的反应还会产生有毒有害物质，这些反应严重影响着食品的品质，并且有可能危害人体健康。

党的十九大报告提出，中国特色社会主义进入新时代，我国社会主要矛盾已经转化为人民日益增长的美好生活需要和不平衡不充分的发展之间的矛盾。我国稳定解决了十几亿人的温饱，总体上实现小康。中国的发展轨迹从贫困时代到温饱时代、小康时代，从全面建设小康社会到全面建成小康社会，经过长期努力进入了新的历史方位。现阶段，大众对食品消费的主观选择性更强，对食品质量要求更高，不仅要求吃得饱，更要吃得好，吃得安全，吃得营养与健康。

我国是农业大国，当自然灾害的出现造成粮食歉收、短缺的情况时，这就需要调用丰收年份储藏的粮食作为补充，但这一切的前提是粮食能够安全储藏。植物性食品具有季节性，动物性食品屠宰后往往一次食用不完，这都需要将食物保藏起来以便日后食用。虽现在处于和平年代，一旦发生战乱，食品的生产过程必定会受到严重干扰，因此需要在和平时期进行战略储备。应急储备、行军打仗、外出旅游等均需要方便快捷的即食食品，如何延长这类食品的保质期也是食品保藏学所必须解决的问题。如果我们能解决这个问题，对食物进行有效的保藏，这无疑是为人类发展做出的又一巨大的贡献。

第二节　食品保藏技术发展

一、 传统食品保藏技术

根据历史记载，公元前 3000 年至公元前 1200 年犹太人将盐用于食品保藏，希腊人和中国人已经开始用盐腌渍鱼，这应该是最早的食品保藏技术了。公元前 1000 年，罗马人创造了用雪保藏食品的方法。直至 1809 年，法国人发明罐藏食品，现代食品保藏技术才真正得以开始发展。食品保藏技术的发展都有一个共同的目的，那就是既要获得或维护食品的安全性，又要保持食品的良好风味、外观和营养价值。按照不同的杀菌方式和食品加工工艺特点，传统食品保藏技术大致可以分为以下几类：

传统热杀菌技术是将热能提供于食品外部，之后通过对流和传导，向食品内部转移热能，达到杀菌的目的，主要有巴氏杀菌和高温灭菌两种。巴氏杀菌技术，是一种在较低的温度下杀死病菌，同时最大限度保持食品中营养物质的方法。高温灭菌是将食品中的微生物几乎全部杀死，具有更高的处理强度。近年来出现的超高温瞬时杀菌技术（UHT），一般加热温度与加热时间分别为135~150℃、2~8s，能够将食品中的有害微生物迅速有效地杀除。相较于常规杀菌，采用超高温瞬时杀菌技术的食品品质能够得到较大保持，食品保质期得到有效延长，因此在乳品、饮料等行业得到了广泛运用。

干燥保藏是一种工艺简单、应用广泛的食品保藏方法，是将食品物料的水分降低到足以防止腐败变质的水平后，始终保持低水分状态进行长期贮藏的过程，广泛应用于粮食作物的储藏。真空（冷冻）干燥等干燥技术由于具有干燥快、温度低、对食品的色泽、风味、营养成分和功能性成分破坏少等优点，近年来得到了飞速的发展，广泛用于畜、禽、水产制品、水果蔬菜制品、调味品、蛋白及生物制品等。

低温保藏是利用低温技术将食品温度降低，以阻止或延缓腐败变质，从而使食品的长期保鲜贮藏成为可能。低温环境可以抑制微生物生长繁殖，同时降低食品中酶的活性，有利于食品的长期保藏。低温保藏分为冷藏和冻藏两种。冷藏是将食品温度降低到略高于冻结点，而不冻结的一种食品保藏方法。冷藏不会杀死微生物，仅仅是抑制它们的繁殖。冷藏温度越低，保存时间越长。冷藏室温度一般控制在1~7℃，在短时间可以阻止食品腐烂。冻藏是将食品冻结贮藏的方法，常用的贮藏温度为-30~-2℃，-18℃为最适温度。短期冻藏可达数日，长期冻藏则可以年计。在低温保藏方面，近几年速冻食品越来越受到人们的欢迎，成为一种发展迅速的食品加工方式。

二、 食品保藏新技术

引起食品腐败变质的因素很多，采用单一的方法往往难以获得较好的保藏效果。特别是随着社会和技术的发展，人们对食品品质提出了更高的要求。所以在传统食品保藏基础上，一批新型食品保藏技术如雨后春笋般出现，正在悄然改变着传统的食品行业，如下是对它们的简介，而本书将在各章中重点介绍几种典型的新型食品保藏技术，详细阐述其技术原理、装置及运行管理、应用及其安全性评估等内容。

（一） 辐照技术

食品辐照技术是利用射线照射食品（包括原材料），延迟食物某些生理过程（发芽和成熟），或对食品进行杀虫、消毒、杀菌、防霉等处理，达到延长保藏时间、稳定品质的一种保藏技术。用于食品辐照的放射源为放射性同位素^{60}Co或^{137}Cs发出的γ射线或利用电子加速器产生的电子束（最大能量10MeV）或X射线（最大能量5MeV），通过辐照在食品中引起一系列化学变化，可以杀灭食品中的害虫或抑制食品（如水果、蔬菜等活机体）的生理生化过程（发芽和成熟），从而达到食品保藏或保鲜的目的。

食品辐照技术作为一种新型食品保藏方法，与传统保藏方法相比具有鲜明的特点：（1）射线穿透力强，可对预先包装好或烹调好的食品进行杀菌、消毒，消除了食品在生产和制备过程中可能出现的严重交叉污染问题；（2）辐照处理不需要加入添加物，与加热、冷冻等方法一样，是一种物理保藏法，且属于冷处理技术，可保持食品原有的鲜度和风味，最大限度的延长保质期；（3）辐照食品不会留下任何残留物，不污染环境，可提高食品卫生质量，有利于环境保护；（4）节省能源，与热处理、干燥和冷冻保藏食品法相比，能耗降低至几分之一到十几分之一；（5）可对包装、捆扎好的食品进行杀菌处理，赋予了食品生产的便捷性；（6）杀菌速度快，操作简便，加工易控制，可连续加工，既经济又省力，适于大规模加工。食品辐照技术在推广应用过程中，也存在一系列的问题：辐照装置的资格认证还没有严格的标准，出现了一些不科学辐照现象。由于辐照灭菌效果好，很多企业放松了对食品中间过程的卫生控制，没有达到标准的产品也去辐照，而且辐照的剂量比较大，因此会对食品造成一些不良的影响；消费者对辐照食品的认识具有局限性，辐照食品的标识没有标准，我国标签法和食品辐照管理办法中都规定辐照食品应有标识，但很难在我国市场上看到有标识的辐照食品。消费者的知情权得不到保护，给消费者的安全埋下了隐患。

辐照保藏技术作为一种食品加工方法已经受到世界各国的重视，并得到大力发展和推广应用，并逐渐标准化、规范化和商业化，辐照食品也越来越受到消费者的欢迎。只要掌握好辐照食品的加工特性、控制好影响因素并使其达到最佳的组合，遵守食品辐照的技术及卫生标准，正确应用，就能加工出高品质的产品。

（二）　脉冲电场技术

脉冲电场技术作为一种新兴的食品非热杀菌技术，一直受到美国、德国、法国、加拿大等发达国家政府、企业和研究单位的广泛重视。目前在设备研究和制造方面美国俄亥俄州立大学处于国际领先地位，该大学已建成一条处理能力达到 2000L/h 的准工业化生产线，进行了包括橙汁、苹果汁、酸奶等产品在内的一系列食品杀菌试验，并取得了良好的成果。欧盟也成立了高强度电场项目研究委员会，德国柏林理工大学、加拿大圭尔夫大学、英国和荷兰的 Unilever 实验室、日本的 Mitsubishi 公司和 Toyohashi 科技大学都在脉冲电场技术的研究方面取得了一定的进展。国际上脉冲电场技术正进入实用阶段，随着一些关键问题的解决，该技术将得到进一步推广和利用。

近年来，高压脉冲电场受到很多研究学者的关注。目前，研究者开始着手研究酶在电场中的结构变化，普遍认为脉冲电场可以使酶钝化，从而达到食品保鲜的目的。已有的研究报告显示脉冲电场可以成功地使饮料腐败菌、致病菌和一些酶失活，与热处理相比，能够更好地保留食品的原有营养和风味。脉冲电场对微生物的作用机理尚不完全清楚，存在很多假说，主要包括细胞膜穿孔效应、电磁机制模型、黏弹极性形成模型、电解产物效应、臭氧效应等。作为一种非热保藏技术，脉冲电场由于其效率高、成本低，能保持食品原有的色、香、味、营养价值及质地，并能延长食品的贮藏期，因此具有广阔的应用前景。

（三）　超高静压技术

超高静压技术是目前新兴的纯物理食品加工高新技术之一，通常是指用 100MPa 以上（100~1000MPa）的压力在常温下或低温下对已包装食品物料进行处理，达到灭菌、物料改性和改变食品的某些理化反应速度的效果。超高静压技术处理过程中，物料在液体介质中体积被压缩，使生物大分子立体结构的氢键、离子键和疏水键等非共价键发生断裂或扭曲，致使蛋白质变性、酶失活、微生物致死，而对食物中的热敏性营养成分及色、香、味能最大限度地保护。超高静压技术作为一种新型食品加工方式，在肉制品、乳制品、果蔬汁和水产品已有大量应用报道，足以说明其在食品工业中的重要性。

作为一个物理过程，超高静压在加工过程中主要遵循帕斯卡原理和勒夏特列原理两个基本原理。压力可以瞬间均匀地传递到整个食品体系，与食品的几何尺寸、形状、体积等无关，体系平衡状态朝着减弱外部作用（例如加热、产品或反应物的添加等）的方向移动。压力不仅影响食品中化学反应的平衡，而且也影响反应速率、化学反应以及分子构象的可能变化。超高静压处理可以有效地杀灭食品中的微生物，延缓微生物的生长繁殖速度，同时也会对食品中的酶造成一定的影响，如过氧化氢酶、多酚氧化酶、果胶甲基酯酶、脂肪氧化酶、纤维素酶等，从而延长食品的保质期。超高静压技术在改善食品品质、抑菌和节能等方面具有独特的优势和潜力，同时也可以在产品包装后进行处理，有效防止产品的二次污染，为食品加工提供了一个新途径，但如何降低运行成本是该技术得以广泛应用的关键。

（四） 超声波技术

超声波为频率高于 20000Hz 的机械振荡，分为高频超声波和低频超声波两类。杀菌所用超声波频率一般为 20~100kHz，波长为 3.0~7.5cm。超声波与媒质的相互作用，蕴藏着巨大的能量，这种能量能在极短的时间起到杀灭微生物和改变酶活力的作用，而且还能够对食品产生诸如均质、裂解等多种作用，具有其他物理灭菌方法难以取得的最佳效果，能够更好地提高和完善食品品质，保持食品的原有滋味和风味。超声波灭菌技术已在食品工业获得了广泛应用，主要用于果蔬汁饮料、酒类、牛乳、矿泉水等液体食品，其对延长食品保质期、保持食品安全性有重要的意义。较之传统热灭菌工艺，超声处理不需要加热，所以不仅可以保持食品原来的风味和维生素，而且耗时非常短，已经受到国内外食品行业的极大关注。

超声波灭菌和灭酶的作用机理是：在液体中超声波可以产生空化现象，即液体中的微小泡核在超声波作用下被激活，并表现出振荡、生长、收缩及崩溃等一系列动力学过程。空气泡绝热收缩及崩溃的瞬间，泡内呈现 5000℃ 以上的高温及 10^9K/s 的温度变化率，产生达 10^8N/m^2 的强大冲击波。利用超声空化效应在液体中产生的瞬间高温、高压及温度与压力变化，使液体中某些细菌致死，病毒失活，破坏微生物细胞壁结构及组成，也能使酶的蛋白质构象发生改变，促进或阻止活性位点与底物的结合，改变酶活力。对于非均相界面，超声波振动的切向力和微射流等作用可使固相颗粒或板块破碎变细，还可起到辅助提取、杀菌、清除食品包装和加工设备的污垢等作用。此外，在食品加工中可借助超声雾化辅助液体食品干燥。超声波可使许多热敏性物料在其表面形成超声喷雾，使蒸发表面积增加，并且在物料内部，尤其在组织分界面上，超声能量大量地转换为热能，造成局部高温，促进水分逸出，从而提高蒸发强度。超声辅助干燥技术具有优于传统喷雾方法的良好效果，如干燥速度快、温度低、最终含水率低且物料不会被损坏或吹走等优点，它适合于食品、种子及热敏性制品等的干燥。总之，超声波技术在食品工业中将得以广泛应用。

（五） 臭氧杀菌技术

臭氧是氧的同素异形体，是一种极为活泼的气体。在常温下能自行降解产生大量的自由基，因而是一种强氧化剂，其氧化能力仅次于氟、氯、三氟化合物和羟基自由基。常温下会逐渐分解为 O$_2$，在消毒、灭菌过程中仅产生无毒的氧化物，多余的臭氧最终还原成为 O$_2$，不存在残留物，没有任何遗留污染的问题，可直接用于食品的消毒、灭菌，这是其他任何化学消毒方法所无法比拟的，是食品生产中不可多得的冷消毒剂。臭氧具有高效的杀菌防腐功能，能够彻底杀灭细菌和病毒，低浓度臭氧也有抑制微生物的生长作用。除了防腐效果外，臭氧还可以消除果蔬呼吸所释放出的乙醇、乙醛等有害气体，延长食品保鲜期。特别是臭氧与负氧离子的协同作用使食品的保鲜效果更为显著，还可以避免在冷藏和气调贮藏中易发生的一些生理性病害，如褐变、组织中毒等。此外，臭氧还具有降解果蔬表面的有机氧、有机磷等农药残留，以及清除库内异味、臭味的优点。臭氧作为一种强大的杀菌剂，具有广谱性、高效性、快速性、方便性等优点，在现代食品工业中有着广泛的应用。

与其他食品杀菌与保藏技术相比，臭氧具有杀菌力强、杀菌谱广、可自行分解不产生残余污染的优点，因此是一种良好的食品保鲜剂。臭氧在果蔬保鲜上的应用效果可归纳为以下三方面：（1）抑制或杀灭微生物，起到消毒杀菌的作用；（2）对果蔬新陈代谢和贮藏效果的影响；（3）使果蔬新陈代谢产物氧化，间接延缓果蔬的成熟衰老。将臭氧杀菌运用于食品工业，不会残留任何有毒有害物质，并且还能有效保留食品营养成分和风味物质，能够显著延长食品的保质期，是一种非常安全的食品消毒保鲜剂。可以预料，随着该领域研究的深入开展，臭氧杀菌保鲜技术将会成为食品保藏的一种重要方法。

（六）　微波杀菌技术

微波是指频率为 300MHz~300GHz 的电磁波，是无线电波中一个有限频带的简称，即波长在 1mm~1m 之间的电磁波，是分米波、厘米波和毫米波的统称。437.92，915，2375，2450MHz 为常用于工业、医学和科研等方面的波段位。微波技术具有快速、高效、安全、保鲜等优点，在食品的灭酶、烫漂、解冻、干燥、焙烤和杀菌等方面都有广泛的应用，尤其在食品的杀菌领域，这项技术显露出独特的优势。微波杀菌技术是近年来新兴的一项辐射杀菌技术，不同于 X 射线、γ 射线，是一种非电离辐射。与传统的加热杀菌方法相比，微波具有加热时间短、加热均匀、食品营养成分和风味物质破坏或损失少等特点。与化学药剂杀菌技术相比，微波杀菌因无化学物质的残留而使其安全性大大提高。较之超滤等除菌技术，微波杀菌适应性更广，且操作费用相对较低。因此，微波杀菌技术在食品工业中的应用日益受到重视，有关研究工作也取得了一定的进展。

微波杀菌的机理研究经过长期的发展，许多科研人员认为微波杀菌是微波热效应和生物效应（非热效应）共同作用的结果。微波对生物体的热效应是指由微波引起的生物组织或系统受热而对生物体产生的生理影响。即在一定强度微波场作用下，食品中的生物体会因分子极化现象，吸收微波能升温，从而使其蛋白质变性，失去生物活性。微波的热效应可以引起食品的快速升温，可应用于各类食品的杀菌处理中，包括各种小包装食品、瓶装食品、糕点、饼干、果脯、豆制品、熟食和调味品等，应用范围十分广泛，对食品工业的发展有着深远的影响。微波的生物效应是指在电磁波的作用下，生物体内除了产生升温现象外，还会引起电穿孔、细胞膜破裂以及磁场耦合等现象，最终引起强烈的生物响应，使生物体内发生各种生理和功能方面的变化。也就是使其膜电位、极性分子结构发生改变，使微生物体内蛋白质和生理活性物质发生变异，而丧失活力或死亡。研究还发现，食品中有些酶对微波较为敏感，微波加热速度快，加热均匀，能够让物料快速升温，而且伴有磁场的作用，使酶能在短时间内失去活性。综上，微波能够同时对食品中的微生物和酶类产生作用，对食品的保鲜、贮藏有着广阔的应用价值。

微波杀菌技术与传统食品杀菌方式相比已经显示出了相当大的优势，应用也越来越广泛。随着研究的深入，微波杀菌技术在食品工业中的应用前景将十分广阔，给食品行业带来巨大的发展机遇。

（七） 膜分离技术

膜分离技术是用天然或人工合成的高分子薄膜以压力差、浓度差、电位差和温度差等外界能量差为推动力，对双组分或多组分的溶质和溶剂进行分离、分级、提纯和富集的方法，于20世纪初出现，20世纪60年代后迅速崛起。常用的膜分离主要有微滤、纳滤、超滤、反渗透和电渗析等。膜分离技术具有分离、浓缩、纯化和精制的功能，又有高效、节能、环保、分子级过滤及过滤过程简单、易于控制等特点，膜分离技术现在已经得到世界各国的普遍重视，目前已广泛应用于食品、医药、生物、环保、化工、水处理等领域，产生了巨大的经济效益和社会效益，已成为当今分离科学中最重要的手段之一。

膜分离技术在食品加工中首先应用于乳品加工，随后又逐渐用于果蔬汁饮料的无菌过滤、酒类精制和酶制剂的提纯、浓缩等方面。利用膜分离技术对牛乳的加工工艺进行改进，使用微滤膜进行除菌、纳滤膜进行浓缩，克服了传统工艺杀菌时造成脂肪被氧化、产生异味的缺陷，提高了产品的品质。在酒类精制应用中比较成功的例子就是纯生啤酒的生产过程，采用生物化学稳定性很强的合成纤维滤膜，以低温过滤技术代替传统的啤酒巴氏杀菌，实现了"冷杀菌"，避免了加热过程中造成的风味物质及营养成分的破坏，保持了鲜啤酒的新鲜口味与营养成分，因而产品口味更纯正，营养更丰富，深受广大消费者喜爱。果汁加工也是膜技术应用较成功的领域之一。例如山楂果胶含量高、酸度大、色素稳定性差，用传统酶解法加工果汁有一定的难度。研究发现以超滤技术代替酶解法，常温下可实现对果汁和果胶同时分离、提纯，从而提高了山楂加工的综合效益。在能源紧张、资源短缺、生态环境恶化的今天，产业界和科技界已把膜分离技术视为21世纪工业技术改造中的一项极为重要的新技术。膜分离技术在食品工业中已取得实际应用，在此基础上，通过不断探索和开拓新的材料与方法，膜分离技术在食品领域将发挥更大的作用。

保藏技术的发展和应用推动了现代食品工业的发展，使人类充分、合理利用食物资源成为可能，降低了因腐败变质造成的食物损失，提高了人类的幸福指数，对缓解当今人口迅速膨胀而导致食物资源短缺的状况，具有不可替代的作用。科技无尽头，食品保藏技术的发展也是没有尽头的，开发新型、高效、易推广、低成本的保藏技术将是现代食品工业的重中之重和前进方向。

第二章

CHAPTER

2

辐照技术及其在食品保藏中的应用

第一节 概 述

食品辐照是指利用 γ 射线、X 射线以及电子束等电离辐射射线产生的辐射能量照射食品或食品原料，以抑制根类食物的发芽、延迟新鲜食物生理过程，从而达到延长食品保质期的一种方法和技术，是核技术应用的重要领域。食品辐照加工技术能耗低、无污染、无残留、安全性高，是一种食品冷加工处理技术，能更好保持食品营养品质及风味。但是辐照技术不能提高食品的清洁度，辐照处理的食品需要首先进行清洁的预处理。辐照技术在国内外已得到广泛应用。

与传统杀菌技术相比，食品辐照处理主要具有以下优点。

（1）可根据需要灵活调节辐照剂量，对微生物的杀灭效果明显。

（2）辐照处理引起的食品升温较小，能很好地保持食品原有的特性，食品在冷冻状态下也能辐照处理。

（3）食品辐照处理使用的射线穿透性强、处理均匀、辐照过程安全可控，对食品的包装无严格要求，是一种节能的处理方法。

（4）辐照后的食品中无非食品物质残留，适当的辐照剂量不会引起食品感官的明显改变，即使是高剂量作用引起的化学变化也很小。

（5）辐照处理可以提升食品品质，改进食品生产工艺。

辐照技术在减少食品及农产品加工及贮存的损失，延长食品保质期等方面具有独特的优势，因而越来越受到世界各国的重视。2011 年的统计结果表明，全球已有 70 多个国家和地区批准使用辐照技术对 8 大类食品进行处理。辐照技术在食品工业中的应用日益广泛，由于消费者对这种技术的接受度不同，国内外相关食品法规均要求在经过辐照的食品或食品中含有被辐照成分的食品标签上明确标注"辐照食品"字样。

第二节 辐照技术概论

X 射线和 γ 射线在电磁波的波谱中（图 2-1），位于可见光右侧，波长比可见光短，频

率在 10^{15} Hz 以上，能量高、穿透性强，可引起被照射物质的分子激发或电离，具有明显的杀菌作用。X 射线和 γ 射线处理过程中，物料的温度通常在常温范围内，且处理过程升温较小，属于非热杀菌。利用放射性同位素（^{60}Co、^{137}Cs）产生的 γ 射线进行电离辐照是目前应用较广泛的一种辐照形式。电子加速器产生的加速电子（束）具有与 γ 射线相当的能级，也是一种电离辐照杀菌的辐射源。

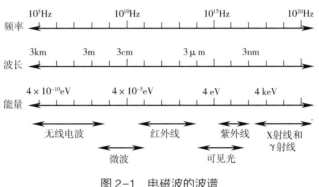

图 2-1　电磁波的波谱

辐照处理系统主要包含两大部分：其中一部分是能产生射线的辐射源，包括电离辐照中的放射性同位素或电子加速器，或非电离辐照中的紫外线产生装置等；另一部分是辐照处理部分，是指辐射线照射在被处理的物体上以达到处理目的的装置和过程。

一、 辐照技术的国际发展历程

1895 年，Rontgen 发现 X 射线，1896 年，Becqurel 发现放射能，几乎与此同时，Minck 发现放射线对微生物具有杀伤作用。此后，α 射线、β 射线、γ 射线相继被发现，同时观察到它们都具有杀菌作用。从 19 世纪末期至今，关于电离放射线对微生物杀灭作用的研究一直持续进行，在其实际应用方面也开展了许多探讨。1925 年，Coolidge 发现了阴极线（人工加速后的电子），1930 年，Wyckoff 利用阴极线开展了对大肠埃希菌进行定量杀菌作用的观察实验，20 世纪 30 年代确定了放射线辐照量与细菌失活率之间存在着对数关系的理论。

利用放射线杀菌，即一种冷杀菌（cold sterilization）的研究，以第二次世界大战为契机，有了很大的进展。从原子炉使用后的废料中分离得到的^{60}Co、^{137}Cs 等人工放射性同位素的利用，因原子炉的开发利用而变得更加容易。此外，能产生强力电子束的高能量粒子加速器的开发以及放射线控制和防护设备的进步，推动了放射线研究的进一步发展。自此，以美国为中心，放射线的研究在世界各国普遍开展，这一趋势为它的工业化应用做了准备。

1943 年，美国研究者首次将射线用于汉堡包的处理，从 20 世纪 50 年代开始，美国对辐照食品进行了大量研究，并于 1960 年开始将辐照食品供军队试用。1958 年，苏联政府批准了辐照马铃薯的食用，与此同时，法国、英国、意大利、比利时、荷兰、加拿大、日本及一些东欧国家开始了食品辐照技术的研究，到 20 世纪 60 年代，发展中国家也相继迈入辐照食品的研究洪流中。

1980 年，根据多年从营养学、微生物学和毒理学的角度对辐照食品的安全性进行的评价结果，国际原子能组织（IAEA）、联合国粮食与农业组织（FAO）、世界卫生组织（WHO）

的联合专家委员会提出："对于辐照食品，已有充分数据确认其安全性。即在实际平均辐照剂量不超过 10kGy 的范围内，各种辐照食品不存在放射线辐照的安全性问题"。该提议提出后，以美国为中心的世界各国朝着食品辐照实用化及商用化的方向迈进。

1984 年 5 月，为了继续加强国际开发合作并促使食品辐照商业化，在 FAO/WHO 资助下成立了国际食品辐照顾问小组（ICGFI），其职能包括：（1）评价全球食品辐照领域的发展；（2）为成员国和上述国际组织提供食品辐照的建议要点；（3）通过上述国际组织可向 FAO/IAEA/WHO 辐照食品安全卫生联合专家委员会以及国际食品法规委员会提供信息。

目前 ICGFI 推荐的可辐照的食品主要为 8 类，包括：（1）鳞茎、根茎和块茎类食品原料；（2）新鲜水果和蔬菜；（3）谷物、加工的谷物、坚果、油料籽、豆类和干果类食品；（4）生鱼、海产品及其制品、蛙腿、淡水和陆生无脊椎动物（新鲜或冷冻）；（5）新鲜或冷冻的生畜禽及其制品；（6）脱水蔬菜、香辛料、调味品、干草本和草本茶；（7）动物性干制食品；（8）保健食品、医院食品的制备、阿拉伯胶和其他黏稠剂、军事配备食品、航天食品、蜂蜜、特殊香辛料、液体蛋。

世界各国食品辐照应用历程如表 2-1 所示。

表 2-1　　　　　　　　　　　　　世界各国食品辐照应用

国名	地名（开始年份）	食品名称
阿根廷	Eziza. Buenos Aires	香辛料、干蔬菜
	Pacheco. Buencs Aires（1989）	香辛料、干蔬菜、干牛血清、粉末卵
孟加拉国	Chittagong（1993）	马铃薯、洋葱、干鱼
比利时	Fleurus（1981）	香辛料、干蔬菜、冷冻水产品
巴西	Sao Paulo（1985）	香辛料、干蔬菜
	Paulo（1999）	香辛料、香草、干果与鲜果
	Piracicaba（2000）	果实、蔬菜、谷物
	Manaus（2000）	果实、蔬菜、豆类、香辛料
加拿大	Laval（1989）	香辛料
智利	Santiago（1983）	香辛料、干蔬菜、洋葱、食用禽肉
中国	成都（1978）	
	上海、郑州（1986）	香辛料、干蔬菜、香肠、大蒜
	南京、济南（1987），	苹果、马铃薯、洋葱，大蒜、干蔬菜
	兰州、北京、天津、大庆、大连（1988），	大蒜、调料、酱油
	建瓯（1991）	大米、大蒜、香辛料
	中山市，内蒙古自治区（1999）	番茄
	双林镇（2000）	
克罗地亚	Zagreb（1985）	香辛料、干蔬菜、干牛肉面
捷克	Prague（1993）	
古巴	Havana（1987）	
丹麦	Riso *（1986）	

续表

国名	地名（ 开始年份 ）	食品名称
芬兰	Llomantsi（1986）	
法国	Lyon（1982）	香辛料
	Paris（1986）	香辛料、干蔬菜
	Nice（1986）	香辛料、香草

二、　辐照技术的国内发展历程

我国食品辐照保藏研究始于 1958 年，由中国科学院同位素委员会组织的 12 个单位开展辐照保藏粮食的协作研究。当时研究了辐照对小麦、稻谷、豆类的杀虫，抑制马铃薯发芽，防止玉米霉变的作用，对辐照后的食品中营养成分进行分析，并开展了各种动物的毒理学实验，最后还进行了人体试食研究。经过 3 年的研究探索，结果表明，射线能抑制马铃薯的发芽，显著杀灭稻谷、小麦、豆类中的储藏害虫，延长贮存期，且卫生安全性初步研究证明，食用辐照的粮食对人体没有不良影响。

自 1966 年开始，上海、北京、河南、四川、广东、山东、天津等地依次开展了对粮食、果蔬等农产品的辐照保藏研究，并成立食品辐照保藏研究协作组。1977 年 11 月，国家科学技术委员会在成都召开了第一次全国食品辐射保藏专业座谈会，有力地推动了全国农产品辐射保藏研究的开展。1980 年 10 月，卫生部在成都召开全国辐照食品卫生标准会议提出《辐照食品卫生标准试行草案》。同时，中国辐射研究与辐照工艺学会成立。此后，我国相继开始对各种粮食、果蔬、肉类及加工产品、水产品、液体蛋、酒以及菌菇类食品的辐照建立卫生标准。

1996 年，我国卫生部颁布辐照食品卫生管理办法。1997 年，我国根据已制定的卫生标准并参考 FAO/IAEA/WHO 等国际组织有关食品辐照的指导原则，同时针对不同类别的食品进行了补充验证实验，提出六大类七项辐照食品类别的卫生标准。食品辐照标准的建立使辐照食品加工工艺标准纳入国家计划，为我国辐照食品与国际接轨，确保辐照食品质量，促使食品辐照行业健康发展创造了良好的条件。我国在辐照食品卫生安全性方面的研究工作在世界上处于领先地位，国际合作与交流也取得重大进展，食品辐照商业化成果赢得了国际同行的广泛赞誉，食品辐照产生的社会效益和经济效益也日趋显著。

20 世纪 90 年代初，我国建成辐照装置 150 多台，其中设计装机能量 $1.11×10^{16}$ Bq 以上的装置超过 50 座，辐照食品的数量迅速增加。到 2002 年，我国经过辐照处理的食品已超过 10 万 t，位居世界第一。辐照不仅用于食品保藏、防疫、医疗等目的，而且已用于提高产品质量等加工目的。

第三节　辐照技术原理及设备

一、　辐照射线与辐射源

电离辐射大致包括电磁辐射（非粒子性的）和粒子辐射（加速电子流）两大类。

电磁辐射以光速（3×10^8m/s）运行，按其来源分为 X 射线和 γ 射线。X 射线可来源于原子跃迁，即从正负电碰撞中物质湮灭或来源于自由电子穿过物质时的减速。γ 射线是原子核从激发状态跃迁到低能态释放出的一种光子流，γ 光子的能量足以离解或激活原子，但远低于通过分离原子核而在被辐射的物质中诱导放射活性的水平。

粒子辐射有多种，主要分为天然的和人工的，包括：α 射线、β 射线、高能电子、正电子、质子、中子、重于氢的元素离子、各种介子。α 射线是从原子核中发射出的带正电的高速粒子流，其质量是氢原子质量的 4 倍；β 射线是从原子核中射出的带负电的高速粒子流。天然存在的 α、β 射线穿透力弱，不适用于辐照加工，而人工的正电子、质子、中子、介子和重离子束穿透物质的能力有限，价格昂贵难于产生，还会导致被照物质呈现明显的放射性。

在抽空的真空管内向阴极和阳极（或一组阳极群）之间加高电压时，就会从阴极发射出电子束，这就是阴极射线。这样发射出的电子在静电力作用下被加速，在其动能和穿透能增加的同时，能形成很细的电子束，而且还能透过窗孔从管中射出。用电子束轰击高质量的金属靶时，电子被吸收，其能量的一小部分转变为短波长的电磁射线（X 射线），剩余部分在靶内被消耗掉。电子束的能量越高，转换为 X 射线的效率就越高。这样所产生的 X 射线，其波长由电压、电子束对靶的入射角度，靶的材料性质来决定，一般在 $10^{-3} \sim 1$nm 范围内。波

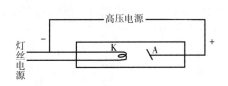

图 2-2 X 射线管的基本结构示意图

长较长的软 X 射线是在约 100kV 以下的电压下产生的，其穿透能力比较小；而波长较短的硬 X 射线是在更高的电压下产生的，具有较大的穿透能力。图 2-2 所示为 X 射线管的基本结构示意图，灯丝电源对灯丝加热，灯丝放出电子，电子在阴极 K 和金属靶 A 之间的加速电场中加速到达 A 并撞击 A，从 A 极发射出 X 射线。

从电离能力来看，α 射线最强，γ 射线最弱；从对物质的穿透能力来看，γ 射线最强，β 射线的电离及穿透能力都处于 α、γ 射线之间。电子经电子加速器加速到非常高的速度时，即获得了能量和穿透力，实际上是将电子获得的能量限制在不超过 10MeV 的水平上（因增加能量可能在被辐射的物质中诱发放射活性），其在单位密度物质的穿透深度是 0.33cm/MeV，远低于 γ 辐射。这样，能在杀菌中利用的辐射源就只有 γ 射线、X 射线和高能电子束。

二、 辐照灭菌原理

水是构成微生物、昆虫等生物体的重要成分，微生物受电离射线照射后，可以通过吸收能量，引起体内分子或原子电离激发，继而产生一系列物理、化学和生物学的变化，进而导致死亡。

（一） 水的辐射分解

当水受到辐照时，水分子被激发或电离，形成活化水分子（H_2O^*）、电离水分子（H_2O^+）和次级电子（e^-）；H_2O^* 迅速分解成 $H \cdot$ 和 $OH \cdot$，H_2O^+ 与周围水发生质子转移生成水合氢离子（H_3O^+），e^- 反过来电离和激发更多的水分子产生水合电子 e_{eq}^-，反应如下所示。

$$H_2O \rightarrow H_2O^+ + H_2O^* + e^-$$

$$H_2O^* \rightarrow OH \cdot + H \cdot$$

$$H_2O^+ + H_2O \rightarrow H_3O^+ + OH \cdot$$

$$e^+ + H_2O \rightarrow e_{aq}^-$$

e_{aq}^- 和初级自由基（OH·）与 H· 又可经过一系列的反应生成水、过氧化氢（H_2O_2）和氢气（H_2）等分子产物及羟基（OH^-）。

$$e_{aq}^- + H_3O^+ \rightarrow H \cdot + H_2O$$

$$e_{aq}^- + e_{aq}^- + 2H_2O \rightarrow H_2 + 2OH^-$$

$$e_{aq}^- + H \cdot + H_2O \rightarrow H_2 + OH^-$$

$$H \cdot + H \cdot \rightarrow H_2$$

$$OH \cdot + OH \cdot \rightarrow H_2O_2$$

$$2H_2O_2 \cdot \rightarrow 2H_2O + O_2$$

$$H_3O^+ + OH^- \rightarrow 2H_2O$$

除此以外，水分子电离以后形成的 OH· 和 H· 又能与周围的有机分子相互作用，其中典型反应式如下。

$$RH + OH \cdot \rightarrow R \cdot + H_2O$$

$$RH + H \cdot \rightarrow R \cdot + H_2$$

根据上述反应过程，可以认为，水分子在辐射的作用下生成的 H·、OH·、$H_2O \cdot$、H_2O_2 等辐照产物是辐照产生杀菌效果的基础，其中 H· 是强还原剂，OH·、$H_2O \cdot$、H_2O_2 具有氧化剂的作用，这些辐照产物不仅对微生物会产生影响，对其他成分如蛋白质、脂质等也会产生很大的影响。因而辐照用于食品杀菌中，除了考虑其杀菌效果，还要考虑辐照对食品中其他组分产生的影响，这对于辐照用于食品的商业灭菌具有重要指导意义。

（二） 生物靶 DNA 的损伤

自由基离子及由其产生的自由基两者均能破坏正常分子的结构并损伤生物靶。这些过氧化物和自由基反应能力很强，能破坏微生物的核酸，并使微生物体内蛋白质变性失活，从而导致微生物死亡。射线作用于活细胞的过程主要包括离解、基团形成和生化变化三个阶段，且每个阶段的经历的时间极短。极少量的放射能即可能产生剧烈的生物学作用，尤其对单细胞生物。

电离辐射以相似的方式影响所有活细胞，且其主要的作用靶是脱氧核糖核酸（DNA）。DNA 是细胞中重要的遗传组分，能控制细胞的增殖过程，它为微生物细胞内射线的吸收提供相当大的体积，且 DNA 比表面积大，易与放射产物发生反应。射线对 DNA 的作用分为直接作用和间接作用。直接作用是指吸收射线的继发电子直接对 DNA 产生的作用；间接作用是指射线使水分子产生自由基（如 OH·），自由基进而对 DNA 产生作用。

目前，有关电离辐射引起 DNA 发生的生化改变或损害的确切知识并不完善。已认识到的损害主要包括破坏 DNA 的双链或其中一条单链，以及 DNA 链上的碱基被破坏这两类。当一个活性基团直接产生于 DNA 分子内部，则可能会引起 DNA 双链破坏。间接作用一般引起 DNA 单链的破坏。但假如损伤片段位于 DNA 双链重叠处，则其对 DNA 对的损伤效果与双链被破坏一样。DNA 损伤对不同微生物产生的结果不同，如对大肠杆菌而言，3 处左右的双链损坏就可引起细胞死亡，而耐放射线微球菌则可能需要 1100 处损伤才会死亡。

（三） 损伤 DNA 的修复

某些微生物有强大的修复损伤 DNA 分子的能力，修复系统的效率通常反映为灭菌所需的放射线剂量的大幅度增加。耐放射线微球菌和亲放射线微球菌甚至比细菌芽孢对放射线更具抵抗性，粪肠球菌的某些菌株也显示出高于非芽孢正常水平的修复能力。经过辐照的微生物并不会在吸收了致死剂量的射线后立即死亡，细胞最初死亡率很低，只有当其吸收了足以灭活修复酶的放射剂量时，死亡率才会增加。细菌的动力、呼吸和发酵能力可再持续几小时，芽孢还会开始发芽。死亡常发生在第一次 DNA 复制的过程中，延缓 DNA 复制的条件（如低温），则有利于修复过程的完成，而某些在第一次 DNA 复制后仍留在 DNA 链中的缺损可由重组得到修复。

（四） 辐照灭菌的能量效应

电磁辐射具有多种粒子特性，这些粒子称为光子的能量载体，没有质量也不带电荷。它在完全失去能量之前，能穿透相当厚的物质。虽然 X 射线或 γ 射线与物质的相互作用方式有 12 种，但在用于灭菌和消毒时，能量上仅需考虑 3 种效应，即康普顿效应、光电效应和电子对生成效应（图 2-3）。

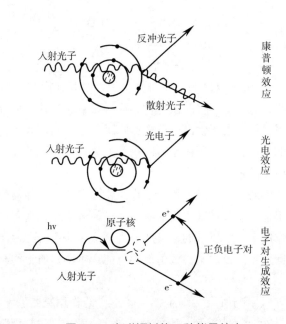

图 2-3　电磁辐射的三种能量效应

（1）康普顿效应　入射光子与电子发生弹性冲撞，放出反冲光子和能量已减少的 γ 射线。

（2）光电效应　将能量传给核外电子，即把来自 γ 射线的能量减去电离能量所剩余的能量传给光电子，放出的 γ 射线即会随之消失。

（3）电子对生成效应　光子消失，产生分别具有 0.51MeV 能量的负电子和正电子。即产生此效应的过程所必需的最小光子能为 1.02MeV，超过该数值的光子能量则作为动能分别给予负电子和正电子。

低能量的 γ 射线与原子序号高的物质相遇时，主要产生光电效应，康普顿效应主要发生在具有中等能量的 γ 射线的场合，而电子对生成效应的产生则主要发生在高能量 γ 射线与高原子序号物质相遇之时。

^{60}Co 和 ^{137}Cs 放出的 γ 射线辐照在水中时，其能量几乎全部由于康普顿效应被吸收。除康普顿效应外，伴随其他吸收过程，沿着生成的二次电子轨道还可发生与前述电子束相同的电离和激发效应。总之，γ 射线、X 射线的效应主要是电子对生成效应。

由于放射线的种类不同，对物质的透过力有所差异。对于电子束，阴极线具有的能量最大，其穿透力也最大。而对于电磁放射线，随着波长变短，能量升高，其穿透力也变得更大。电子束的电离强度随穿透深度增加而增加，在整体的 1/3 处为最大值，然后能量逐步消失。γ 射线的能量光子较散乱，被介质有规律地吸收后，其下降趋势成指数函数关系。

关于诱发的放射能，物质在受到 γ 射线辐照后，诱导放出放射能的反应，其中之一可认为是核光电效应的反映。这是因为放射线的能量被原子核吸收后，使后者处于激发状态，从该状态放出的粒子被其他原子核吸收而发生放射，使放出粒子的物质自身也具有放射能。要发生这样的反应，能量必须超过"阈值"。阈值根据原子核的不同而不同，铍（Be）和重氢属于能量阈值较低的一类，阈值分别为 1.7MeV 和 2.2MeV，而大多数原子的阈值在 10MeV 左右或更高。但与此规律相反的是，^{60}Coγ 射线具有的能量为 1.17MeV 和 1.33MeV，^{137}Csγ 射线具有的能量为 0.66MeV，均比铍的阈值低。

三、　辐照设备及要求

在辐射消毒中常常使用的装置有两种，一种是利用 γ 射线、X 射线的辐照器，γ 射线源以放射性同位素 ^{60}Co 或 ^{137}Cs 为辐照源，另一种是电子加速器。

（一）^{60}Co 装置

目前，商业应用及研究仅以 ^{60}Co 作为放射源。其主要原因在于：^{137}Cs 是在反应堆中产生的。但它是反应堆核燃料裂变的产物，因此大批量的商业化产品只能来自废弃的反应堆的燃料棒，并采用昂贵的具有潜在危险性的回收核废物的化学分离技术得到 ^{137}Cs。^{137}Cs 的半衰期为 30 年，但由于 ^{137}Cs 是置于密封罐内的，其内部会吸收大量的自身辐射，γ 能输出很低，且本身昂贵。

放射性同位素 ^{60}Co 是 Co 在反应堆中产生的人工放射性同位素，其半衰期为 5.25 年，每年放射性强度下降 12.6%。^{60}Co 是一种发电中核产物的副产品，造价相当低廉，常用的源强为 $3.7×10^{15} \sim 3.7×10^{16}$ Bq。^{60}Co 辐射源有各种形状，如圆片形、圆柱形、硬币形或片状。图 2-4 所示为一种 γ 射线辐照装置设置图，装置上的放射源是放射性同位素 ^{60}Co。将 ^{60}Co 辐射源装入相应形状的不锈钢密封容器中焊接密封好，做成棒状的 ^{60}Co，把几十支棒状的 ^{60}Co 固定好插入支持框架中的平板形辐射源，一般具有 $3.7×10^{14}$Bq 的辐射能。放射源为双层不锈钢包壳，内外包壳圆弧焊密封，活性材料为直径 1mm、长 1mm 的镀镍金属钴粒。用于辐射的 ^{60}Co 的放射性活度为 $3.7×10^{11} \sim 2.2×10^{12}$Bq/g 左右。^{60}Co 辐射源装置必须放在能防辐射的特殊混凝土建筑物内。放射源不使用时，沉入深水井中，工作人员可安全进入照射室。需要照射的物品可用机械提升到照射位置，对物品进行分批或连续照射。

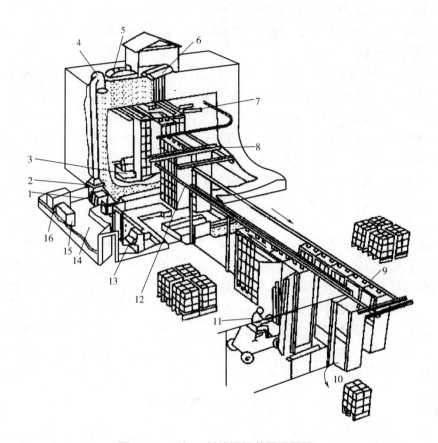

图2-4 一种 γ 射线辐照装置设置图

1—贮源水池 2—排气风机 3—屋顶塞 4—源升降机 5—过照射区传送容器
6—产品循环区 7—辐照后的传送容器 8—卸货点 9—上货点 10—辐照前的传送容器
11—控制台 12—机房 13—空气压缩机 14—冷却器 15—去离子器 16—空气过滤器

（二） 电子束加速器

电子束加速器一般分为两种：一种是脉冲流加速器，另一种是直流加速器。为了让这两种加速器产生有用的电子束，首先必须加热真空管的阴极产生自由电子，再在真空束管下用自由电场加速电子。

地那米（Dynamitron）加速器属直线（直流型）加速器，它通过一系列整流器对射频电极的电容耦合而转移到高压终端上，高压终端产生的静电场使电子加速，它只能生产小于5.0MeV的能量。脉冲流加速器（微波直线加速器）的微波由高能 K 介子的短脉冲产生，这种脉冲起到聚集和加速电子的作用，它能产生 3.0~18.0MeV 能量。电子加速器具有功率大，性能稳定，既可连续操作，也可随时停机，停机后不耗能，操作维修方便等优点。因此在辐射加工设施中，电子束加速器的发展更加引人注目。图2-5 所示为一种电子加速器辐照装置设置图。

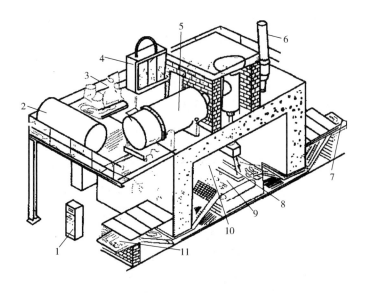

图 2-5　一种电子加速器辐照装置设置图

1—控制台　2—贮气罐　3—调气室　4—振荡器　5—高频高压发生器

6—废气排放管　7—上货点　8—扫描扣　9—传送带　10—辐照室　11—卸货点

（三）　X 射线发生器

图 2-6 所示为一种 X 射线的发生装置。快速电子在原子核的库仑场中减速时会产生连续能级的 X 射线，用高能电子束轰击重金属的靶，也可产生 X 射线，X 射线具有高穿透能力，可以用于食品辐照处理，但其转换率一般不高，如能量为 0.5MeV 的电子束转换率为 1%，2.0MeV 的为 5%，3.0MeV 的为 14%。因而，X 射线未能在食品辐照中得到广泛应用。

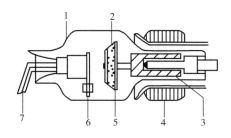

图 2-6　一种 X 射线的发生装置

1—玻璃壁　2—靶面　3—转子　4—定子线圈

5—阳极　6—阴极　7—灯丝引线

第四节　辐照技术对食品的保藏作用

食品的辐照保藏技术，经过几十年的努力，尤其在近二十多年来进行了大量的工艺、卫生、安全和经济可行性等多方面的研究，已经步入商业实用阶段。

据统计，1978 年，世界各国用于辐照消毒灭菌的 ^{60}Co 工厂有 80 家，但其中 60 家用于医疗消毒；到 1984 年发展至 120 家，到 1988 年已达 182 家，全世界辐照食品总产量约 50 万 t。2010 年的统计数据表明，我国辐照食品总量已超过 20 万 t。欧洲、加拿大等地区和国家主要关注于热带水果、蔬菜、水产品等的低剂量辐照处理。以亚洲热带地区为中心的各国鱼类和鱼类制品的辐照处理得到大力研究，主要用以延长鲜鱼和加工鱼（干鱼、腌鱼、烧鱼）的保质期。此外，发展中国家物产丰富而又易于腐败和霉烂食物（如粮食）的辐照研究也极受重视。美国主要关注高剂量辐照肉及肉类制品的卫生安全性研究，近年来美国食品药品管理局（FDA）不断扩大辐照在肉、禽产品上的应用。

20世纪80年代初，全世界有70多个国家在进行食品辐照的研究与开发，有80多种辐照食品和近百种辐照调味品投放市场。目前已有两百多种辐照食品已建立相关工艺及卫生标准，其中马铃薯、洋葱、大蒜、冻虾、调味品等十几种已经实现大型商业化，并取得了明显的经济效益与社会效益。

一、 食品辐照的特点

食品辐照技术是一种物理方法，属于非热处理技术。食品辐照加工技术不仅能有效防止微生物污染、延长商品保质期、有效抑制果蔬成熟、节约能源，还具有无残留、无需拆除包装和降低成本等优越性，可最大限度地保持食品的品质，并避免因热加工引起的食品风味的损失。高剂量的辐照特别适用于为特殊人群（地质勘探、航天员、登山探险等人群）和特殊病人提供无菌食品，为无特定病原体（SPF）实验动物提供无菌饲料。比较而言，食品辐照技术具有许多传统杀菌方法不可比拟的优点。

（一） 无损杀菌

辐照的射线能够穿透食品的包装材料和食品深层，所以即使在不打开包装的情况下，也能彻底杀虫灭菌，具有特殊的技术优势。该技术对包装产品的杀菌灭虫等十分有效、方便简洁，可以对包装后的产品成箱进行辐照，特别适用于大批量处理和工业化生产。辐照技术还能用于新鲜农产品的杀菌杀虫处理，能有效保持产品的完整性。

（二） 能耗低， 节约能源

据国际原子能机构（IAEA）报告，食品采用一般加热杀菌，耗能约为 1.08×10^9 J/t；采用巴氏杀菌，能耗约 8.28×10^8 J/t；而一般辐照杀菌只要 2.3×10^7 J/t 左右，辐照巴氏杀菌（剂量在 10kGy 以上）仅需 4.8×10^6 J/t 左右。同其他食品加工方法（如干燥、加热、熏蒸等）一样，辐照处理也会增加食品加工的成本，但从经济角度考虑，辐照处理在同样达到延长食品保存期、减少食品变质、提高食品卫生安全效果的条件下，耗能更低，可为食品的生产经营者带来利益。

（三） 无二次污染， 卫生安全

食品辐照的辐照源安装在密闭的装置中，并在严格的防护条件下运行，食品和操作人员并不会接触到放射性核素。允许使用的辐照源小于 10MeV 的安全能量，辐照处理不会使辐照食品产生感生放射性，产品接受的仅是射线的能量，不直接与放射源或其他放射性同位素接触。辐照后的食品也不会存在化学熏蒸法等残留的现象，对周围环境也不会造成放射性物质污染，是一种洁净安全的加工技术。

（四） 非热加工

辐照处理几乎不会引起产品的升温，适合于不宜高温或化学处理的物品，如冷冻食品、冷鲜肉、植物块茎、香辛料和干制食品等。

当然，辐照杀菌技术也有不足之处。电离辐照需要专门的辐照源，设备的投资相对较大；而且由于放射性射线对人体有影响，因此要十分注意安装及使用过程中操作人员的防护措施，同时还必须解决好辐照源的遮蔽问题。

二、　辐照对食品保藏的作用分类

（一）　辐照对食品的杀菌作用

微生物的作用是导致食品腐败变质和引发食源性疾病，影响食品安全的主要原因。目前，控制这些微生物的方法主要有两种，即化学法和物理法。化学法主要是加入各种防腐剂，往往带来化学残留，危害人体健康；而物理法中的辐照杀菌法是一种杀菌彻底而无任何残留的方法。食品受到辐照时，微生物细胞中的主要组成 DNA 同其他分子一样被电离和激发，DNA 的任何改变都会引起细胞功能和繁殖的变化；当辐照剂量超过一定限值时，这些变化不能修复，最终导致细胞死亡或丧失繁殖能力；这些都是由直接效应和间接效应作用所致。辐照能有效地杀灭腐败微生物，是一种有实用意义的食品储藏手段。辐照杀菌受到菌种、细菌浓度或数量、介质的化学组成和物理状况、辐照后贮存条件等多方面的影响。辐照前后加热处理能降低酶的活性，对杀菌更有利。

辐照杀菌主要用于肉类、鱼类、虾类、特需食品和部分水果等的消毒处理，其目的主要包括杀灭病原菌，提高食品的卫生质量；杀灭腐败细菌类，延长贮存期。在具体应用中，各种食品有着不同的辐照处理条件，采用不同的剂量进行处理就会产生不同的效果，因此需对适宜辐照的物料种类及其辐照剂量进行优化选择和控制。FAO/IAEA/WHO 专家委员会认为，根据杀菌程度及具体情况，辐照杀菌可分为三类，完全杀菌（又称阿式杀菌，一般剂量在 10kGy 以上）、针对性杀菌和选择性杀菌。

（1）完全杀菌　该杀菌是指 10kGy 以上的高剂量杀菌。可杀灭一切微生物，产品需要气密包装，防止二次污染，杀菌后的产品可在常温下长期贮藏。对于鱼、肉类的辐照杀菌研究以美国最多，其次是原苏联、荷兰、德国、加拿大等国。美国用高剂量（30kGy）辐照的肉类，如熏肉、火腿、牛肉、猪肉、鸡肉、鳕鱼、虾、蛤等能在常温下长期保存，有的可达数年之久。美国飞往月球的"阿波罗"号宇宙飞船的宇航员，吃的火腿、火鸡、牛排、牛肉等都是经过完全杀菌的食品，反映很好。辐照肉制品有一个最大的优点，就是可以减少致癌的危险性，因辐照杀菌能使肉制品用的亚硝酸盐和硝酸盐量降低 80%。

高剂量辐照也常用于香料、调料和调味品的消毒。天然香辛料易生虫长霉，传统加热和熏蒸不但导致药物残留，也使香味挥发，甚至生成有毒化合物。采用辐照技术对香辛料进行杀虫灭菌，可显著减少有害微生物，有效保持其原有风味。研究发现，辣椒粉经 5kGy 剂量辐照后，样品中已检测不出霉菌；干香葱粉经 4kGy 剂量辐照后，微生物数量明显减少，经 10kGy 的剂量辐照，细菌数量能减少到十个以下。目前辐照处理在食品中的应用范围和适用剂量如表 2-2 所示。

表 2-2　　　　　　　　　辐照处理在食品中的应用范围和适用剂量

应用范围	辐照效果	适用剂量/kGy	辐照食品
杀菌	辐照耐贮杀菌[①]	1~3	禽肉、畜肉及制品、鱼贝类、果蔬
	辐照巴氏杀菌[②]	5~8	畜肉及蛋中的沙门菌
	辐照阿式杀菌[③]	10~50	肉制品、发酵原料、饲料、病人食品

续表

应用范围	辐照效果	适用剂量/kGy	辐照食品
杀虫	杀灭贮藏谷物中的害虫	0.1~0.3	大米、麦、杂粮
	杀灭果蝇	约0.25	橘、橙、芒果
	干制食品的杀螨	0.5~0.7	香辛料、脱水蔬菜
	杀灭寄生虫	0.5	猪肉（旋毛虫）
改良食品品质	高分子物质变性	约100	干制食品的复水性
	改进食品组织	约10	酒类的熟化（陈化）
	食品品质改善	约50	
	提高加工适应性	约50	面粉制面包的加工性
	提高酶的分解性	约100	发酵原料、饲料
控制生长发育	抑制发芽、生根	0.05~0.15	马铃薯、大葱、蒜
	延缓成熟	0.2~0.8	香蕉、木瓜、番茄
	促进成熟	约1	桃子、柿子
	防止开伞	0.2~0.5	蘑菇、松蘑
	特定成分的积累	约5	辣椒的类胡萝卜素

注：①辐照耐贮杀菌一般指剂量在1~3kGy范围。②辐照巴氏杀菌一般指剂量在5~8kGy范围。③辐照阿式杀菌一般指剂量在10kGy以上。

（2）针对性杀菌　针对某些特定病原微生物（如沙门菌）进行辐照，以降低该病原微生物数量，提高产品卫生质量。一般针对性杀菌的辐照剂量在10kGy以下，但后续需要配合冷藏处理。1983年圣诞节，荷兰因食用了泰国进口的被痢疾杆菌污染的冻虾而中毒死亡14人，引起荷兰政府的注意，此后凡进口的冻虾一律经过辐照，除供应本国外，经辐照处理的虾还销往其他的共同市场成员国。除美国、荷兰外，中低剂量的辐照杀菌技术还引起许多发展中国家的重视。埃及用0.25~2kGy的γ射线辐照鸡肉能明显地抑制沙门菌，用5kGy辐照后，在4℃下贮藏期可达25d，对照组只有5d。印尼用3kGy或6kGy的剂量辐照鲜蛙腿可使沙门菌下降到符合出口标准，品质不变。印度用1kGy剂量辐照鲜虾，能完全抑制虾中的病原微生物。泰国用2kGy的剂量辐照冰冻虾和鲭鱼可有效抑制大肠杆菌增殖。

此方法也特别适用于延长贮藏在低温条件下的未烹调预包装食品及真空包装的预烹调肉类制品的保质期。例如，用1.5~2.5kGy的剂量辐照处理鳕鱼，在2~3℃的冷藏条件下可保藏三个月，而未辐照的鳕鱼只能保藏一个月。实验表明，在指定的剂量下对肉类及家禽类的产品进行处理，可以杀灭其中的沙门菌，或者使其数量减少到不会感染正常人的水平，并可延长冷藏温度在冰点以上的食品的贮藏期。

（3）选择性杀菌　该杀菌通常剂量在1~5kGy，主要是降低腐败菌数量或使食品中腐败微生物失去活性，以延长保质寿命，产品一般也要冷藏。研究表明，经过辐照后，在4℃并真空包装的贮藏条件下，冷却猪肉、鸡肉、菲律宾蛤仔中的菌落总数及大肠杆菌、单增李斯特菌、空肠弯曲杆菌、副溶血性弧菌的增长速度均受到明显抑制；用5kGy剂量辐照可使样品中的微生物指标符合相关标准并延长样品贮藏至28d，且三种样品中的大肠杆菌数量随贮藏时间的延长呈下降趋势。

大多数造成新鲜农副产品（如鱼肉、水果或蔬菜等）霉变的微生物对中剂量辐照都很敏感。采用 1~5kGy 剂量辐照可大幅度减少霉菌数量，因此可以延长这些食品的保质期。若采用较低剂量（1~2kGy）辐照草莓、芒果、桃子等水果，可以有效地控制霉菌生长，减少这些水果在运输销售过程中的损失，并延长其贮藏期。

（二）　辐照对食品的杀虫作用

昆虫对食品的危害很大，尤其是对于干制品和冷藏品。昆虫不仅使食品贮藏损耗加大，而且这些害虫的繁殖、迁移以及它们的遗弃物会严重污染食品，使食品丧失商品价值。目前针对仓储害虫及果蔬中的检疫对象的防止，一般主要以化学熏蒸为主。但是化学药剂带来的污染和残留，也越来越多的引起人们的重视。因此选择一种无污染无残留的物理加工方法来预防害虫已成为食品贮藏的迫切需求。

辐照一般对昆虫的破坏效应包括：致死、"击倒"（表面上死去，然后恢复）、缩短寿命、延迟羽化、不育、减少卵的孵化、发育迟缓、减少进食量和抑制呼吸。这些效应都是在一定剂量下实现的。辐照杀虫有两种，一是直接杀虫法，即辐照使害虫死亡；另一种是通过辐照使害虫不育而达到消灭害虫的目的。

用辐照处理桃小食心虫、谷象、谷斑皮蠹、苹果蠹蛾等均具有很好的效果。研究表明，大米、小麦、干菜豆、谷粉和通心粉可用约 1kGy 的剂量辐照，以消灭象鼻虫和面象虫。用 0.13~0.25kGy 的射线处理虫卵或幼虫，能阻止其发育为成虫；0.4~1kGy 的射线处理能阻止所有的卵、幼虫和蛹的发育。食品中昆虫的致死剂量为 3~7.5kGy。用 1kGy 的剂量足以使其在数日内死亡，0.25kGy 的剂量也会使其在数周内死亡，或使存活的昆虫不育。旋毛虫的不育剂量为 0.12kGy，抑制其成熟需 0.2~0.3kGy，使其死亡需 7.5kGy。在实验剂量下，辐照处理对食品的储藏品质没有显著影响。

不同种类的害虫对辐照的敏感性差异很大。如表 2-3 所示，不同目、科、种的主要储粮害虫成虫对 γ 射线辐射敏感性存在很大的差异。从不育剂量来看，鞘翅目的害虫不育剂量一般在 0.2kGy 以下，而蜱螨目为 0.45kGy，鳞翅目害虫的不育剂量一般不低于 0.5kGy，其中麦蛾的不育剂量高达 1kGy 以上，因此，不同目的害虫对辐照的敏感性表现为：鞘翅目>蜱螨目>鳞翅目。由于各种害虫成虫自然寿命长短不同，因此无法用辐照后存活天数来比较害虫的辐射敏感性。经 0.3kGy 辐照的鞘翅目储粮害虫成虫一般存活 20~30d，而未辐照的成虫大多能存活近百天，经 0.3kGy 辐照对鳞翅目和粗足粉螨的成虫存活天数基本没有影响。

表 2-3　　　　　　　　　　主要储粮害虫成虫的辐射敏感性

| 分类 | 名称 | 学名 | 不育剂量/kGy | | 0.3kGy，100% 致死天数/d |
			雌虫	雄虫	
鞘翅目					
象虫科	米象	*Sitophilus oryzae*	0.132		28
	玉米象	*Sitophilus zeamais*	0.1	0.18	28/14
拟步甲科	赤拟谷盗	*Tribolium castaneum*	0.2		28
	杂拟谷盗	*Tribolium confusum*	0.175		35

续表

分类	名称	学名	不育剂量/kGy		0.3kGy，100% 致死天数/d
			雌虫	雄虫	
	褐拟谷盗	*Tribolium destructor*	<0.1		28
	黑拟谷盗	*Tribolium madens*	<0.1	<0.3	35
	长头谷盗	*Latheticus oryzae*	<0.1	<200	21
谷盗科	大谷盗	*Tenebroides mauritanicus*	<0.05	<0.1	35
长蠹科	谷蠹	*Rhyzopertha dominica*	0.17		35
扁甲科	长角扁谷盗	*Cryptolestes pusillus*	—		14
	锈赤扁谷盗	*Cryptolestes ferrugineus*	—		21
锯谷盗科	锯谷盗	*Oryzaephilus surinamensis*	<0.2		—
	大眼锯谷盗	*Oryzaephilus mercator*	<0.2		14
皮蠹科	谷斑皮蠹	*Trogoderma granarium*	0.05	0.16	28
窃蠹科	烟草甲	*Lasioderma serricorne*	0.25		42
鳞翅目					
麦蛾科	麦蛾	*Sitotroga cerealella*	>1	>1	6
斑螟科	印度谷螟	*Plodia interpunctella*	0.45	0.5	6
	烟草粉斑螟	*Ephestia elutella*	0.3	1	6.6/10.2
	地中海粉斑螟	*Ephestia kuehniella*	0.6		7.9
蜱螨目					
谷螨科	粗足粉螨	*Acarus siro*	0.45		175

低剂量的辐射可抑制害虫生殖细胞的形成过程，导致害虫不育；而较高剂量的辐射处理可直接杀死害虫。电离辐射处理还可以使卵和幼虫不能发育为正常的成虫。研究资料表明，用3~5kGy的剂量照射可以立即杀死害虫；使用1kGy的剂量照射，害虫会在几天内死亡；而0.1~0.2kGy的剂量照射，害虫可在几周内死亡。以0.16kGy的剂量照射，可使玉米象、谷象、赤拟谷盗、杂拟谷盗和谷蠹完全不育；其中玉米象、谷象和杂拟谷盗100%死亡，其他害虫的死亡率也在90%以上，如表2-4所示。由此可知，在实际的害虫预防中，使用不育剂量辐照比用致死剂量更经济实用。

表2-4   同种储粮害虫不同虫态的辐射敏感性

虫种	温度/℃	99%死亡天数/d	辐射剂量/kGy			
			成虫	蛹	幼虫	卵
锯谷盗	30	21	0.206	0.145	0.086	0.096
玉米象	26	21	0.112	—	0.04	0.04
谷象	26	21	0.078~0.145	0.112	—	0.04
杂拟谷盗	30	28	0.123~0.222	0.145	0.052	0.044
赤拟谷盗	30	28	0.215	0.25	0.105	0.109

害虫辐射敏感性与其生命活动密切相关，储粮害虫的发育过程需要经历卵、幼虫、蛹、成虫四个阶段，每个阶段都具有不同的生理生化行为，因而储粮害虫在不同发育阶段对辐照的敏感性不一样，即使在同一发育阶段的不同时期，害虫的辐射敏感性也有所不同。一般情况下，储粮害虫对辐照的敏感性表现为：卵、幼虫>蛹（若虫）>成虫。陈耀溪等研究认为，主要储粮害虫在不同的发育阶段辐照后的致死效应不同，卵和幼虫的致死剂量相差不大，而与成虫相比则相差几倍到十几倍，如表 2-4 所示。锯谷盗卵和幼虫的致死剂量不高于 0.1kGy，而蛹的致死剂量高于 0.1kGy，且成虫的致死剂量则需高于 0.2kGy。李淑荣等测定了玉米象的不同发育阶段对电子束辐照的敏感性，认为成虫和蛹的不育剂量为 0.18kGy，而幼虫和卵的不育剂量为 0.09kGy，在 0.18kGy 以上的剂量可以完全阻止谷物中的卵和幼虫发育为成虫。0.3kGy 辐照的蛹不能羽化，成虫在 14d 内全部死亡。据报道，在辐照剂量一定的情况下，集中一次照射比长时间照射的效果更好。对储粮害虫的辐照效果与环境温度无关，特别是在害虫正常发育的温度范围内。在采用电离辐射预防储粮害虫的研究中，未发现对杀虫剂产生抗药性的害虫对电离辐射产生交互抗性。

储粮害虫的性别也是影响其辐照敏感性的一个重要因子，如表 2-3 所示。雄性害虫的不育剂量一般是雌性害虫的 2～3 倍，雌性害虫比雄性害虫对辐照更敏感。而这种现象不仅发生在储粮害虫的成虫中，通过用不同剂量辐照印度谷螟蛹羽化的成虫与未辐照的成虫配对的实验表明，雌性蛹在 0.45kGy 的辐照条件下完全不育，却不能使雄性蛹羽化后的成虫 100% 不育。

（三） 辐照对食品的保鲜作用

一定剂量的辐照，可以明显抑制果蔬的新陈代谢和呼吸代谢作用。用 1kGy 以下的剂量辐照可抑制多种水果、蔬菜中的酶活力，也可相应降低植物体的生命活力，延缓其成熟，减少腐烂发生，从而延长果蔬的保藏期。低剂量的辐照对香蕉、芒果、番木瓜、柑橘、蘑菇、番茄等果蔬都有效，还能抑制蘑菇开伞。其中，芒果用 0.25～0.35kGy 的剂量辐照，就可延迟其成熟与老化，却不会影响其食用品质和主要营养成分，从而可以达到延长保质期的目的。

一定剂量的辐照也可以使植物发芽的生长点细胞在休眠期受到抑制而不发芽，从而使产品不因发芽而损耗营养成分。此外，辐照还会干扰 ATP 的合成，使细胞核酸减少，抑制生物体发芽。这可能是因为生物体内的 ATP 是通过许多复杂酶系统合成的，而射线钝化或者激活生物体内的酶。例如，生物体利用糖进行呼吸作用所必需的己糖激酶经辐照后会下降 75%～80%，而分解 ATP 的酶活力则能提高约 3 倍。因此，辐照会使马铃薯芽部的呼吸强度下降，ATP 及核酸含量减少，从而发芽被抑制。

对于具有后熟过程的有呼吸高峰的果实，在呼吸高峰开始出现前，其体内乙烯合成明显增强，从而促进成熟的到来。若在呼吸高峰前对果实进行适宜剂量的辐照处理，可造成果肉细胞膜系统一定程度的损伤，从而抑制乙烯形成酶的活性，干扰乙烯生物合成体系，从而达到抑制后熟、延长保鲜期的目的。

三、 辐照对食品中成分的影响

食品及其他生物有机体的主要化学组成是水、蛋白质、糖类、脂类及维生素等，这些化学物分子在射线的辐照下会发生一系列的化学变化，从而对食品造成影响。

（一）　辐照对食品中水的影响

大多数食品均含丰富的水分，水也是构成微生物、昆虫等生物体的重要成分，食品经辐照引起的水分子变化十分复杂，且水分子的激发作用和电离作用远较食品的其他成分多。

水分子经辐照后，水分子激发和电离而形成的某些中间产物，如水化电子（$e_{水化}^-$）、羟基自由基（OH·）和氢原子自由基（H·）等都是高度活性的，会导致食品和其他生物物质发生变化（称水的间接作用），对于水分含量较高的稀溶液，间接作用可能是化学变化的唯一重要原因，甚至在水含量低的体系中，间接作用仍然是主要的影响因素。

$e_{水化}^-$由相关电子产生，它比羟基自由基具有更多的选择性。它可以非常快地加成到含低位空轨道的化合物上，如大部分芳香族化合物、羧酸、醛、酮、硫代化合物以及二硫化物。它和脂肪醇或糖类反应不显著，与蛋白质反应时可加成到组氨酸、半胱氨酸和胱氨酸残基上，也可加到其他氨基酸上，其反应最初产物是简单电子加合物。由于大多数化合物含有成对电子，这种电子加合物通常是一种自由基。$e_{水化}^-$与羟基自由基不同，它并非一定会与体系中的主要组分发生反应，也可以和较少的组分如维生素、色素等反应。

辐照水的主要产物羟基自由基可以加到芳香族化合物和烯烃化合物上；也可以从醇类、糖类、羧酸类、酯类、醛类、酮类、氨基酸类脂肪族化合物的碳氢键上抽除氢原子（其速度略小于加成反应）；羟基自由基从硫化化合物的硫氢键上抽除氢原子（这一反应有很高的速度常数）。当化合物既含有芳香族部分，也含有脂肪族部分时，如蛋白质或核酸，则某些羟基自由基起加成反应，而一些则起去除反应，不论是哪一种情况，反应产物都是一种"有机"自由基。

在水的辐照中，即使氢原子产量低，也可以由某些有机化合物直接激发或电离产生。在水溶液中，氢原子的反应介于羟基自由基和水化电子的反应之间，其加成到芳香族化合物或烯烃化合物的速度常数为羟基自由基的几分之一，仍可以从醇、糖等脂肪族化合物的碳氢键中夺取氢原子；它在与硫代化合物的每一次碰撞中夺取氢原子，但氢原子也可以迅速地加到二硫化物上，将S—S键分裂为—S和HS—；与蛋白质的反应主要可能是含硫氨基酸和芳香族氨基酸。

（二）　辐照对食品中蛋白质（酶）的影响

蛋白质由于多级结构的存在，在辐照时会发生特殊的改变。用X射线照射血纤蛋白，会引起部分裂解，产生较小的碎片；卵清蛋白在等电点进行辐照处理，黏度会减小，这证明体系也发生了改变。蛋白质辐照时，降解与交联同时发生，往往是交联大于降解，所以降解常被掩盖而不易察觉。

（1）蛋白质辐照变性　辐照能够使蛋白质的一些二硫键、氢键、离子键和醚键等断裂，从而使蛋白质的二级结构和三级结构发生变化，导致蛋白质变性。蛋白质辐照变性最通常的表现就是与蛋白质特性相关的一些变化，例如蛋白溶液黏性、蛋白溶解度、电泳行为、吸收光谱、酶促反应、巯基基团暴露和免疫学特性的变化。

（2）蛋白质一级结构变化　辐照会促使蛋白质的一级结构发生变化，除了巯基氧化外，还会发生脱氨作用、脱羧作用和氧化作用。α-氨基在蛋白质分子中能作为端基而存在，辐照脱氨正是发生在这个基团上。氨基酸的α-羧基在蛋白质分子中也是作为端基而存在的，在射线的作用下则发生脱羧反应。

（3）蛋白质辐照交联　蛋白质经射线辐射后会发生辐照交联，其主要原因是巯基氧化生成分子内或分子间的二硫键，也可以由酪氨酸和苯丙氨酸的苯环耦合而发生。辐照交联导致蛋白质发生凝聚作用，甚至产生一些不溶解的聚集体。

辐射对蛋白质的具体效应在某种程度上与蛋白质结构、组成、天然或变性蛋白质、干燥或溶液、液态或冰冻状态有关，也与其他物质的存在与否有关。

实际上，含蛋白质食品在辐照过程所发生的变化比上述更为复杂，因为很可能食品的全部成分都吸收了电离辐射线，因此降低了对某种成分（如蛋白质）的作用，而且全部成分的辐射产物之间也可能发生相互作用。

高剂量辐照含蛋白质食品，如肉类及禽类、乳类，常会产生变味（辐照味），并已鉴定出各种挥发性辐解产物，它们大部分是通过间接作用产生的，在低于冻结点的温度下进行辐照，可减少辐照味的形成。

辐照对酶的效应与辐照蛋白质效应基本一致。纯酶的稀溶液对辐照很敏感，若增加其浓度，也必须增加辐照剂量才能产生钝化作用。酶存在的环境条件对辐照效应有保护作用：水溶液中酶的辐照敏感性随着温度的升高而增加；酶还会因有巯基基团的存在而增加其对辐照的敏感性；介质的 pH 及含氧量对某些酶影响也大，如辐照干燥胰蛋白酶时，有氧存在下极易钝化，并有可能形成过氧化物。总的来说，酶所处的环境条件越复杂，酶的辐照敏感性越低。酶通常存在于食品复杂的系统中，因此需大剂量才能将其钝化。已发现多数食品酶对辐射的阻力甚至大于肉毒芽孢杆菌芽孢，这给食品的辐照灭酶保藏带来一定的限制。但从另一个角度考虑，在食品工业中用辐照处理酶制剂却有着重要意义，利用酶对射线的稳定性，用以杀死污染酶制剂的微生物则具有比热处理方法优越的特点。

（三） 辐照对食品中糖类的影响

纯糖类经辐照处理后发现有明显的产物形成，低聚糖或单糖的降解产物有羰基化合物、酸类、H_2O_2，降解作用还会产生气体，如 H_2、CO_2 及痕量甲烷、CO 和水等。降解所形成的新物质会改变糖类的某些性质，如辐照能使葡萄糖和果糖的还原能力下降，但提高了蔗糖、山梨糖醇和甲基 α-吡喃葡萄糖的还原能力，这些变化是辐照剂量的函数。实际上，辐照对还原能力的影响低于热处理。如表 2-5 所示，50kGy 的辐照剂量产生的还原力变化与 100℃ 加热 10h 的变化相似。10kGy 辐照 100g 葡萄糖-水合物释放出 0.8mg 的 H_2 和 2.6mg 的 CO_2，但辐照果糖和蔗糖时，则没有 CO_2 生成。辐照固态糖类多有降解产物甲醛，辐照葡萄糖还会有葡萄糖酸、葡萄糖醛酸与脱氧葡萄糖酸等产物检出。在 5kGy 的剂量下，辐照产生的降解产物浓度小于 10mg/g。辐照固态糖类时降解作用的 G 值（G 值指介质中每吸收 100eV 能量时发生变化的分子数）一般为 6~60，比辐照糖溶液时的 G 值要小得多，因此固态糖降解的百分数要更小。

表 2-5		辐照与加热处理对糖的降解作用		单位：mL
糖类	对照	辐照处理（还原物质* 在 50kGy 下辐照）	加热处理（100℃，10h）	
葡萄糖	8.6	7.5	7.9	
果糖	7.8	7.1	5.1	
蔗糖	0.0	0.067	0.32	
山梨糖醇	0.0	0.059	0.00	

注：* 每毫克糖液中含有的酮量以 0.005mol 时的体积（mL）来表示。

水对纯糖的辐解作用的影响是复杂的。在辐照固态糖时，水有保护作用，这可能是由于通过氢键的能量转移，或者由于水和被辐照糖的自由基反应重新形成最初产物所致。辐照糖溶液时，辐照对糖和水有直接作用外，还有水的羟基自由基等与糖的间接作用，通常辐解作用随着辐照剂量的增加而增加。就商业辐照剂量而言，糖类辐照后的熔点、折射率、旋光度和颜色等物理变化是微小的。

（四）　辐照对淀粉的影响

辐照会引起多糖链的断裂，产生链长不等的糊精碎片，同时形成不同的辐解产物。表2-6所示为马铃薯直链淀粉辐照后的聚合度和黏度变化。直链淀粉用 20kGy 辐照后，平均聚合度由 1700 降到 350，而支链淀粉平均长度不大于 15 个葡萄糖单位。辐照 2g/L 玉淀粉溶液，在剂量 1kGy 时相对黏度 41.7（对照 54.1）；在 15kGy 下辐照相对黏度 4.6；而 140℃ 加热 30min，相对黏度 30.7。可见，高剂量辐照淀粉浆，辐照降低黏度比加热降低的大得多。辐照小麦淀粉所形成的糖有葡萄糖、麦芽糖、麦芽三糖、麦芽四糖和麦芽五糖，各种糖的含量基本上随着辐照量的增大而增加。混合物的存在对辐照降解作用影响很大，特别是蛋白质和氨基酸对糖类辐解的保护作用是值得注意的。混合物的降解效应通常比单个组分的辐解效应小。虽然在辐照纯淀粉时，观察到有大量的产物形成，但在更复杂的食物中也不一定会产生同样的结果。

表 2-6　　　　　　　　　　辐照对马铃薯直链淀粉的聚合度和黏度的影响

剂量/kGy	特性黏度/（mL/g）	聚合度	剂量/kGy	特性黏度/（mL/g）	聚合度
0	230	1700	10	80	600
0.5	220	1650	20	50	350
1	150	1100	50	40	300
2	110	800	100	35	250
5	95	700			

而辐照处理淀粉产生的降解作用分为两种类型：一是淀粉分子吸收能量致使糖苷键断开的直接作用，另一种间接作用是 γ 射线与水分子作用产生自由基和过氧化物游离基，从而产生对糖苷键的诱导作用并致使其降解。辐照修饰淀粉分子结构对无定形态和结晶区域结构产生诱导作用，通过对糖苷键的降解作用，使其物理特性、流变学等性质发生改变，改善其功能特性。研究结果表明，纤维质材料经 γ 射线辐照能促进其降解与糖化，而直链淀粉和支链淀粉的比例会影响淀粉对 γ 辐射的敏感性。

辐照能有效改变玉米淀粉分子形貌，降低淀粉结晶度；能够使玉米淀粉的分子中部分长链分子断裂形成短链，从而提高玉米淀粉生产淀粉糖投料浓度；糯玉米淀粉辐照后的消化率能提高 4.3%~9.3%，普通玉米淀粉辐照后消化率能提高 0.4%~2.7%；辛烯醛琥珀酰化大米淀粉经辐照后黏度明显降低，淀粉的降解主要是发生在无定形区域。辐照处理后的马铃薯淀粉对酶的敏感性增加，可不经糊化直接酶解糖化。辐照后淀粉的糖化醪对酵母生长更有利，从而使马铃薯淀粉的酒精产量明显提高。此外，γ 射线辐照还能引发淀粉发生接枝改性，使淀粉发生塑化。

（五）　辐照对食品中脂类的影响

食品中脂类成分辐照分解所产生的化学物质和从天然脂肪或脂肪模拟体系辐照所形成的化学物质在性质上是相似的，主要是辐照诱导自动氧化产物和非氧化的辐照产物。饱和脂肪酸比较稳定，不饱和脂肪酸容易氧化，出现脱羧、氢化、脱氨等作用。辐照过程和随后的贮存中，有氧存在，也会促使自动氧化作用。辐照促进自动氧化过程可能是由于促进自由基的形成和氢过氧化物的分解，并使抗氧化剂遭到破坏，辐照诱发的氧化变化程度主要受辐照剂量和剂量率（单位时间内的吸收剂量）影响。此外，非辐照的脂肪氧化中的影响因素（温度、氧气、脂肪组成、助氧化剂、抗氧化剂等）也会影响脂肪的辐照氧化与分解。

比较油脂经辐照和加热处理形成的分解产物，性质基本相似，但在某些成分上存在一些定性与量的差别。从甘油三己酸酯的研究中发现，辐照产生的主要烷烃（戊烷）的量差不多是由加热所形成的 2 倍，而在加热处理中产生的主要烯烃（丁烯）的量较多。低剂量（0.5~10kGy）辐照含不饱和脂肪的食物研究表明，过氧化物的形成随着辐照剂量的增加而增加。用 60kGy 辐照猪肉，辐照产物中烃类产量（每千克脂肪中烃的质量）如下：十七碳烯 90mg，十六碳二烯 89mg，十七烷 34mg，十六碳烯 22mg，十五烷 55mg，十四碳烯 38mg，所产生的主要烃类的数字也随着剂量和辐照温度的增加而直线增加。有推测 30kGy 辐照产生的烃量相当于 170℃、24h 加热所产生的烃量。当辐照剂量大于 20kGy，"辐照脂肪"气味可察觉，在较高剂量时，变得更强烈。

（六）　辐照对食品中维生素的影响

不同维生素对射线的敏感性不同，如表 2-7 所示。维生素 A、维生素 E 和维生素 K 是脂溶性维生素中对辐照最敏感的维生素。研究发现，牛肉在氮气中经 20kGy 剂量辐照，维生素 A 破坏率达 66%，而维生素 E 则没有损失；禽肉在氮气中分别经 10，20，40kGy 的辐照，其维生素 A 的下降率分别达 58%、72% 和 95%；全脂牛乳经 2.4kGy 的辐照，维生素 E 将损失 40%；食物中的维生素 D 对辐照似乎相当稳定。鲑鱼油经几万 Gy 剂量辐照，维生素 D 并没有发现被破坏。

表 2-7　　　　　　　　　　各种维生素对电离辐射的敏感性

维生素		电离辐射敏感性	维生素		电离辐射敏感性
水溶性维生素	抗坏血酸（维生素 C）	++	水溶性维生素	维生素 B_{12}	++
	硫胺素（维生素 B_1）	++		胆碱	-
	核黄素（维生素 B_2）	-		维生素 A	++
	烟酸	-/+	脂溶性维生素	β-胡萝卜素	+
	泛酸	-		维生素 D	-
	维生素 B_6	+		维生素 E	++
	维生素 H	-		维生素 K	+/++
	叶酸	-			

注：-表示不敏感，+表示敏感，++表示非常敏感。

在水溶性维生素中，维生素 B_1、维生素 B_{12} 和维生素 C 对辐照最敏感，但在辐照剂量低于 5kGy 时，维生素 C 的损失一般低于 20%～30%。低剂量和高剂量的 γ 射线对全脂乳粉中维生素 B_1 含量的影响研究表明，0.45kGy 的辐照剂量是不引起维生素 B_1 明显变化或维生素含量损失的剂量阈值，而 0.5～10kGy 的辐照剂量则会使维生素 B_1 产生 5%～17% 损失。用 1.47kGy 剂量辐照全脂牛乳，维生素 B_1 含量损失 35%；而 20kGy 的辐照剂量则造成甜炼乳中维生素 B_1 损失达到 85%。但也有报道，27.9kGy 和 55.8kGy 剂量辐照乳粉中维生素 B_1 含量没有损失。即使是相同剂量，不同食品中维生素 B_1 的损失量也不同。例如，30kGy 剂量辐照瘦牛肉，其维生素 B_1 损失为 53%～84%，瘦羊肉为 46%，瘦猪肉则为 84%～95%，猪肉香肠 89%。样品在氧中比在氮中辐照有更多的维生素 B_1 被破坏，而 75℃ 辐照不会破坏肉中维生素 B_1。由此可知，维生素的辐照损失受辐照剂量、温度、氧气与食品类型等多重因素的影响。一般来说，在无氧或低温条件下辐照可减少食品中各种维生素的损失。

第五节　辐照技术在食品中的应用

从食品整体来说，在正常的辐照条件下食品成分发生的变化较小，却对其中的生命体代谢活动影响巨大，可能会导致其中生物酶的失活、生理生化反应的延缓或停止、新陈代谢中断、生长发育停滞、生命受到威胁、甚至死亡，且处于不同类食品中的情况差异很大。食品在受到辐照时，表层最先接受射线的作用，而微生物或昆虫多集中在食品表层，故对这些微生物的处理效果尤为显著。同时，辐照处理还会对食品成分造成一定影响，从而改变食品的品质。因此，研究辐照处理对不同类别食品的杀菌、保藏、加工及后期品质影响就显得非常重要。

一、　辐照技术在不同种类食品中的保藏应用

（一）　辐照在果蔬类食品中的应用

在现代食品加工业中，对果蔬的辐照处理主要起到防止微生物的繁殖、控制害虫感染蔓延、延缓果蔬的后熟及一定程度上改善其品质。

通过辐照处理延迟水果的后熟期对香蕉等热带水果十分有效，对绿色香蕉辐照剂量常低于 0.5kGy，但对有机械损伤的香蕉一般无效。用 2kGy 剂量即可延迟木瓜的成熟。对芒果用 0.4kGy 剂量辐照可延长保藏期 8d，用 1.5kGy 可完全杀死果实中的害虫。此外，水果的辐照处理除可延长保藏期外，还可促进水果中色素的合成，使涩柿提前脱涩，提高工业生产中葡萄汁的出汁率。

通常引起水果腐败的微生物主要是霉菌，而杀灭霉菌的辐照剂量依水果种类及贮藏期而定。生命活动期较短的水果，如草莓，较小的辐照剂量即可停止其生理作用；而对柑橘类要完全控制霉菌的危害，剂量一般要达到 0.3～0.5kGy 以上。但若剂量过高（2.8kGy），则会使果皮产生锈斑。为了获得更好的保藏效果，水果的辐照常与其他方法结合，如将柑橘加热至 53℃ 保持 5min，与辐照同时处理，辐照剂量可降至 1kGy，还可控制住霉菌和防止果皮上锈斑的形成；对表皮黄色、成熟度为 25% 的木瓜，用 50～60℃ 水洗 20s，晾 20min，水分晾干后包装，再用 0.75kGy 的 γ 射线照射，可显著延长木瓜的保藏期。在实际应用中，还可采用

辐照与冷藏相结合的方法，可有效控制苹果和草莓的采后腐败。化学防腐和辐照相结合也可有效延长水果的贮藏期，复合处理的协同效应可以同时降低化学处理的药剂量和辐照剂量，把药物残留量和辐照损伤率降到最低程度，既可延长保藏期，又可保证食品的品质和安全卫生。

蔬菜的辐照处理主要是抑制发芽，杀死寄生虫。低剂量（0.05~0.15kGy）对控制根茎作物如马铃薯、洋葱、大蒜的发芽是有效的。为了获得更好的贮藏效果，蔬菜的辐照处理常结合一定的低温贮藏或其他有效的贮藏方式。如收获的洋葱在3℃暂存，并在3℃的低温下辐照，照射后可在室温下贮藏较长时间，又可以避免内芽枯死，变褐发黑。

（二）　辐照在粮食类食品中的应用

粮食霉烂变质的一个重要因素是虫害和霉菌活动，而辐照处理可对它们进行有效抑制甚至杀灭。通常，辐照杀虫的效果与剂量及作用对象有关，0.1~0.2kGy辐照可以使昆虫不育，1kGy可使昆虫几天内死亡，3~5kGy可使昆虫立即死亡；抑制谷类霉菌的蔓延发展的辐照剂量为2~4kGy，小麦和面粉杀虫的剂量为0.20~0.75kGy，焙烤食品为1kGy。王传耀等研究表明，0.6~0.8kGy剂量辐照玉米象成虫，辐照后15~30d内玉米象成虫全部死亡。经0.2~2kGy剂量辐照玉米、小麦和大米，其营养成分均未发生明显变化。

（三）　辐照在肉类食品中的应用

辐照对肉制品的处理主要体现在对微生物和寄生虫的杀灭和酶活力的抑制。

革兰阴性菌对辐照较敏感，1kGy辐照可获得较好效果。大肠杆菌O157∶H7在1.5kGy剂量下可获得99.9999%的灭菌率，沙门菌是最耐辐照的非芽孢致病菌，在1.5~3kGy剂量也能获得99.9%~99.999%的灭菌率，但相同的辐照剂量对革兰阳性菌作用则较小。Lambert等报道，充氮包装的块状猪肉在1kGy剂量辐照后，5℃条件下可存放26d。

目前用辐照处理冷藏或冷冻的家禽以杀灭沙门菌和弯曲杆菌，处理猪肉使旋毛虫幼虫失活所带来的卫生效益最为明显，通常认为2~7kGy的辐照剂量足以杀死上述病原微生物和寄生虫，且对大部分食品不会造成感官上的不良影响。美国农业部食品安全检验局规定，冷却、冷冻肉的最大吸收剂量分别为4.5kGy和7kGy，对禽肉最大剂量为3kGy。

由于在通常的辐照剂量下并不能使肉中的酶失活（酶失活的剂量高达100kGy），所以用辐照方法保藏鲜肉可结合热处理的方法。如用加热方式使鲜肉内部的温度升高到70℃，保持30min，使其蛋白分解酶完全钝化后再进行辐照。高剂量辐照处理肉类（已包装）可达到灭菌保藏的目的，所用的剂量要能杀死抗辐射性强的肉毒芽孢杆菌的芽孢；对低盐、无酸的肉类（如鸡肉），需用剂量45kGy以上。但是，肉类的高剂量辐照灭菌处理会使产品产生异味，此异味随着肉类的品种不同而异，牛肉产生的异味最强。目前防止异味最好的方法是在冷冻温度-80~-30℃下辐照，因为异味的形成大多数是间接的化学效应。在冰冻时，水中的自由基的流动性减少，可以防止辐照产生的自由基与肉类成分的相互反应发生。辐照还会引起肉颜色的变化，在有氧存在下更为显著。

（四）　辐照在水产品类食品中的应用

水产品辐照保藏多数采用中低剂量处理，高剂量处理工艺与肉禽类相似，但产生的异味低于肉类。为了延长贮藏期，低剂量辐照鱼类常结合低温（3℃以下）贮藏。不同鱼类有不同的辐照剂量要求，如淡水鲈鱼在1~2kGy剂量下，可延长贮藏期5~25d；大洋鲈2.5kGy可延长贮存期18~20d；牡蛎在20kGy剂量下，可延长保藏期达几个月。加拿大批准商业辐照鳕鱼和黑线鳕鱼片以延长保质期的剂量为 1.5kGy。

（五）　辐照在香辛料和调味品中的应用

天然香辛料容易生虫长霉，未经处理的香辛料中，霉菌污染的数量平均为 10^4 CFU/g 上。传统的加热或熏蒸消毒法不但有药物残留，且易导致香味挥发，甚至产生有害物质。如环氧乙烷、环氧丙烷对香辛料进行熏蒸，能生成有毒的氧乙醇盐或多氧乙醇盐化合物。而辐照处理则可避免引起上述的不良效果，既能控制昆虫的侵害，又能减少微生物的数量，保证原料的质量。全世界至少已有 15 个国家批准使用辐照处理 80 多种香辛料和调味品。

香辛料所接受的辐照剂量与原料种类密切相关。张淑俭等曾用 10~15kGy 的剂量（^{60}Co γ 射线）辐照尼龙/聚乙烯包装的胡椒粉、五香粉，产品保藏 6~10 个月，未见生虫、霉烂，且调味品的色、香、味及营养成分没有显著变化。尽管香料和调味品商业辐照灭菌剂量可以允许高达 10kGy，但实际上为避免导致香味及颜色的变化，降低成本，香料消毒的辐照剂量应视品种及消毒要求来确定，尽量降低辐照剂量。如胡椒粉、快餐佐料、酱油等直接入口的调味料以杀灭致病菌为主时，剂量可高些。有些国家认为会引起辐照调味品味道变化的阈值分别为：香菜 7.5kGy、黑胡椒及其代用品 12.5kGy、白胡椒 12.5kGy、桂皮 8kGy、丁香 7kGy、辣椒粉 8kGy、辣椒 4.5~5kGy。

（六）　辐照在蛋类食品中应用

蛋类辐照主要以杀灭沙门菌为对象。一般蛋液及冰蛋液辐照灭菌效果较好。带壳鲜蛋可用 β 射线辐照，剂量为 10kGy，但高辐照剂量会使蛋液中蛋白质发生辐解，从而使蛋液黏度降低或产生 H_2S 等异味。

二、　辐照技术与其他保藏技术的协同应用

高剂量辐照会不同程度地引起食品质构改变、维生素破坏、蛋白质降解、脂肪氧化和产生异味等不良影响，因此在辐照技术研究中，比较注意筛选食品的辐照损伤保护剂和提高、强化辐照效果的物理方法。如低温下辐照，添加自由基清除剂，使用增敏剂，与其他保藏方法并用和选择适宜的辐照装置。

研究发现，采用 1~3kGy 的 ^{60}Co、^{137}Cs 的 γ 射线辐照桃，能促进乙烯生成和桃成熟。若先用 CO_2 处理，再用 2.5kGy 剂量辐照，在（4±1）℃下贮藏一个月，依然可保持桃的新鲜度。橘类辐照保藏时，先用 53℃温水浸 5min，再在橘子表面涂蜡，最后用 1~3kGy 剂量的 0.1~1MeV 电子射线照射，可减少橘类果皮的辐照损伤，并使果肉不变味，延长保藏期。腌制火腿若辅以辐照处理，可将火腿中硝酸盐的添加量从 156mg/kg 降到 25mg/kg，以减少产生致癌物质亚硝胺的危险，且不影响火腿的色、香、味，又有助于消除火腿上的梭状芽孢杆菌，明显提高火腿的质量。

此外，在食品辐照过程，辐照装置的设计效果、辐照剂量分布的均匀性等都会影响辐照食品的质量。

辐照作为一种食品加工保藏方法在当今被广泛应用，也获得了巨大了商业价值，但对部分食品也会产生一些不良影响，无法适用到所有食品。牛乳和奶油类乳制品经辐照处理时会变产生不愉快味道；许多食品，如鸡肉、鱼等都有一个剂量阈值，高于此剂量，就会发生感官性质的不良变化。辐照处理与其他优良技术的结合使用是未来食品加工保藏技术发展的一个趋势。

某些食品的辐照剂量不一定能消除全部微生物及其毒性。低剂量辐照难以杀灭细菌芽孢，为了防止肉毒芽孢杆菌的生长繁殖和产生毒素，采用辐照处理肉和鱼都要求在贮藏期内保持适当的温度（常在低温下贮藏）。黄曲霉毒素或葡萄球菌毒素都不能因辐照而失活，因此易于受这些生物污染的食品需在毒素产生之前进行辐照处理，并且在防止毒素形成的条件下保藏。此外，用于延长大多数食品保存期的低剂量辐照也并不能消灭病毒。

三、　辐照技术在改善食品品质上的应用

辐照除了大量被应用到食品的保鲜保藏上，食品中某些成分的辐照化学效应有时可以产生对我们有益的效果。如黄豆发芽24h，用2.5kGy剂量辐照，可减少黄豆中棉籽糖和水苏糖（肠内胀气因子）等低聚糖的含量；小麦经杀虫剂量辐照，其面粉制成面包体积增大，柔软性好，组织均匀，口感提高；葡萄汁制备中，葡萄经4~5kGy的剂量辐照，出汁率可提高10%~12%；干燥过的黄豆经辐照后，煮熟时间仅为未处理过的66%；脱水蔬菜用10~30kGy处理，可使复水时间大大缩短，仅为原来的1/5。

此外，我国在白酒的辐照催陈（陈化）方面已取得显著成绩。用辐照处理薯干酒，可使酒中酯、酸、醛类物质有所增加，酮类化合物减少，甲醇、杂醇含量降低，酒的口味醇和，苦涩辛辣味减少，酒的品质相应提高。关学雨等用^{60}Co γ射线以0.89kGy和1.33kGy剂量辐照的白兰地酒，经存放三个月品尝鉴定，其酒质相当于三年老酒，辐照酒的总酸、总酯均有不同程度的增加，辛酸乙酯和癸酸乙酯等酯类物质的气相色谱谱峰值显著提高，并进一步证明饮用辐照酒是安全的。

四、　辐照食品的分析检测方法

随着食品辐照保藏技术崛起，在20世纪60年代提出了辐照食品检测的课题。

辐照食品检测的目的主要包括四个方面：（1）国家相关部门对辐照食品标签的正确粘贴、食品辐照与否的声明等均进行了详细的规定并有相应的标准，辐照食品检测有利于政府的监督管理以及国家法律法规的贯彻与执行；（2）主要针对进出口食品是否满足进口国辐照检测的要求，以及防止辐照加工企业为获取更多利润而对食品辐照程度不够甚至没有辐照等情况，辐照食品检测有助于促进贸易的公平进行；（3）可为辐照与否提供一些具体、科学的数据支持，更好地维护社会和谐发展；（4）维护消费者的知情权，切实保护消费者的消费权利。

辐照处理能够使食品中某些物质产生细微的变化。这些变化主要包括引起食品中分子的激发、电离、化学键破坏、产生活性自由基等，从而生成辐解物。多数辐照食品都能依据辐照在食品中引起的物理、化学、生物学和生理学等变化或改变在实验室被检测。目前，热释光法、电子自旋共振法（ESR），以及一些化学法，如2-羟基环丁酮法、碳氢化合物法、醛法等已在国际贸易中被使用。此外，一批有潜力的方法，如化学法的o-m酪氨酸法、过氧化物法、D-2，3-丁二醇法、DNA法、化学发光法等也相继出现。这些方法的建立，提供了鉴定食品是否已被辐照和测定辐照食品吸收剂量的方法，并且强化了有关辐照食品的国家法规，提高了消费者对辐照食品的信任度，有利于推动辐照食品的国际贸易和商业化进程。

（一）　利用辐射在食品成分上产生的化学效应检测辐照食品

电离辐射与食品物质的相互作用，可在食品组分上诱发复杂的化学变化，这些变化是由

自由基过程产生的。但是，自由基也可由其他一些过程产生，如由热处理、光解、金属离子催化、酶催化作用以及超声波作用等过程产生。因此，不是所有化学变化的结果都能用来指示食品是否已被辐照，只有其中的一些辐照专一性辐解产物，一些在食品辐照前后含量有明显变化的产物，以及辐照在食品组成上诱导的某些特性才能用于辐照食品的检测。

（1）含脂食品的辐照检测　对脂类的辐解及其辐解产物已进行了广泛的研究，这些研究涉及到脂肪酸、酯和甘油三酯模式体系以及天然脂肪或含脂肪的食品。对辐解产物的研究主要集中在挥发性产物上，因为它们可能与辐照食品产生的臭味有关。研究揭示，复杂食品中脂类成分辐解产生的化学产物和从天然脂肪或脂肪模式体系辐解所生成的产物在性质上是相似的，但是产物的生成与脂类的组成和辐照条件密切有关。

利用挥发性化学物可检测含脂辐照食品。在无氧条件下辐照天然脂肪、含脂肪食品及油脂模式体系时，碳氢化合物、醛、甲基酯、乙基酯、游离脂肪酸是主要的挥发性产物，形成的碳氢化合物系列与脂类化合物中脂肪酸成分有关。在有氧条件下辐照，可发生有机自由基反应，生成过氧自由基，继而从其他分子中夺取一个氢原子，形成氢过氧化物和另一个自由基。

①利用挥发性碳氢化合物检测含脂辐照食品：虽然在未辐照的脂肪中也存在挥发性产物（如自动氧化和加热等过程生成），但是它们的碳链长度比辐照生成的要短很多，即是说，两者产物的定量分布十分不同。因此，C_{n-1}，C_{n-2} 的烷烃和烯烃以及 C_n 醛可认为是辐照专一产物。

食品经辐照生成的碳氢化合物在贮藏条件−20℃下是稳定的，在商用剂量范围内其生成量与吸收剂量成线性关系，因此，可以利用产物浓度剂量标准曲线计算被测食品的辐照吸收剂量。

②利用辐照形成的 2-烃基-环丁酮检测含脂辐照食品：当含脂食品辐照时，其中的脂肪酸可转变成相应的同碳原子数 2-烃基-环丁酮，烃基比母体脂肪酸少 4 个碳原子。至今，2-烃基-环丁衍生物只在辐照的食品中被发现，而从未在任何未辐照的食品中检测到过这些化合物，因此，2-烃基-环丁酮可作为含脂食品辐照的标志化合物。这些 2-烃基-环丁酮及其衍生物可用于检测或确证食品是否经过辐照处理。

此法的检测灵敏度与食品中母体脂肪酸的含量有关，对于脂肪含量较高的食品，如鸡肉、牛肉、猪肉，使用 2-十二烷基-环丁酮（2-DCB）作为探针化合物，可检测 0.5kGy 剂量处理食品。初步研究表明，商用剂量辐照含脂低的食品如对虾肉（5kGy）和热带水果（0.2kGy），其中的 2-烃基-环丁酮也是可检出的。一般说来，2-烃基-环丁酮方法可用于检测含脂大于 1% 的食品。

另外，也可以利用辐照形成的有机过氧化物来检测含脂辐照食品，但目前该方法尚存一些争议。

（2）含蛋白质食品的辐照检测　目前有关蛋白质的辐解及其辐解产物已进行了大量研究，这些研究涉及游离氨基酸、多肽、蛋白质及含蛋白质的食品。过去由于技术限制，蛋白质辐解产物的研究主要集中在挥发性产物上。随着技术发展，研究已扩大到非挥发性产物，这更加深了人们对蛋白质食品辐照过程的认识。对于肉类和家禽，它们主要含脂类和蛋白质，因此挥发性产物主要来源于这两类物质。分析辐照肉产生的挥发性产物的结果表明，由肉中蛋白质部分形成的产物种类和辐照游离氨基酸、肽及纯蛋白质时所产生的相似。一些实验条件的变化，如温度、空气、剂量率等也会影响辐解产物的生成。

脂肪族氨基酸被辐照时，脱氨基是主要过程。在干固态，该过程由直接作用产生；在液态水存在时，脱氨基由水吸收辐射能产生的 e_{aq}^-、氢原子和羟基自由基基导致。此外，中间自由基反应还能生成二聚产物、酮（醛）、酸、脂肪酸等产物，直接作用也可导致胺和 CO_2 生成。有氧存在时，氧能清除氢原子和 e_{aq}^-，还原脱氨基受到抑制，因羟基自由基不受氧的影响，因此氧化脱氨基仍然发生，但随脂肪族氨基酸碳链增加，氧化脱氨基作用将随之减少。

一些具有芳环和杂环结构的氨基酸，在辐解时显示出芳环、杂环化合物和氨基酸辐解的典型特性。例如，苯丙氨酸辐解时，电子可加成到羧基上消去氨基，又可被芳环俘获，质子化形成环己二烯自由基。羟基主要加成到苯丙氨酸的芳环上，形成酪氨酸的 3 种异构体，即邻酪氨酸、间酪氨酸和对酪氨酸。羟基从侧链上抽取氢原子是非常次要的过程。对于酪氨酸，由于苯环上羟基取代基的定位效应，使羟基自由基的加成反应主要发生在它的邻位。对组氨酸，羟基加成主要在 C_5 和 C_2 上。在无氧条件下，芳香族氨基酸中羟基加成生成的环己二烯自由基主要生成二聚产物，酪氨酸异构体和 3，4-二羟基苯丙氨酸（来自氨基酸）产物的产量很低。当氧存在时，环己二烯自由基与氧反应生成过氧自由基，随后消去超氧化氢自由基，分别形成酪氨酸异构体和 3，4-二羟基苯丙氨酸，两者的产量比无氧时高。

含硫氨基酸在受到辐解时，作用部位主要在—HS 和—S—S—键上，并在这些位置发生键断裂。例如，半胱氨酸辐解时，C—S 和 S—H 键断裂生成 H_2、H_2S 和胱氨酸等产物。有氧存在时，氧与碳中心和硫中心自由基结合，主要的辐解产物是胱氨酸，其他辐解产物有亚磺酸基丙氨酸、羊毛硫氨酸以及 H_2O_2 和 H_2S 等。对于胱氨酸，二硫键断裂生成亚硫酸和三硫化物等产物。氧存在时，生成磺酸基丙氨酸。

肽受到辐照时，电子加成导致脱氨基或肽分子肽键断裂。羟基自由基的抽氢反应主要发生在氨基的 α 碳上，生成的自由基在无氧时主要发生二聚，当有氧存在时，形成类似酰胺的化合物。含苯丙氨酸的肽，二聚交联大都涉及苯环，这是因为羟基加成到苯丙氨酸的芳环上形成羟基环己二烯自由基。在无氧条件下，自由基主要发生二次交联，也有少量形成邻酪氨酸、间酪氨酸和对酪氨酸残基。

在蛋白质分子中，氨基酸的活性位置由原来的氨基转移至蛋白质分子中氨基酸残基的侧链。因此，在蛋白质辐解时，酰胺键邻近的碳原子上的氢原子、芳环、二硫键、游离硫基等成为反应的敏感部位。例如，羟基可以从邻近酰胺键的碳原子上夺取氢原子，也可与芳环加成。在无氧存在时，这些自由基主要通过分子间反应生成交联产物，有氧存在时，自由基转变为过氧自由基，一些过氧自由基消去超氧化氢自由基而消失。例如，苯丙氨酸与羟基自由基加成生成的过氧自由基，脱去水分子在蛋白质分子中生成邻酪氨酸、间酪氨酸和对酪氨酸残基。

由此，通过对各种氨基酸、肽及蛋白质分子辐照后降解或转化生成的辐解产物的定量及定性分析，可用于分析、检测、判断及评价食品是否辐照及辐照程度。

（3）利用核酸的辐射化学变化检测辐照食品　DNA 是一种对辐射敏感的细胞的靶物质，它的变化可引起微生物钝化、杀虫、抑制发芽和延缓某些水果的成熟等。在微生物或昆虫中的 DNA 变化及食品中核酸物质的变化也是可检出的。辐照在 DNA 分子上产生的化学变化主要包括碱基的化学修饰、DNA 螺旋变性作用、单链和双链的断裂等。根据上述变化，已发展了多种利用核酸检测辐照食品的方法，最常见的方法有检测碱基损伤、DNA 断裂等。

（4）利用辐照产生的气体检测辐照食品 利用辐照在食品中形成的气体物质作为检测食品辐照的探针化合物也已被研究，在产生的气体物质中研究最多的是 H_2 和 CO。辐照时，这些气体化合物被封闭在冷冻食品（如肉类）或干燥谷粒（如胡椒）的内部，当食品受热时迅速释放出这些气体，并可用气相色谱（GC）或其他气体分析仪器测定。此法的缺点是在食品储藏时气体物质可从冷冻肉类中扩散出来。H_2 可在几周内扩散出样品，但 CO 在储藏几个月后含量仍明显地高于本底值。研究表明食品中的气体扩散速率依赖于储藏温度。因此，利用该方法检测辐照食品还在进一步研究中。

（5）利用辐照产生的长寿命自由基检测辐照食品 电离辐射是产生自由基的重要手段，在电离辐射作用下形成的原初产物——激发分子、正离子和电子都能进一步反应产生自由基。在一个体系中，大多数自由基的寿命很短，它们通过自由基相互反应很快消失，这些自由基对应用电子自旋共振法检测辐照食品意义不大。只有一些特殊的体系（如干燥固体样品）或含有硬组织（如骨头、钙化的表皮、硬果壳籽、核等）体系，辐照在这些食品上产生的自由基扩散困难，自由基间相互反应受到限制，仅仅具有扩散能力的一些小的活性自由基才能与它们反应，所以在上述食品体系中产生的自由基通常有较长的寿命，它们对辐照食品的检测才具有实际意义。

自由基含有未成对电子，具有电子自旋角动量，因此可用电子自旋共振法（ESR）测定辐照食品中的这些长寿命自由基。ESR 法可用于水果、蔬菜、坚果、香辛料、家禽肉类、鱼及其他水产品等食品的辐照检测。该法优点是准确、灵敏，可检测 0.2kGy 的剂量辐照食品，并可用以估测受辐照食品的吸收剂量；缺点是在进行 ESR 测量前必须将样品研磨成一定大小的颗粒，此过程本身也会产生自由基。此外，ESR 设备昂贵，且需要专业技术人员操作。

许多食品都是在包装后进行辐照的，辐照可在这些包装材料中产生自由基，它们的 ESR 波谱可能间接用于辐照食品的检测，或作为一种快速、可靠的检测辐照食品的筛选方法。例如，如果在某一食品包装材料中出现辐照所特有的 ESR 信号，则可怀疑它是被辐射过的，再用其他方法对食品本身做进一步的检验。图 2-7 所示为包装乳粉的纸材料辐照前后的 ESR 波谱。从图中可以看出，虽然未辐照样品中也有信号，但是它完全不同于辐照产生的信号。辐照产生的信号非常稳定，可用来间接检测食品的辐照。

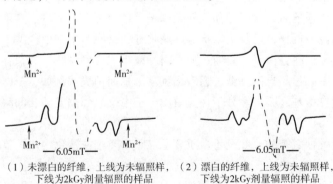

（1）未漂白的纤维，上线为未辐照样，　　（2）漂白的纤维，上线为未辐照样，
下线为2kGy剂量辐照的样品　　　　　　下线为2kGy剂量辐照的样品

图 2-7　辐照和未辐照包装纸的 ESR 波谱

聚乙烯是通常使用的合成包装材料，未辐照的聚乙烯样品无 ESR 信号，经辐照的聚乙烯样品则产生 ESR 波谱，其波谱的组成与使用的剂量有关，在较低剂量（如<5kGy）时，辐照

形成的 ESR 波谱有 6 个信号；而较高剂量（如>10kGy）的波谱则有 7 个信号。由于在室温下这些信号迅速衰变，实际上它们只能用来检测辐照后放置 1~3d 的样品。但是，如果样品在低温下保存（-23℃），则这些信号在比较长的时期内是稳定的。

未辐照的聚丙烯材料中也没有 ESR 信号，辐照产生的 ESR 波谱由 2 个主要峰和 2 个肩峰组成，肩峰很快衰减，几周后剩下 2 个稳定的信号，它们归属于聚丙烯形成的过氧自由基，虽然在室温下储藏时信号强度呈指数下降，但仍可检测辐照后放置 3 个月的样品。在低温（-23℃）贮藏时，信号强度在 3 个月内不发生明显的变化。

纯聚苯乙烯，不管是辐照的还是未辐照的，它们都没有明显的 ESR 信号，但是当聚 α-甲基苯乙烯作为共聚物存在时，辐照可以产生稳定的专一性的 ESR 信号，借助于它可检测某些辐照的聚苯乙烯包装材料。

（二）　利用热释光法分析检测辐照食品

热释光（thermoluminescence，TL），又称热改发光，是一种物理现象，是受热结晶固体将贮存在晶格中的能量以光子的形式释放出来的一种特征表现。当固体样品受电离辐射照射时，部分自由电子或空穴被晶格缺陷所俘获，这些晶格缺陷称为电子陷阱或空穴陷阱。陷阱吸引、束缚异性电荷的能力称为陷阱深度。当陷阱很深时，在常温下，电子或空穴可被俘获几百年、几千年乃至更长的时间。当样品被加热时，在陷阱中的电子获得能量，一些电子可从陷阱中逸出，当逸出的电子返回到稳定态时，就伴随有热释光发射。热释光现象比较普遍地存在于辐照和未辐照的固体样品中，因此，要区分辐照和未辐照样品，就需要一个建立在广泛实验基础上的阈值，将未知样的 TL 强度值与阈值比较，若未知样的 TL 强度值大于阈值，则此样品是辐照的；相反则是未辐照的。表 2-8 所示为辐照前后一些香辛料的 TL 强度分布。热释光法是当前检测鉴定产品是否经过辐照的一种方法，其应用最为广泛。欧盟 EN1788—2001 及日本辐照食品检测标准都采用热释光法，在两种标准中，规定热释光分析法可以用来检测草药和香辛料、新鲜水果和蔬菜以及谷物和小鱼、小虾等贝类水产这些可以分离出硅酸盐矿物质的食品。

海德和博格尔研究了多种因素对辐照和未辐照固体香辛料 TL 强度的影响。例如，TL 强度通常随吸收剂量增加而增大，随辐照样品的贮存和热处理时间增长而减弱，紫外光照、相对湿度和空气的氧化作用对热释光强度的影响一般小于对化学发光强度的影响。

此外，他们还研究了不同产地的同种香辛料的 TL 强度以及它们在不同贮存期间 TL 强度的变化。根据研究结果，提出将一种类型的未辐照香辛料的最高 TL 强度值的 2~4 倍作为鉴别这类香辛料是否已被辐照的阈值。例如，从未辐照的各种鼠尾草叶测得的最大 TL 强度为 5nC，如表 2-8 所示，则 10nC 就是判别鼠尾草叶是否已被辐照的阈值。若待检鼠尾草叶样品，其 TL 强度在 10nC 以上，说明它已被辐照；相反，它是未辐照。由于 TL 强度在样品储藏期会减弱，因此一些辐照样可能没检出。在辐照后立即检测，则所有辐照样都能正确检出，如在辐照后 2 个月检测，则检出率约为 50%。

不过，自从 20 世纪 80 年代末，Sanderson 发现香辛料和草本植物的热释光来源于黏着在其表面的无机矿物质（如硅酸盐、石英、黏土等）以后，人们对热释光方法的研究就从测量整个样品（样品和黏着的矿物质）的热释光转向测量矿物质的热释光。目前，测定矿物质的热释光方法已成功用于香辛料、草本植物。

表 2-8　　　　　　　　　　　　辐照和未辐照香辛料的热释光强度分布

香辛料	热释光强度分布/nC		辐照后检验时间/d
	未辐照	辐照（10kGy）	
龙须菜	0.01~0.9	0.5~110.0	283
香菜	0.02~1.0	0.2~5.8	611
小豆蔻	0.59~9.2	3.1~926.0	360
胡萝卜	0.49~3.8	5.0~18.5	365
芹菜籽	0.53~0.8	20.6~110.0	83
干辣椒	0.00~1.0	2.6~17.1	697
桂皮	0.02~0.8	0.3~48.0	577
丁香	0.00~0.8	0.03~0.8	97
咖喱	0.15~1.8	5.0~129.2	364
茴香	0.12~1.8	1.2~6.4	528
大蒜	0.11~0.9	2.0~18.9	337
生姜	0.69~1.9	17.6~140.7	78
辣根	0.15~1.0	1.4~40.5	287
薰衣草	11.66~120.0	14.1~14.8	52
柠檬皮	0.57~1.5	0.6~14.1	372
鸡油菌	0.53~0.8	6.1~26.0	530
肉豆蔻	0.01~0.2	0.1~1.0	358
洋葱	0.04~0.3	0.2~22.3	202
橘皮	0.10~1.2	0.23~12.4	299
黑胡椒	0.18~0.8	0.7~41.2	219
白胡椒	0.18~1.0	0.4~1.8	301
迷迭香	2.89~8.3	7.0~29.2	70
冬葱	0.06~0.7	0.1~3.6	244

（三）　利用化学发光法分析检测辐照食品

化学发光（chemiluminescence，CL）法是分子发光光谱分析法中的一类，它主要是依据化学检测体系中待测物浓度与体系的化学发光强度在一定条件下呈线性定量关系的原理，利用仪器对体系化学发光强度的检测，而确定待测物含量的一种痕量分析方法。用电离辐射照射干的固体物质（如香辛料）时，辐射诱导的一些产物（如自由基）与水接触发生反应，同时伴有短脉冲的光发射，脉冲宽度主要依赖于样品溶于水溶液所需的时间，光产额与吸收剂量有关，在许多情况，随吸收剂量而增加，最后达到一饱和值，一些光敏剂可以增加光产额。最常用的光敏剂是鲁米诺，在碱性溶液中可以释放出两个质子，在氧化作用下，该分子发生分解，同时引起化学发光。化学发光在 pH>10 时最明显，在水溶液中，发射光的发射光谱在 424nm 处达到最大。

与热释光一样，化学发光强度也与吸收剂量、样品贮存时间、热处理、相对湿度、空气及紫外光照等有关。水蒸气可以使化学发光信号淬灭，这多半是水蒸气致使表面的自由基衰变的缘故。一些含不饱和脂肪酸的香辛料，如芝麻籽，由于脂的氧化作用导致化学发光强度增强，乳粉也有这种效应。香辛料受紫外线照射也产生化学发光，但因它们的穿透能力较弱，影响主要在表面。鉴于上述影响因素，应从包装食品的内部取样分析。

化学发光的测定很方便，大多数情况，每次测量所需的样品量为 3~30mg。将称重后的样品放入聚苯乙烯的小容器中，加入 0.2mL 新制备的鲁米诺溶液，立即用发光光度计（或灵敏的光检测器）测量化学发光响应，记录最初 5s 的积分化学发光强度（mV/5s）和最大的化学发光强度（mV）。化学发光强度随食品种类不同而变化，即使是一种香料，不同产地或批次之间，它们的化学发光强度也有很大的差异，表 2-9 总结了一些辐照和未辐照香辛料的化学发光强度的变化。

由于化学发光响应与样品的辐照条件和贮存条件密切有关，而且化学发光现象也普遍存在于未辐照样品中，这样给区分辐照和未辐照样品带来了困难。为了检验食品是否已被辐照，可采用一种与 TL 相同的方法，即对每种食品建立一个阈值。与 TL 方法一样，取同一种类未辐照样品的最大化学发光强度，乘以 2~4 倍的安全系数作为阈值。根据表 2-9 中的数据可得到相应产品的阈值，若待检样品的化学发光强度值大于它的值，则此样品是辐照的，相反是未辐照的。如果辐照样品的化学发光响应处在安全系数范围内，则它们不可能用化学发光方法检出。

表 2-9　　　　　　　　　辐照和未辐照香辛料的化学发光强度分布

香辛料	化学发光强度分布/mV		辐照后检验时间/d
	未辐照	辐照（10kGy）	
龙须菜	2.8~7.1	3.4~36.7	288
香菜	1.1~4.6	3.4~10.8	281
小豆蔻	0.7~7.8	2.8~203.4	360
胡萝卜	0.8~6.0	52.1~102.2	361
芹菜籽	2.8~6.9	4.3~30.0	110
干辣椒	4.9~19.3	11.1~35.5	227
桂皮	9.7~84.9	15.5~1432	578
丁香	0.8~0.8	0.8~1.0	20
咖喱	0.7~14.7	1.8~2154	331
茴香	1.1~4.4	4.1~10.1	251
大蒜	9.1~97.4	21.3~258.6	330
生姜	1.3~8.3	5.1~12.8	254
辣根	1.5~90.7	12.3~615.2	289
薰衣草	3.7~15.6	8.8~11.6	60
柠檬皮	4.2~72.3	3.0~3066	373
鸡油菌	2.5~24.7	509.0~4267	330

续表

香辛料	化学发光强度分布/mV		辐照后检验时间/d
	未辐照	辐照（10kGy）	
肉豆蔻	1.2~6.2	1.9~7.6	362
洋葱	3.9~14.7	6.2~46.5	218
橘皮	2.1~34.6	3.2~41.8	300
黑胡椒	3.7~21.4	7.2~23.0	550
白胡椒	1.4~2.4	2.3~17.2	212
迷迭香	1.2~12.8	1.3~16.6	1
冬葱	3.9~19.5	5.5~105.5	190

（四）　利用光释光法分析法检测辐照食品

光释光法（photostimulated luminescence，PSL）是在热释光法的基础上建立起来的，由苏格兰大学和反应堆中心首先研发出来的，用于欧盟标准 EN13751—2002 中检测辐照食品的方法。光释光法的基本原理是：用电离辐射食品中的硅酸盐类等矿物质残留物时，接收到辐照的矿物质残留物会与电荷载体结合，从而将能量储存下来；当用红外光照射被辐照后的矿物质残留物时，被储存下来的能量就会以光子形式释放出来并形成激发光谱。在对样品进行辐照定性检测中，比较检测到的发光量（PLS）与低阈值（T_1）和高阈值（T_2），当 PLS 强度低于 T_1 表示未经过辐照，而 PLS 强度高于 T_2 表示经过了辐照处理，而 PLS 介于 T_1 和 T_2 之间则表示无法判定是否经过辐照，该方法不适用于这个样品的辐照检测，应采用其他方法进一步确认。

与热释光法相比，PSL 法不需要复杂的样品前处理过程，可以直接检测样品，操作简单，是成熟的一种无损检测方法。PSL 法可以对同一样品重复检查，适用于香辛料、果蔬、中草药等含有矿物质残渣的样品，是所有辐照食品检测方法中适用性最广的一种。PSL 法也有一定的局限性，只适用于含有矿物质残渣的样品，检测的信号强度与样品中残留的矿物质种类有关。此外，当被检测样品中混有未辐照样品时，检测信号被稀释，检出率随混入的未辐照样品比例的增加而降低，如未辐照样品比例超过 90%，则 PSL 法无法得到准确的辐照检测结果。样品是否避光储存，储存时间长短等也会影响 PLS 的信号强度，进而影响 PSL 法的检测准确性。

除了上述方法已成功用于某些辐照食品检测外，利用食品辐照后物理性质（如电性质、黏度等）以及生物学特性的变化，如组织和形态特征的变化来检测辐照食品也进行了大量研究，并且一些方法已得到了应用。例如，黏度法可以清楚地区分辐照和未辐照的白胡椒。

此外，为了确保分析检测结果的可靠性，可采用两种或两种以上的方法进行分析检测。用邻酪氨酸法检测辐照食品时，如果用碳氢化合物法或 ESR 作进一步检测，则可弥补一种方法的不足使分析检测结果更可靠。

五、　辐照对食品包装材料的影响及要求

上文中已经提到，辐照处理食品可对包装材料产生一定影响。选择高分子材料作为辐照

食品的包装时，除考虑包装材料的性能和使用效果外，还应考虑到在辐照剂量范围内包装材料本身的化学、物理变化，以及与被包装食品的相互作用。

某些高分子材料对辐照作用很敏感，介质吸收辐照能后，会引起电离作用而发生各种化学变化，如发生降解、交联、不饱和键的活化、析出气体（主要是 H_2）、促使氧化反应并形成氧化物（在有氧存在时）。根据各辐照剂量真空条件下辐照包装材料检测到的气体降解产物的量，常用包装材料的辐照稳定性依次为：聚苯乙烯（PS）>聚对苯二甲酸乙二醇酯（PET）>聚酰胺（PA）>聚乙烯（PE）>聚丙烯（PP）。高分子质量聚合物在真空条件下辐照，PE、PA 的主要降解产物为烃；在有空气条件下，PP、PE 的挥发性产物除有烃类外，还有酸、醛、酮和羧酸等可检测出的 100 多种物质。一般降解产物的量随着剂量的增大而增加，但某些产物的量可能在某一剂量下达到峰值。发生辐照降解的聚合物，如纤维素酯类等在剂量超过 50kGy 时，其冲击强度和抗撕强度等指标明显降低，气渗性增加；对于辐照交联为主的 PE、PA，辐照剂量在 100~1000kGy 时，弹性模数增加，交联度过高会使聚合物变得硬且脆；在隔绝氧气的条件下辐照剂量达 1MGy 时，可使偏二氯乙烯共聚物薄膜游离出氯化物，使 pH 降低。辐照处理引起的薄膜变化如表 2-10 所示。

表 2-10　　　　　　　辐照处理（ $5.8 \times 10^{10} MeV \cdot cm^2$ ）引起的薄膜变化

薄膜种类	变化程度/%			
	刚性	弯曲强度	拉伸强度	最终伸长
聚乙烯（密度 0.920g/cm³，熔融指数 0.2g/10min）	−31	+12	−45	−99
聚乙烯（密度 0.920g/cm³，熔融指数 2.0g/10min）	−16	−6	−29	−99
聚乙烯（密度 0.947g/cm³）	−20	+13	+11	−97
聚乙烯（密度 0.950g/cm³）	−63	−24	−43	−98
聚乙烯（密度 0.960g/cm³）	−58	−40	+8	−99
聚丙烯（低灰分）			−96	−87
聚丙烯（高灰分）			−93	−96
尼龙 6	+181	+136	+107	−92
尼龙 66	+54	+111	+80	−95
尼龙 610	+52	+62	+49	−92
聚苯乙烯（通用型）	−13	−24	−50	−45
聚苯乙烯-丁二烯（高冲击强度）	+99	+51	−35	−92
聚苯乙烯-丙烯腈	−5	−28	−34	−47
丙烯腈-丁二烯苯乙烯	−49	+5	−58	−93
聚氨酯	+176	+111	−59	−99

辐照巴氏灭菌条件下，所有用于包装食品的薄膜的性质基本上未受到影响，对食品安全

也不会构成危害。美国 FDA 批准用于 10kGy 剂量辐照灭菌的食品包装材料有：硝酸纤维涂塑玻璃纸、涂蜡纸板、聚丙烯薄膜、聚乙烯薄膜、聚苯乙烯薄膜、氯化橡胶、偏二氯乙烯-氯乙烯共聚物薄膜、聚烯烃薄膜或偏二氯乙烯涂塑、尼龙-11、偏二氯乙烯涂塑玻璃纸；可在 60kGy 剂量下使用的包装材料有植物羊皮纸、聚乙烯薄膜、尼龙-6、聚乙烯-醋酸乙烯共聚物等。复合软包装材料近年来也大量用于辐照食品包装，如聚酯/铝/其他塑料薄膜，这些薄膜可以是尼龙-11、异丁烯改性的聚乙烯或聚乙烯与聚酯复合膜。除了塑料外，金属、玻璃也是良好的辐照食品包装材料，但大多数聚合物（包括玻璃）在辐照下颜色由黄色（无色）变为褐色（最后变为黑色）。在大气条件下，如果 γ 射线剂量达 100kGy，则聚氯乙烯变为深绿色，聚甲基丙烯酸甲酯（有机玻璃）变为黄绿色，聚苯乙烯变为淡黄色，而聚乙烯保持不变。硅酸盐玻璃的变色通过加热能够得到恢复。

第六节　辐照食品的安全性及应用前景

一、辐照食品的安全性

食品经过电离辐照后会发生部分化学变化，剂量越高变化程度越明显。组成食品的分子经过电离辐照后会产生离子、自由基等活性粒子，活性粒子引发的化学反应，会影响食品成分的分子结构的变化，其程度与辐射条件有关。

（1）蛋白质分子经辐照会发生变性现象。有些蛋白质中的部分氨基酸可能发生分解或氧化，部分蛋白质还会发生交联或裂解作用，实验证明经 50kGy 以下辐照的食品蛋白质营养成分无明显变化，氨基酸组成稳定。

（2）脂肪分子经辐照后会发生氧化、脱羟、氢化、脱氢等作用，产生典型的氧化产物、过氧化物和还原产物。其取决于脂肪的种类、不饱和程度、辐照剂量、氧存在与否等条件。饱和脂肪一般是稳定的，不饱和脂肪易氧化，氧化程度与辐照剂量成正比。研究表明，经 40~50kGy 的辐照后，脂肪的同化作用和热能价值并不发生改变，营养价值没有明显变化。

（3）只有大剂量的辐照才能引起碳水化合物的氧化和分解，如放出 CO_2 等气体。一般情况下，碳水化合物对辐照是稳定的。20~50kGy 的剂量不会使糖的品质发生变化。

（4）维生素分子对辐射较为敏感，脂溶性维生素中以维生素 A、维生素 E 最敏感，水溶性维生素中以维生素 B、维生素 C 的敏感性强，且维生素 B_1 对辐照最敏感。维生素与食品中的其他成分复合存在将会降低对辐射的敏感程度。

目前，已有 40 多个国家批准一种以上辐照食品可供人食用。辐照食品的安全性关系到使用者的健康和食品辐照技术的前途，其包括 5 个方面：①有无残留放射性及诱导放射性；②辐照食品的营养改变；③有无病原菌的危害；④辐照食品有无产生毒性；⑤有无致畸、致癌、致突变效应。

诱导放射性是指辐射引起食品的构成元素变成放射性元素的问题。在食品辐照中使用的三种辐射源释放的能量都低于在食品中可能引起诱导放射性的能量阈值：^{60}Co 和 ^{137}Cs γ 射线源释放的光子能量分别为 1.17~1.33MeV 和 0.66MeV；由加速器产生的电子和 X 射线的能量分别低于 10MeV 和 5MeV，因此不会产生诱导放射性核素及其化合物。

近四十年来，大量的动物实验及人体试吃试验研究结果表明：目前允许使用的辐照处理剂量在食品组成上所引起的变化对人体健康无害，不会改变人体微生物菌群平衡，也不会导致食品中的营养成分的大量损失。分析辐照后食品中生成的辐射降解产物，结果表明，这些产物的种类和有害物质含量与常规烹饪方法产生的产物没有明显区别。根据各国多年的研究结果，FAO/WHO/IAEA 组织的联合专家委员会于 1980 年 10 月份宣布，吸收剂量在 10kGy 以下的任何辐照食品都是安全的，无需做毒理学实验。

二、 辐照食品的管理法规

辐照只是一种以杀虫、控制微生物、抑制发芽、保持营养品质及风味、提高食品卫生质量、延长食品保质期为目的的食品处理工艺或手段，因此，辐照后食品的感官、理化及微生物指标均应符合食品安全国家标准中相应产品标准或基础标准中相应条款的规定。美国、加拿大、法国、比利时、澳大利亚、巴西、阿根廷、日本、韩国、菲律宾、泰国、越南等国家均制定了辐照食品标准。

不同国家对食品辐照的管理及相关法规是有差异的，这使得辐照食品的国际贸易面临巨大的问题。1983 年，FAO/WHO 国际食品法规委员会采纳了"辐照食品的规范通用标准（世界范围标准）"和"食品处理辐照装置运行经验推荐规范"的标准建议，由此多个国家都将上述标准作为本国辐照食品立法的参考，将其条款纳入国家法规之中，不仅可以保护消费者的权益，还有利于促进国际贸易的发展。

我国食品辐照标准的建立始于 1980 年，原国家卫生和计划生育委员会等相关部门参考 FAO/IAEA/WHO 等国际组织有关食品辐照的指导原则，并针对不同食品进行补充验证试验，逐步建立起我国辐照食品的标准体系。我国现行的辐照食品及相关标准如表 2-11 所示。

表 2-11 我国现行食品及相关辐照标准

标准类型	标准号	标准名称
	国家强制标准	
	GB 18524—2016 食品辐照加工卫生规范	
	GB 23748—2016 辐照食品鉴定筛选法	
	GB 31642—2016 辐照食品鉴定电子自旋共振波谱法	
国家标准	GB 21926—2016 含脂类辐照食品鉴定 2-十二烷基环丁酮的气相色谱-质谱分析法	
	GB 31643—2016 含硅酸盐辐照食品的鉴定热释光法	
	GB 14891.1—1997 辐照熟畜禽肉类卫生标准	
	GB 14891.2—1994 辐照花粉卫生标准	
	GB 14891.3—1997 辐照干果果脯类卫生标准	
	GB 14891.4—1997 辐照香辛料类卫生标准	

续表

标准类型	标准号	标准名称
国家标准		GB 14891.5—1997 辐照新鲜水果、蔬菜类卫生标准
		GB 14891.6—1994 辐照猪肉卫生标准
		GB 14891.7—1997 辐照冷冻包装畜禽肉类卫生标准
		GB 14891.8—1997 辐照豆类、谷类及其制品卫生标准
		GB 16334—1996γ 辐照装置食品加工实用剂量学导则
		GB 10252—2009γ 辐照装置的辐射防护与安全规范
		GB 17568—2008γ 辐照装置设计建造和使用规范
	国家推荐标准	
		GB/T 18525.1—2001 豆类辐照杀虫工艺
		GB/T 18525.2—2001 谷类制品辐照杀虫工艺
		GB/T 18525.3—2001 红枣辐照杀虫工艺
		GB/T 18525.4—2001 枸杞干、葡萄干辐照杀虫工艺
		GB/T 18525.5—2001 干香菇辐照杀虫防霉工艺
		GB/T 18525.6—2001 桂圆干辐照杀虫防霉工艺
		GB/T 18525.7—2001 空心莲辐照杀虫工艺
		GB/T 18526.1—2001 速溶茶辐照杀菌工艺
		GB/T 18526.2—2001 花粉辐照杀菌工艺
		GB/T 18526.3—2001 脱水蔬菜辐照杀菌工艺
		GB/T 18526.4—2001 香料和调味品辐照杀菌工艺
		GB/T 18526.5—2001 熟畜禽肉辐照杀菌工艺
		GB/T 18526.6—2001 糟制肉食品辐照杀菌工艺
		GB/T 18526.7—2001 冷却包装分割猪肉辐照杀菌工艺
		GB/T 18527.1—2001 苹果辐照保鲜工艺
		GB/T 18527.2—2001 大蒜辐照抑制发芽工艺
		GB/T 22545—2008 宠物干粮食品辐照杀菌技术规范
		GB/T 21659—2008 植物检疫措施准则辐照处理
		GB/T 15447—2008 X、γ 射线和电子束辐照不同材料吸收剂量的换算方法
农业标准		NY/T 1206—2006 茶叶辐照杀菌工艺
		NY/T 1256—2006 冷冻水产品辐照杀菌工艺
		NY/T 1448—2007 饲料辐照杀菌技术规范
		NY/T 1895—2010 豆类、谷类电子束辐照处理技术规范
		NY/T 2209—2012 食品电子束辐照通用技术规范
		NY/T 2210—2012 马铃薯辐照抑制发芽技术规范

续表

标准类型	标准号	标准名称
农业标准	NY/T 2212—2012	含脂辐照食品鉴定气相色谱分析碳氢化合物法
	NY/T 2213—2012	辐照食用菌鉴定热释光法
	NY/T 2215—2012	含脂辐照食品鉴定气相色谱质谱分析 2-烷基环丁酮法
	NY/T 2317—2013	大豆蛋白粉及制品辐照杀菌技术规范
	NY/T 2318—2013	食用藻类辐照杀菌技术规范
	NY/T 2319—2013	热带水果电子束辐照加工技术规范
	NY/T 2650—2014	泡椒类食品辐照杀菌技术规范
	NY/T 2651—2014	香辛料辐照质量控制技术规范
	NY/T 2654—2014	软罐头电子束辐照加工工艺规范
进出口行业标准	SN/T 1887—2007	进出口辐照食品良好辐照规范
	SN/T 1888.1—2007	进出口辐照食品包装容器及材料卫生标准　第 1 部分：聚丙烯树脂
	SN/T 1888.2—2007	进出口辐照食品包装容器及材料卫生标准　第 2 部分：聚丙烯成型品
	SN/T 1888.3—2007	进出口辐照食品包装容器及材料卫生标准　第 3 部分：尼龙成型品
	SN/T 1888.4—2007	进出口辐照食品包装容器及材料卫生标准　第 4 部分：聚乙烯成型品
	SN/T 1888.5—2007	进出口辐照食品包装容器及材料卫生标准　第 5 部分：聚氯乙烯成型品
	SN/T 1888.6—2007	进出口辐照食品包装容器及材料卫生标准　第 6 部分：聚苯乙烯树脂
	SN/T 1888.7—2007	进出口辐照食品包装容器及材料卫生标准　第 7 部分：聚苯乙烯成型品
	SN/T 1888.8—2007	进出口辐照食品包装容器及材料卫生标准　第 8 部分：偏氯乙烯-氯乙烯共聚树脂
	SN/T 1888.9—2007	进出口辐照食品包装容器及材料卫生标准　第 9 部分：聚氯乙烯树脂
	SN/T 1888.10—2007	进出口辐照食品包装容器及材料卫生标准　第 10 部分：聚碳酸酯树脂
	SN/T 1888.11—2007	进出口辐照食品包装容器及材料卫生标准　第 11 部分：聚对苯二甲酸乙二醇酯树脂
	SN/T 1888.12—2007	进出口辐照食品包装容器及材料卫生标准　第 12 部分：玻璃制品
	SN/T 1888.13—2007	进出口辐照食品包装容器及材料卫生标准　第 13 部分：聚对苯二甲酸乙二醇酯成型品

续表

标准类型	标准号	标准名称
	SN/T 1889.1—2007	杀灭进出口食品中有害微生物最低辐照剂量　第 1 部分：串珠镰刀菌
	SN/T 1889.2—2007	杀灭进出口食品中有害微生物最低辐照剂量　第 2 部分：寄生曲霉
	SN/T 1889.3—2007	杀灭进出口食品中有害微生物最低辐照剂量　第 3 部分：赭曲霉
	SN/T 1889.4—2007	杀灭进出口食品中有害微生物最低辐照剂量　第 4 部分：黄曲霉
	SN/T 1889.5—2016	杀灭进出口食品中有害微生物最低辐照剂量　第 5 部分：禾谷镰刀菌
进出口行业标准	SN/T 1890—2007	进出口冷冻肉类辐照规范
	SN/T 1937—2007	进出口辐照猪肉杀囊尾蚴的最低剂量
	SN/T 2910.3—2012	出口辐照食品的鉴别方法　第 3 部分：气相色谱-质谱法
	SN/T 2910.4—2012	出口辐照食品的鉴别方法　第 4 部分：热释光法
	SN/T 3707—2013	香蕉中新菠萝灰粉蚧检疫辐照处理技术要求
	SN/T 4061—2014	出口辐照植物性中药材鉴定方法热释光法
	SN/T 4331—2015	进境水果检疫辐照处理基本技术要求
	SN/T 4409—2015	苹果蠹蛾辐照处理技术指南
	SN/T 4980—2017	桃小食心虫、南亚果实蝇、杰克贝尔氏粉蚧检疫辐照处理的最低吸收剂量

如表 2-11 所示，目前我国已基本建立一套从规范到检测技术的标准体系，但随着我国辐照技术在食品行业的逐渐广泛应用，仍有不足之处，目前一方面要加强辐照食品的规范要求与国际接轨，另一方面加快辐照食品检测技术的研究制定，从而保障辐照食品行业健康发展。

三、辐照食品的应用前景

辐照食品在降低由食品传播的疾病发病率，减少农副产品、食品贮运中的损耗，延长食品的保质期等方面显示的优越性，使其目前正受到世界各国的关注。目前，国际主流社会对辐照食品的安全性基本认可，这为辐照技术在食品中的实际应用推广打下了良好的基础。在国际上认可辐照食品的国家日益增加的同时，依然有许多国家和公众在反对辐照食品，设置种种技术障碍不许进口。因此我们要加速建立辐照食品卫生标准和辐照食品工艺规范，严格按照国际准的要求和指导原则，进一步完善辐照食品的法律和法规，促进食品辐照加工业的稳健发展。

随着辐照食品的商业化和产业化发展，以及辐照技术在食品行业中巨大的发展潜力，根据我国目前食品辐照技术的发展情况，未来可以通过以下几个方面的工作，来促进辐照食品技术产业的健康、有序、规范化的发展。

（一）　加大辐照技术的科普宣传力度，提高辐照食品的市场接受程度

充分利用现代化的传媒手段，加强对辐照技术的宣传，出版一些有关辐照食品的科普读物或宣传片，利用开办辐照食品专卖店、销售专柜等形式，从人们的感性认识入手，逐步消除消费者的恐"核"心理，进一步扩大和提高辐照食品的公众信任度和接受程度。

（二）　加大政府对辐照技术科研投入，组织科技攻关

突破性技术的开发研究，已成为食品辐照技术发展的一大瓶颈。因此有关政府部门要加大科研投入，组织全国或区域性的联合攻关研究，重点的研发领域应包括：①辐照食品的鉴别技术更新升级，争取对某些类别的大批量产品，尽快建立起快速、简便、效果稳定的鉴别方法；②迅速建立和颁布更多辐照食品加工工艺标准及国家卫生标准。

（三）　加快完善辐照食品生产的标准，提高我国辐照食品的国际竞争能力

以国际指导标准为参考，对比参照其他国家辐照食品的相关标准，进一步完善我国现有的标准体系，做好现有卫生标准和工艺标准的调整、修订工作。特别是要大幅度提高我国辐照食品工艺标准的技术可操作性，推进辐照食品加工企业的规范化技术改进进度，对条件成熟的企业要尽快组织实施相关质量认证工作，做好充分的技术准备，争取在最短的时间内与国际市场接轨，不断消除我国辐照食品在国际贸易中的障碍。

（四）　充分发挥食品辐照加工技术在保障食品卫生安全方面的作用

食源性疾病是目前人类面临的重大健康杀手之一，食品中的致病性微生物也是目前影响我国食品安全的主要因素。由于我国食品生产和销售系统的条件相对还比较落后，食品卫生安全的保障就更加困难。因此我们建议重点推广食品辐照杀菌的低剂量处理技术，如小包装熟食及即食性方便食品的辐照消毒杀菌技术；预冷小包装鲜肉（包括禽肉）的辐照杀菌技术；调味品、脱水制品的辐照灭菌技术；功能性食品的辐照消毒技术；各地特色风味及名、优产品的辐照保鲜处理技术等。通过采用辐照技术逐步解决我国部分食品的安全卫生方面的问题，再以点带面，通过小范围的辐照食品应用推广，逐步提高辐照技术在食品中的应用范围。

（五）　加大谷物辐照杀虫技术的推广应用

谷物是重要的食品原料，原料产品质量的优劣会直接影响食品的质量。在传统的谷物贮藏技术中，主要采用溴甲烷之类的熏蒸杀虫剂，通过定期熏蒸处理来控制杀灭仓库中的各类害虫。由于一直采用相同的方法进行杀虫处理，不但可以使害虫产生抗药性，而且会产生大量的药物残留，直接危及食品谷物原料的质量。大量的研究发现，在 $1.0 \sim 2.0 kGy$ 的辐射剂量条件下，就能够杀死几乎所有的谷物仓储害虫，并且不会产生毒副作用，目前也建立了部分相关生产及加工标准。谷物辐照杀虫处理技术被证明是一项非常有发展前途的实用、安全、卫生的新技术，应加大辐照技术在储粮中的应用推广。

随着全球贸易的一体化，食品发展的主题趋向更加卫生、安全、健康和营养，食品辐照技术因其明显的优势，对确保食品的卫生、安全，减少污染、残留，保证环境安全起着不可替代的作用。面对食品辐照引发的社会、政治和贸易问题，世界各国都在选择和加紧调整适合自己国情的辐照食品质量安全管理体系。为促使我国辐照食品产业又好又快的发展，应从以下五个方面着手：①完善辐照食品法规框架体系，使辐照食品的管理、监管、检测、仲裁、告知等有法律依据；②强化统一管理，使辐照食品质量安全管理体系具有连贯性和可操作性；③加强辐照食品质量安全的监管，落实对消费者的保护措施，获得贸易国的信任；

④提高辐照食品鉴定技术水平，确保检测结果的可信度和有效性，增加仲裁的科学性和公正性；⑤积极推进辐照食品的信息、教育、交流和培训，增强辐照食品消费者、加工者和进出口企业的信心，提高贸易的透明度，促进辐照食品产业的不断扩大。食品辐照处理作为保障食品安全的终端保障措施，将愈加受到食品安全研究、管理者及政府的关注和重视，辐照处理也将成为预防外来生物入侵的有效手段。因此，我们应充分发掘这门技术的应用领域，掌握辐照技术的优势，更好地为我国食品的加工与保藏服务。

食品辐照技术的前途不仅取决于它能否提高产品的质量以及延长食品贮藏期，更主要的是取决于消费者的接受程度。及时提供辐照有关的信息资料，加大对消费者的宣传力度以消除消费者的心理障碍，可以更好地促进辐照食品的商业化。相信辐照食品保藏技术在世界范围内将会成为改善食品卫生、防止食品损耗以及代替化学熏蒸法的有效技术，将会稳健的向前发展。

脉冲电场技术及其在食品保藏中的应用

第一节　概　　述

随着物质和文化水平的不断提高，绿色健康的消费理念越来越受到人们的关注。消费者对食品的营养、健康、绿色以及不过度加工的需求，向食品加工行业提出了新的要求。食品加工通常采用热处理来杀死食品中的微生物和钝化食品中的酶，以保证食品安全，延长食品贮藏期。然而，热处理会引起的食品色香味和营养的较大损失，因此，非热力加工技术已成为目前食品加工技术的热点之一。

脉冲电场（pulsed electric field，PEF）是一种食品的非热加工和保藏技术，指对两个电极间的流态物料反复施加高电压的短脉冲进行处理的过程，它能杀死食品中的致病菌和致腐微生物，还能钝化酶，非常有利于食品的保藏。通常脉冲电场采用高电压（10~50kV）、短脉冲及温和的温度条件处理食品，被处理食品处于液态或半固态。与传统的热杀菌相比，脉冲电场一般在常温或较低温度下处理食品，处理时间短，几乎不产生热量（加工后物料升温少），热能消耗少，能最大限度地保留食品原有的感官品质和营养价值，延长食品保质期。脉冲电场技术特别适合于热敏性很高或有特殊要求的食品杀菌，目前在果蔬汁、牛乳等液态食品的杀菌中应用较多。脉冲电场在果蔬汁的加工中已显示出特有的优越性，有望取代或补充热杀菌技术。目前美国已经有商业化产品上市。

目前脉冲电场主要用于杀灭食品中的微生物，从而达到防腐保鲜的目的，然而越来越多的研究发现脉冲电场还能影响食品中的酶、营养成分和风味等，进而对食品的组织结构和营养特性等食用品质产生影响。近年来，随着脉冲技术研究的不断深入，作为一种能应用到食品加工中的高新技术，脉冲电场技术具有巨大的开发潜力和广阔的市场前景。

第二节　脉冲电场技术概况

一、脉冲电场技术发展史

在食品行业中，液态食品的保鲜问题一直是困扰行业发展的技术瓶颈之一，其中以牛乳、酸奶和豆乳等为代表的高蛋白含量乳制品的灭菌问题尤为突出。目前乳制品生产加工中广泛使用的巴氏杀菌、高温短时杀菌和超高温瞬时杀菌等热杀菌技术，难以兼顾产品的最终杀菌效果和品质。因此，能兼顾杀菌效果和食品品质的高效杀菌技术成为液态高蛋白及乳制品食品行业的迫切需求。

（一） 脉冲电场杀菌起源

19 世纪 20 年代到 30 年代，美国的一些农场采用 220V 低压交变电场对牛乳进行杀菌处理，这是最初的电杀菌方法，但使用的并非脉冲电场。20 世纪初，国外有人开始使用高压电场对牛乳进行灭菌处理。20 世纪 50 年代，一种通过浸在液体内的电极快速释放高压电，产生瞬时高压脉冲、电弧光以及电化学反应来灭菌的液体内放电法，由于会造成食品的电污染（因电极腐蚀引起），并可引起食品中颗粒物的瓦解（冲击波作用引起），仅在污水处理中使用。20 世纪 60 年代，英国学者发现 25kV/cm 的直流脉冲能有效致死酵母菌和营养细菌；Doevenspeck 研究发现，不同强度的匀强电场能不同程度地抑制微生物的生存；Sale 和 Hamilton 率先研究了脉冲电场的灭菌效果，认为影响电压灭菌效果的两个最主要因素是电场强度和时间，且通过实验证明了产生灭菌作用的既非热力作用，也非电解产物。20 世纪 80 年代后，Hulsheger 等学者进一步探讨了电脉冲的杀菌机理，并开始研究能应用于工业生产及商业应用的设备。近二十年以来，有关脉冲电场设备的研究逐渐升温，在美国、日本等一些发达国家已经研制出了可商业应用的成套技术装备。此外，有关脉冲电场对各种食品的杀菌保鲜方面的研究已有大量报道，脉冲电场杀菌技术也被公认为目前国际上最先进、研究最热门的灭菌技术之一。

（二） 国外脉冲电场杀菌研究现状

国外对脉冲电场研究比较详细，并已经逐步在向商业化应用过渡，其中用于实验室研究的装置就有数十种，可供商业化应用装置数量也在逐渐增加。国外在脉冲电场非热加工实验设备、中试设备方面也取得了很大突破，为脉冲电场技术的相关基础研究和应用研究提供了硬件保障，每年都有大量关于脉冲电场非热加工技术应用的研究报道。

作为一种新型的食品非热杀菌技术，脉冲电场一直受到美国、德国、法国、加拿大等发达国家政府、企业和研究单位的广泛重视。在美国，俄亥俄州立大学、华盛顿州立大学、明尼苏达州立大学、国家食品安全与技术中心和 Pure Pulse Technology 公司等多家单位和企业都一直在进行脉冲电场技术的相关研究。美国已申请了超过十项与脉冲电场杀菌设备和技术方面的专利。欧盟也成立了高强度电场项目研究委员会，德国柏林理工大学、加拿大圭尔夫大学、英国和荷兰的 Unilever 实验室、日本的 Mitsubishi 公司和 Toyohashi 科技大学等一众高校及企业，也都相继在脉冲电场杀菌效果的研究方面取得了一定的进展。

近年来，德国汉堡大学、华盛顿州立大学和俄亥俄州立大学先后开展了脉冲电场对牛乳、果汁、豌豆汤等液态及颗粒状食品的杀菌研究。坐落于加利福尼亚州圣地亚哥的 Pure Pulse Technologies 公司拥有名为 "Cool Pure" 的脉冲电场杀菌体系，已成功应用于牛乳、啤酒、液态全蛋、酱油和各种果汁的加工处理。日本麒麟啤酒公司和群马大学通过共同研究，建立了利用脉冲电场在低温下杀死影响啤酒感官特性及品质的细菌的方法。国外研究人员还将高压脉冲电场用于处理各种果汁、牛乳、蛋清液等液态食品和原料，并对培养液中的酵母菌、革兰阳性菌、革兰阴性菌等的杀灭效果进行了大量研究，均得到了良好的研究结果。大量研究表明，经高压脉冲电场瞬时处理（几微秒到几毫秒，最多不超过 1s），不会对食品的感官品质造成任何负面影响，却能将产品保质期延长 4~6 周，且抑菌效果能达到 4~6 个数量级。

在设备研究和制造方面，俄亥俄州立大学处于国际领先地位。该大学已建成一条处理能力达到 2000L/h 的标准工业化生产线，并对包括橙汁、苹果汁、酸奶等产品在内的一系列产品进行了杀菌实验，均获得了良好的效果，且应用该生产线加工的果汁产品的色泽、风味、营养等质量指标明显优于传统的热杀菌产品，设备开发和部分产品（如酸性果汁）的加工工艺均已发展到准工业化阶段。美国俄勒冈州的 Genesis Juice 公司利用脉冲电场技术生产的果汁已通过食品药品管理局认证，并已在波特兰市场上正式销售。该公司的脉冲电场加工果汁包括苹果汁、草莓汁等，所用脉冲电场处理系统为 OSU-5 型，处理速率约 200L/h，脉冲电场处理后的果汁保质保存期为 4 周。

（三）　国内脉冲电场杀菌研究现状

随着国外脉冲电场杀菌技术的兴起，我国研究人员自 20 世纪 90 年代起，也逐渐开始了相关方面的理论研究与应用实践。国内先后有几批学者到国外，特别是到俄亥俄州立大学进行该领域的研究，归国后也在脉冲电场加工处理的领域进行发展。其中，吉林大学殷涌光教授一直致力于脉冲电场非热杀菌及有效成分提取原理与方法研究，对脉冲电场杀菌技术参数、杀菌强度，以及杀菌装置的结构、杀菌装置内电场和温度场、食品流动场等方面进行了大量研究，为国内脉冲电场领域的研究奠定了基础。国内还有华南理工大学、中国农业大学、江南大学、清华大学、大连理工大学、西安交通大学、西北农林科技大学等多家知名高校在脉冲电场加工处理领域有较突出的研究成果。目前国内对脉冲电场的研究主要集中在以下五个方面：

（1）脉冲电场的非热力杀菌效果及机理研究　1992 年，邓元修尝试了脉冲电场对酵母菌和大肠杆菌的杀灭作用，发现每吨液态食品灭菌耗电量为 0.5~2.0kW/h，液体升温小于 2℃，能最大限度保留食品中营养成分。1997 年，陈建的研究表明在 40kV/cm 的处理条件下，50 个脉冲处理能使脱脂乳中 99% 的大肠杆菌失活。1998 年，殷涌光通过脉冲电场处理装置内温度分布模型实验研究发现，电场强度是影响脉冲电场对发酵乳中乳酸杆菌的杀菌效果的最主要因素。曾新安进一步提出了脉冲电场杀菌是电场和热效应的协同作用。

（2）脉冲电场对酶及酶构象的影响　脉冲电场处理会影响果胶酯酶的活性，并会影响酶的构象。也有研究发现脉冲电场处理会降低过氧化物酶和脂肪酶的活力，且酶活力的降低与脉冲数目的增加呈正相关。

（3）脉冲技术辅助提取研究　经过脉冲电场预处理明显能提高红莓花色苷的提取率，并能缩短提取时间。与碱提取法、酶提取法相比，脉冲电场能显著提高林蛙多糖的提取率。王春利等发现应用脉冲电场技术，可以将牛脾脏中非特异性转移因子的提取率提高到常规方法的 2 倍，复合酶法的 1.47 倍。

（4）脉冲电场处理对食品营养与功能的影响　曾新安研究发现采用脉冲电场处理过的脱脂乳，其中总氨基酸含量没有减少反而有所提高。也有研究发现，脉冲电场处理后，发酵乳的理化性质（酸度、黏度等）、脂肪和酪蛋白等指标变化较小。

（5）改进脉冲电场处理系统　目前国内关于脉冲电场的研究还处于实验室研究阶段，鲜有可供工业化应用的设备报道。

任何一种新的加工工艺和技术在大规模工业化使用前必须对其安全性、有效性及适用性进行反复确认，需要研究者、生产者及管理者通力合作，花大量的时间，对生产条件、操作参数及物料特性等多重因素一一进行挖掘、认知和掌握，然后才能对新工艺、新技术进行准确调控，最终实现工业化及商业化的应用。脉冲电场技术对食品中微生物、酶和组分的影响关系着食品的安全、品质和营养，是其应用于食品加工的重要考察指标。总体而言，国际上脉冲电场杀菌技术已逐步进入实用阶段，随着一些关键问题的解决，作为一种高效的非热杀菌技术，脉冲电场将会得到进一步推广。

二、 脉冲电场技术的特点

脉冲电场灭菌技术将物料通过泵送等方式运送通过设置有高强脉冲电场的处理器，使微生物在极短时间内受到强电场力的作用，导致细胞结构破坏，菌体死亡。与其他杀菌技术相比，脉冲电场杀菌技术主要具有以下六个优点。

（1）杀菌效果好　能有效杀灭食品中酶及微生物，一般能达到灭菌 6 个数量级以上。

（2）杀菌时间短　一般物料实际接受脉冲电场作用的时间在毫秒以内，整体灭菌工序操作时间在数秒以内。

（3）杀菌温度低　一般物料在接受脉冲杀菌处理后升温在 30℃ 以内。假设物料初始温度为 25℃，即使不经过降温处理，在经过脉冲电场杀菌处理后物料温度不超过 55℃，完全处于能对物料营养和风味进行充分保护的"冷处理"范围，杀菌过程产热少，副产物少，对食品的化学成分、外观及风味基本无影响，可以广泛地应用于热敏性物质的加工与提取，可有效避免热效应引起食品品质下降。

（4）处理均匀　脉冲电场具有极强的穿透力，能避免一些常规加工技术处理食品时的不均匀性，除电极边缘外，在脉冲电场中各部分物料受到的处理场强大小一样，因此适用范围极广。

（5）后续处理简单　灭菌处理后的物料温度变化小，无需冷却即可进行封装，生产效率高。

（6）绿色、健康、环保　脉冲电场技术能有效保留食品中的营养成分，不会引起食品营养成分的改变；也不会产生对人体有害的自由基；耗能小、处理效率高，脉冲电场灭菌技术能耗仅为热处理的 40% 左右；脉冲电场加工对环境无污染，不会造成二次污染及三废问题。

此外，脉冲电场处理设备易于清洗、维护，脉冲电场加工操作简便结果重现性好。综上可知，脉冲电场技术在填补食品、药品等领域，以及非热力加工、高效提取技术的空白方面具有明显优势，脉冲电场加工技术的研究及应用或将引起工业化提取天然有效成分的革命。

三、 脉冲电场处理对食品的影响

（一） 脉冲电场处理对食品风味的影响

脉冲电场处理能有效杀灭食品中的微生物，操作温度通常在室温或低温条件下，作用时间短，处理过程升温较少，不会对食品的风味、口感和营养成分产生传统热加工导致的不良影响，能够提供新鲜安全的食品并显著延长食品的保质期。脉冲电场处理后的食品风味及营养价值则依赖于食品的包装材料及储藏条件。

脉冲电场处理不仅能有效保持食品的营养成分和感官性质，甚至对某些食品的风味有积极作用。目前有关脉冲电场处理对酒类的催陈作用已有一定的研究报道，因此在酒类生产加工，尤其是加速陈化方面有着较为广阔的应用前景，同时为推广脉冲电场陈化酒的处理，也需要进行更多的实验探究。

（二）　脉冲电场处理对食品成分的影响

食品中含有大量的蛋白质、脂类和多糖（碳水化合物）等大分子物质，脉冲电场处理可能会引起这些大分子的变形或重排，导致分子间共价键断裂，促使氧化还原反应发生。液态食品中如果含有气体，在脉冲电场处理过程中，气泡会先发生电离，产生高能量电子，促使液体分子分解生成更多气体，产生如氯气等的有害气体。因此，许多研究者建议在脉冲电场处理前，液体食品应先做脱气处理，固态食品轻微压缩以排除多余气体。此外，对于处理含有杂质或不均匀食品时，要注意电极及电极边缘是否光滑，避免因不光滑引起电场场强分布不均，导致局部电场过高，增加脉冲电场处理的危险性。脉冲电场对食品成分的影响主要包括以下五部分。

（1）脉冲电场处理对食品中蛋白质的影响　与其他热处理方式相比，脉冲电场处理对食品中营养成分的损害较小，但脉冲电场处理会改变蛋白质的结构和功能，同时使游离氨基酸的含量上升，因而对蛋白质成分仍有一定影响。然而，从蛋白质变性的比例上来看，脉冲电场处理对蛋白质的整体影响仍不显著。脉冲电场处理破坏蛋白质结构的机理主要为：在外加电场的情况下，蛋白质分子内部的带电基团受到电场力的作用，破坏了蛋白质基团间的静电平衡以及带电基团的定位作用，从而破坏蛋白质的二级和三级结构；此外，因电场的作用导致的食品中蛋白质之外的其他带电成分的原有分布被破坏，也会对蛋白质造成影响。脉冲电场处理对生物活性蛋白的功能性质产生正面或负面的影响与脉冲电场处理参数的选择具有显著的相关性，因此可以通过选择合适的工艺参数来提高其生物活性。脉冲电场处理对蛋白质会产生一定影响，但一般并不显著，且可通过改变处理条件或与其他处理方式协同作用，在能达到预期处理效果的前提下减少对蛋白质的影响。

脉冲电场也会对蛋清蛋白功能性质产生影响。当脉冲电场强度低于 30kV/cm 时，蛋清蛋白的疏水性、乳化性、起泡性和泡沫稳定性随脉冲电场强度增加而增大，但当脉冲电场强度大于 30kV/cm 后，蛋清蛋白的疏水性、乳化性、起泡性和泡沫稳定性下降；蛋清蛋白的溶解度在脉冲电场强度大于 35kV/cm 时会下降；随着脉冲电场脉冲数的增加，蛋清蛋白的溶解度、疏水性、乳化性、起泡性和泡沫稳定性变化不显著。此外，由于脉冲电场处理对某些蛋白质功能性质的影响具有两面性，因为对蛋白质的定向改性可能成为脉冲电场技术的一个新应用方向。

（2）脉冲电场处理对食品中碳水化合物的影响　脉冲电场对碳水化合物影响的研究较少。目前研究发现，脉冲电场处理脱脂牛乳对乳糖含量的影响不显著，脉冲电场处理对葡萄汁中还原糖含量也不会产生明显影响。经脉冲电场处理后，玉米淀粉的淀粉颗粒表面出现了明显的小孔和凹坑，且淀粉的 X 射线衍射峰强度下降，焓值及糊化转变温度降低，这些理化性质的改变表明玉米淀粉在脉冲电场作用下分子结构被破坏并发生了重排。此外，脉冲电场处理过的苹果中碳水化合物含量较未处理的高，这可能是因为脉冲电场处理抑制了细胞呼吸氧化作用相关的酶和葡萄糖氧化酶的活性。

（3）脉冲电场处理对食品中脂类的影响　脉冲电场处理会引起食品中脂肪酸、油脂等发生变化。脉冲电场处理会改变油脂的氧化进程，且对食品中脂类组分的产生复杂的影响，因此，脉冲电场对食品中脂类成分的影响还有待进一步研究与探讨，不能片面评价其好坏。

（4）脉冲电场处理对食品中其他成分的影响　脉冲电场处理的果汁中维生素 C 的含量较热处理的高，可能是因为脉冲电场处理过程引起的果汁升温较小的原因。此外，脉冲电场处理不会像热处理一样引起果汁中胶状物质沉淀及发生絮凝，这可能是脉冲电场处理使附着在果肉上的凝结物质被分离开了。

脉冲电场处理对于食品中热敏性色素，如花青素、叶绿素等具有明显的保护效果，因而能很好地保持脉冲电场加工后食品的色泽。除了热效应降低以外，由于脉冲处理前需对固体食品加压排气，对液体食品脱气处理的过程也对食品中容易因氧化降解造成褪色的色素具有明显的保护作用。对于植物性固态食品，脉冲处理会导致细胞膜非热破裂，降低甚至完全失去细胞组织的膨胀成分。

（5）脉冲电场处理对食品中添加剂使用的影响　脉冲电场处理食品还能减少食品加工过程中添加剂的使用。一方面，脉冲电场处理可以通过有效保持食品的色泽而减少护色剂和保鲜剂等的使用，这主要是应用在绿色蔬菜的护色保鲜；另一方面，基于脉冲电场处理对食品的风味产生的影响，可减少相关食品香精香料的使用，如使蛋白质降解为氨基酸增加鲜味，对于酒类的催陈作用等。此外，通过脉冲电场处理蛋白含量高的液态食品，可避免蛋白质沉淀的产生，如应用脉冲电场对进行过一定处理的酱油进行处理，可放置 6 个月而无沉淀产生。因此通过脉冲电场对某些食品进行处理，可减少或避免食品中相关食品添加剂的使用。

（三）　脉冲电场处理对食品保质期的影响

感官评价是判定食品品质优劣的主要方法，主要包括对食品色泽、风味、滋味、质构、澄清度、新鲜度以及是否有腐败味等的评价。脉冲电场对食品微生物的杀灭，可有效减少食品被微生物污染，并对食品储藏期间感官、理化指标的稳定都有显著的效果，能有效延长食品保质期。研究表明，脉冲电场处理过的食品比其他方法处理的食品拥有更长的保质期。该技术在食品中的应用研究主要集中在延长果汁、牛乳、豆乳及液态蛋等液体食品保质期上。

第三节　脉冲电场技术基础及杀菌机理

一、　脉冲电场杀菌机理

（一）　食品的电特性和电模型

电阻率（或者电导率）是表征食品电特性的主要参数。食品电阻率的高低直接反映着食品的导电性，承受高压电脉冲作用的负载大小，会对脉冲发生系统的输出特性产生影响，并与最终的脉冲处理效果紧密相关。

电阻率是电导率的倒数，表 3-1 所示为部分食品的电阻率。一般食品的电阻率在 $0.4 \sim 100\Omega \cdot m$ 之间变化，高盐和高水分含量的食品电阻率较低，而纯脂肪和油等电绝缘体的电阻率则相对较高。此外，电阻率在很大程度上取决于温度，也与电脉冲频率（除了无杂质液体）密切相关，还可能取决于所施加的电压。

表 3-1　　　　　　　　　　　　　　　部分食品的电阻率和电导率

食品或食品模型	电阻率/（Ω·m）	电导率/（S/m）	温度/℃
蔬菜	20~111	0.009~0.048	—
水果	12.9~43.6	0.023~0.077	—
萝卜	33.3	0.03	30
马铃薯	33.3	0.03	20
	10	0.1	40
	6.66	0.15	80
桃	25	0.04	20
	12.5	0.08	—
鸡肉	12.5	0.08	—
鳄梨	10	0.1	20
	6.6	0.15	30
苹果汁	5.7	0.17	15
浓缩橘汁	3.0	0.33	15
橘汁	2.7~3.0	0.33~0.37	—
	2.34	0.43	42
马铃薯葡萄糖琼脂	7.9	0.13	15
脱脂乳	3.1	0.32	15
天然牛乳	2.6	0.38	15
	2.3	0.43	20
	2.2	0.45	20
1.5%脂肪的超高温瞬时杀菌牛乳	2.2	0.45	—
3.5%脂肪的超高温瞬时杀菌牛乳	2.2	0.45	—
2.05%脂肪的牛乳	2.04	0.48	—
3.45%脂肪的牛乳	2.09	0.47	—
20%脂肪的全牛乳	1.8	0.55	10
	1.1	0.9	30
酸奶	1.69	0.59	23
相对湿度75%，含4%NaCl的鱼糜	1.66	0.6	40
液态蛋	1.7	0.59	21
蛋白	1.55	0.65	15
20%干固体脱脂乳	1.31	0.76	10

续表

食品或食品模型	电阻率/（Ω·m）	电导率/（S/m）	温度/℃
	0.8	1.25	30
番茄沙司	0.42	2.38	15
豌豆汤	3.8	0.26	15
1g/LNaCl	4.16	0.24	—
2g/LNaCl	2.38	0.42	—
3g/LNaCl	1.63	0.61	—
4g/LNaCl	1.23	0.81	—
5g/LNaCl	0.98	1.02	—
20g/LNaCl	0.34	2.9	—

由于某些食品结构不均匀，会形成成分和电阻率不同的区域。悬浮于液体中的固态食品可能会有与液体截然不同的电阻率，当液体电阻率较低时，电流则可能直接流经液体而不通过固体。此外，在经过一个或几个电脉冲处理后，含有杂质的食品的电特征可能会发生改变（特别是当食物的细胞膜被击穿后）。

当我们把食品样本看成一个电路模型时，必须同时考虑它的电阻和电容特征。将带电荷离子的传导看成一个电阻模型，偶极子的极化则可以看成一个电容。液态食品主要由水和蛋白质、维生素、油脂和矿物质等营养物质组成，当将其置于电场中时，偶极分子产生极化，电荷携带者（如离子等）大量移动，将会产生电容电流和电阻电流，如图 3-1（1）所示。图 3-1（2）所示的电路则为电介质极化模型（形成电容），图 3-1（3）所示为电荷携带者的传导电路模型（形成电阻），图 3-1（4）所示则为二者结合起来的电路（形成并联的电阻电容电路）。

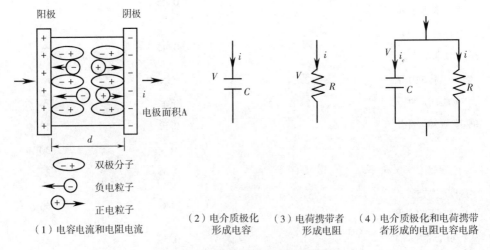

（1）电容电流和电阻电流　（2）电介质极化形成电容　（3）电荷携带者形成电阻　（4）电介质极化和电荷携带者形成的电阻电容电路

图 3-1　高压下流态食品电学特征

（二）　脉冲电场杀菌作用机理

目前关于脉冲电场的杀菌作用机理有多种假说，主要包括：细胞膜穿孔效应、电磁机制理论、黏弹极性形成模型、电解产物效应、臭氧效应等，而大多数学者更倾向于电磁场对细胞膜的穿孔效应。

（1）细胞膜穿孔效应　细胞膜穿孔效应表示，细胞膜由镶嵌蛋白质的磷脂双分子层构成，它带有一定的电荷，具有一定的通透性和强度，膜的外表面与膜内表面之间具有一定的电势差；当细胞上加一个外加电场，这个电场将使膜内外电势差增大，此时，细胞膜的通透性也随着增加；当电场强度增大到一个临界值时，细胞膜的通透性剧增，膜上出现许多小孔，使膜的强度降低；当所加电场为脉冲电场时，电压在瞬间产生剧烈波动，会在膜上会产生振荡效应；最后，在细胞膜上孔的加大和振荡效应的共同作用下，细胞发生崩溃，从而达到杀菌的目的。穿孔效应假说可以通过两种方法来证实：一是电子显微镜下的照片显示，如酵母菌被处理后可以见到菌体上有明显的裂痕；二是检测杀菌前后菌液中离子浓度，如 Jaya 对磷酸盐缓冲液中的乳酸杆菌进行脉冲处理，比较杀菌前后的阴离子浓度，发现在乳酸杆菌被杀灭后氯离子浓度高了很多，由于实验排除了氯离子的其他来源，故而只能得出因为乳酸杆菌细胞膜破裂导致细胞内物质外泄的结论。

（2）电磁机制理论　电磁机制理论是建立在电极释放的电磁能量互相转化基础上的。电磁机制理论认为：电场能量与磁场能量是相互转换的，在两个电极反复充电与放电的过程中，磁场起了主要杀菌作用，而电场能向磁场的转换保证了持续不断的磁场杀菌作用。这样的放电装置在放电端使用电容器与电感线圈直接相连，细菌放置在电感线圈内部，受到强磁场（磁场强 6.87T、功率 16kW）作用。

（3）黏弹极性形成模型　黏弹极性形成模型认为，一是细菌的细胞膜因在杀菌时受到强烈的电场作用而产生剧烈振荡，二是在强电场作用下，介质中产生等离子体，等离子体发生剧烈膨胀，产生强烈的冲击波，超出细菌细胞膜的可塑性范围而将细菌击碎。

（4）电解产物效应　电解产物理论指出在电极施加电场时，电极附近介质中的电解质电离产生阴离子，这些阴阳离子在强电场作用下极为活跃，能穿过在电场作用下通透性提高的细胞膜，与细胞的生命物质如蛋白质、核糖核酸结合而使之变性。该理论的不足之处是难以解释在 pH 发生剧烈变化的条件下，杀菌效果没有明显变化的结果。

（5）臭氧效应　臭氧效应理论认为在电场作用下，液体介质被电解产生臭氧，在低浓度下臭氧已能有效杀灭细菌（臭氧杀菌作用详见本书相关章节内容）。

二、　影响脉冲电场杀菌效果的因素

脉冲电场杀菌是把液态物料作为电介质置于或连续流过杀菌室两电极间隙内或两电极间隙，并且在两电极上加上一定电场强度和适当频率的脉冲电场，利用电磁效应、力学效应和化学效应分别引起的细胞膜穿孔、强大的冲击波和细胞杀灭的共同作用使微生物细胞产生崩溃致死。影响脉冲电场杀菌效果的内部因素主要有电场强度、脉冲宽度、脉冲频率、作用时间等，外部因素则包括介质温度、微生物的种类、处理室结构、介质 pH 等。

（一）　脉冲电场参数对杀菌效果的影响

（1）电场强度对杀菌效果的影响　电场强度对脉冲电场的杀菌效果具有显著影响，不同电场强度对同种微生物的杀灭效果不同，不同微生物对同一电场强度的耐受性也不同。使用内径为 2mm 电极处理室，在室温 20℃ 的条件下，流量 10mL/min，电场频率为 32Hz，脉冲宽度为 17μs，脉冲数为 80，脉冲电场强度分别为 2.5，5.0，10.0，12.5，15.0，17.5，20.0kV/cm，研究脉冲电场强度对酵母菌、金黄色葡萄球菌、青霉菌和大肠杆菌杀菌效果的影响的结果表明：随着电场强度的增加，4 种微生物的致死率都在提高，即杀菌效果明显增强。

其中，电场强度由 0kV/cm 增加到 7.5kV/cm 时，脉冲电场对酵母菌的杀菌效果显著提高，啤酒酵母的菌落数随着电场强度的增加急剧减少，且在电场强度为 7.5kV/cm 时已难以检出。

随着电场强度的增加，青霉菌的菌落数在减少：当电场强度由 0kV/cm 增加到 5.0kV/cm 时，青霉菌的活菌数量级减少的比较平缓；当电场强度为 7.5kV/cm 时，青霉菌的活菌数量级的减少值显著下降；当电场强度达到 20.0kV/cm 时，青霉菌的活菌数减少了 4.1 个数量级，降至 1.25 个数量级。

随着电场强度的增加，大肠杆菌的菌落数在减少，当电场强度比较小的时候，大肠杆菌的活菌数量级下降平缓；与青霉菌的杀菌效果类似，当电场强度大于 7.5kV/cm 时，大肠杆菌的活菌数量级下降显著；当电场强度达到 20.0kV/cm 时，大肠杆菌的活菌数为 1.9 个数量级，活菌减少 5.5 个数量级。

金黄色葡萄球菌的活菌数量级减少的趋势与大肠杆菌类似。当脉冲电场强度达到 20.0kV/cm 时，金黄色葡萄球菌的活菌数减少了 5.2 个数量级。

实验结果表明，在一定的处理时间下，四种菌种对脉冲电场的耐受程度依次为：青霉菌>金黄色葡萄球菌>大肠杆菌>啤酒酵母。

（2）脉冲数对杀菌效果的影响　脉冲数也会对脉冲电场的杀菌效果产生影响，不同微生物对脉冲电场作用的敏感性及耐受性不同。研究发现，随着脉冲电场脉冲数的增加，酵母菌、金黄色葡萄球菌、青霉菌和大肠杆菌的菌落数减少，杀菌效果越来越显著；且在刚开始接受脉冲电场处理时，微生物的活菌数量急剧减少，当继续增加脉冲处理时间时，活菌数量级减少比较平缓。四种菌在相同的电场条件下，对电场的敏感程度依次为：啤酒酵母>大肠杆菌>金黄色葡萄球菌>青霉菌。

根据 Sale 和 Hamilton 建立的灭菌机理模型知道，当一个外部电场加到细胞两端时，细胞会产生跨膜电位。当细胞的跨膜电位达到 1V 左右时，细胞膜就会被击穿，形成小孔，如果形成的小孔不能自动修复，就会使得细胞内容物流出，导致细胞的死亡。酵母菌的体积最大，而大肠杆菌和金黄色葡萄球菌的体积比较小，根据实验结果可以发现，体积较大的酵母细胞比体积小的细菌细胞对电场更敏感。此外，也可从微生物的构造上来解释不同微生物对脉冲电场的耐受程度不同。细菌的细胞壁是位于细胞最外的一层厚实、坚韧的外被，起到固定细胞和提高机械强度的作用，因此对细胞具有保护作用，细胞壁内的原生质在细胞生长和分裂过程中也具有重要作用。

此外，金黄色葡萄球菌是革兰阳性菌，大肠杆菌是革兰阴性菌。革兰阴性菌大肠杆菌不含胞壁酸，由于胞壁酸是细胞壁刚性的主要成分，这样可能使得金黄色葡萄球菌较大肠杆菌更能耐受电场的作用。青霉菌具有顶囊、外皮、孢子衣及外胞壁等的多层结构，且其组成成分中含水量小，会形成壁中有壁和膜中有膜的复杂结构；从青霉菌的组成成分的结构便可知，绝缘强度和力学特性由强到弱依次为：多肽、多糖、脂蛋白。由此可知，具有结构组成不同的四种微生物对脉冲电场的耐受程度为：青霉菌>金黄色葡萄球菌>大肠杆菌>啤酒酵母。

（3）脉冲处理时间对杀菌效果的影响　脉冲处理时间是脉冲个数和脉宽的乘积，增大脉宽或增加脉冲个数均会增强脉冲的杀菌效果。Schoenbach 等研究发现，如要达到与脉宽 $50\mu s$、场强 $4.9kV/cm$ 相同的杀菌效果，将脉宽降低至 $2\mu s$ 时，场强则需升至 $40kV/cm$。

（4）脉冲波形对杀菌效果的影响　电场方向的突变能引起细胞膜上带电基团移动方向的改变，这种交变压力会造成膜结构的疲劳，加强了细胞膜对电脉冲的敏感性。脉冲电场常用的波形有指数衰减波、方波和交变波，其中方波的作用效果最好，指数衰减波次之，交变波最差。就脉冲极性而言，双极性比单极性波更有效。

（二）　微生物对杀菌效果的影响

微生物的内在特性对脉冲电场的杀菌效果具有显著的影响，不同的微生物对脉冲电场的抵抗能力（耐受性）也不尽相同。微生物在对数期对脉冲电场的抵抗能力最小，因此设计杀菌模型时应充分考虑微生物的对数生长期。此外，微生物的生长条件也会影响杀菌效果，包括温度、微生物生长培养基的成分、氧的浓度以及恢复期的条件（接种时期、恢复培养基的成分、恢复期的温度等）。据报道，某一固定的脉冲对单种群的微生物处理效果与将该微生物置于混合微生物中得到的处理效果是不同的。

（1）微生物种类的影响　微生物细胞的结构与功能决定了其生命结构及活性，细胞结构的差异性使不同微生物对脉冲电场的处理表现出不同的耐受性。细菌的大小和形状可以影响到脉冲电场的灭菌效果。在相同条件下，具有较大直径的微生物（如酵母菌）比具有较小直径的微生物（如大肠杆菌）更容易受到脉冲电场的作用。此外，在脉冲电场作用下，结构复杂的微生物更不容易被杀灭。

①细菌：脉冲电场能对大肠杆菌产生不可逆的致死效果，随着电场强度的增加，处理液中大肠杆菌活菌数会明显减少。场强为 $4kV/cm$，作用脉宽为 $1\mu s$ 的 1000 个脉冲，只能使大肠杆菌活菌数衰减 0.799 个数量级；而将场强提高至 $6kV/cm$ 时，在脉宽为 $3\mu s$ 条件下仅作用 200 个脉冲，大肠杆菌活菌数可减少近 1 个数量级。脉冲个数对杀菌效果的影响与电场强度的影响有类似的规律，随着脉冲个数的增加，大肠杆菌存活率下降。相同的电场参数条件下，大肠杆菌存活率的曲线随脉冲个数的提高呈现显著的下降趋势。此外，在一定电场强度下作用同个数的脉冲，脉宽越高，脉冲电场的杀菌效果越明显。

枯草芽孢杆菌因有坚韧的芽孢结构，有抗热、抗化学药物及对外界不良环境极强的耐受性，故一般将枯草芽孢杆菌的残留率作为检验灭菌是否彻底的标志。研究发现，将脉冲个数提高到 3000 时，在场强 $6kV/cm$，作用脉宽为 $11\mu s$ 的条件下，脉冲电场的杀菌效果可达到 99.4%，即能达到食品工业的卫生要求。若将场强从 $4kV/cm$ 提高至 $6kV/cm$，杀菌率提高最多的一组（$3\mu s$、3000 个脉冲）则可提高 28.46%。随着电场强度的增加，枯草芽孢杆菌的存活率呈下降趋势，活菌数明显减少。在同一脉宽条件下作用相同数量的脉冲，电场强度越高，枯草芽孢杆菌的存活率越低。脉冲个数对枯草芽孢杆菌杀菌效果的影响与电场强度对杀菌效果的影响规律类似。随着脉冲个数的增加，枯草芽孢杆菌的存活率明显下降。杀菌刚开始时，随着脉冲个数从 1000 增加到 3000，枯草芽孢杆菌存活率一直呈下降趋势；当脉冲个数大于 3000 个，脉冲个数的增加对杀菌效果的影响明显减弱。虽然从理论上分析，继续增加脉冲数可获得更好的杀菌效果，但是 3000 次以上的脉冲不仅延长了脉冲电场处理的操作时间，更会产生多余的热效应，这样的作用结果与脉冲电场处理工业化短时、节能和低热的实际应用目标相悖，因而一般在工业化实际应用中不会通过持续增加脉冲个数来提高脉冲处理效果。此外，研究还发现，在一定电场强度（6kV/cm）下作用相同个数的脉冲，脉宽越高，脉冲电场对枯草芽孢杆菌的杀菌效果也越明显。

乳酸菌是兼性厌氧菌，通常是无运动且嗜中温的（一些是耐冷菌），这种菌可以在牛乳、肉品和排泄物中找到。乳酸菌是异型发酵菌，由于它的耐酸性，当它所在的悬浮介质的酸度为1%时，它可以迅速地生长。它也会产生乳酸、醋酸以及乙醇。对于泡菜生产来说，乳酸菌的存在是必要的，但在产品如蛋黄酱和沙拉酱中，乳酸菌的存在会导致葡萄糖和果糖发酵引起产品酸度的增加，影响产品品质及口感，甚至使产品腐烂变质及产生酒味，最终导致产品失去食用价值。研究发现，将乳酸菌悬浮于磷酸盐缓冲液中，施加不同电场强度、脉冲个数、处理时间和处理温度的脉冲电场，脉冲电场处理能导致乳酸菌细胞破裂造成细胞内容物的渗漏，且该作用会随电场强度、脉冲数及介质温度的增加而增加。更进一步的研究报道，经过20kV/cm、20个脉冲处理后，悬浮在牛乳中的乳酸菌的失活数能达到5个数量级。Grahl将悬浮在海藻酸钠溶液和脂肪含量为15%的UHT乳中的乳酸菌分别用10.9ms和46.1ms的临界处理时间处理（这两种介质的临界电场场强都在12kV/cm左右），来观察乳酸菌的失活一阶动力学，当电场为16kV、脉冲数为40个时，UHT乳中的德氏乳杆菌可减少4~5个数量级。

金黄色葡萄球菌是一种革兰阳性菌，它会产生对人有毒害作用的毒素，因而在食品加工过程中对其控制非常重要。但只有当这种微生物的浓度大于10^5CFU/mL时，才能产生足够的毒素引起人的疾病。金黄色葡萄球菌有很强的耐受能力，能够在高盐度、低水分活度和相对低的pH下存活，因而很难被杀灭。在验证脉冲电场致死金黄色葡萄球菌的原因是因为引起了金黄色葡萄球菌膜细胞破坏的实验中，Hamilton等将这种微生物悬浮在20mmol/L的磷酸缓冲液中（pH7.2），并用0~27.5kV/cm的电场处理，脉冲处理结束后再将悬浮物在高渗液中用细胞壁溶解酶处理，并观察脉冲处理对给定处理后的细胞致死数量和仍然能够形成原生质体的数量的影响。结果显示，在一定程度上，可以用未形成的原生质体来衡量脉冲处理对金黄色葡萄球菌细胞致死的影响和膜破坏的直接关系，从而说明金黄色葡萄球菌的致死是由细胞膜破坏引起的。

假单胞菌属于革兰阴性好氧菌，是一种可以代谢食物中的糖类、蛋白质和脂类的重要腐败菌。一些和食物相关的重要腐败类包括荧光假单胞菌、绿脓杆菌、恶臭假单胞菌、莓实假单胞菌等，它们都是嗜冷菌，可以在5℃以下生长，并在10~20℃时迅速繁殖。通常，一些食物贮存在有氧和冷藏的条件下，这就给这种腐败菌的生长提供了良好的条件。一般来说，因加工前后的污染，假单胞菌可以使牛乳、液体蛋、水果、蔬菜、鱼和肉腐败。当这种菌的数量达到10^6CFU/mL时，可引起明显的风味变化，在适宜的条件下，将这种菌放置12d，其数量可能从10CFU/mL增加到10^6CFU/mL。Hulsheger等研究了在静态处理室中，使用2~20kV/cm的电场强度、2~30个脉冲数处理悬浮在温度为20℃的磷酸盐缓冲液中的绿脓杆菌，并研究了其致死动力学。在最高的电场强度作用下，绿脓杆菌的致死数量超过3个数量级，而在8kV/cm的电场强度下，30或少于30个脉冲数对绿脓杆菌的致死数量少于1个数量级。在这些处理条件下，绿脓杆菌的第一致死动力学有一个临界电场为6kV/cm、临界时间为35μs、动力学常数为6.3，当这些处理条件都处于固定相时，这些与其他的革兰阴性菌相似（如大肠杆菌）。Grahl评价了荧光假单胞菌在海藻酸钠和含有15%脂肪的UHT牛乳中的致死动力学，发现在这两种介质中，脉冲电场处理荧光假单胞菌的临界电场都在 11kV/cm 左右。然而，脉冲电场处理荧光假单胞菌的临界温度在牛乳中则比在海藻酸钠溶液中高，这表明了牛乳中存在复杂成分对脉冲电场处理的抗性作用，从而对其中的微生物表现出保护作用。此外，在海藻酸钠中获得荧光假单胞杆菌的 4 个致死数量级需要少于 5 个脉冲，而在 UHT 牛乳中则需要多于 20 个脉冲，也可以证实牛乳的保护作用。

在单增李斯特菌的研究中，Dunn 将单增李斯特菌接种到全脂牛乳中，脉冲电场的处理能获得使单增李斯特菌超过 6 个数量级的减少。

沙门菌属是革兰阴性中的兼性厌氧菌，通常嗜中温。能引起食源性疾病的沙门菌主要是肠炎沙门菌和鼠伤寒沙门菌，前者的暴发主要是由污染的鸡蛋壳以及含有未完全煮熟的生鸡蛋的产品引起的。沙门菌属在 NaCl 缓冲液、蒸馏水、液蛋产品和牛乳中的脉冲处理致死效果已经被研究。Gupta 将 83kV/cm 的 20 个指数衰减波作用于悬浮在 NaCl 的缓冲液的沙门菌，可使初次接种量为 10^9CFU/mL 的鼠伤寒沙门菌的致死量达到 5 个数量级。这个致死效果比作用电场为 60kV/cm 时提高了 0.5 个数量级。

目前，有关脉冲电场对细菌致死的研究集中在相对较小范围的种类中，而对其他一些对人类有重要影响的病原菌如链球菌、球状菌和小肠结肠炎耶尔森菌等并没有得到广泛的研究。现在食品工业要求关于脉冲电场对悬浮在食品中的各种病原菌致死特性的进一步研究，因而对不同病原菌的研究是未来脉冲电场处理的重要研究方向。

②真菌：脉冲电场会对酵母菌产生不可逆的致死效果，且随着电场强度的增加，脉冲电场处理后的处理液中酵母菌活菌数会明显减少，在相同脉宽的条件下，电场强度越高，酵母菌的存活率越低。场强为 4kV/cm，提高脉宽到 11μs 并作用 1000 个脉冲，只能使处理液中酵母菌的活菌数有 1.2 个数量级的减少；而在场强为 6kV/cm 时，在脉宽为 3μs 条件下仅作用 200 个脉冲，酵母菌活菌数就可减少近 1 个数量级。脉冲个数对杀菌效果的影响和电场强度的影响规律类似，随着脉冲个数的增加，酵母菌存活率下降。相同的电场参数条件下，酵母菌存活率曲线随脉冲个数的提高呈现显著的下降趋势；在一定电场强度和相同脉冲数处理下，脉宽越大，脉冲电场对酵母菌的杀菌效果越显著。

研究发现，随着电场强度的增加，黑曲霉活菌数有所减少，脉冲数对黑曲霉的杀菌效果的影响和电场强度的影响有类似的规律。在一定电场强度下作用相同个数的脉冲，脉宽越高，杀菌效果越明显，但是总体而言，脉冲电场对黑曲霉存活率的影响不是很大。

扩展青霉是一种典型的青霉菌，青霉经常使食品、饲料、日用品发生霉变。脉冲电场对扩展青霉有很好的杀灭效果，且随着电场强度和脉冲数的增加，杀灭效果逐渐增强。

脉冲电场处理会使菌液温度有一定的升高，不同的处理条件引起的菌液温度升高不同，因而可根据实际需要对脉冲处理后的菌液通过冷却回路进行降温处理。随电场强度增强，不经过冷却回路处理比经过冷却回路处理的菌液温升增大。脉冲数较少时，不经过冷却回路对处理菌液温度增加幅度的影响很小。当脉冲电场处理的脉冲数增加时，不经冷却回路处理比经过冷却回路处理的菌液温度增加明显。场强较低，脉冲数较少时，是否经过冷却处理对菌液温度变化几乎没有影响。

③芽孢：很多研究者考察过细菌芽孢的结构与它们对各种加工处理的抵抗力之间的关系。研究发现，细菌芽孢不仅对脉冲电场较高的抵抗力，而且对化学和物理处理，如热处理、辐射和化学试剂，同样具有较强的抵抗力。芽孢对加工处理的抵抗力取决于它严密的结

构，细菌芽孢可以长时间的休眠，遇到合适的环境仍有恢复生长的能力。

细菌芽孢对脉冲电场具有较高的抵抗力。对多黏杆菌的芽孢施加 30kV/cm 的脉冲电场并不会改变其生存能力，但在芽孢萌芽的阶段，脉冲电场的处理则会引起其失活。这可能是当芽孢发芽时，外皮与外衣消失，失去了保护层，这时芽孢对电场变得敏感。在水下放电实验中，枯草芽孢杆菌的芽孢能被放电电弧杀死。对啤酒酵母孢子和枯草芽孢杆菌芽孢施加 5.4kV/cm 的脉冲电场，能使 90% 的啤酒酵母孢子被杀死，而枯草芽孢杆菌的芽孢活性没有变化。

④其他微生物：噬菌体是感染细菌的一种病毒，工业上目前通过高温加热和化学消毒的方式处理噬菌体污染，但高温加热会导致糖和维生素的破坏，而化学消毒会导致二次污染。脉冲电场对噬菌体进行处理研究发现，当电压在 1~10kV，脉宽在 1~10μs 时，脉冲电场对噬菌体的灭活作用随脉冲数的增加而提高。

（2）生长期对杀菌效果的影响　细菌的生长期分为延滞生长期、对数生长期、稳定期和衰亡期四个阶段，脉冲电场的杀菌效果主要体现在前三个阶段。延滞生长期是细菌在新环境中前期的适应阶段。在此期间内，细菌体积增大，代谢活跃，但分裂迟缓。对数生长期是细菌经过延滞生长期后，数量呈对数增加的一段时期。细菌经过对数生长期后达到稳定期阶段，在此期间，新生长的细菌与死亡的细菌数量相同。

研究发现，脉冲电场对在稳定期时的大肠杆菌杀菌效果最差，在延滞生长期时的杀菌效果最好，表明细菌在延滞生长期比稳定生长期和对数生长期对高压脉冲电场更为敏感。微生物的生长期能显著影响脉冲电场对微生物杀灭作用。细菌在延滞期体积和质量增长加快，会使细胞形态变大或细胞长轴伸长。根据 Sale 和 Hamilton 建立的灭菌机理模型可知，当跨膜电位超过 1V 左右时，细胞膜就会被击穿，所以延滞期的细胞形态的变化导致膜电位更很容易达到 1V 左右，所以在延滞期的细菌更容易被杀灭。对数生长期细菌细胞快速分裂，生长活跃，脉冲电场容易影响到蛋白质、核酸等生物大分子的机构和功能，以及细胞膜的流动性及完整性；但是对数期的菌体抵抗力已经比延滞期的细菌强，灭菌效果不如延滞期的细菌。稳定期的细菌相对于延滞期的细菌，菌体稳定，没有什么变化，相对于对数期的细菌，稳定期的细菌细胞生长缓慢，所以在稳定期的细菌最不容易杀灭。

（3）初始菌数对杀菌效果的影响　对初始菌数高的样品与初始菌数低的样品施加相同强度、相同作用时间的脉冲处理，初始菌数高的样品中菌数减少的数量级比初始菌数低的样品中菌数减少的数量级要多得多。例如，脉冲电场处理对鲜果汁杀菌的效果比对浓缩果汁的杀菌效果更明显。

（三）　介质对杀菌效果影响

食品中的某些成分如黄原胶、蛋白质和脂肪可能对细菌具有一定的保护作用。在室温 20℃ 的条件下，流量 15mL/min，电场频率为 128Hz，脉冲宽度为 17μs，电场强度为 20.0kV/cm，处理液体为蒸馏水（pH4.5）和 30% 橙汁（pH4.5）时，大肠杆菌原菌浓度为 $6.6×10^5$ CFU/mL，处理脉冲数分别为 120 个、160 个、200 个、240 个和 280 个。结果显示，脉冲电场对蒸馏水介质的大肠杆菌杀灭效果比 30% 橙汁中的效果好。在经过 280 个脉冲数的脉冲电场处理后，无菌水中大肠杆菌减少了 1 个数量级；但是 30% 橙汁介质中的大肠杆菌的活菌数减少量只有 0.5 个数量级。这主要可能是橙汁中的成分如糖类、蛋白质类对大肠杆菌有一定的保护作用。

Heinz 等观察了 pH 和乙醇添加对脉冲电场杀菌效果的影响，结果发现 pH 不会影响脉冲电场对枯草芽孢杆菌的杀灭效果，而在 pH5.5 时加入 5%（体积分数）的乙醇则可以显著增强脉冲电场对枯草芽孢杆菌的致死效果，但在 pH7.0 时，乙醇的加入则对脉冲电场的杀菌作用会产生抑制作用。

介质的电导率对脉冲电场灭菌的影响也很大。提高液体食品电导率会使脉冲电场的灭菌率下降，这是因为电导率的减小使悬浮液与细胞液之间的离子差增加。在脉冲电场施加过程中，穿过细胞膜的离子会因为离子差的增大而增加，这会使细胞膜结构弱化，从而使其更容易在脉冲电场作用下出现电崩解现象。对于单指数衰减波脉冲而言，电导率对灭菌效果的影响尤其明显。这是因为单指数衰减波脉冲的脉宽主要由放电电容和处理腔内液体食品的等效电抗决定。液体食品的电导率越大，则脉宽越小，从而导致脉冲电场处理灭菌效果越差。

（四）　温度对杀菌效果的影响

液体食品适中的温度有利于脉冲电场杀灭微生物。随着处理温度上升（在 24~60℃ 范围内），脉冲电场的杀菌效果会有所提高，但其提高的程度一般在 10 倍以内。这种现象可以这样解释：在相对高的温度下，细胞膜在脉冲电场的作用下更容易产生电渗透差，介质温度的增加除了导致热效应外，还可以降低穿细胞膜的跨膜电压，使细胞膜变性更容易。

Humberto 分别研究了温度为 10℃ 和 15℃，pH5.7 和 pH6.8 时，同样的脉冲电场对大肠杆菌的致死作用，结果发现 15℃，pH5.7 时，杀菌效果较好。Toepfla 等研究指出当进入脉冲电场处理室的介质温度大于 40℃ 时，可以大大提高脉冲电场系统对大肠杆菌的杀灭作用。Leistner 曾经提出，可以通过使用栅栏技术提高脉冲电场的杀菌效果。以大肠杆菌为研究对象时，在 20kV/cm 的脉冲电场作用下，随着脉冲个数的增加，脉冲电场作用时间的延长，探讨外部因素如介质温度、介质性质、微生物生长期对杀菌效果的影响。

Jayaram 等认为在 -50~50℃，温度对脉冲电场的杀菌效果具有协同作用。在脉冲电场场强不变的情况下，温度上升，细菌存活率下降。Vega-Mercado 发现温度从 32℃ 上升至 55℃ 时，脉冲电场处理后，大肠杆菌数量减少值由 1 个数量级提高至 6.5 个数量级。Hulsheger 等认为，温度升高除了会引起热损伤外，还能降低击穿细胞膜的跨膜电位，因而可以获得更高的杀菌率。研究发现随着处理温度的上升，脉冲电场杀菌效果有一定提高，这表明温度升高对脉冲电场杀菌具有一定的协同作用。

然而，在脉冲电场处理果汁的一项实验中发现，在一定温度范围内，不同的温度之间的杀菌效果没有显著性差异，说明温度对脉冲电场杀灭果汁中的微生物影响不是很明显，参数变化才是影响脉冲电场对果汁中微生物杀灭效果的主要因素。这是因为温度的上升，对脉冲电场的杀菌效果有正反两方面的影响：一方面是介质温度的升高会引起介质电阻的下降，介质的电导率提高，脉冲频率上升，因而脉冲的宽度下降，电容器放电时，脉冲数目不变，杀菌总时间下降，杀菌效果相应降低；另一方面，温度每增加 5~10℃，微生物的活动能力可以增加一倍，脉冲电场更容易影响到蛋白质、核酸等生物大分子的结构与功能、细胞膜的流动性以及完整性，进而影响微生物的生长、繁殖和新陈代谢，从而提高微生物对脉冲电场的敏感度，提高脉冲电场对微生物的杀灭效果。此外，如果介质温度已达到微生物的致死温度，介质温度每增加 5~10℃，杀菌效果会提高 10 倍左右。

（五）　水分活度对杀菌效果的影响

一般来说，在低的水分活度（A_w）下，微生物对外界处理条件的抵抗性更高。有关 A_w

对脉冲电场杀灭食品中微生物的影响研究并不是很多，目前已发现在较低的 A_w 下，脉冲电场处理很难使阴沟肠杆菌失活，且脉冲电场在对沙门菌的处理中也发现有类似的现象。已有的研究发现，A_w 的降低会导致脉冲电场的灭菌效率降低。

Jay 研究发现，随着杀菌环境中湿度的降低，微生物细胞的热稳定性随之增加。Palou 也发现降低 A_w 会减弱高压灭菌的效果。当细菌处在较低 A_w 的环境中时，细菌细胞中的水分由于内外水蒸气的压力差而迅速散失。Troller 曾研究发现氨基酸是细菌最合适的营养媒介，而真菌类的最适媒介则是各类聚烯烃。因此有研究认为，在进行脉冲电场处理前应该让微生物在各自的营养悬浮液中停留时间不超过 2min，其目的是防止微生物有足够的时间适应新的环境。在高压处理过程中，细胞膜通透性和流动性的降低使细胞膜厚度增加，最终导致细胞的收缩，而细胞的收缩可增强微生物对低 A_w 环境的抵抗力。

通常情况下，减少 A_w 会降低脉冲电场的杀菌效果。研究发现，A_w 会对脉冲电场杀灭大肠杆菌和啤酒酵母的过程及最终杀菌效果产生影响。对于大肠杆菌，降低 A_w 对脉冲处理引起的细菌失活率的影响比降低 pH 的影响更显著。在 30℃ 和 pH5.0 的条件下，A_w 为 1 时，脉冲电场处理会使大肠杆菌数量减少 4.6 个数量级；当 A_w 降低至 0.94 时，脉冲电场处理引起的大肠杆菌失活率会减少 1 个数量级，即大肠杆菌数量减少仅达到 3.6 个数量级。若将 pH 提高至 7.0 并排除 A_w 的影响，啤酒酵母的失活率并没有显著的改变。

对于酵母菌，也有研究发现，在一定 A_w 范围内，调整 A_w 对脉冲电场处理引起的失活率并不会产生显著的影响。Jay 的研究发现，酵母菌生长所需的 A_w 要比细菌低，大多数引起腐败的酵母菌所需的 A_w 低至 0.88。Kalathenos 等也报道了酿酒酵母可以在 pH2.5 和 A_w 为 0.954 的条件下生长。Fleet 等研究发现，酵母菌可以在 A_w 为 0.92~0.94 和 pH3.7~7.0 的条件下生长。在 pH4.0 和 30℃ 的条件下，A_w 从 1.0 调整到 0.97 时，相同的脉冲电场条件处理后，酵母菌活菌数量减少的数量级从 3.8 降到 2.1；进一步降低 A_w 到 0.94 时，数量级减少量仅为 0.4 个。而在较高 pH 下（pH6.0 和 pH7.0），A_w 对脉冲电场的杀菌影响并没有表现出明显的规律。同样的，温度为 10℃ 时，A_w 对脉冲电场杀灭啤酒酵母的影响也无规律可循。由此可知，A_w 对脉冲电场的杀菌效果的影响相对复杂，一定条件下的温度和 pH 则可能改变 A_w 对脉冲电场的杀菌效果的影响。

Alvarez 等在对小肠结肠炎耶尔森菌进行脉冲电场杀菌处理的研究中认为，pH 和处理介质导电率并不会影响菌体对脉冲电场的敏感性，而 A_w 从大于 0.99 降至 0.93，脉冲电场的杀菌作用降低。Aronson 等考察了 pH、A_w 和温度对脉冲电场杀菌效果的影响，发现当处理对象为大肠杆菌和金黄色葡萄球菌时，低 pH、高温对脉冲电场处理的杀菌效果具有协同作用；当 pH 从 7.0 降至 4.0 时，大肠杆菌菌数量降低了 4 个数量级，而对金黄色葡萄球菌影响不显著，但降低 A_w 对两种菌都有保护作用。Min 等的研究结果也表明，使用脉冲电场处理巧克力饮料和蛋白胨甘油水溶液时，A_w 的降低对处理液中的大肠杆菌也有类似的保护作用。

脉冲电场杀菌的主要机理是细胞膜的改变。这为微生物在低 A_w 下的抵抗力增加提供了合理的解释。Hulsheger 等曾研究发现，微生物的失活与细胞大小成反比，细胞收缩可增强微生物对脉冲电场的抵抗力。已有实验研究发现在低 A_w 条件下，脉冲电场的杀菌效果会变差。

（六） pH 对杀菌效果的影响

脉冲电场杀菌的效果，还与液态食品的酸碱度（即 pH）有关。微生物存活环境中的 pH，会影响细胞质 pH 维持接近中性的能力。多数微生物的最佳生长环境中，pH6.6~7.5，通过加入 HCl 或 NaOH 等可调节溶液的 pH，可使微生物偏离最佳生长区，生长繁殖受到抑制。在采用脉冲电场杀菌时，当微生物的细胞膜穿孔形成后，细胞周围的介质渗入细胞，使菌体内酸碱平衡受到破坏，可以促使微生物失活，较明显地提高脉冲电场的杀菌效果。在脉冲电场处理过程中，微生物细胞膜上孔的形成促使细胞膜通透性增加，细胞周围渗透的不平衡引起羟色胺的运输速率的增加，因此可能会看到细胞质 pH 的降低，细胞质中存在更多数量的氢离子（H^+）。此外，细胞中 pH 的改变还可能引起生命物质如 DNA 或者 ATP 的化学变性。Simpson 等发现经过脉冲电场杀菌处理后，单增李斯特菌细胞内外的 pH 差降低，细胞内 pH 的改变导致细胞内基本组分（DNA 和 ATP）产生化学修饰。pH 对微生物存活率的影响与细胞质保持中性的能力有关。

一般情况下，微生物在生长最适的 pH 条件下具有最强的抵抗力。偏离生长最适 pH 后，随着 pH 的升高或降低，微生物的敏感性也随之改变，该理论早在 1992 年 Jay 做巴氏灭菌时就得到了验证，Madkey 在高压处理实验中也验证了该理论。酸性和碱性环境都会导致细胞膜上压力增加，使微生物对物理和化学处理敏感度增加。而当透过细胞膜的 H^+ 数量增加后，会引起细胞质中 pH 降低。

Jay 研究了在 pH4~9，脉冲电场处理下大肠杆菌失活的变化，发现大肠杆菌在 pH4 比 pH7 时更敏感。Jay 的研究中还发现，正常情况下氢离子和氢氧根离子不能透过细胞膜，但脉冲电场作用会使细胞膜产生极化微孔，使膜的通透性增加，从而引起细胞内 pH 容易被改变。Jeantet 等通过实验观察到，肠炎沙门菌在 pH9 时的失活率比 pH7 时高。但是，在较低 A_w 和较低的进料温度下，pH 对脉冲电场杀菌的影响将降低。例如，温度为 10℃ 和 A_w 为 0.94 的条件下，相同条件的脉冲电场处理后微生物数量在 pH4 时比 pH7 时只减少了 0.8 个数量级。

pH 是影响脉冲电场作用的一个重要因素，其他的革兰阳性菌如植物乳杆菌在中性介质中比在酸性介质有更强的抗脉冲电场作用。Garcia 等研究发现对脉冲电场作用影响最大的因素是处理时介质的 pH。实验结果显示：在 pH7 时，脉冲电场处理引起的单增李斯特菌的致死率最低，而在 pH4 时达到最大。Gamez 等研究也发现，乳酸菌和单增李斯特菌在高电场强度和低 pH 的介质环境中更容易被杀灭。乳酸菌经脉冲电场 400μs，在 pH3.5 的介质中致死数量级为 5，在 pH5 的介质中致死数量级为 2.8，在 pH6.5 的介质中致死数量级为 2.6，在 pH7 的介质中致死数量级降至 1.1。随着电场强度增加，乳酸菌的致死率也相应提高，特别是在较低的 pH 时，这种提高更显著。单增李斯特菌在高电场强度和低 pH 介质条件下对脉冲电场处理更敏感，在 28kV/cm 电场强度下处理 400μs，在 pH3.5 的介质中致死数量级能接近 6，在 pH5 的介质中致死数量级为 3，在 pH6.5 的介质中致死数量级为 2.3，在 pH7 的介质中致死数量级降至 1.5。在不同 pH 环境中，经脉冲电场处理的单增李斯特菌的存活曲线是凸凹向上的曲线。

脉冲电场杀灭啤酒酵母的最佳 pH 是 4，而酵母菌具有最大高压脉冲电场抗性的 pH 接近 5。一般情况下，酵母菌生长的 pH 范围要比细菌的宽，研究发现啤酒酵母的生长范围为 pH2.5~8，这就解释了为什么其在 pH5 时具有最大的抵抗力，但 pH 对脉冲电场杀灭啤酒酵母的影响规律仍难以明确。

（七） 食品组分对杀菌效果的影响

脉冲电场处理时，原料中最初的污染物水平是影响处理后的残菌量最重要的因素。食品物料成分的浓度会影响灭菌效果。食品中含脂量不同也会影响到灭菌效果。脉冲电场对脱脂牛乳的灭菌效果比对全脂牛乳的灭菌效果更好。全脂牛乳的灭菌效果比脱脂牛乳灭菌效果差的主要原因是脂肪含量的不同。在全脂牛乳中，脂肪是以小圆球的形态出现，均匀分布在牛乳中，施加外电场时，从微观的角度观察到脂肪球附近的电场分布较为集中，使得细菌周围的电场强度有所下降，因此降低了灭菌效果。

食品电阻和电导率也会影响脉冲电场的杀菌效果。食品电阻从 $0.4\Omega \cdot M$（高盐、高水分）到 $100\Omega \cdot M$（高油脂）不等。电阻与电导率成倒数关系，若是电阻太大，电流就会从电阻小的液体介质中通过而无法作用于食品。有些食品由几种物质组成（非匀质），各部分电导率不同，且非匀质食品的电特性经过脉冲处理后会改变，因此不适宜脉冲电场处理。

食品样品也能产生的介质击穿现象。它是由处于高强度电场和中性、绝缘组分或分子发生局部变化导致的，这些组分或分子突然变化并且变得极易导电。当介质击穿发生在生物体上时（如细胞膜），它会变得更容易让电流和溶液通过（因渗透性发生改变）。

含有杂质或者不均匀的食品更易产生介质击穿现象，因为加在食品上的电场更为不均一，局部地方电场会很高。为了减少介质击穿的危险，就需要把处理室和电极设计成能够产生均一的电场，这就要求电极有光滑的表面和圆滑的边缘，并且电极间距离相对于电极直径来讲相当的小（电极制成 2 片平行扁圆盘）。轴状电极由于边缘效应更小，一般会产生更为均一的电场。实际上，介质击穿常常是由气泡引起，因为在气泡中电场常常增大，因此在脉冲电场处理食品时应避免这种气泡的形成。液态食品预先除去气泡是一种有效的方法，特别是当这些流体经过连续式处理室时；至于固态食品，必须将其在平板电极间进行轻微的压缩以排除多余的气体。所有面向电极的部分应用食品或者绝缘材料分开而不是用空气将其分开，然而一些开始就溶在食品中的空气在电脉冲的作用下可能会发生变化。

电极间的电化学反应可能会导致 H_2、Cl_2 或其他气体的形成。气泡体积可能会膨胀得很快以至于过压和产生爆炸噪声。在温度急剧上升的情况下也可能发生流体汽化现象。

除了电导率，食物的电介质强度对于脉冲电场的应用来说具有重要的影响，因为必须阻止电介质的崩溃瓦解。不耐高电场强度的气泡可能会出现在流动的产品中或者被释放，这是由于温度升高或者电化学反应的缘故。特别是对于微生物灭活，需要一个在 $30\sim50kV/cm$ 的电场强度，这种情况下产品中就不得有气泡。除了电介质瓦解外，高电流将带着气泡而不是液体在狭窄的管道内流动，在这里空气电介的特性将影响处理效果。目前已有关于处理室中的气泡的不利影响的报道，指出在气泡边界地区电场强度会发生显著的下降，这会引起一些食品安全问题。类似的情况也会发生在具有不同电介质性能的微生物群或者颗粒物，如脂肪球。因此产品的组成结构在选择工艺参数时必须要考虑进去。当处理固体食品，如植物或者动物原料又或是水果，气泡必须要排除干净，以免放电。此外，易形成泡沫的产品则可能不适合于脉冲电场处理。

三、 脉冲电场在食品中的应用机理

（一） 脉冲电场对食品中微生物的作用

脉冲电场能在食品微生物的细胞膜上激发出较高的跨膜电压，对细胞膜产生附加电场力，改变细胞自身生存环境。脉冲电场处理食品时，微生物的细胞膜作为一种特殊电介质，会在脉冲电场作用下发生电击穿，对细胞膜的微结构造成不可逆的损伤，发生不可逆的破裂、穿孔，使细胞膜失去其特定功能，细胞内液外溢，细胞致死，从而导致微生物死亡。

膜介质在电场作用下的击穿分为瞬时电击穿、热击穿和老化性击穿，而生物活细胞中细胞膜介质的击穿可以排除老化击穿。利用脉冲电场处理液态食品时，液态食品通常为低温或者常温，远低于100℃，且液态食品介质还使细胞膜处于良好的散热环境，因而脉冲电场处理液态食品引起的微生物细胞膜介质击穿是电击穿，且击穿时间很短。

脉冲电场能使食品中大肠杆菌发生数量级的减少，适宜的温度、pH，有机酸的配合使用，以及电场强度和处理时间的增加，均能提高脉冲电场对大肠杆菌的杀灭效果。脉冲电场对单增李斯特菌的灭活作用主要取决于电场强度、处理温度及处理时间。除了对食品中常见的致病菌（包括大肠杆菌、单增李斯特菌、沙门菌、芽孢杆菌等）具有显著的杀灭效果外，脉冲电场处理也能使食品中腐败微生物如乳酸菌、酵母菌和霉菌等发生数量级的减少。综合脉冲电场处理对食品中常见微生物的影响发现，电场强度是引起微生物失活的主要因素，此外脉冲数量、作用时间、温度、pH 等也会对杀菌效果产生一定的影响。

早期的研究主要集中在脉冲电场对微生物的杀菌效果方面。目前，人们已经对脉冲电场的杀菌效果有了深入的认识和掌握。脉冲电场杀菌实验的指示微生物包括枯草芽孢杆菌、德氏乳杆菌、单增李斯特菌、荧光假单胞菌、啤酒酵母、金黄色葡萄球菌、嗜热链球菌、大肠杆菌、大肠杆菌 O157、霉菌和酵母等，研究结果表明：脉冲电场处理对这些微生物的营养体细胞均有较好的杀灭作用，但芽孢表现出较强的耐受性。

早在 1879 年，Cohn 等就发现电场能杀灭溶液中的细菌。自从 Sale 和 Hamilton 于 1967 年发现脉冲电场有杀菌作用以来，许多研究者探索这一技术。脉冲电场杀菌有两个特点，一是由于杀菌时间短，处理过程中的能耗远小于热处理法；二是由于在常温、常压下进行，处理后的食品与新鲜食品在物理性质、化学性质、营养成分上改变很小，风味、滋味无感觉出来的差异，这种技术可避免加热法引起的蛋白质变性和维生素被破坏的缺点。脉冲电场的杀菌效果明显，处理后的食品能达到商业无菌的要求，特别适合用于处理热敏性很高的食品。

Hulsheger 研究了不同电场强度和不同处理时间对液态食品中微生物的影响，结果表明：当脉冲数低时，革兰阴性菌对脉冲电场的敏感性要比革兰阳性菌和酵母菌高，高压脉冲处理能使微生物存活率小于1%，细菌的残存率是电场强度和处理时间的函数。Jayarameta 采用高强度的脉冲电场抑制短乳杆菌，发现短乳杆菌细胞的破坏主要是由于强电场导致短乳杆菌细胞壁破裂引起的。Qin 采用脉冲电场对多种物料进行研究，结果表明：用脉冲电场处理过的新鲜苹果汁的保质期能达到 3 周；经处理的脱脂乳的保质期为 2 周；但经处理的青豆汤在室温下不能贮存。邓元修等利用脉冲电场杀灭酵母和大肠杆菌，取得良好的实验结果：脉冲电场处理能耗低，且对处理液体的温度提升小于2℃，因而可有效保存食品的营养成分和天然特征。

脉冲电场处理能显著提高食品中细菌的死亡数量，从而延长食品的保存期，但不能完全杀灭各种孢子、芽孢以及微生物菌群。研究表明，脉冲电场处理对液体食品中的主要微生物如大肠杆菌和酿酒酵母等有较好的杀灭效果，且可以通过优化工艺参数，在保证食品质量的同时获得更好的杀菌效果。脉冲电场对大肠杆菌的致死作用主要是脉冲电场对微生物细胞的损伤积累所致，即脉冲电场处理对细胞造成的亚致死性损伤，这也与细胞膜穿孔效应中微生物细胞膜的不可逆性破裂相印证。脉冲电场处理可有效杀灭果蔬汁、牛乳和茶等液体饮料中的多种微生物。

近年来，国际学者对关系食品安全和脉冲电场处理食品保质期的脉冲电场损伤亚死微生物的研究产生了浓厚兴趣。Russell 首先提出脉冲电场杀菌具有 "No Thing or All" 特征，即不存在损伤亚死细胞（intermediately damaged cells），但最近的研究结果否定了这一理论。García 等报道了脉冲电场对大肠杆菌的致死作用是由于脉冲电场对微生物细胞的损伤积累所致，且经过脉冲电场处理后存在损伤亚死细胞；Somolinos 等研究表明，脉冲电场损伤亚死酵母细胞在一定条件下培养可以修复，并受到环境因素影响；脉冲电场处理后经一定时间冷激（cold shock）处理，可以使脉冲电场损伤亚致死细胞进一步失活，从而大大延长脉冲电场处理的食品在常温下的保质期；Saldana 等研究表明，脉冲电场损伤亚致死微生物的产生与脉冲电场的电场强度和体系的 pH 相关。这些重要的研究结果使人们对脉冲电场的杀菌机制有了重新认识。

（二） 脉冲电场对食品中酶的作用

食品中的酶，尤其是果蔬中的酶对食品的贮藏属性有重要影响，酶促褐变就是影响食品质量的一个重要酶促反应。脉冲电场是一项新兴的食品加工技术，除了能有效灭菌外，脉冲电场还能钝化食品中的酶。用脉冲电场杀菌时，由于液体的电阻作用，物料温度上升，最大的升温可达 40℃，一般液体的处理温度在 40~55℃，可以钝化酶，提高食品的保质期。Hosy 对脉冲杀菌下酶活力进行了研究，结果表明：高压脉冲可以钝化水解蛋白酶、果胶酯酶、过氧化物酶等，这对提高食品的贮藏期起重要作用。现存有关脉冲电场处理对酶活力抑制作用的研究主要在液态食品中，如果汁和牛乳。木瓜蛋白酶、胃蛋白酶、果胶酯酶、脂肪氧化酶、脂肪酶、多酚氧化酶、过氧化酶、葡萄糖氧化酶、多聚半乳糖醛酸酶、乳酸脱氢酶、碱性磷酸酶等已得到相关研究。

目前脉冲电场钝化酶的机理尚不清楚，为进一步揭示脉冲电场的钝酶机理，研究者们开始着手研究酶在经脉冲电场处理后结构的变化。酶的活性主要依赖于自身的结构，包括活性中心和周围蛋白的复杂结构。酶蛋白分子间复杂的非共价键网络结构和共价相互作用对维持酶的结构稳定性和接触反应具有重要意义。酶活力会因为分子空间三维结构的改变而发生变化。高强电场作用下，由于电荷分离可能引起蛋白质变性、伸展，共价键断裂和氧化反应的发生。此外，电场可能通过电荷，偶极及诱发的偶极化学反应来引起蛋白质构象的变化。

（1）脉冲电场对酶结构的影响   1972 年，Neumann 等就报道了电场会导致生物聚合物和生物膜的结构变化。实验证明 20kV/cm 电场可导致蛋白质长链 α-螺旋转化为无规卷曲结构。Yeom 等发现，采用脉冲宽度为 4μs、脉冲频率为 1500Hz 的方波脉冲电场作用于木瓜蛋白酶，电场强度越大，酶活力下降越大；当场强达到 50kV/cm 时，酶活力下降接近 50%。圆二色谱显示，脉冲电场处理后，木瓜蛋白酶二级结构中的 α-螺旋含量大幅度下降，α-螺旋结构对维持木瓜蛋白酶的酶活力至关重要，由此可知木瓜蛋白酶在脉冲电场作用 α-螺旋二级结构的减少会导致其酶活力的降低。曾新安等研究了木瓜蛋白酶在 50kV/cm 脉冲电场中经过 19800 个脉冲处理后，其酶活力降低了 56.5%，荧光偏光光谱分析结果表明脉冲电场处理后荧光强度增加且发生红移，由此推断由于木瓜蛋白酶的 α-螺旋结构松散拉伸，分子内部的氨基酸残基暴露于分子表面，最终导致酶失活。

梁国珍等研究了脉冲电场对辣根过氧化物酶活力及构象影响，研究结果显示辣根过氧化物酶活力随电场强度和脉冲个数的增加而降低，脉冲电场处理后辣根过氧化物酶的蛋白的荧光会发生不同程度的荧光淬灭，且酶活力的下降和荧光淬灭趋势一致，但呈非线性关系。Zhong 等用两电极间距为 1cm 的同轴处理腔、脉冲宽度为 1.5μs、频率为 10Hz 的指数衰减脉冲处理辣根过氧化物酶，发现辣根过氧化物酶活力随场强的增大而逐渐下降，圆二色谱结果显示 22kV/cm 脉冲电场作用 87 个脉冲后，过氧化物酶二级结构中 α-螺旋的含量会下降 35.1%，过氧化物酶的荧光强度增加，由此可知辣根过氧化物酶二级结构中 α-螺旋的减少以及荧光强度的增加是脉冲电场致使过氧化物酶失活的重要因素。

Yang 等研究了胃蛋白酶在脉冲电场作用下的失活情况，研究结果表明胃蛋白酶的失活与脉冲电场的电场强度、酶溶液电导率、pH 相关，且符合一级动力学模型。圆二色谱结果显示胃蛋白酶的失活与其二级结构中 β-折叠的减少密切相关，经脉冲电场处理后胃蛋白酶活力不断下降会伴随其 β-折叠结构的相应下降。

钟葵等同样发现在脉冲电场作用下，过氧化物酶和多酚氧化酶的失活都与其二级结构的改变有关。由此可知，以 α-螺旋或 β-折叠结构为主导的酶在脉冲电场作用下的失活都与其二级结构的改变密切相关。采用圆二色谱和荧光光谱研究脉冲电场对脂肪氧化酶结构的影响效果，结果表明脉冲电场处理后脂肪氧化酶二级结构中 α-螺旋含量显著降低，发射光谱中的荧光强度显著增大，表明脉冲电场破坏了脂肪氧化酶的二级和三级结构。

此外，Castro 等发现 22kV/cm 的脉冲处理 700~800μs 会引起牛乳碱性磷酸酶的三级结构的改变，使其蛋白质分子展开和疏水基团外露，改变碱性磷酸酶的整个球状结构。

这些研究表明人们已经注意到了脉冲电场作用下酶蛋白分子结构的变化，特别是二级结构的改变，对酶活力降低具有显著的相关性，但此方面的研究尚未得到完全阐述，并且对涉及到脉冲电场作用下蛋白质分子三级结构的改变的研究较少。

（2）影响脉冲电场对酶钝化作用的因素　根据酶的特殊性，所在溶液的特性和脉冲电场处理的条件，大多数酶活力几乎都能被抑制，部分表现出抵抗性。电场强度、处理时间、脉冲数量、脉冲宽度、频率和处理温度是对脉冲电场抑制酶活力效果有显著影响的因素，其中，电场强度和处理时间是最重要的因素。

①温度对脉冲电场钝化酶的影响：温度对脉冲电场钝化酶活力具有显著影响，随着温度的提高，对酶活力抑制效果更好。将温度从 30℃ 提高到 61.9℃，对果胶甲酯酶（PME）的抑制从 0 到 83.2%；使用脉冲 50 个和场强 45kV/cm 的脉冲电场在 10℃ 条件下处理脱脂乳，乳浆酯酶的活性抑制达到 60%，当温度提高到 15℃，酶活力抑制率达到 90%。

②电场强度对脉冲电场钝化酶的影响：脉冲电场处理抑制酶的效果会随着场强的提高和处理时间的延长更加明显。在不同电场的条件处理下，甚至不同脉冲电场设备的导电处理下，能量强度是比较研究对酶活力抑制效果的一项重要参数。能量强度（Q）同时由电场强度和温度共同决定。研究表明，样品中输入的电能越高，酶的活性就可以降低得越多。然而，在高压脉冲电场处理下，即使输入的电能达到 500kJ/kg，原乳中的乳过氧化物酶也不能被钝化。

③脉冲宽度对脉冲电场钝化酶的影响：在脉冲数量和强度不变的情况下，提高脉冲宽度会提高酶活力抑制效果。使用数量更少但脉冲宽度更长的脉冲能得到对酶抑制相同的效果，因此在食品加工处理中被认为更有效。

④脉冲频率对脉冲电场钝化酶的影响：脉冲频率对酶活力抑制作用具有明显的效果。对于脱脂乳、全脂乳、人造乳的超滤液，当处理时间和强度相同时，频率越高，蛋白酶的抑制效果越好。

⑤脉冲极性对脉冲电场钝化酶的影响：脉冲极性对不同的酶有不同的影响效果。单极或

双极的脉冲模式对番茄 PME 的抑制范围不会有明显的影响；但在处理橙汁时，双极脉冲比单极脉冲对橙汁中果胶酶（PC）的抑制效果更加明显。

⑥脉冲波形对脉冲电场钝化酶的影响：脉冲波形包括方形、指数衰减波、振荡波和二级波等；研究发现，PME 在指数衰减波的处理下钝化效果更好。在处理流程上，高压脉冲分为间断式和连续式，间断式的脉冲电场处理比连续式对酶活力的抑制效果更明显。

⑦酶的特性对脉冲电场钝化酶的影响：脉冲电场的抑制效果取决于酶的浓度及其本身特性。不同酶的最佳失活条件不一样，不同酶的变性程度也不一样。运用同样的处理室装置、电场参数和处理条件，脂肪酶、葡萄糖氧化酶和热稳定的淀粉酶活力减少比较大，过氧化物酶和多酚氧化酶活力抑制效果较差，碱性磷酸酶几乎不会受到影响，溶菌酶和胃蛋白酶反而有所增加，这可能与酶的内部结构有关。

此外，物料的导电性、pH 以及介质的组成物也会影响脉冲电场对酶活力的抑制效果。

第四节　脉冲电场加工工艺与设备

一、脉冲电场加工工艺

通常，脉冲电场处理食品的加工工艺主要为：食品原料→预处理→储液罐→加热装置（换热器升温至 40~50℃，也可省略这一步）→真空脱气装置（除去液体中的气体和液泡以免影响处理槽中电场的均匀性）→脉冲电场处理槽（电场强度 10~50kV/cm、脉冲宽度 10~40μs）→冷却装置（换热器降温至 10℃以下，有些产品不用冷却则跳过这一步）→无菌包装→冷藏。

二、脉冲电场系统组成

脉冲电场系统主要由两部分组成，一是能提供达到处理要求的脉冲源的高压脉冲发生系统，以及能经受高压高电流的连接件等；二是由碟状或轴状平行电极组成的静态或连续式物料处理室。输入电压、电极间距、脉冲宽度、脉冲波形、脉冲数量、脉冲频率、食品电阻率、食品流经处理室的速率等这些参数的变化会影响到实际电场的大小，且脉冲宽度会影响每个脉冲的能量以及食品的电阻加热率。脉冲电场系统中脉冲供应装置产生的脉冲波形有指数衰减波、方波、振荡波和双极性波等多种形式；样品处理室包括：平行盘式、线圈绕柱式、柱-柱式、柱-盘式、同心轴式等。脉冲电源与样品处理室相连，用所期望的频率、电压峰值，产生连续不断的高压脉冲，选择适合的电参数，以使样品的每单位体积受到足够数目的脉冲电场的作用，从而使样品中的微生物、酶和营养成分也同样受到脉冲电场作用，产生杀菌、钝酶、组织结构改变等处理效果。

如图 3-2 所示，形成高压脉冲的电路系统主要包括充电模块、储能模块、电路开关、升压模块和负载共五部分。目前获得脉冲电场的方法主要有两种：一种是利用特定的高频高压变压器来得到持续的脉冲电场，用这种原理制作大型设备有很多困难；另一种是利用 LC 振荡电路的原理来形成脉冲电场，利用自动控制装置对 LC 振荡电路进行连续的充电与放电，可在几十毫秒内完成杀菌处理，所以用此种方法获得脉冲电场的应用较多。杀菌用脉冲电场的强度一般为 15~100kV/cm，脉冲频率为 1~100kHz，放电频率为 1~20Hz。

充电 —— 储能 —— 开关 —— 升压 —— 负载

图 3-2　高压脉冲形成系统原理图

（一）　脉冲电场元件及系统

脉冲电场处理样品的实验装置及处理流程如图 3-3 所示。脉冲电场对液态或固态食品进行处理，必须要有带有以下元件的电子设备。

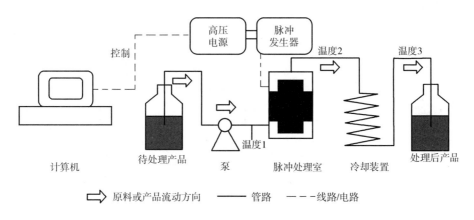

➡ 原料或产品流动方向　——— 管路　－－－线路/电路

图 3-3　脉冲电场处理系统实验装置流程图

（1）能够提供预定电压 U_0 的高压直流电源。

（2）一个或数个连在平行电极上，能暂时储存电能 W 的电容（适用于电容放电式产生脉冲的情况），通过电容的最大电压与通过电源的电压一致。

（3）一台能测定电极电压和显示波形的示波器。通过同处理室相连的低值电阻即可使示波器测量出通过电极的电流。示波器对监测食品物料的温度也同样重要。

（4）由碳、金属或其他导电材料为电极的处理室。常用不锈钢材料，但惰性金属材料如钛金能减少化学反应。

（5）能传送电能 W 到电极和待处理样品的高压开关转换器。由于脉冲持续时间短（微秒或者毫秒），该转换器应能承受通过电容的最大电压及因待处理物料电阻率产生的最大电流强度 I_{max}。

（二）　脉冲电路及脉冲发生器

脉冲器是整个高压脉冲电场处理装置的核心部分。目前，高压脉冲处理技术工业化应用的主要障碍是设计并制造出具有最佳处理效果的脉冲器。高压脉冲处理系统的脉冲波形可以采用方波、指数、交变等 3 种形式，所以脉冲发生器也可有 3 类设计电路。这 3 种处理系统的作用效果以方波最好，指数次之，交变处理系统最差。但是方波脉冲发生电路造价过高，以此为基础的处理系统尚不适用于在规模化工业应用。相对而言，指数脉冲发生电路可以用简单的电阻-电容电路产生，价格相对比较便宜，适合于工业化应用。这种脉冲发生器首先由高压直流电向电容器充电，然后电容上的电能在高速电子开关闭合的瞬间，突然向负载（处理室）释放，从而形成指数脉冲。由于高压的应用和样品处理室本身的低阻性，大功率的充电电源和高速电子开关是工业规模的指数脉冲发生器的主要组成部分。

（1）Heesch 高压脉冲电源　Heesch 等于 2000 年展示了如图 3-4 所示的脉冲电源，该脉冲电源的回路主要包括低压和高压两部分。低压部分由一个整流器、两个由半导体闸流管开关的谐振回路以及初级脉冲变压器缠绕线圈组成；高压部分包括次级脉冲变压器缠绕线圈，一个能量贮存电容 C_2，一个火花舌开关 SG（一个 32kV 的转换开关），以及可产生 100kV 脉冲的变压器（TLT）。高压充电电容 C_2 在 50μs 内谐振充电至 32kV，然后低电感火花舌开关（50nH，和高压电容同轴）SG 是电容放电进入 TLT。SG 有着极好的可靠性，可产生 10^3 个脉冲（共转移充电 200KC），其电极损耗很小，但必须不停地用空气（30Nm^3/h）冲洗。TLT 由 4 个同轴电缆组成，每个电阻 50Ω，长 12m。

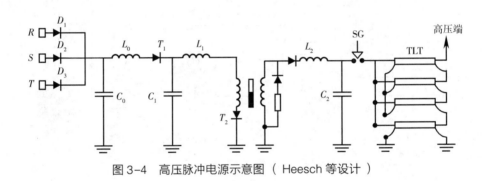

图 3-4　高压脉冲电源示意图（Heesch 等设计）

（2）简化的指数衰减脉冲形电路和平方波电路　图 3-5 所示为一个简化了的指数衰减波形的脉冲发生系统，R 是食品的有效电阻，R_s 是充电限流电阻，C_0 是能量贮存电容。

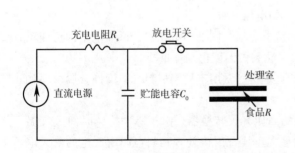

图 3-5　简化的指数衰减脉冲波形电路

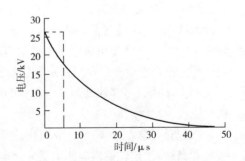

图 3-6　指数衰减脉冲和平方脉冲波形

图 3-6 所示的脉冲波形为图 3-5 所示电路产生的指数衰减脉冲波形（实线）和平方波脉冲（虚线），两种脉冲有相同的峰值电压和能量。指数衰减脉冲波形有一条低场强的长尾，低场强的长尾既不能产生灭菌效果也会导致食品产热，所以有效作用时间较短；而平方波则

可在峰值电压维持较长时间，因而有效作用时间更长。两种波形都能有效杀灭微生物，但平方波更能节省能量且不会引起食品升温太多。这两种波形是脉冲电场处理最主要的波形，且这两种波形的衰减比较容易实现，改变也容易。但平方波的产生相对比较复杂（图3-7），需要形成脉冲网络（PEN），且要求处理室和PEN网络中的阻抗相匹配（二者电阻同样大），这在实际操作中难以实现。平方波释放在被处理食品上的电压为电容最大充电电压的一半，但众所周知，使用两个PEN能重叠电压波，这样可以得到放电电压和充电电压相同的峰值电压。通过使用一个可饱和的电感（采用铁磁核心而不是空气核心）能够压缩脉冲宽度，增加流过处理室的峰值电流从而形成钟行脉冲，这种类型的磁压缩脉冲发生器能使用交流（AC）电源而不需要高压直流（DC）电源，也不需要放电开关。

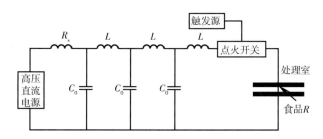

图3-7　产生平方波脉冲的3组电容-电感单元组成的脉冲形成网络（PEN）

（3）Barbosa-Canovsa高压重复脉冲发生电路　由Barbosa-Canovsa和Barry-G. Swanson等设计的脉冲发生器如图3-8所示。这是一个重复的电容器放电调节器，其来源是一个能够贮藏电能的电容器C，通过电源充电至$10\sim40\text{kV}$，然后由一对触发串联式的引燃管将能量转换到输出电缆中。该充电电源是由两个电源供给器轮流提供的，这两个电源被安排在主-从布局结构中。输送到负荷中的电压依赖与电容充电电压。该脉冲发生器产的脉冲宽度是由R_c衰减系数来决定的。通过对电容器C的调整来调节R_c衰减系数在$2\sim30\mu\text{s}$。

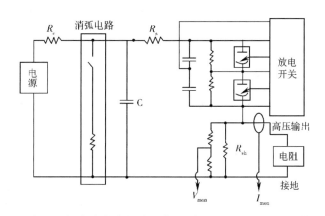

图3-8　高压重复脉冲发生电路示意图（Barbosa-Canovas等设计）

该脉冲发生器包含了：两个高压充电电能供应器、电能贮存电容器C、两个串联在一起的引燃管、关闭引燃管的触发电路、高压输出板（与输出电缆中心导体、一系列电阻以及一个电压监视器相连）、一个撬棍电阻及中继设备（既可在需要时使电容器放电，又不会传递高压脉冲给负载）。

　　该脉冲发生器在使用时，通过电机械的中继转发，电源在引燃管触发之前，与电容器电路分离；在触发以后，引燃管从阻塞状态转变为传导状态，并一直保持此状态直到所有的电荷从电容器上流出，这时，引燃管恢复它们的非导电性质，并为下一个电容器充电循环开始做好准备。此外，这个充电循环是由关闭机械中继转发来启动的。

　　（4）Zhang 等设计的各种脉冲波形电路　图 3-9 所示为华盛顿州立大学 Zhang 等设计的方波环路［图 3-9（1）］、指数衰减环路［图 3-9（2）］和阻尼 RLC 环路［图 3-9（3）］脉冲发生源电路图。该脉冲发生器的电路图中使用了一个 40kV 的电压供能装置，开关是一个 50kV/kA 空心的正极闸流管。这个脉冲发生器最大频率为 1000Hz，可通过改变脉冲形成的网络来改变高压脉冲的形状来对食品进行灭菌，产生的波形形状分别为图 3-10（1）、图 3-10（2）、图 3-10（3）所示。该脉冲发生器中采用 100 MHz 的数字示波器监控电压的放电量和电流的波形，该示波器使用比例为 10000∶1 的高压探针和一个 0.01Ω 的电流示差电阻。

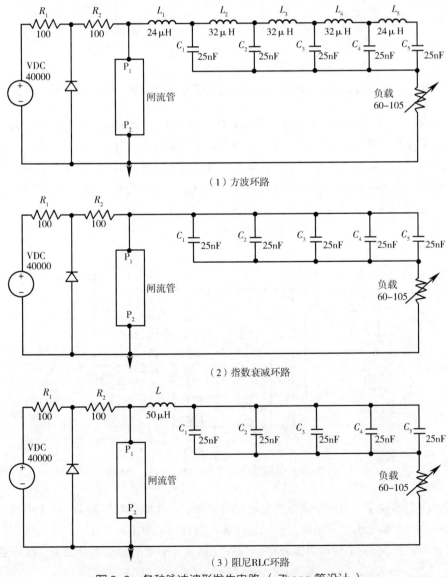

图 3-9　各种脉冲波形发生电路（Zhang 等设计）

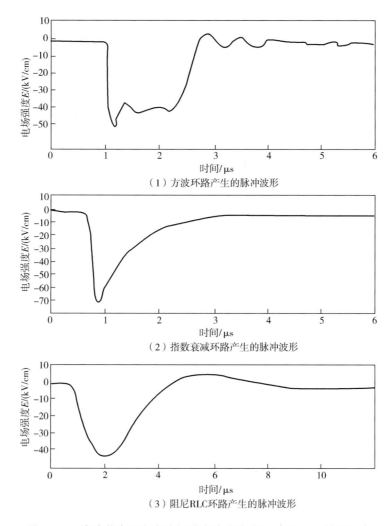

（1）方波环路产生的脉冲波形

（2）指数衰减环路产生的脉冲波形

（3）阻尼RLC环路产生的脉冲波形

图 3-10　脉冲发生器产生的各种脉冲波的波形（Zhang 等设计）

（5）Blumlein 平方波电路　图 3-11 所示为典型的脉冲形成网络（blumlein pulse forming net，BPFN），它是由 12 个电容（$C=1nF$）和电感（$L=90\mu H$）组成，可产生脉冲宽度大于 $1\mu s$ 的长脉冲，通过改变同样的电路元件的数量可使电压的脉冲持续时间在 $1\sim10\mu s$ 之间变动。该脉冲发生器产生的波形为矩形波，输出电压可以达到电容充电电压的 2 倍，脉冲频率为 1Hz。图 3-12 分别表示有 12 个 LC 单元［图 3-12（1）］和 2 个 LC 单元［图 3-12（2）］的 BPFN 电压波形图。多组 LC 单元电路会使波形趋向于矩形脉冲，由于最后的电阻比 BPFN 刚开始的输出值稍高，所以在主脉冲后的尾部会出现小的波动。

（6）磁感应脉冲发生电路　图 3-13 所示为一个包括 3 个磁力开关及 1 个半导体开关（SOS）的磁感应脉冲发生电路。图 3-14 所示为该磁感应脉冲电路产生的波形图，其脉冲宽度为 75ns。

（三）　脉冲电场处理的主要参数

脉冲电场处理过程中的主要操作参数及参数之间的关系如下（均表示独立变量）。

（1）高压电源的电压　通过高压电源的电压决定了电容所能贮存的电量的大小和通过电

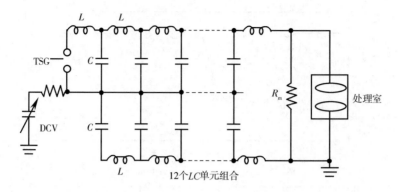

图 3-11　Blumlein 平方波电路

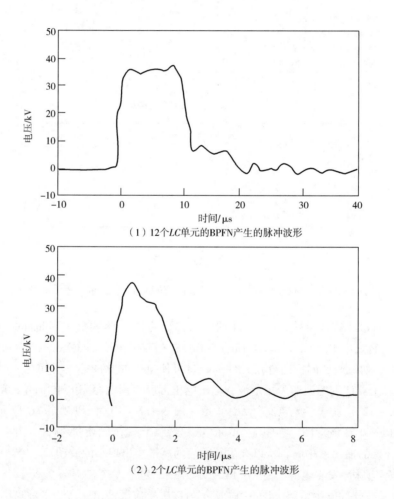

（1）12个*LC*单元的BPFN产生的脉冲波形

（2）2个*LC*单元的BPFN产生的脉冲波形

图 3-12　Blumlein 平方波波形

极的电压，并且电极间距不变时，高压电源的电压还决定了电场强度值。

（2）平行电极间电容数量　对于给定的食品样品，假设电源电压保持恒定，平行电极间电容数量对贮存的能量和脉冲持续时间起决定性作用。

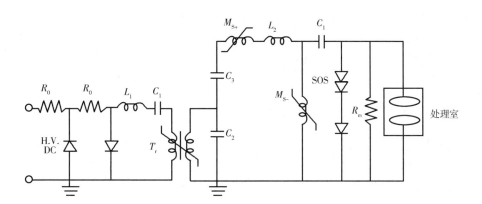

图 3-13　磁感应脉冲发生电路

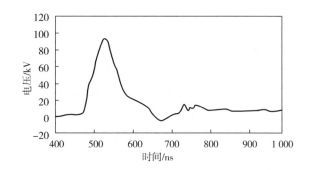

图 3-14　磁感应脉冲发生电路产生的脉冲波形

（3）电极距离　如果通过电极的电压保持恒定，电极距离的增加会导致负载电阻的增加并因此使脉冲持续时间增加。

（4）连续不断施加的脉冲总数。

（5）脉冲发生的频率　某些设备允许不同频率的脉冲系列。

（6）脉冲波形　一些电子电源能够产生不同的波形脉冲。当处理的食品样品阻抗变化很大时，要想构造一个能够产生高压平方波的脉冲发生网络是非常困难的。在正弦曲线模式中，可以把食品看成一个电路。阻抗是很复杂的一项，与代表食品的电路中所有的电子元件（电阻和电容）相关。

（7）食品电阻率　在食品溶液或模型凝胶中，加入能产生离子的盐可以调整处理液中的离子强度，从而改变其电阻率。食品电阻率的变化将会使样品的阻抗发生改变，从而改变整个电路的阻抗。

（8）通过处理室液体的流量　当电极处理室为连续式时，液态样品的流速，也就是液态食品在处理室的平均停留时间变成了一个独立参数。将液态样品的流速、脉冲持续时间和脉冲频率一起考虑是为了使单位质量的液态食品所消耗的能量保持恒定。

（9）样品温度　样品温度并不是一个独立的操作参数，但食品在进入处理室之前可以调整它的初始温度。对于液态食品的连续式处理，在其接受电脉冲处理之前，通过热交换器就能将其冷却或加热到一定的初始温度。

（10）处理时间　设置相同的单位处理时间，并将系统设计成多个处理器并联放置，可以使液态食品以高流速经过较窄的电极间距，有利于形成高强度电场。如果将几个短流程处理室串联和使样品形成湍则能提高样品处理的均匀性，且处理效果会比单一的长流程处理室更好。

三、脉冲电场样品处理室

样品处理室可分为静态分批式和连续式两种。静态分批式处理腔体积小、考虑影响因素较少，不适于大规模工业化应用。为此，人们设计了各种连续式处理室，主要包括平行盘式、线圈绕柱式、柱-柱式、柱-盘式、同心轴式等。在众多的研究结果中，平行盘式和同心轴式的处理室结构采用更为广泛。为了保持处理室内电场的均匀分布，国外学者还运用有限元分析法对这两种处理室的设计进行了研究，使得这两种处理室在保持室内电场的均匀分布的同时还能够保证被处理物的稳定流动，因此非常具有工业应用价值。

四、脉冲电场设备发展

2001 年，美国俄亥俄州立大学研制了第一台能产生 60kV 电压、750A 电流的正负脉冲的固态高压脉冲发生器。2012 年，利用 IGBT 串联技术研制出一台电压幅值为 40kV，电流为 150A、频率为 3kHz 的高压脉冲发生器。目前，国内的相关研究也取得了一定的成果。2009 年，陈杰等设计出了可精确调节频率和宽度的"THU-PEF3"高压脉冲杀菌系统。2012 年，余琳研制出了一套采用 IGBT 串联技术实现高压脉冲发生器的脉冲电场处理系统，其输出电压幅值 30kV，且脉宽和频率在一定范围内均可调节。目前市场上的高压脉冲发生器普遍存在杀菌效率低、能耗相对较高等缺点，因此研制大功率、低能耗、高控制精度以及高杀菌效率的脉冲发生器，对推动高压脉冲电场杀菌技术的发展具有重要意义。

除了高压脉冲发生器，样品处理室也是脉冲电场杀菌系统的重要组成部分。目前的大部分处理室只能用于液态食品杀菌，适用范围相对较小。因此研制多用途、多功能的样品处理室也是脉冲电场应用领域一个重要的研究方向。

第五节　脉冲电场技术在食品工业中的应用

国内外研究人员使用脉冲电场对培养液中的酵母菌、革兰阴性菌、革兰阳性菌、细菌芽孢以及对苹果汁、香蕉汁、菠萝汁、橙汁、橘汁、桃汁、牛乳、蛋清液等液态食品进行了研究。研究结果显示脉冲电场的抑菌效果可达 4~6 个数量级，其处理时间极短，最长不超过 1s，该处理对食品的感官质量不造成影响，其保质期一般都可延长 4~6 周。陈键指出，在经过 45kV/cm 的电场脉冲 40 次后，脱脂乳中的大肠杆菌存活率仅为原来的 1%。为了提高脉冲的杀菌效果，Lu 等指出，高压脉冲与中等程度的热处理相结合，或与溶菌酶、乳酸链球菌素等天然抗微生物抑制剂相结合处理苹果汁，能有效地减少大肠杆菌。脉冲电场对未过滤的苹果汁、果浆含量高的菠萝汁、橘汁、阿斯巴甜溶液的感官特性没有影响，处理过的苹果汁甚至比新鲜的苹果汁味道更好，且橘汁中的维生素 C 含量也没有改变。此外，脉冲杀菌与低浓度的杀菌剂如臭氧和 H_2O_2 结合，杀菌效果将更显著，这种高效的联合杀菌技术有望在食品工业中得到应用。

一、脉冲电场在乳制品中的应用

（一）脉冲电场处理对乳制品的杀菌作用

脉冲电场能有效杀灭乳制品中的细菌，且杀菌效果与脉冲电场强度、处理温度、脉冲数量、介质以及乳品中脂肪含量等密切相关。丁宏伟等在研究脉冲电场对牛乳的杀菌实验时发现，影响脉冲电场处理对牛乳杀菌效果的因素按相关性从大到小依次为电场强度、温度和脉冲数，且杀菌效果与这 3 个因素均呈正相关。

有研究表明电场强度为 36.7kV/cm、40 个脉冲处理能完全杀灭均质乳中的沙门菌，并将大肠杆菌总数降低 3 个数量级；电场强度为 40kV/cm、30 个脉冲处理 2μs，原脱脂乳能在 4℃下能存放两周；80℃、6s 的热处理结合电场强度为 30kV/cm 的 30 个脉冲处理 2μs，原脱脂乳保质期能提高到 22d。Rema 等将单增李斯特菌接种在全脂乳（牛乳脂肪为 3.5%），半脱脂乳（牛乳脂肪为 2%）和脱脂牛乳（牛乳脂肪为 0.5%）中：研究了在不同处理时间（100μs、300μs 和 600μs）和不同样品组成下菌的失活，发现随着处理时间的增加，致死效果也随之增加，都达到 3 个数量级的减少，且这 3 种样品之间的失活没有显著差异；研究了不同电场强度（25kV/cm 和 35kV/cm）和处理时间对全乳中菌的失活的影响，发现在较短的处理时间（100μs）下，两种不同的电场强度在致死效果上没有差别，但处理时间越长时，场强度越大致死效果越好。

Pothakamury 于 1994—1995 年研究了脉冲电场对大肠杆菌、金黄色葡萄球菌、枯草杆菌和德氏乳杆菌的影响。以鲜乳为处理对象，电场强度为 16kV/cm，200~300s 内 60 个脉冲处理，结果表明：含菌量可减少 4~5 个数量级，通过分段的高强度脉冲电场，可使大肠杆菌数量减少 9 个数量级。Bendicho 等在 3.55kV/mm 场强下对脱脂牛乳和全脂牛乳做灭菌处理，发现脉冲重复频率为 67Hz 时，脱脂牛乳与全脂牛乳灭菌效果无明显区别；当脉冲重复频率提高到 89Hz 和 111Hz 时，脱脂牛乳的灭菌效果要好于全脂牛乳。当脉冲重复频率为 67Hz 时，两种牛乳的细菌残活率都很高，因此脉冲电场作用下的灭菌效果差别并不明显。当脉冲重复频率提高后，细菌残活率都有所下降，此时两种牛乳的区别较明显。全脂牛乳的灭菌效果弱于脱脂牛乳灭菌效果主要受脂肪含量的影响。

Dunn 和 Pearlman 使用静态平行电极处理室处理已经接种过沙门菌的牛乳，脉冲电场处理参数为 40 个指数衰减波和 36.7kV/cm 的电场强度，衰减时间大约为 20μs。刚处理完后及在后续的保藏（在 7~9℃的冰箱中贮存 8d）中没有发现活的沙门菌细胞。当处理温度低于 40℃时，只能获得较低水平的灭菌效果（10% 的存活），但当处理温度为 50℃时则可以杀灭更多沙门菌（0.01% 的存活），说明温度对脉冲电场杀灭沙门菌具有协同作用。而未经脉冲电场处理的对照样品在 50℃下，并没有观察到微生物的实质上的减少。

（二）脉冲电场处理对乳制品品质的影响

对比鲜牛乳、UHT 灭菌乳和脉冲电场处理乳（35kV/cm、400μs、200Hz），发现脉冲电场处理较 UHT 处理对牛乳中风味物质影响较小，同时产生更少的与蒸煮味相关的含硫化合物。张鹰等研究发现 25kV/cm 的脉冲电场处理脱脂牛乳后，其中乳糖含量并未发生显著变化。

通过脉冲电场对牛乳杀菌实验可知：一组处理条件为在 70℃ 下处理 70s、电场强度 70kV/cm、脉冲数为 10；另一组为 70℃ 下处理 70s，不经脉冲电场处理；两组处理过的牛乳蛋白质变性程度分别为 4.9% 和 4.6%，即经脉冲电场处理的比未经脉冲处理组牛乳蛋白质变性程度增加了 0.3%。同样用脉冲电场处理牛乳，在使微生物总数减少 5.3 个数量级的电场强度作用下，脉冲电场对牛乳免疫球蛋白的活性和结构不会产生显著影响。探究脉冲电场对乳铁蛋白结合铁能力的影响实验结果表明：乳铁蛋白对铁的结合能力大体会随着电场强度、处理时间和脉冲宽度的增加而降低；但在适当的处理条件下，乳铁蛋白与铁的结合能力可高达对照样的 3.8 倍。

二、 脉冲电场在果蔬中的应用

（一） 脉冲电场处理对果蔬汁的杀菌作用

处理草莓汁中的亚损伤细胞时，草莓汁中大肠杆菌受处理条件的影响较大，在 25kV/cm、200μs、10℃ 的处理条件下，大肠杆菌亚致死数量级最高达到 1.339，但酿酒酵母亚致死数量级均低于 0.4，亚致死细胞产生数目较大肠杆菌少。脉冲电场用于石榴汁杀菌时，在相同的工艺条件下，不同微生物对脉冲电场处理的敏感程度从大到小依次为大肠杆菌、酵母菌、霉菌，当工艺条件为 35kV/cm、100Hz、200μs，温度 ≤18℃ 时，大肠杆菌、酵母菌与霉菌总数分别下降 3.62、2.34 和 0.74 个数量级；而将频率提高至 333Hz 时，霉菌总数下降 1.82 个数量级。方波脉冲处理能使橙汁中细菌总数和酵母菌等微生物数量减少 4 个数量级以上。

脉冲电场处理时，食品物料成分的浓度会影响灭菌效果。Ferrer 等在对脉冲电场杀菌的柑橘和胡萝卜汁混合饮料的研究中发现：在低的脉冲电场强度和胡萝卜汁含量为零时，原料中最初的污染物水平是影响处理后的残菌量最重要的参数；当胡萝卜汁的含量增加时，浓度的影响作用就相应增大；而较低的脉冲电场强度（20kV/cm）处理时，胡萝卜汁的含量对脉冲电场处理后的残菌量有重大影响。

研究脉冲电场对梨汁的杀菌效果发现，在一定条件下（200Hz、30kV/cm、10℃）处理时，梨汁中大肠杆菌和酿酒酵母总数分别下降了 4.6、2.7 个数量级，而在其他工艺条件相同时，提高温度协同处理（由 10℃ 上升到 40℃）能使微生物的致死率提高 1~2 个数量级。用脉冲电场处理蓝莓汁，当工艺参数为 30kV/cm、60μs 时，对蓝莓汁中微生物的灭菌率可达 99% 以上。

（二） 脉冲电场处理对果蔬制品品质的影响

武新慧等研究了脉冲电场预处理对果蔬动态黏弹性的影响，应用 DMA-Q800 热动态力学性能分析仪对几种大众果蔬苹果、梨、萝卜、马铃薯等进行了动态压缩实验研究，获得了不同脉冲电场参数、不同振荡频率下果蔬的储能模量、损耗模量及损耗正切等黏弹性参数，并结合果蔬细观组织结构扫描电镜分析了脉冲电场预处理对果蔬动态黏弹性的影响机理。结果表明：果蔬的储能模量、损耗模量及损耗正切随频率的增加而增大，随着电场强度、脉冲宽度、脉冲时间的增大，苹果和马铃薯组织模量下降，白萝卜组织模量增加，梨试样组织模量先增大后减小，果蔬细观组织扫描电镜分析表明脉冲电场预处理引起的果蔬细胞结构、膨压及细胞间隙变化是造成果蔬动态黏弹性变化的主要原因，在 25~90℃ 温度范围内，随温度的升高 4 种果蔬组织的储能模量、损耗模量呈下降趋势，梨和白萝卜的对照组试样先上升后下降。研究结果可为高压脉冲电场预处理果蔬，实现低能耗冻干加工工艺参数优化等应用提供理性分析基础。

脉冲电场处理各种果汁，不仅能杀灭果汁中微生物，不影响其原有的风味和品质，还能维持保质期内各品质的稳定性，延长果汁保质期。经 36.7kV/cm 脉冲电场处理过的浓缩苹果汁和鲜榨苹果汁，与未经处理的果汁在感官上没有明显区别。对比脉冲电场和热处理前后苹果汁的理化指标发现脉冲电场处理后苹果汁的风味和色泽都比热处理更接近未处理的苹果汁。与热杀菌处理相比，脉冲电场处理得到的橙汁和胡萝卜汁的混合果汁的风味、浊度和总酸都更接近鲜榨果汁，且能有效减少维生素 C 在加工和储藏期间的损失。

脉冲电场处理过的苹果中碳水化合物含量较未处理的高，可能是因为脉冲电场处理抑制了与细胞呼吸氧化作用相关的酶，以及葡萄糖氧化酶活力。使用一定强度的脉冲电场处理添加 75mg/kg 葡萄糖酸锌的新鲜菠菜汁，可使菠菜汁较长时间保持绿色。在电场强度35kV/cm，750μs 的条件下处理橙汁，橙汁中类胡萝卜素和黄酮类物质有所提高，总酸含量变化不大。Garde-Cerdán 等研究发现脉冲电场处理不会对葡萄汁中还原糖含量产生明显影响。

维生素 C 是一种热敏性营养成分，热处理会引起或加速食品中的氧化反应，因而在果蔬的热加工过程中维生素 C 的损失比较严重。研究表明脉冲电场处理的果汁中维生素 C 的含量较热处理的高，可能是因为脉冲电场处理过程升温较小的原因。但由于食品包装顶部残留有氧气，或者包装材料选择不当，随着储存时间的延长，热处理与脉冲电场处理的果汁中维生素 C 含量差异会逐渐减小。此外，脉冲电场处理果汁不会像热处理一样引起果汁中胶状物质加热沉淀及发生凝结，可能是脉冲电场处理使附着在果肉上的凝结物质被分离开了。

脉冲电场处理会引起食品中脂肪酸、油脂等发生变化。Garde-Cerdán 等研究发现脉冲电场处理会引起葡萄汁中脂肪酸总量的减少，其中月桂酸的变化最为明显。脉冲电场处理后苹果中脂肪含量降低可能是由于细胞破裂导致的膜渗透引起膜脂质氧化降解。脂肪氧化酶催化不饱和脂肪酸氧化对食品的风味形成具有重要作用。与热处理相比，脉冲电场处理果汁中脂肪氧化酶只是部分失活，因而最终果汁因保持一定的脂肪氧化酶活力而比热处理果汁具有更好的风味。

浆果类水果对热处理的敏感是由于香味颗粒的降解所致，热处理后，原始香味物质的氧化和降解会导致果汁整体风味改变明显，而脉冲电场处理的则不会改变这类果汁原有的风味。经脉冲电场处理过的果汁风味在可接受性方面远高于热处理果汁，可能是因为其对果汁的新鲜度保护较高有关。对梨汁的杀菌时发现与传统热处理相比，脉冲电场处理对梨汁中风味物质影响较小。

三、　脉冲电场在酒中的应用

用脉冲电场处理葡萄酒时发现，葡萄酒中的杂醇含量下降，总酸、总酯和苯乙醇的含量上升，原花色素的变化趋势基本符合自然陈酿的效果，整体来说葡萄酒的陈香明显增加。白酒经脉冲电场处理后，总醇、总酸含量都有所增加，白酒的陈香更加明显，辛辣味减少，口感绵软，贮存一年的白酒经脉冲电场处理后可达到与陈酿 6 年白酒风味及口感相近的效果。

四、　脉冲电场在茶中的应用

采用脉冲电场对普洱茶进行杀菌时发现脉冲电场具有良好的灭活选择性，对霉菌的杀灭效果最差。Zhao 等证明脉冲电场处理绿茶后脉冲电场损伤亚致死微生物的存在，并提出脉冲电场处理后经一定时间冷激（cold shock）处理，可以使脉冲电场损伤亚致死细胞进一步失活，从而大大延长脉冲电场处理食品在常温下的保质期。

脉冲电场处理集成冷冻浓缩比真空蒸发浓缩更能保留茶汤的香气成分。经脉冲电场处理后的普洱熟茶香气成分含量发生了显著变化，醇类、有机硫化物和短链烷烃类三类香气成分含量显著增加，脉冲电场参数中电场电压是影响各类香气成分含量变化最主要的因素。

五、 脉冲电场在油脂中的应用

Guderjan 等利用脉冲电场辅助提取油菜籽中的油脂，能提高出油率，但发现油菜籽油的酸值显著高于未用脉冲电场处理的。曾新安等指出脉冲电场处理会导致油酸和花生油会发生一定程度的脂质氧化，过氧化值升高以及不饱和脂肪酸含量的下降，但脉冲电场处理过的花生油与未处理过的相比在贮藏期间酸败产物累积少，脂肪酸组成变化下，且不高于 50kV/cm 的脉冲处理不会引起油脂品质明显改变。梁琦等的研究结果表明脉冲处理对油酸的氧化进程会产生影响，油酸的过氧化值会随着脉冲电场处理强度和贮藏时间的增加显著增大，羰基值在脉冲电场处理后的一周后迅速升高；而脉冲电场处理过的油酸碘价在贮藏 2d 后有下降趋势。

六、 脉冲电场的其他应用

（一） 脉冲电场辅助提取

动植物及微生物细胞膜的电极化可能被用来强化果汁或者某些特定细胞代谢产物（如巨大分子、蔗糖、色素、风味物质及生物活性物质等），或者反过来促进某些溶质（氯化钠、蔗糖等）渗透到组织中。当细胞半径增加时，电脉冲导致的电极化或膜通透性的改变所需的电场强度降低，因此杀灭动植物细胞比微生物所需场强更低。在采用电脉冲强化提取时，采用某种中间电阻率的提取介质更为可取。电阻率太低将会迅速削弱电场，电阻率太高会明显增加欧姆热升温。精密控制膜的穿孔极化可能能够选择性提取几种胞内代谢产物中的某一种。

适度的脉冲电场能实现果蔬等的质壁分离，通过一定场强水平诱使临界的膜变化就能实现果蔬细胞质壁分离，也能通过这一处理加强细胞内物质的扩散，提高胞内物质的提取率。脉冲电场处理能加强细胞膜渗透的全过程，提高样品中可溶物质的扩散系数，加强可溶物质的扩散，但并不会使处理样品的组织结构整体退化。脉冲处理能有效地将大部分的果胶质和非糖物质保留在细胞结构中，对快速提取原料中糖具有显著意义。由于天然产物不稳定，许多具有生理活性的化合物一旦离开机体，很容易发生氧化变性及功能活性的破坏，在生产过程中要小心地保护这些化合物的生理活性。因此，生产这类具有生理活性的物质常常需选温和的处理条件，并尽可能在低温和洁净程度较高的环境中进行。脉冲电场可在瞬间使被处理细胞的细胞壁和细胞膜发生电位混乱，改变细胞膜的通透性，甚至可以击穿细胞壁和细胞膜，使其发生不可逆破坏，造成细胞新陈代谢紊乱、细胞中生长的必需组分的流出，因而成为了一种新兴的提取技术。

对苹果糊进行电质壁分离后能增加后续的压榨提取量，且得到的最终果汁颜色较通过酶法和热法预处理产品浅且清澈（可能由于多酚氧化酶的氧化较少）。针对不同的苹果汁在压榨之前进行电脉冲预处理，发现苹果汁的压榨产量从 (67±1.2)% 上升到 (73±1.9)%，同时减少了纤维素酶的需要量，提高了果汁质量。对胡萝卜碎块采用 50kV/cm 的电脉冲处理增加了后续的压榨产量，产量从 51% 提升到 76%（初试碎粒尺寸为 1.5mm），或从 30% 提高到 70%（初试碎粒尺寸为 3mm）。通过电镜可以看到电脉冲清晰地改变了细胞和细胞壁，作为对照，通过商业果胶酶预处理的压榨胡萝卜汁产量为 69%（初试碎粒尺寸为 1.5mm）和 62%（碎粒尺寸为 3mm），电处理后得到的果汁比添加果胶酶的氧化较少，β-胡萝卜素较多且干固物含量较低。脉冲电场处理的好处在于迅速，需要的酶或预热较少，后者对提取某些热敏代谢产物有特别的意义。

红叶藜在 20℃ 下 1.6kV/cm 场强的 10 个脉冲处理后，其细胞苋菜红提取率为 85%，而在 0.75kV/cm 场强下处理 20 个脉冲的提取率为 55%。在两种情况下，一旦色素被提取，细胞的存活率明显降低。因而电极化增强了色素提取但是杀灭了细胞。经过 0.5kV/cm 的场强 3 个脉冲，就能杀死巴戟天细胞却没有明显的蒽醌被提取出来，在 0.75kV/cm 或 1.6kV/cm 的场强下处理 10 个脉冲处理后提取物产量在 3% 以下，这种提取量的巨大差别产生原因可能是在细胞质和液泡中的色素分布不同。液泡破裂和随后导致的细胞质 pH 的改变可能会使得细胞死亡。

对马铃薯小块在 0.35～3kV/cm 的场强下处理了 70 个脉冲后，通过测量离心后释放出来的液体量来测定其植物组织通透性的改变。0.9～2kV/cm 场强下 15～30 个脉冲处理可用作流化床干燥马铃薯小块的进一步干燥处理，干燥得到了加速，而最后复水和烹饪质量并没有改变。其他类似研究与肉类提取和从甜菜中提取蔗糖等有关。

（二）　脉冲电场辅助干燥

果蔬的传统干燥方法会导致其物理和化学状态受到影响影响，引起果蔬缩水、颜色改变，还会影响最终果蔬产品的质地和口感。王维琴等研究经脉冲电场技术对甘薯样品进行预处理后发现，与未处理的甘薯相比，脉冲电场处理后的甘薯在渗透脱水后的质量都有一定增加，且渗透脱水后的样品固形物增加率与脉冲电场处理参数中的场强和脉冲数目不成正比关系。

（三）　脉冲电场辅助冷冻浓缩

冷冻食品在使用之前大都需要经过解冻过程，而在食品的冻结解冻过程中必然会发生各种物理、化学变化，影响食品的品质。利用脉冲电场技术解冻食品，不仅解冻速度快，解冻后食品温度分布均匀，汁液流失少，还能有效地防止食品的油脂酸化，而且一定强度的脉冲电场对微生物具有显著的抑制或灭杀的作用，有利于对食品品质的保护。方胜等的研究发现电场强度对冰解冻时间的缩短百分率影响显著。以脉宽为 2.5μs，电场强度 35kV/cm、脉冲个数为 8、脉冲频率 2700Hz 的脉冲电场技术生产绿茶汤，辅以冷冻浓缩技术，以 4℃ 的溶液初温、150r/min 的刮刀转速、冷媒温度为 -18～-15℃ 条件下绿茶汤的浓缩效果最佳，其香气成分分析表明脉冲电场集成冷冻浓缩比真空蒸发浓缩更能保留茶汤的香气成分。研究结果可为脉冲电场及冷冻浓缩的应用提供技术依据。

（四）　脉冲电场辅助蛋白（多肽）改性

王莹等以前期研究所得的 Gln-Trp-Phe-Met（QWFM，分子质量为 652.78u）和 Lys-Trp-Phe-Met（KWFM，分子质量为 610.78u）抗氧化四肽为研究对象，探究脉冲电场技术（pulsed electric field，PEF）对抗氧化肽荧光特性的改变。研究表明，在脉冲电场作用下 QWFM 和 KWFM 的荧光强度发生了不同程度的改变，由于两条结构相似的抗氧化四肽中色氨酸前端所连接的氨基酸不同，在相同的脉冲电场处理条件下，QWFM 的荧光强度变化更为显著，在电场频率为 1800Hz 和电场强度为 15kV/cm 时，其荧光强度变化最显著。通过监测经 PEF 处理后 2h 抗氧化四肽荧光强度的变化，发现抗氧化四肽荧光强度的变化随着时间的延长而逐渐减弱。通过圆二色谱分析和核磁共振波谱技术分析发现维持 QWFM 中 β-折叠的氢键含量有所改变从而导致了 β-折叠结构的含量有所减少。这些变化表明脉冲电场技术可能通过改变抗氧化肽的化学结构而改变其荧光特性，为脉冲电场技术应用于抗氧化肽的研究提供了理论基础。

鲜肉在经过脉冲电场处理后，其鲜嫩度会有所增加。研究表明，新鲜猪肉经脉冲电场处理后，其浸出汁中总氨基酸含量会明显增加。这一研究结果可应用到其他食品加工产业中，如解决酱油等高蛋白含量液态食品久存后会发生沉淀的问题，而这些沉淀主要是蛋白质。如果将这些蛋白质沉淀前体物在沉淀前经过适合的脉冲电场处理，可以使其沉淀物的前体物质发生降解，从而避免沉淀产生，提高产品品质。

（五）　脉冲电场辅助降解农药残留

由于农作物病害和虫害抗药性增强超过了新型农药的研发速度，农药的过量使用已然无法避免，而当前食品中的农药残留已经成为世界范围内危及食品安全的重要难题之一。使用脉冲电场处理苹果汁，结果发现脉冲电场处理能显著降解苹果汁中残留的甲胺磷和毒死蜱，且降解作用与电场强度和脉冲数呈正相关。应用脉冲电场对红葡萄酒中有机磷农药残留进行降解处理，结果发现脉冲电场处理对敌敌畏有一定降解作用。经脉冲电场处理后，豆浆中残留的甲胺磷、甲拌磷、二嗪磷、马拉硫磷和乐果等农药均有不同程度的降解。虽然目前的研究结果已经证实了脉冲电场处理对农药残留有一定降解作用，但对于其具体的降解作用机制，以及最佳降解条件和降解动态等相关内容仍需进一步的研究。

第六节　脉冲电场技术应用前景

我国的水果、蔬菜产量一直居世界前列，但目前在果蔬保鲜加工方面仍有很大的提升空间。如能将脉冲电场技术应用其中，不仅效果好，而且成本低，非常适合我国国情。据国外资料报道，一个脉冲处理系统的操作费用据估计只有大约 0.4~0.8 美分（约 0.03~0.05 元人民币），并且物料流率可达 1000L/h。但因其处理电路系统电路设计的复杂性使得其杀菌系统的造价非常的昂贵，从而限制了这一技术的工业化应用。另外，脉冲电场在黏性食品及含固体颗粒食品中杀菌的应用还有待于进一步研究，操作条件还有待进一步优化。脉冲电场杀菌可深入研究的课题有：①脉冲电场下各种酶活力；②脉冲电场下蛋白质变性和脂肪分离问题；③脉冲电场的杀菌机理；④大流量工业化装置的研制。

脉冲电场杀菌由于其非热加工特性，温升小、能耗低、操作费用低，并能满足某些食品的热敏性需要，因此工业化的前景十分看好。据国外资料报道，脉冲电场用于液态食品杀菌的操作费用据估计只有 0.17 美分/L 的电费和 0.22 美分/L 的维护费。并且当针对不同对象灭菌采用其最有效的抑制脉冲波形或脉冲电场杀菌与热杀菌联合使用时操作费用还可以降低。脉冲电场杀菌以其优良的处理效果、低廉的操作费用展示了诱人的应用前景。相信随着脉冲电场技术的发展和脉冲电场在食品工业研究的深入，其工业化的应用将为期不远。

脉冲电场技术的独特优势使得研究和推广该技术具有重要意义。但要实现产业化，仍存在一些问题尚待解决：脉冲电场杀菌目前虽在液体食品方面取得较大成功，但在固体和半固体食品的处理效果上还不甚理想，有待于进一步研究。脉冲电场的关键部件和装置需要合理设计，拓宽应用范围。要得到大范围的推广和应用，还需要进一步降低技术成本。若使脉冲电场技术能够和其他工艺相结合，需要较准确地制定技术参数的组合。

食品杀菌过程中，首先要保证食品的质量安全，同时要尽可能维持食品的感官和营养品质不变。脉冲电场受到越来越多科研工作者的青睐，其优势主要集中在：①食品可以在低温或者常温条件下接受杀菌处理，杀菌过程产热少；②处理后食品的营养与风味损失很小；③杀菌效果好，可以杀灭除芽孢以外几乎所有微生物；④脉冲电场杀菌是一种绿色加工技术，是先进的科学杀菌手段，耗能低，经济效益显著；⑤脉冲电场处理能钝化食品中的酶，抑制一些由酶促反应引起的食品变质。脉冲电场技术能实现食品的绿色保鲜，保持食品天然风味及营养价值，提高人民生活质量，带来良好的社会效益和经济效益。

在研究脉冲电场杀菌理论和加快脉冲电场杀菌系统研制的同时，应该更关注该技术对食品质量及安全性的研究。安全性、经济性、高效性的脉冲电场杀菌技术才能更好地发展与应用。

脉冲电场不会像直流电一样引起电解和食物解体造成食品污染，但脉冲电场处理系统中大电流通过电极液界面到达脉冲电场处理通道时，电流在电极-溶液界面引起的电化学反应可能带来电极结垢和腐蚀，甚至食品质量方面的不良影响。电极反应可能引起电极表面附近液体化学结构变化产生有毒化学物质，甚至吸入小颗粒电极材料。一些研究人员发现脉冲电场处理会产生有毒的物质，而避免氯化物是有效解决这一问题的方案之一。电极污垢由电极表面食品颗粒膜形成，污垢的形成会导致局部电场弯曲变形，处理室电力降低，也会阻碍液体食品的流动，影响处理效果。选用合适的电极材料能避免电化学反应的发生，在提高处理室脉冲电压时设定合适的脉冲宽度可以有效减少电极腐蚀的发生。

脉冲电场杀菌处理过程中，可能会伴随着电火花击穿放电引起食品中有用成分及品质破坏，以及电解反应引起的食品中多种营养成分的破坏。

大量研究发现，合理利用脉冲电场处理食品既不会产生对人体有害的自由基，也不会引起食品营养成分的改变。但处理过程必须注意：①固体食品适当加压除去剩余气体，液体食品必须脱气预处理，避免处理过程中的气泡击穿；②严格选择脉冲电场系统的电参数，配置冷却系统应对个别处理过程引起的物料升温；③注意介质击穿保护、温度控制，监控放电电压、脉冲频率和流量，保证处理过程安全顺利进行。

脉冲电场作为一种非热杀菌技术，具有高效、低耗、经济的优势，且大量研究表明其能在保持食品感官及营养价值的同时，延长食品保藏期，提高食品安全性。脉冲电场技术在食品领域中的应用前景广阔，实现商业化和工业化的应用为期不远。

超高静压技术及其在食品加工保藏中的应用

第一节　概　　述

随着当今社会生活品质的提高，人们越来越追求食品的健康和营养。传统的高温杀菌方式对食品的营养和品质具有破坏性，已逐渐不被广大消费者和厂家所接受。一些尽可能少地破坏食品营养成分的非热杀菌工艺越来越受到青睐。超高静压技术是近年来在食品领域被广泛研究的一项新的加工技术。该技术的特点在于，能在常温或较低温度下，使食品中的酶失活、蛋白质变性和淀粉糊化等，杀灭食品中微生物的同时，又最大程度地保留食品的天然风味和营养，还可以使食品产生一些新的质构变化，便于食品的品质改良。近年来，超高静压技术的应用在国际社会引起了广泛关注，我国相继也有关于超高静压技术的成果发表，但目前该技术生产的产品在市面上还较少，有待进一步开发。

第二节　超高静压技术概述

一、超高静压技术

超高静压技术（ultra high hydrostatic pressure），又称超高压（ultra high pressure，UHP）、高静压（high hydrostatic pressure，HHP）或高压（high pressure processing，HPP）技术，它是将100~1000MPa的静态液体压力施加于液态和（或）固态食品等物料上并维持一定的时间，从而起到杀菌及改良物料特性的作用，如图4-1所示。

具体而言，就是将食品原料包装后密封于超高静压容器中（常以水或其他流体介质作为传递压力的媒介物），在常用压力100~1000MPa和一定温度下，处理几秒钟到几十分钟不等，引起食品成分非共价键（氢键、离子健和疏水键等）的破坏或生成，从而使食品中大分子物质蛋白质（包括酶）、淀粉等失活、变性和糊化，并杀死食品中的不利微生物，以达到食品的加工、灭菌和保藏的目的，或促使物质产生一些新的结构。整个超高静压处理过程对

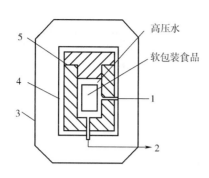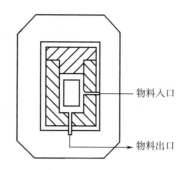

图 4-1　超高静态液体作用于物料图

1—高压水入口　2—减压水出口　3—框架　4—高压容器　5—上盖

蛋白质等大分子物质以及维生素、色素和风味物质等小分子物质的共价键无破坏作用，营养元素的结构得以保留，故经此技术处理后的食品很好地保持了固有的天然风味和营养价值。这一特点正好迎合了现代人们追求天然、低加工食品的消费心理。

二、　超高静压技术特点

超高静压处理技术被运用到食品加工领域，具有一些无可比拟的优点。

（一）　较好地保持了食品的营养价值

食品物料在受热时，大多会使蛋白质内部共价键遭到破坏，导致蛋白质的变性和淀粉糊化等，所含的热敏性营养成分产生严重的损失。传统的加热方式，甚至是高温短时（HTST）的挤压膨化过程，均伴随着对食品中营养成分的不同程度破坏。如水蒸气蒸制牛肉，加热后水分损失 32.2%，蛋白质损失 1.8%，脂肪损失 0.6%，维生素 B_1 损失 60% ~ 70%，维生素 B_2 损失 42%，维生素 B_6 损失 63%。采用超高静压技术加工处理，食品中营养成分的共价键不被影响，可以有效地避免营养成分的损失，更好地保持食品物料的营养价值。Muelenaere 和 Harper 曾经报告称，在一般的加热处理或热力杀菌后，食品中维生素 C 的保留率不到 40%，而超高静压加工食品对维生素 C 的保留率可高达 96% 以上，从而显著地保留了食品的营养成分。除此之外，经该技术处理后的食品，还容易被人体消化吸收。对超高静压处理的豆浆凝胶特性的研究发现，高压处理会使豆浆中蛋白质颗粒物理性地解聚变小，从而更利于人体的消化吸收。超高静压和加热处理对食物性质影响的比较，如表 4-1 所示。

表 4-1　　　　　　　　　　　　超高静压和加热法的比较

性质	加热法	超高静压法
本质不同	分子加剧运动、破坏热键，使蛋白、淀粉等大分子物质变性，同时破坏共价键，使色素、维生素等小分子物质发生变化	形成生物大分子立体结构的氢键、离子键等。非共价键发生变化，而共价键不发生变化，即小分子物质不被破坏
食品成分变化	蛋白质变性、淀粉糊化	蛋白质变性、淀粉也糊化，但与加热法不同，可以获得新特性的食品

续表

性质	加热法	超高静压法
操作过程	操作安全,灭菌效果好	灭菌均匀,能耗较加热法低
处理过程变化	同时具有化学变化和物理变化	物理过程,有利于保持食品原有风味

(二) 可保留食品原来的色泽和风味

食品工业中加热杀菌容易带来产品色泽和风味的劣变,甚至出现变色发黄及热臭味等不良现象。这种杀菌弊端困惑科研工作者及生产者多年。超高静压处理既达到杀菌的目的,又保持其原有固有风味,这也为半调理食品和部分调理食品的加工创造条件,当人们食用前再加热时,可以获得高质量原有风味的食品。具体原理是,超高静压处理会使食品组分间的多酚反应速度加快,美拉德反应速度减缓,而食品的黏度、均匀性及结构等特性对超高静压较为敏感,这在很大程度上是有益于改变食品的口感及感官特性,从而消除传统的热加工工艺所带来的弊端。超高静压处理对肉类制品的色、香、味品质改善有显著的作用。研究表明,对于牛肉而言,80 ~ 100MPa 的压力诱导产生的变化可以改善其在保质上颜色的稳定性。300MPa 或更高压力引起鱼肉或猪肉呈现一种"烹煮"过的现象,风味完全不受影响。柑橘果汁生产中,加压处理不仅不影响制品的色泽和风味,而且又能抑制榨汁后果汁中苦味物质——柠碱的生成。该特点也是超高静压技术最突出的优势所在。

(三) 对产品的质构等有改善作用

虽然超高静压处理不会使食品产生类似共价键破坏的化学变化,但可以带来一系列有益的物理变化,如脂肪凝固、蛋白质变性、淀粉糊化。这些变化能改变食物中的肌肉组织结构,使淀粉表面状态与热处理完全不同。超高静压处理作为一种食品质构调整的工具,不仅可以改良食品的品质,甚至可以生产出至今尚未出现的新型食品材料。传统的乳制品中,含有大量酪蛋白,这些大分子聚集在一起能使光线发生散射,从而造成乳品的不透明现象。超高静压处理可以使这种聚集破碎,不仅可以改善乳制品的透明度,同时可增强乳制品的硬度和强度。

(四) 其他方面的优势

由于超高静压处理过程主要在短暂的升压阶段消耗能量,而在恒压和降压过程一般不需要输入能量,因此整个过程能耗很少,一般而言,超高静压处理的能耗仅为加热法的 1/10。超高静压处理过程传压速度快、各向压力均匀,在处理室内不存在压力梯度和死角,处理过程不受食品的大小和形状的影响,只要制品本身不具备很大的压缩性,超高静压处理并不影响制品的基本外观形态和结构。例如,腌制肉类制品经超高静压处理后其外观不受影响。

对食品进行超高静压杀菌时需要注意以下三个方面的问题:

(1) 压力过大对食品产生不利影响 有些食品在压力过大时会发生不期望的变化,比如物性变化。为了保持食品新鲜,需要精心设定压力条件,以避免引起不期望的物性变化,例如鱼肉浆的杀菌。

(2) 温度对超高静压杀菌效果影响很大 有报道显示,超高静压在低温下较常温有更好的杀菌效果,在达到 200MPa 下,食品在不冻结的低温状态(可加抗冻剂等防冻措施)下保存,杀菌效果显著提高。不仅是液相,也有固相的杀菌效果报道。值得注意的是,加热和加压并用时,压力效果和加热效果有拮抗现象。在不适当的温度和压力下杀菌效果反而降低。

这点对细菌、病毒、枯草杆菌的芽孢均如此。

（3）在高温超高静压下，食品的色泽、营养成分的变化　通常，化学反应速率是随温度的提高而加快；与温度带来的影响不同，在超高静压下，反应速率受活性化体积支配，分为快速反应、慢速反应、不受压力影响的反应。对食品高温高压下的处理效果研究也正在进行当中，这方面的研究有待大量开展。

三、　超高静压技术发展概况

（一）　全球超高静压技术发展

超高静压技术最早出现在陶瓷、钢铁等领域。超高静压用于食品加工行业始于19世纪末，最先开始用于食品的杀菌处理上。人们就意识到当压力高达200MPa以上时，会使蛋白质、酶发生可逆性变性、失活，出现亚基解离的现象。当压力升至303MPa以上，微生物、酵母、霉菌及病毒就被灭活或杀死，细菌的芽孢在600MPa以上压力下会死亡。

在1895年，Hite开始了超高静压技术杀死细菌的研究，并于1899年出版了第一本专著。他以超高静压处理鲜乳，发现鲜乳在室温、600MPa下处理1h后，保质期可以延长4d，调酸后200MPa处理可以延长24d。该研究已经显示出超高静压处理能够有效抑制微生物的生长。1918年，Larsen等证实细菌营养体在607MPa处理14h后可被杀灭，而细菌芽孢极为耐压。1929年，Hite又发现烟草花叶病毒经过930MPa以上的压力处理后出现了不可逆灭活。此后的几十年间，绝大多数关于超高静压的研究将重点放在自然高静压条件下微生物细胞的变化。1965年，人们将牛乳在35℃、1034MPa的超高静压条件下处理90min，发现约0.05%的细菌可以存活，经过微生物学鉴定得知它们分别是枯草芽孢杆菌（*Bacillus subtilis*）和蜂房芽孢杆菌（*Bacillus alvei*）的芽孢。与此同时，研究还发现较之中性条件，酸性条件下超高静压对芽孢的杀灭效果更好。

1974年，Wilson在美国IFT年会上，提出将压力和温度结合作为食品保藏方法。在140MPa以及82~103℃的温度下，温和的热处理和超高静压相结合产生了协同杀菌效应，对密封容器内的低酸性食品的灭菌是有效的。对于革兰阳性菌的芽孢来说，100℃、0.35MPa处理条件下的D值为280min，而100℃、138MPa处理条件下的D值为2.2min，可以看出，增加压力所带来的协同杀菌效果。因此在食品工业中，可以通过压力与热处理的协同作用来灭菌。

超高静压处理技术应用到食品科学与工程、加工领域的广泛而深入的研究在最近三十年发展得更加快速。日本、美国、欧洲在该方面的研究和开发走在世界前列，尤其是日本在这方面的研究居于国际领先水平。1986年，日本京都大学林力丸教授率先发表了用超高静压处理食品的报告，从此，超高静压处理技术开始引人注目。日本几乎每年都专门召开有关超高静压技术应用的学术研讨会，有关超高静压的产品也接踵问世。1990年4月，明治屋公司首创的超高静压杀菌生产的果酱投放市场，由于其具有传统加热杀菌无法比拟的鲜果色泽、风味和口感，备受消费者青睐。此后，超高静压处理的其他产品，如果汁、酸奶和嫩化肉等，也开始在日本市场上出现，并深受广大消费者喜爱。

超高静压技术在西方发达国家中也取得了进展。欧洲在1992年10月首次召开有关超高静压技术应用于食品工业的会议，欧共体随即贷款资助超高静压食品开发的多国联合研究计划。从1994年，法国Ulti公司开始利用超高静压（400MPa）加工技术，在低温下将新鲜柑橘汁的保质期延长至 6~16d，降低了产品成本的同时，还较好地保留了果汁的原有风味及所含维生素。目前该公司开发的产品已延伸到熟食产品方面。此外，西班牙的 Espuna 公司，利用一种工业化的超高静压技术来处理袋子中的片状火腿和熟肉制品，也达到了理想的收益；该公司的生产工艺能在 400~500MPa 的压力下处理几分钟即可达到 600kg/h 的生产量。

在美国，俄勒冈州的 High Pressure Research 公司首先推出了超高静压处理食品，产品范围广泛，包括牡蛎、鲑鱼、酸奶、水果汁和食品涂料，在低温冷冻下它们的保质期可以延长至 60d。从此，美国的超高静压技术在食品领域得到大范围的应用。超高静压杀菌设备也对该技术的发展起着举足轻重的作用；1992 年，美国 FMC 公司、英国凯氏食品饮料公司（Campden Food & Drink）开始建立商业化食品的超高静压杀菌的工艺设备。在 2000 年左右，鲜榨果汁中毒事件对美国带来了严重影响，因此超高静压技术作为一项重要的非热杀菌技术得到广泛应用。与此同时，美国市场上还出现了经超高静压巴氏杀菌的食品，如鳄梨色拉酱（guacamole）、沙沙酱（salsa sauce）和牡蛎等。美国 IFT 在专题报告中，将超高静压食品开发列入 21 世纪美国食品工程的主要研究项目。

超高静压处理技术被认为是食品非热杀菌技术中最有潜力和发展前途的一种。从目前的研究现状和发展趋势来看，全球食品的超高静压处理技术研究和应用主要集中在两方面：一是通过杀菌、灭酶来达到食品保藏的目的，二是超高静压对食品的色香味、质构等食品品质和性质的影响，以修饰、改良食品特性。全球超高静压在食品中的代表应用如表 4-2 所示。

表 4-2　　　　　　　　　超高静压技术加工果蔬产品的国家和地区及产品

国家和地区	产品
日本	葡萄汁、橙汁、果酱、酱汁
法国	橙汁
美国	苹果汁、橙汁、柠檬汁、番茄酱
墨西哥	橙汁和果汁饮料
加拿大	果酱和酱汁
意大利	果酱
西班牙	蔬菜沙拉
葡萄牙	苹果汁、苹果和柑橘的混合汁
黎巴嫩	果汁
捷克	椰菜和苹果混合汁、甜菜汁、胡萝卜汁
北爱尔兰	果汁

（二）　我国食品的超高静压技术发展

我国的国家食品工业发展计划也将超高静压杀菌技术作为 20 世纪 90 年代 16 项重点开发技术之一。我国关于超高静压技术在食品中的报道要晚于日本，最早可追溯到 1990 年。孙国凤于 1990 年通过编译，最早介绍了日本超高静压技术在食品生产中的应用。直到 1993 年，李勇和杨占龙、李里特等率先系统地综述了超高静压技术的原理、特点、局限性和应用前景，至此才拉开了国内学者超高静压技术研究的序幕。1995 年，张玉诚等研制了国内第一台非常重要的超高静压食品加工设备（600MPa、15L），这为国内学者开展超高静压技术研究创造了有利条件。1996 年，李汴生等研究了超高静压处理对豆浆感官性状和流变特性的影响，张宏康等研究了超高静压对大豆分离蛋白凝胶的影响。自此之后，国内将超高静压技术应用到食品加工的研究逐步发展起来，专利和文章数量逐年增加，但大都以理论研究和实验室试验为主，还未有成熟的超高静压产品问世。直到 2009 年，由美国食品科学技术学会食品非热加工分会、欧盟食品科学技术学会和中国食品科学技术学会共同举办的第 19 届"国际食品非热加工技术研讨会"在北京召开，成为我国超高静压技术发展研究的重要转折。此次大会的胜利召开，推动了国内学者对于超高静压等非热加工技术与装备的研究。

2009—2018 年，超高静压技术在食品中的应用研究开始蓬勃发展起来。期间发表的研究型文章约占总数的 65%，涉及超高静压在水果、蔬菜、乳品、肉品中的应用研究以及超高静压提取、改性、灭活病毒等。我国超高静压技术 30 余年的发展趋势如表 4-3 所示。

表 4-3　　　　　　　　　国内超高静压技术的发展历程

时间	主要发展阶段
1990—1995 年	翻译介绍日本、欧美超高静压技术的应用为主
1995—2004 年	发展缓慢，研究型文章少，综述和介绍型文章较多
2004—2009 年	研究型文章占主导；果蔬为主要研究对象，杀菌、提取和改性为主要研究用途
2009—2018 年	发展迅速，以果蔬、畜产品、水产品、肉制品、乳制品为主要研究对象，杀菌、提取和改性仍为主要研究用途

与发达国家相比，我国超高静压处理食品技术研究起步较晚，目前仍处在研究阶段，以高校和科研单位为主要研究主体。在工业应用上还较为滞后，尤其是可用于产业化的超高静压设备较少，还需大力开发。虽然超高静压处理食品的品质优于热力杀菌，但由于生产设备成本高昂导致产品价格偏高，国内市面上的超高静压食品也较少。

当今的科研工作者们还需大力向日本、欧美学习，取长补短，勇于创新，加快开展超高静压食品研究，缩小与国际间的差距，这对于提升我国在国际上的食品加工技术有着特别重要的意义。超高静压技术已问世一个多世纪，而真正被用于食品工业仅二十多年，还属于一项非常年轻的食品加工技术，但超高静压处理技术应用于食品工业，有着产品优越、工艺简化、操作安全和节约能源的优越性，该项新技术在未来有着极大的发展潜力。

第三节　超高静压技术原理

一、　超高静压基本原理

超高静压加工食品是一个物理过程，在整个加工过程中遵循两个基本原理，即帕斯卡定理（Pascal's law）和勒夏特列原理（Le Chatelier's Principle）。帕斯卡定理，即液体压力可以瞬间均匀地传递到整个物料，压力传递与物料的尺寸和体积无关。整个样品将受到均一的处理，传压速度快，不存在压力梯度。这使得高压处理过程较为简单，而且能耗也低。勒·夏托列原理又称平衡移动原理，指反应平衡将朝着减小施加于系统的外部作用力（如热、产品或反应物的添加）影响的方向移动。这意味着高压处理将促使物料的化学反应以及分子构象的变化朝着体积减小的方向进行。

不同溶液在受到外界压力时的压缩能是不同的。以水为例，当水溶液被压缩时，压缩能量表示为：

$$E = 0.4pCV_0 \qquad\qquad (4-1)$$

式中 E——压缩能，kJ；

p——外部压力，MPa；

C——溶液的压缩常数；

V_0——体积的初始值，m^3。

如果在外部对液体施以高压的话，将会改变液态物质的某些物理性质。在压力为400MPa下，1L 水的压缩能为 19.2kJ，这与等量水从 20℃ 升至 25℃ 时所需热量相近（20.9kJ）。根据帕斯卡原理，外加在液体上的压力可以瞬时以同样的大小传递到系统各部分。研究还发现，在外部对水施加 200MPa 压力，其冰点将降至-20℃；在室温下对水加压至 100MPa，将会使其体积减小 19%；30℃ 的水经快速加压至 400MPa 时，将产生 12℃ 的升温。

二、 超高静压杀菌原理

（一） 破坏微生物细胞膜及细胞壁

细胞膜不仅对细胞的物质输送负有重要使命，而且还发挥着呼吸的作用。如果细胞膜的渗透性扩大，细胞极易死亡。超高静压对细胞膜、细胞壁都有影响。一般情况下，受压的细胞膜常常表现出通透性的变化。压力往往先破坏微生物的细胞膜。由于压力的作用，会迫使分子构象朝着体积缩小的方向变化，膜双层结构的容积随着磷脂分子横截面积的缩小而收缩。同时，由于膜蛋白也会变性，致使细胞膜发生功能障碍，氨基酸的进出也随之受阻。大量研究结果还表明，超高压作用下，微生物细胞受损，内容物会出现流失现象。一般情况下，细胞内容物流失越多，则微生物受损和死亡的程度越高。除此之外，高压对细胞壁的影响也很直观，压力越大，对细胞壁的破坏程度也越高。20~40MPa 的压力能使较大细胞的细胞壁发生机械断裂；当压力达到 200MPa，一般细胞的细胞壁都会遭到不同程度的破坏。

值得注意的是，细胞膜中二磷酸甘油酯含量较高可增强膜的刚性，这类细胞对高压的敏感性更强。相反，如果细胞膜含有大量可增强膜流动性的组分，细胞的耐压性也随之增强。不饱和脂肪酸是细胞膜在压力下保持流动性的重要因素。实验发现，随着细胞耐压程度的增大，细胞膜中不饱和脂肪酸，尤其是二十二碳六烯酸（DHA）的含量也呈显著增加趋势。

（二） 改变微生物的细胞形态结构

微生物细胞在超高静压作用下，体积会向着减小的方向变化。每种物质因成分不同，压缩率（体积缩小的比率）也会有所差异。这与物质受热膨胀的现象类似，当温度变化，两种物质间的膨胀系数差异过大时，在接合部位会产生裂缝，最后引起破裂。高压下的物质可能也有类似现象，不同的构造具有不同的压缩率，体积变化也存在着各向异性。同样，对于微生物细胞而言，细胞膜内外物质的构造、成分不同，其界面（例如细胞膜）在压力作用下就会产生断裂，受到损伤。

当处理压力超过 500MPa，采用扫描电镜对受压后的细胞表面进行扫描，常可以观察到物理性破坏；在低于 500MPa 的加压水平下，则可以采用转换电子光谱来观察细胞内的损坏情况。将光显微镜与图像分析系统相连，还可以观察到超高静压作用下的细胞体积变化。在超高静压下，细胞蛋白质分子中离子键和疏水键的结合朝着"切断、分解"的方向进行，于是立体结构崩溃，导致蛋白质变性。当然，随着加压媒介物（例如水）体积缩小，维持肽键螺旋结构的氢键也随之增加，会降低蛋白质的变性程度。因此，当压力不大时（100～200MPa），蛋白质的变性是短暂的、可逆的，释放压力后还可恢复未变性的状态。在 250MPa 下可以观察到细胞有 25% 的压缩率，其中的 10% 在常压下可以恢复原始状态。当压力过大时，此种变性会演变成为永久性的不可逆变性。

超高静压还会影响细胞的生长形态。在 40MPa 下生长的大肠杆菌的长度可以增加到 10～100μm；30～45MPa 下假单胞菌菌株形态发生多方面的变化，包括细胞外形变长、细胞壁脱离、细胞膜及细胞壁增厚等。在压力作用下，细胞的分化也会减慢。尽管孢子的耐压性很强，但有研究表明，100～300MPa 的超高静压可以诱导芽孢生成营养体，对环境条件的变化更为敏感。

（三）　抑制生化反应

压力所致微生物灭活的一个重要原因是酶的变性，特别是细胞膜结合的 ATP 酶。当压力达到一定高度，酶分子内部结构的破坏和活性部位上构象的变化，使其无法继续维持正常的结构功能，导致变性失活。这样，微生物细胞内部的酶促生化反应不可避免地受到高压影响，从而降低细胞的存活力。100～300MPa 的压力引起的酶变性是可逆的，而超过 300MPa 的压力引起的变性则是不可逆的。

微生物细胞结构由细胞壁、细胞膜、细胞质和细胞核等部分组成，各组成部分的协调运作维持细胞正常的形态和功能，保证新陈代谢和生长繁殖的顺利进行。当细胞在超高静压作用下，结构受到破坏，内部的物理化学平衡被打破，生化反应将会受到抑制，细胞甚至会死亡。

绝对反应速度理论表明，一个反应过程要经过活化阶段，该阶段根据活化作用的自由能 F 而与起始状态和最终状态相区分。对于恒温恒压的反应历程，可以用下述热力学关系式表示：

$$F = H - TS + pV \tag{4-2}$$

式中　F——活化阶段体积膨胀或收缩的范围；

H——焓值；

T——温度；

S——熵；

p——压力；

V——体积。

压力影响了反应速度。由于压力改变了细胞内的物理化学平衡，阻遏了细胞的新陈代谢过程，营养物质的分解与合成减缓，细胞分裂减慢，导致微生物生长滞后，甚至停止。而且，大多数生化反应的结果会引起体积改变（物质的分解或合成），所以施加压力会使体积缩小的反应增加，而体积增大的反应减少。

（四） 影响 DNA 复制

压力会明显地影响微生物细胞酶的活性。参与 DNA 复制和转录过程的大量酶一旦受到超高静压作用，整个代谢过程将极易被破坏。人们探讨了 β-半乳糖苷酶在蛋白质合成中对缬氨酸和脯氨酸结合的诱导作用，发现在 45MPa 的压力下，结合作用会停止。

压力直接影响着微生物的遗传与变异。研究表明，30~50MPa 之间的压力会影响基因的表达和蛋白质的合成。超高静压还能使大肠杆菌的诱导、翻译及转录受到可逆或不可逆的变化。在 27MPa 下诱导停止，翻译仍然进行；在 68MPa 下翻译也受到抑制，只有转录能进行；继续升高压力，转录也会受影响。若压力处于较低水平，当卸去压力后，这些过程都可能会恢复正常。超高静压能导致啤酒酵母产生四倍体，说明超高静压能影响 DNA 的复制。

尽管核酸类物质的抗压性都非常大，超高静压仍能间接地使细胞内 DNA 物质发生改变。研究发现，超高静压处理后的单增李斯特菌（*Listeria monocytogenes*）和伤寒沙门菌（*Salmonella typhimurium*）菌体中，大量的细胞核物质发生凝结现象。分析认为在高压条件下，DNA 与核酸内切酶得以充分接触，该酶打开了 DNA 的双螺旋结构。由于一种恢复细胞活性的酶存在，这一过程是可逆的。如果该酶类被超高静压钝化，则细胞就无法继续增殖，这有助于细菌的灭活。

三、 影响超高静压杀菌效果的因素

在超高静压杀菌过程中，杀菌效果不仅是简单地受压力高低的影响，还受食品的成分和组织状态、各种微生物种类及所处的环境、施压时间及方式等诸多因素的影响，需要在实际操作当中综合分析。

（一） 压力大小、 时间及施加方式

在相同时间内，压力越高，灭菌效果越好；相同压力下，时间延长，灭菌效果也会得到提高。正常情况下，病毒在较低的压力下就会失去活力，300MPa 以上的超高压力可使细菌、霉菌和酵母菌灭活。就非芽孢类微生物而言，施压范围为 300~600MPa 时就有可能达到全部致死的灭菌效果；对于芽孢类微生物，有的甚至在 1000MPa 的压力下也能生存。对于这类微生物，施压范围在 300MPa 以下时，反而会促进芽孢萌发，从而增加其对压力环境的敏感性。Lucore 等用 300，500，700MPa 压力对大肠杆菌进行处理，发现加压时间较长时，大肠杆菌会被抑制 5 个数量级。池元斌等研究了超高静压对鲜牛乳中细菌的影响，发现加压越高、时间越长，细菌菌落直径越小。

超高静压灭菌方式有连续式、半连续式和间歇式。对于芽孢菌，间歇式循环加压效果好于连续式加压。第一次加压会引起芽孢菌发芽，第二次加压则使这些发芽而成的营养细胞灭活。因此，对于易受芽孢菌污染的食物用超高静压多次重复短时处理，杀灭芽孢的效果比较好。Aleman 研究报道，与持续静压处理相比，阶段性压力变化处理可使菠萝汁中酵母菌大幅度减少。一个世纪来，在相应的压力、时间和温度下，超高静压加工对微生物的灭活的部分研究结果，如表 4-4 所示。

表 4-4　　　　　　　　　　　超高静压加工对微生物的灭活作用

菌名	加压条件			结果	引用
	压力/MPa	时间/min	温度/℃		
大肠杆菌	290	10	25	大部分死灭	Roger（1895）
金黄色葡萄球菌	290	10	25	大部分死灭	
链球菌	194	10	25	杀菌	
炭疽杆菌（营养体）	97	10	25	死灭（如在 50℃可在 5min 内急速死灭）	
黏质沙雷菌	578~680	5	20~25	杀菌	Hite 等（1914）
乳链球菌	340~408	10	20~25	杀菌	
荧光假单胞菌	204~306	60	20~25	杀菌	
产气杆菌	204~306	60	20~25	杀菌	
枯草杆菌（营养体）	578~680	10	20~25	死灭	
低发酵度酿酒酵母	550	8	20	大部分死灭	Luyet（1937）
牛乳中的芽孢杆菌	500	30	35	大部分死灭	Timson 和 Short（1965）
大肠杆菌	300	30	40	杀菌	Butz 和 Luowig（1986）
铜绿假单胞菌	200	60	40	杀菌	
白假丝酵母	200	180	40	杀菌	
低发酵度酿酒酵母	400	10	室温	杀菌	Ogawa 等（1990）
贝酵菌	300	10	室温	杀菌	
泡盛曲霉	400	10	室温	杀菌	
密丝毛霉	300	10	室温	杀菌	
红酵母	250	3	室温	杀菌	

（二）　处理温度

温度是微生物生长代谢最重要的外部条件，它对超高静压灭菌的效果影响很大。由于微生物对温度敏感，低温或高温与超高静压协同作用下，对微生物的灭菌效果将大大提高。大多数微生物自身就怕高温，高温高压能改变细胞内酶活力，带来蛋白质变性等一系列不可逆变化；而在低温高压下，压力使得细胞因低温冰晶析出而出现的破裂程度加剧，菌体细胞膜的结构更易损伤；同时，细胞蛋白质在低温下对超高静压的敏感性提高，从而更容易变性。由于高温会破坏食物中希望保留的热敏性成分，低温能保持食品品质，所以低温对超高静压杀菌的促进效果特别引人注目。

温度对超高静压杀菌效果的影响尚不完全清楚，但在实际应用中，已经出现显著的规律性。有试验表明在适度加温时，果汁中的酵母、霉菌和一般细菌所需的致死压力会下降。

Havakawa 报道，压力达到 800MPa 时，施压时间 60min、温度 60℃下，可将嗜热芽孢杆菌数量从初始的 10^6 个/mL 降至 10^2 个/mL，而在常温、相同压力下，菌数不发生显著变化。值得注意的是，结合高温是一种特殊的超高静压处理方式，要求对处理的食品温度进行实时监控，以保证食品的品质。

采用不同的加压温度，对 13 种微生物的耐压性进行了检测，结果表明，在 20℃下的杀菌效果要比 20℃以上好，尤其是在 200MPa 下，20℃时微生物仅减少 1~2 个数量级，但在 −20℃下却几乎全部死亡。研究者认为在低温区（−20~5℃）由于水相出现冰晶，杀菌效果会增强，所以 −20~5℃的低温与压力配合，同压力与加热配合一样能增强杀菌效应，而且在 −20~5℃下更有利于保持食品的风味及其物理性质。

所有物质在压缩的过程中都会发生温度变化，温度会随着压力的升高而升高，并随着降压而下降，由此产生的热效应是不可避免的。如果在常温下进行超高静压杀菌，升压导致的升温对杀菌效果的影响可能不是很大，可以忽略温度变化带来的影响。然而，当采用超高静压和温度同时作用时，温度也成为处理过程中必须控制的关键因素，如果只考虑压力的因素而忽视压缩导致的热效应，那么试验所得数据的重现性就会很差，就无法科学地指导实际生产，尤其是在超高静压产品的大规模生产过程中。再加上物料、传压介质（压媒）和压力容器之间的热传递和热损失也有不同，这给操作过程中温度的稳定控制也带来了一定的麻烦。

（三）介质的 pH

每种微生物都有适应其生长的 pH 范围，氢离子浓度对其生命活动的影响很大。在压力作用下，介质的 pH 会发生变化，而且会影响微生物的生命活动。据报道，在 68MPa 下，中性磷酸盐缓冲液的 pH 将降低 0.4 个单位。另外，在 0.1MPa、pH9.5 时，粪链球菌的生长会受到一定限制；当压力升至 40MPa，pH9.0 时即可抑制其生长。在不改变食品品质情况下内，改变 pH，使微生物生长的环境劣化，也会加速微生物的死亡，有助于降低所需的压力，或缩短超高静压杀菌的时间。pH 变大还是变小以及变动的程度与所处理的食品和条件有关；例如，超高静压处理苹果汁时，压力每提高 100MPa，其 pH 将降低 0.2。值得注意的是，超高静压（100~800MPa）下使用的 pH 常规测试仪还需要进一步开发。

第一代超高静压食品大都以酸性食品，如果酱、果汁等为主。高浓度的氢离子可引起菌体表面蛋白质和核酸的水解并破坏酶类的活性，因此酸性环境不利于多数微生物的正常生长。当 pH 降低时，大多数微生物对超高静压都变得更为敏感。对杏蜜中施以 700MPa 的超高静压，在 pH3.5 条件下对啤酒酵母的灭菌效果优于 pH5.0 条件。在 pH4~7，以 pH4 时对凝结芽孢杆菌的芽孢压力致死效果最好。但也有不同的结论，用 200~400MPa 处理鲁伯红酵母，结果在 pH3~8 结果差别并不显著，说明某些微生物对 pH 的变化并不敏感。总的来看，对超高静压酸性食品的研究比较全面，由于产业化低酸性食品相对较少，关于超高静压低酸性食品的作用则需要更多试验数据来评估。

（四）介质化学成分

食品的成分丰富多样，在超高静压杀菌时，不同的物料化学成分对灭菌效果有着显著的影响。在超高静压处理时，包裹微生物的各种物料，如蛋白质、脂类和碳水化合物会对微生物形成一定的保护作用，与此同时，这些丰富的营养物质为微生物的修复及快速繁殖提供了便利。

　　实验表明，对大肠杆菌菌悬液进行超高静压杀菌时，当样品溶液中有50%的大豆油时，400MPa灭菌需要15min；当菌株处于油-蛋白质形成的乳浊液中，则加压时间要延长至30min。这种乳浊液体系为微生物提供了更好的保护环境。将鸡肉培养基中的沙门菌置于340MPa的超高静压环境中，加压90min仍未能完全灭菌。这主要是由于脂肪、蛋白质等大分子物质具有缓冲和保护功能，且丰富的营养基质有利于加速微生物的繁殖和自我修复。所以，针对特定的物料选择合适的超高静压杀菌参数就显得非常重要。

　　表4-5所示为不同食品中啤酒酵母的灭活条件。可以看出，在不同介质下超高静压的杀菌条件有较大的变化。

表4-5　　　　　　　　　　　　　不同食品中啤酒酵母的灭活条件

食品	压力/MPa	时间/min	温度/℃
橘汁	200	10	45
杏蜜汁	700	5	室温
白葡萄汁	500	3	室温
米酒	300	10	25
果酱	400~600	5	室温
肉及制品	400	10	25
UHT脱脂乳	450	15	20
意式酱面汤	300	10	25
	225	20	45

（五）　水分活度

　　除了食品介质的pH会对灭菌产生影响外，水分活度（A_w）也是影响灭菌效果的一个重要因素。当A_w较低时，细胞产生收缩和生长的抑制作用会使更多的细胞得到保护。在超高静压处理红酵母的试验中，用蔗糖、食盐等调节物料的水分活度。结果表明，30℃、A_w为0.96时，400MPa处理15min可使酵母细胞减少6个数量级；当A_w减至0.94时，酵母灭活量不足2个数量级；当A_w低于0.91时，几乎没有灭活现象；A_w为0.88~0.92时，甚至基质会对微生物产生明显的保护作用。A_w大小是影响微生物抵抗压力非常关键的因素。当然，食品中的各种组分也可能提供不同的保护或抑制功能，但A_w无疑是对固态和半固态食品进行超高静压杀菌的一个重要指标，应该根据生产中的不同实际情况加以控制。

（六）　微生物的种类和生长周期

　　微生物的种类不同，耐压性会不同，超高静压杀菌效果也会显著不同。芽孢菌的芽孢耐压性普遍比非芽孢类的细菌强。芽孢体积小、水分含量低、结构致密且处于休眠状态，使得芽孢类细菌具有很强的耐压能力，杀灭芽孢需要相当高的压力，实际中需要结合其他处理方式以提高杀灭的效果。革兰阴性菌不如革兰阳性菌抗压。革兰阴性菌的细胞膜结构更复杂而更易受压力等环境条件的影响，从而发生结构的变化；相反革兰阳性菌膜结构较为简单，其中的芽孢杆菌属和梭状芽孢杆菌属的芽孢最为耐压。

　　不同生长期的微生物对超高静压的反应不同。一般而言，生长旺盛期的微生物对压力更为敏感。处于对数生长期的微生物比静止生长期的微生物对压力更敏感，压力可损坏细胞膜，而静止期的细胞在泄压后能够将压致受损的细胞膜重新密封。也就是说，微生物细胞的耐压能力与在泄压后细胞修复的能力有关。苛刻的温度条件会影响受损细胞膜的修复速率，冷冻则可延长细胞膜修复所需的时间。食品加工中菌龄大的微生物通常抗逆性较强，因此在超高静压灭活可引起安全隐患的微生物时，菌龄是重要的影响因素。

第四节　超高静压处理设备和装置

超高静压处理设备和装置是当今超高静压处理技术发展的关键，被许多国家作为该技术的研发重点。由于压力极高，因此对设备的要求很严。日本等国利用超高静压在海洋鱼类食品处理上表现得非常出色，其超高静压设备技术研究也处于世界领先地位，包括三菱重工、神户制钢和日本钢管等，均可提供成套的超高静压处理设备。其中，神户制钢早在50年前就开始制造相关设备，主要集中在热等静压和冷等静压。大约20年前，这些公司开始制造用于食品加工的超高静压装置，所开发的超高静压装备具有原位清洗（CIP）功能。日本钢管提供的设备在3min之内即可升压至900MPa；石川岛播磨工业开发的直接加压式ITP50，温度可控制在-15~70℃，并能直接观察食品在加工过程中发生的变化。美国、德国、法国、英国和荷兰等也有公司生产小、中型和商业化的超高静压处理设备。美国的Elmhurst公司生产的设备采用可倾斜的高压容器腔体，方便装卸物料，多台设备组合可实现连续化操作；美国的Avure公司生产的超高静压设备容量可达525L，最大压力600MPa，处理量达到4500L/h（以果汁计）；德国的Multivac公司生产的设备容量达到350L，最大压力600MPa，处理量1900L/h，增压器循环次数为7~9次/min；西班牙Hiperbaric公司生产的55~525L容量的各种型号超高静压设备，满足从科研到生产的各种需求，设备如图4-2所示。

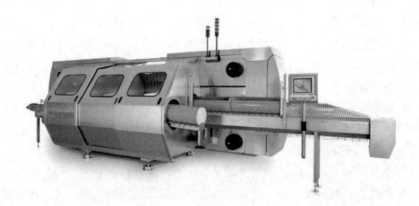

图4-2　西班牙Hiperbaric135超高静压装置图

国内的超高静压装置处于科研阶段的较多，应用到实际工业大批量生产还较少。北京速原中天科技股份公司、包头科发高压科技有限公司生产的产业化超高静压设备已面向市场，压力达到600MPa（图4-3）。

图4-3　包头科发超高静压装置图

超高静压设备装置的核心部分是超高静压容器和加压装置（高压泵和增压器等），还有一些辅助设施，包括加热或冷却系统、监测和控制系统及物料的输入输出装置等。容器及密封结构的设计必须正确合理的选用材料，要有足够的强度和抗应力。能用于食品杀菌和加工的超高静压处理设备应能产生并承受100～1000MPa超高静压，以保证安全生产、较长的使用寿命和多次循环载荷。同时，对品加工时的设备卫生条件要求也较高，和食品接触的部分应用不锈钢，传压介质（压媒）最好采用水。设备还需有一定的处理能力，生产附加时间（如密封装置的开闭、物料的装卸等）短，操作和装卸方便。

（一）　超高静压装置的分类

（1）按照加压方式分类　超高静压装置分为直接加压式和间接加压式两类。图4-4所示为直接加压方式的超高静压处理装置。在这种方式中，容器与加压装置分离，用增压机产生超高静压液体，然后通过配管将液体运至容器，使物料受到超高静压处理。图4-5所示为间接加压式超高静压处理装置。在这种加压装置中，容器与加压液压缸呈上下配置，在加压液压缸向上的冲程运动中，活塞将容器内的压力介质压缩产生超高静压，使物料受到超高静压处理。两种加压方式的特点比较如表4-6所示。

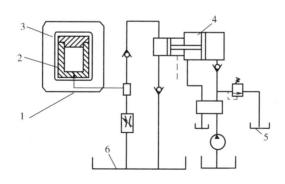

图4-4　直接加压方式装置示意图

1—框架　2—高压容器　3—上盖　4—增压机　5—油压装置　6—压媒槽

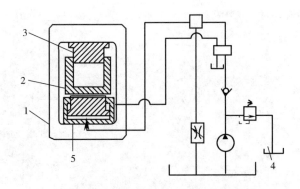

图 4-5　间接加压方式装置示意图

1—框架　2—高压容器　3—活塞　4—油压装置　5—加压气缸

表 4-6　　　　　　　　　　直接加压法和间接加压法比较

加压特点	直接加压	间接加压
适用范围	大容量（生产型）	小容器（研究开发用）
容器容积	始终为定值	随着压力的升高容积减小
超高静压配置	需要超高静压配管	不需要超高静压配管
构造	框架内仅有一个压力容器，主体结构紧凑	加压液压缸和超高静压容器均在框架内，主体结构庞大
压力的保持	当压力介质的泄漏量小于压缩机的循环量时可保持压力	若压力介质有泄漏，则当活塞推到液压缸顶端时才能加压并保持压力
容器内温度变化	减压时温度变化大	升压或减压时温度变化不大
密封的耐久性	因密封部分固定，故几乎无密封的损耗	密封部位滑动，故有密封件的损耗
维护	经常需保养维护	保养性能好

（2）按照装置放置方式分类　超高静压放置方式分为立式和卧式两种，如图 4-6 和图 4-7所示。在生产中，前者占地面积小，但物料的装卸需专门装置；后者进出较为方便，但占地面积较大。

（二）超高静压装置

超高静压装置可分为以下四部分。

（1）整体结构　超高静压装置的结构可分为倍压式和单腔式两大类。

①倍压式：该结构通过高低腔的倍压关系可在高压腔内产生很大的超高静压，对加压减压系统要求不高。该结构的另一特点是采用框架结构安装高低压腔，框架承受由高压引起的轴向力，从而使容器的端盖及其密封结构受力大大减少，使结构设计和选材变得容易。腔体可以设计成具有较大的容积，但结构笨重、投资大。

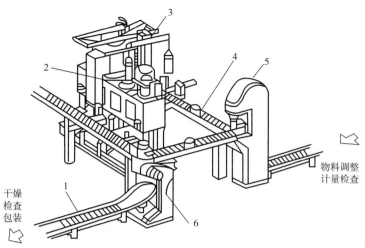

图 4-6　立式超高静压处理装置

1—皮带输送带　2—超高压容器　3—装卸搬运装置　4—滚轮输送带　5—投入装置　6—排出装置

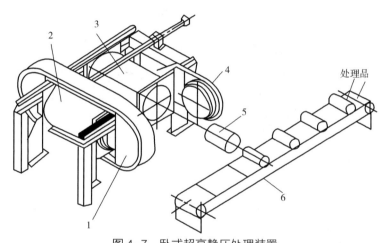

图 4-7　卧式超高静压处理装置

1—框架　2—容器2　3—容器1　4—盖开闭　5—密封仓　6—输送带

②单腔式：压力容器只有高压腔，通过加压系统（加压泵和增压器）产生超高静压，对加压减压系统要求很高。其结构相对简单，密封结构可以设计得灵巧方便，符合快装快拆要求。

（2）超高静压容器　超高静压容器通常为圆筒形，为了增加筒体的承载能力，可适当增加筒壁厚度的方法。压力太高时可能使筒体所受的应力超过材料的承受应力，单靠材料本身难以满足强度要求，需在筒体结构上进行强化。强化的筒体结构主要有两种形式。

①夹套式：多层简单筒体通过热套加工工艺复合，形成多层壁结构。操作压力在400MPa以上的压力容器可由2个或以上的高强度不锈钢同心圆筒组成。

②绕丝式：在简单筒体上缠绕数层钢丝或钢带。绕丝式结构不能承受轴向力，因此需由框架承担；该结构端盖及密封结构设计相对容易，也可改善筒体的应力状态，同时有效改善笨重的框架，结构轻巧，成本降低。

超高静压容器材质的选择也非常严格，材质主要使用高强度钢和超高强度钢。高压腔筒体目前广泛使用40CrNi2Mo（4340）钢，这是美国比较成熟的中碳含镍铬低合金钢，但价格昂贵，也可选用英国的En25、En27及德国34CrNiMoV。国内生产的钢材质性能也较优越。国产PCrNi3MoV和30CrNiMoV钢的综合性能不亚于美国的4340钢，也可选用。筒体端盖的用材也与高压腔相同。低压腔筒体一般采用34CrNi3Mo钢，这是中碳大截面高强度钢，淬透性高，调质后有良好的综合机械性能，也可选用国产的33CrNi3MoV。

超高静压容器的密封结构是整个超高静压设备的一个重要组成部分，密封问题是超高静压容器设计所考虑的又一关键问题。食品加压装置的有效运行取决于密封结构的合理设计。根据食品加工处理的要求，密封结构应具有密封可靠、拆装维护方便等特点。密封结构可分三类：强制密封、半自紧密封和自紧密封，但前两种密封需要很大的预紧力，且结构笨重，因此超高静压密封现多采用自紧密封。自紧密封的特点是压力越高，密封元件与端盖及筒体端部之间的接触力越大，密封效果越好，结构轻巧；但其制造工艺要求和成本较高。B形密封作为一种自紧式密封形式，在内压作用下B形环向外扩张，密封性能好，且结构简单，装拆方便，但加工精度要求高，制造有一定困难。

（3）加压系统　超高静压装置无论采用何种加压方式，均需使用加压系统。加压系统一般是指超高静压泵和增压器，除此之外加压系统还包括管路、接头、阀门和过滤器等配件。超高静压泵一般由柱塞泵、控制阀、油箱、电机和仪表等组合成的一个独立的液压动力装置，其特点是输出压力高，流量相对较小。增压器为传压和增压的装置，它通过低压大直径活塞驱动高压小直径活塞，将压力提高，有些超高静压泵系统本身就自带增压器。

超高静压设备的传压介质主要用水或油，其中较为理想的介质是油，油的黏度不能太高，一般会使用复合油，既有一定黏度，对机器又有润滑作用。但对食品物料而言，油容易对物料造成污染，此时可用水做传压介质。当超高静压设备的压力为100~600MPa时，一般可用水作为传压介质；当压力超过600MPa以上时，一般宜采用油性传压介质。

（4）辅助设施　辅助设施包括加热或冷却系统、控制系统、物料的输入输出装置及监测系统等。有时为了提高超高静压杀菌效果，可采用高温或低温与压力共同作用，进行协同杀菌。为了保持一定温度，在高压容器外可附夹套结构，并通以一定温度的循环介质。另外，压力介质也需保持一定温度。因为超高静压处理时，压力介质的温度也会随升压或减压而发生变化，控制温度对食品品质是至关重要的。压力和温度等数据均可通过计算机进行自动控制。物料的输入输出装置由输送带、提升机和机械手等构成。重要的监测仪器一般包括热电偶测温计、压力传感器及记录仪。

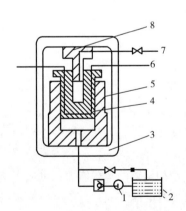

图4-8　小型内外筒双层
结构高压装置

1—液压泵　2—油箱　3—承压框架
4—高压内筒　5—外筒　6—加热剂（制
冷剂）　7—排气　8—活塞顶盖

（三）　超高静压食品加工装置设计中的新技术

（1）小型内、外筒双层结构　小型内、外筒双层结构是超高静压装置的新发展，如截面示意图4-8所示。该装置的外筒是个液压缸，而它又属于内部加压的方式，无需高压泵及高压配管，从而简化并缩小了整体结构，且内筒的更换也较为方便，是一种较为理想的小型超高静压装置。

（2）合理的结构参数和耐压强度　超高静压食品装置的商业利益和产业化是在设计时需要重点考虑的。工业装置的处理量大，常需选用外部加压式的大型装置，这无疑会提高设备的成本及制造难度。从结构参数、压力、容积与相对价格的关系来看，大型装置的 L/D（长径比）取为 4~6 是最为经济的。虽然高压容器的耐压强度应根据物料处理的工艺要求而定，但从受损耐用的角度出发，工业设计中超过 400MPa 的食品超高静压处理装置难于达到必要的使用寿命，这就是超高静压食品设计的经济上限压力。

（3）压媒的压缩变形性　设计超高静压装置必须了解压媒的压缩变形性，这对于内压和外压装置都至关重要。对于前者，压媒的压缩变形性是决定加压行程的依据，对于后者则更是决定升压时间和高压泵排量的原始依据。传统设计中，人们均以水等介质的公认压缩率在 700MPa 下为 16% 来作为设计的原始数据。后来，陈寿鹏等经过研究发现，在 700MPa 下水的压缩率实际为 19%，进一步的分析认为，这主要是由于超高静压装置的容器筒体、活塞等部位在高压下变形所致。故而在设计中以实测值作为设计研究依据更为可靠。当在水中溶入某些溶质时，还可有效改善水在高压下的压缩特性，所以压媒的选择及其压缩特性是不可忽视的一个重要性质，在工业实际生产中需要特别注意。

（4）装置的通用性和高效性　提高超高静压装置的高效性是生产商一直以来不懈追求的重点。一方面要努力完善超高静压食品加工装置的各种配套服务系统，如进料、出料的自动化，温度、压力的自动调节，生产过程的监测等。另一方面，还应努力设计同时适合多种形态食品的超高静压处理装置，大力开发半连续化和连续化的食品加工装置。此外，超高静压处理技术还可与其他食品加工技术综合运用起来，可使效率大大提高，如超高静压与加热或低温、超声波、微波的组合加工方式等，正被广大科研工作者大力研究，也是未来的超高静压处理发展的一个重要方向。

第五节　超高静压处理对食品成分的影响

一、　超高静压对淀粉和多糖的影响

（一）　超高静压对淀粉和多糖性能的影响

糖类作为食品的一类重要成分，是为人体供能必不可少的物质，在食品工业中也是不可缺少的主要原料。超高静压对糖类的影响就显得尤为重要。不同的淀粉因具有不同的结构与特性，所以在超高静压下的变化是不同的，如小麦和玉米淀粉对超高静压较敏感，而马铃薯淀粉的耐压性较强。多数淀粉经超高静压处理后糊化温度有所升高，对淀粉酶的敏感性也增加，从而使淀粉的消化率提高。超高静压可使淀粉改性，常温下加压到 400~600MPa，可使淀粉糊化而呈不透明的黏稠糊状物，且吸水量也发生改变，原因是压力使淀粉分子的长链断裂，分子结构发生改变。

（二）　超高静压对多糖和淀粉影响的应用实例

超高静压处理对淀粉的应用研究较多。Mercier 等研究发现，淀粉粒结构和淀粉对淀粉酶的敏感性均会受到超高静压处理的影响。25℃时，马铃薯、玉米和小麦淀粉经过超高静压处理后，不影响它们对淀粉酶的敏感性；而在45℃或50℃经高压处理后，可以提高它们对淀粉酶的感受性，从而提高淀粉酶的消化。Muhr等报道，超高静压处理后的马铃薯、小麦和光皮豌豆淀粉糊化温度上升。Hibi等研究了高压下多种淀粉晶体结构的变化，发现马铃薯淀粉的晶体结构几乎没有变化，而水稻、玉米淀粉的晶体结构在高压下会消失。叶怀义等采用差示扫描热分析（DSC）法测定了不同压力处理不同时间下小麦淀粉的糊化度，计算了小麦淀粉压力糊化反应动力学参数。结果表明，小麦淀粉的加压糊化为一级反应。压力分别在300MPa、400MPa和450MPa的糊化速率常数分别为0.36，0.45，0.55s^{-1}。压力对速率常数的影响可用式（4-3）来描述：

$$\ln K_a = -\Delta V \cdot p / (RT) + K_0 \tag{4-3}$$

式中　K_a——糊化反应的速率常数，s^{-1}；

　　　ΔV——活化体积，mm^3/g；

　　　p——压力，MPa；

　　　R——气体常数，kJ/（mol·K）；

　　　T——温度，K；

　　　K_0——糊化表观速率常数。

压力在300~450MPa，其活化体积ΔV为7.4mm^3/g。

超高静压处理对多糖影响的应用性研究主要集中在理化性质方面。对于相对分子质量大的卡拉胶、琼脂、黄原胶等，在溶液中呈折叠卷曲状的多糖胶体，经高压处理后多糖分子呈现一定程度的伸展，极性基团外露，溶剂化作用加强，溶液的黏度增加；但相对分子质量小的果胶、海藻酸钠等简单线形的多糖胶体，经处理后溶液的黏度基本无变化。高压处理后多糖分子结构的伸展，还导致多糖溶液的弹性相对降低。超高静压处理后的卡拉胶溶液所形成的凝胶的持水性增强，但琼脂凝胶的持水性降低；卡拉胶凝胶分子间氢键加强、结晶度增大、熔点提高、强度有所提高，但琼脂凝胶的强度下降。

二、超高静压对脂类的影响

（一）超高静压对脂类结构和功能的影响

脂类作为食品的又一类重要成分，既是人体必不可少的主要营养成分，又是不可缺少的工业原料，其经济意义不亚于淀粉和蛋白质。研究表明，超高静压处理可使乳化液中的脂肪固体化程度增加，而且此结果会受温度、时间、压力的影响。在进行超高静压处理时，水分活度（A_w）的影响也非常明显。当水分活度在0.40~0.55时，超高静压处理使油脂的氧化速度加快，但水分活度不在此范围时则恰恰相反，所以在工业上可以很好地利用这点。据Cheah等研究发现，猪肉脂肪在水分活度0.44、温度19℃下，800MPa高压处理20min，通过过氧化值（PV）、2-硫代巴比妥酸值（TBA）和紫外吸收法的测定表明，超高静压处理的样品比对照样氧化更迅速。Tana等研究沙丁鱼油和脱脂肉混合物在108MPa、5℃条件下，PV与TBA值随超高静压处理时间的延长比对照样品的增加更为迅速，但在没有脱脂肉时，其氧化值最小，这可能是超高静压促使鱼组织内部的脂肪氧化。甘油三酯的熔点随压力的升高而升高，而在常温常压下存在的液体油脂在更高的压力下将发生结晶。这种现象遵循本章前面所提及的勒夏特列原理。

超高静压有利于最稳定状态晶体的形成。下面是有关椰子油和大豆油的熔点（℃）和压力（bar，1bar＝10^5Pa）的两个经验公式：

$$T = 13.9p + 26.6（椰子油） \tag{4-4}$$
$$T = 12.1p - 10.9（大豆油） \tag{4-5}$$

式中　T——油脂熔点，℃；

　　　p——压力，bar。

油脂熔点随压力升高而增大，压力越大，晶体越稳定。常温下加压 100~200MPa，基本上变成固体，但解除压力后固体仍能恢复到原状。

（二）　超高静压处理对脂类影响的应用实例

可可脂在适当的超高静压处理下能变成稳定的晶型，有利于巧克力的调温，并在贮存期减少白斑、霉点。日本公司已经证实，与热循环处理相比，压力循环处理可以更好地提高巧克力的韧度。另外，Garrier 等在研究了模拟系统后，提出脂类在超高静压下对多肽链具有稳定作用。

将超高静压处理应用到人造奶油上也有许多显著的优势。影响人造奶油品质的关键是如何控制结晶析出。日本钟渊化学工业公司开发的新技术是通过施加 50MPa 压力瞬时进行油脂结晶，以能生成细小稳定结晶。利用施加高压结晶形成的奶油有下列优点：（1）传统制造方法由于结晶速度慢，制约着有些原料油脂的使用，现应用瞬时结晶，可选择以前不能使用的原料油脂，由此可配合的原料油脂更广泛，即可采用配合符合健康意向的油脂原料，而且使难以结晶化的具有高度混合物的人造奶油也能结晶；（2）经超高静压处理，人造奶油中油脂结晶量增加，且生成结晶细密，提高制品稳定性，并赋予制品新的物性、可加工性以及耐机械性等诸多功能；（3）超高静压处理能迅速使原料油脂结晶析出，可大幅度提高产量。

对牛乳进行超高静压处理时，由于超高静压处理造成的相变温度波动，可加速、强化脂肪结晶。超高静压处理稀奶油可提高生产奶油时稀奶油的物理成熟。在 UHT 灭菌稀奶油中，超高静压诱使脂肪球聚集体形成，明显提高黏度，在 450MPa、28℃、15~30min 的实验条件下，这种聚集体部分可逆。在工业生产冰淇淋的过程中，超高静压处理可降低混合料的老化时间。Buchheim 等用超高静压处理含脂肪的食品体系可以促使脂肪结晶，缩短达到理想固态脂肪含量的时间。超高静压处理豆浆的研究发现，豆浆中的脂肪球将会增大，从而豆浆的黏度降低。

三、　超高静压处理对蛋白质的影响

超高静压处理对蛋白质的影响主要体现在物理变化上。在蛋白质结构中，除以共价键结合为主外，还有离子键、氢键、疏水键结合和双硫键等较弱的结合。高压力会破坏稳定蛋白质高级结构的弱的作用——非共价键，如疏水结合及离子结合会因体积的缩小而被切断，于是立体结构崩溃而导致蛋白质变性。

一般来说，超高静压对蛋白质的一级结构没有影响，即不涉及到化学变化，对二级结构有稳定作用，对三级、四级结构影响很大。由于不同的蛋白质其大小和结构不同，所以对高压的耐性也不相同，压力的高低和作用时间的长短是影响蛋白质能否产生不可逆变性的主要因素。以 β-乳球蛋白和 α-乳白蛋白为例，前者对压力敏感，大于 100MPa 的压力即发生变性，而后者则在≤400MPa压力处理60min仍很稳定。超高静压下蛋白质结构的变化同样也受环境条件的影响。pH、离子强度等条件不同，蛋白质的耐压性也不同。

超高静压对蛋白质的影响直接体现在其功能特性的变化上，如蛋白质溶液的外观状态、溶解性、黏弹性、稳定性等的变化，以及形成凝胶的能力、凝胶持水性和硬度等。

用高静压处理豆浆（蛋白质含量为15~25g/kg），会使分离蛋白的溶解性明显提高，不溶性的颗粒减少，固形物变得较为细腻、透明，且随压力的增大，大豆分离蛋白溶液的黏性和弹性均提高。超高静压对蛋白质的影响可以是可逆或不可逆。一般在100~200MPa下，蛋白质变化是可逆的，当压力超过300MPa时，蛋白质的变化趋向不可逆。

超高静压处理对蛋白质的凝胶也有显著影响。超高静压产生的凝胶，其色泽与风味明显优于热变性凝胶。对兔肉、鲤鱼肌动球蛋白和大豆蛋白经超高静压处理后所获得凝胶组织特性进行研究，发现通过压力形成凝胶比热凝胶更能保持其天然的颜色和香味，并且浓稠、柔滑和柔软，弹性也比热凝胶好，且凝胶的硬度随压力增加而增大，黏度则随压力的增大而降低。这可能是因为通过超高静压和加热所获得凝胶的形成机制不同。前者引起的变性是由于疏水键和离子键被破坏以及蛋白质的伸展所致，后者所引起的变性则是共价键的形成或破坏所致，从而导致了香味的改变。

日本铃木教授研究发现，超高静压处理牛肉有如下效果：（1）软化组织；（2）筋原纤维小片化，处理后的筋肉与处理前比较，筋肉较短，筋节较少，筋原纤维小片化；（3）超高静压处理的筋节有收缩现象。张宏康以大豆分离蛋白为研究对象，对超高静压处理和加热处理得到的大豆分离蛋白凝胶进行物性测定和凝胶样品感官对比分析，结果表明，超高静压条件下，大豆分离蛋白溶液质量分数需达到一定值才能形成凝胶。超高静压处理得到的凝胶强度随着大豆分离蛋白溶液的质量分数、处理压力、温度的增大而增强，且比加热处理形成的凝胶强度高。

温度和压力在蛋白质凝胶的形成中起着协同作用，温度对蛋白质凝胶的形成影响较大。在低温低压下，随着温度、压力和时间的增加，蛋白质变性越充分，形成的凝胶网络结构越致密、精细，从而导致凝胶强度增高。在适当的温度及压力下，凝胶形成均匀、致密的精细网络结构，从而获得最高凝胶强度。而在高温条件下加压，蛋白质凝胶网络结构受到破坏，大豆蛋白分子混乱地聚集成团状结构，造成凝胶网络结构不致密、均匀，而且还可能产生大的孔洞，从而形成粗糙的网络结构，进而影响其凝胶强度。

超高静压技术用于高蛋白食品的加工处理是未来发展的趋势。该技术将逐渐取代热加工，成为凝胶类产品加工的一项新手段，对开发高品质蛋白食品具有重要的意义。

四、 超高静压处理对酶的影响

（一） 超高静压对酶的作用机理

酶是蛋白质中特殊的一种，故超高静压处理对蛋白质结构的影响与对酶的一致。酶的空间构象受到改变后会进一步影响酶的活性。虽然一般说来，超过300MPa的高压处理，可使酶和其他蛋白质一样产生不可逆的变性，但欲使酶完全失活往往需要较高的压力和较长的时间，单纯靠高压处理达到完全灭酶是相当困难的。酶在300MPa以下的超高静压作用下的失活是可逆的，但当压力达到600MPa的水平时，酶的失活是不可逆的。

超高静压对酶的改变机理跟对蛋白质的改变也一致，即超高静压对维持酶空间结构的盐键、氢键、疏水键等起破坏作用。肽键伸展成不规则线状多肽，活性部位不复存在，酶也就失去了催化活性。当压力低于临界值时，酶的活性中心结构可逆恢复，酶活力不受影响；而当压力值超过临界值时，酶将发生不可逆永久性失活。利用核磁共振、红外光谱、拉曼光谱、X射线衍射、动态光谱扫描、电子自旋共振等高精技术观察酶结构在高压作用下的变化情况，可发现维持酶分子三级结构的盐键、疏水键以及氢键等各种次级键被破坏，导致酶的空间结构崩溃，发生变性，活性改变。研究表明，超高静压处理也是通过影响酶的三级结构来影响其催化活性。由于三级结构是形成酶的活性中心的基础，超高静压作用导致三级结构崩溃时，使酶的活性中心的氨基酸组成发生改变，从而改变其催化活性。值得注意的是，压力并非都会使酶的活性丧失，还可以使某些在常压下受到抑制的酶激活，从而提高一些酶的活性。

（二）　超高静压处理对酶影响的应用实例

超高静压处理可以促进组织中底物与酶分子的相互作用，所以可以加快某些在常压下反应缓慢，甚至不能进行的反应，其中有些作用是有益的，可以为食品生产与开发所利用。这方面的应用在干酪制作的研究比较多。

凝乳酶凝乳时间（RCT）是干酪制作中的一个重要指标，减少RCT有利于降低干酪制作成本。Shibachi报道，压力在200~400MPa下作用5min，可明显减少RCT，而当压力升至1000MPa时，变化不大。Ohmiya等研究了在130MPa下，由凝乳酶引起乳凝固的反应，发现超高静压对酪蛋白水解的初期阶段无影响，而酪蛋白胶束形成的第二阶段时间延长，乳凝块形成的第三阶段时间缩短。根据Low和Somero提出的水合作用理论，蛋白质胶束凝集可能由于其周围结合水的释放而导致活性体积增大。根据此理论，凝乳酶引起乳凝固的初期反应不发生体积的变化；而酪蛋白胶束形成过程是体积增大的反应，由于酪蛋白胶束之间相互碰撞受抑制，使凝集时间明显增长；乳凝块形成过程是体积减小的反应，高压下反应加速。热处理虽可促进乳清蛋白变性、使干酪产量增加，但破坏了乳的凝胶特性、延长凝固时间，凝块松软。超高静压处理不仅可增加干酪产量，还能增强其保水性。在200MPa、30min高压处理乳时，虽然仅20%β-乳球蛋白发生变性，但凝块质量也有很明显的增加。压力分别在300MPa、400MPa下处理30min，凝块平均质量分别增加14%和20%，乳清中蛋白质损失降低，分别下降7.5%和15%，乳清总体积分别减少4.0%和5.8%。

压力在300~400MPa时可提高乳的凝固特性，增加新鲜干酪的蛋白质含量和持水力，缩短凝固时间，而对干酪其他特性影响程度小。干酪成熟需一定时间，期间会发生许多复杂的生化变化。未成熟干酪的成分与残留的凝结剂、微生物发酵剂发生作用，进而产生成熟干酪所特有的风味、色调和组织。在干酪工业生产中，缩短成熟周期以提高经济效益很重要。在超高静压处理下，Yokoyama、Sawamura利用商业乳杆菌，在添加或不添加合适脂肪酶和蛋白酶情况下，用10~250MPa压力进行处理，成熟时间均可减至3d。

超高静压对酶作用效果还体现在对肉制品的嫩化上。20世纪70年代，澳大利亚科学家Macfarlane报道具有实用价值的超高静压处理能明显改善牛肉和羊肉的嫩度，之后关于超高静压牛肉感观性能变化的报道越来越多。大量的研究表明，100MPa以上的压力对僵直前和僵直后的牛肉均有显著的嫩化作用，其机理主要是因为超高静压处理对肉中钙激活酶活力有影响。该处理使肌质网中的Ca^{2+}释放，从而导致磷酸激酶和需钙ATP酶的活性增加，其结果是加速糖原降解，使肌肉嫩化。超高静压嫩化肉是目前超高静压技术用于食品商业化开发中比较成功的实例。

第六节　超高静压技术在食品中的应用

目前，超高静压技术主要用于食品的杀菌和加工。可利用超高静压杀菌的食品种类繁多，既有液体食品，又有固体食品。其中生鲜食品有水果、蛋、肉、大豆蛋白、牛乳等，发酵食品有酱菜、果酱、酒等。此外，该技术还可用于陈米的糊化等方面。超高静压在这些实际应用当中都收到了很好的效果。

一、　超高静压在果蔬加工中的应用

（一）　超高静压技术在果蔬汁中的应用

（1）杀菌作用　高静压技术在食品工业中最成功的应用是果蔬产品的加工。经过高压处理的果汁和蔬菜汁均可达到商业无菌状态，处理后果汁的风味、组成成分都没有发生改变，且维生素 C 损失很少，残存酶活力很低，色、香、味等感官指标不变，在室温下可以保持数月。高压杀菌处理的果汁产品，保持了新鲜水果的口味、颜色和风味。

超高静压在果蔬汁中能起到灭菌作用，保证其食用安全性，且对低 pH 的果汁杀菌效果尤其好。姜斌等研究了超高静压处理鲜榨苹果汁和胡萝卜汁及其在贮藏期的菌落总数变化。结果表明，经过 400MPa、15min 处理的低 pH 鲜榨苹果汁在 4℃ 下贮藏 7d 后，仍保持食用安全性；而偏中性 pH 的鲜榨胡萝卜汁经 400MPa、45min 处理，能在 4℃ 下贮藏 3d。闫雪峰等研究了超高静压对新鲜树莓汁菌落总数变化，以及霉菌、酵母菌、大肠杆菌和沙门菌存活量的影响。结果表明，25℃、200MPa 处理 5min 时，大肠杆菌被完全杀灭；300MPa 处理 15min 时，沙门菌被完全杀灭；400MPa 处理 15min 时，酵母菌和霉菌被完全杀灭；600MPa 处理 25min 时，菌落总数低于 10CFU/mL，达到国家食品相关标准要求。不同压力杀菌效果不同，超高静压压力越高，菌落总数越少，杀菌效果越好。此外，超高静压还能辅助降解毒素，且降解程度取决于施加压力和处理时间。

（2）保持色泽　超高静压技术不仅具有较好的杀菌效果，而且最大限度地保持了果蔬汁的色泽，为果蔬的深加工利用提供了新的方法。高压和加热处理果蔬汁的色泽风味变化比较如表 4-7 所示。

李汴生等对比分析了超高静压和热处理在达到商业无菌要求的基础上对菠萝原汁的影响。结果表明，在 26℃ 下，400MPa 超高静压处理 10min 可达商业无菌。超高静压样品能较好地保持体系的均匀稳定性，并且更好地保持了原有色泽，维生素 C 保留率达 94.92%，远高于热处理。白永亮等利用复合酶解结合超高静压制备香蕉汁，结果表明：450MPa 处理 10min 的香蕉汁色泽最好，还能使香蕉汁中醛类物质相对含量下降，烯类物质相对含量提高。超高静压处理能保持果蔬汁的出汁率和品质，特别是果蔬汁色泽的保持，抑制果汁的褐变，在食品工业中有望取代或与热处理结合使用。

表4-7 超高静压和加热处理对果蔬汁的影响

处理条件	橙汁	西瓜汁	黄瓜汁
超高静压	色、香、味都不变	色、香、味都不变	色、香、味都不变
加热处理 （121℃，20min）	不变色，有絮状物，苦味及热臭味	不变色，有絮状物和难闻气味	绿色褪去，有过熟味
加热处理 （80℃，30min）	不变色，有絮状物，苦味及热臭味	不变色，有絮状物和难闻气味	绿色褪去，有过熟味

（3）抑制酶活力作用 超高静压还能抑制果蔬汁中酶的活性。超高静压处理苹果、梨的新鲜果汁，结果表明，300MPa、500MPa的不同压力处理下，梨的总酶活力与压力呈正相关，但其中过氧化物酶活力得以抑制。压力上升，总酚含量和抗氧化值下降。Rodrigo等研究在高温和超高静压下，番茄汁中番茄脂肪氧合酶（LOX）和氢过氧化物裂解酶（HPL）的稳定性。在25~90℃和100~650MPa范围下，HPL比LOX对压力更敏感。300MPa的超高静压处理12min，能保持20%的HPL活力；650MPa的超高静压处理12min后，LOX也能保持20%的活性。Wang等利用超高静压对豆奶和大豆粗提取物中LOX活力影响的研究表明，压力和温度分别在0.1~650MPa和5~60℃时，恒温下，随着压力增加，LOX灭活速率常数增加；高温下，随着压力增加，LOX失活速率常数对温度依赖性降低。可以看出，超高静压能加快酶的灭活，而且不同的酶对压力的敏感程度不同。Katsaros等研究了超高静压（200~800MPa）在中等温度（25~50℃）下，猕猴桃汁中内源性肌动蛋白的影响，也表明超高静压能抑制果蔬汁中酶的活性，结合升温后效果更为显著。

（二） 超高静压技术在果蔬酱中的应用

（1）超高静压在果蔬酱灭菌中的作用 超高静压处理果蔬酱能达到杀菌延长保质期的效果。Huang等研究了超高静压处理对草莓酱中各种微生物的灭活程度。21℃、300MPa下处理2min，能有效降低草莓酱中的酵母菌和霉菌；450MPa处理2min，能灭活草莓酱中的大肠杆菌和沙门菌两种病原体。Kovač等研究了超高静压处理对草莓酱中诺如病毒在不同压力和时间的各种组合下的失活影响。结果表明，400MPa的超高静压处理2.5min足以有效灭活诺如病毒。Vercammen等研究了在缓冲液和番茄酱中，超高静压对凝结芽孢杆菌失活和酸性脂环酸杆菌芽孢发芽的影响。在25℃、40℃和60℃，100~800MPa下，pH4.2和pH5.0的番茄酱中处理芽孢10min。结果表明，40℃时，pH4.2、800MPa下番茄酱中的芽孢灭活效果最佳。超高静压处理能够灭活芽孢和大肠杆菌、沙门菌等有害细菌，并有效降低果酱中酵母菌、霉菌等微生物的数量。

传统的果蔬酱为达到保藏效果，可溶性固形物含量达60%，属于高糖产品，这类产品已经不能满足现代人的口味和对健康的要求。降低糖用量的低糖果酱由于失去高渗透压的保护，容易造成微生物的繁殖，造成产品保质期短。采用超高静压处理对酱体进行微生物灭活，可以降低糖的用量，使果蔬酱低糖化。

（2）超高静压在果蔬酱保持品质的作用 果蔬酱营养丰富、风味独特、食用方便，是水果蔬菜产业化中的主要加工产品之一，在国内外均有很大的消费市场。超高静压处理果蔬酱后，不仅能保持果蔬原料原有的色泽风味，防止褐变发生，还能尽可能地保留原辅料中有效营养成分，提高果酱的感官品质。

日本的食品公司将草莓、猕猴桃、苹果酱软包装后，在室温下，400~600MPa的压力处理10~30min以取代热杀菌。不仅达到了杀菌的目的，且促进了果实、砂糖、果胶的胶凝过程和糖液向果肉的渗透，保持了果实的原有色泽、风味，具有新鲜水果的口感，维生素C的保留量也大大提高。超高静压400MPa对苹果酱处理10min，所得产品的理化指标较好，是苹果酱加工的适宜条件。赵光远等研究了50℃和60℃协同500MPa处理苹果-刺梨酱，结果表明，除聚原花色素外，其他酚类都得到了较好的保留，果酱的色泽得到改善。Wang等研究了超高静压对菠菜泥色差、叶绿素a、叶绿素b、总酚类化合物、pH、叶绿素酶、多酚氧化酶等的影响。在200，400，600MPa下，超高静压处理5，15，25min后能有效防止菠菜泥中叶绿素降解和酶促褐变，并能更好地保持菠菜的色泽。

对比传统的热处理，超高静压处理对果酱的色泽、可溶性固形物含量、pH和黏度等理化指标没有不利影响，并能防止果蔬酱中叶绿素、酚类的降解和酶促褐变，更好地保持并其感官品质。但是，超高静压处理一旦过度，会使果酱黏度太大，涂抹困难，导致感官评分下降，所以对超高静压的施加压力和时间的控制也十分重要。

超高静压技术属于一项新兴技术，是国内外的研究热点和前沿。虽然杀菌效果还是有一定的局限性，比如芽孢无法杀死，需要配合用加热、调节pH、调节CO_2浓度等，但随着超高静压机理的深入探讨和技术的逐步完善，将会研制出品质更好、更安全健康、保质期更长的果蔬加工制品。

二、 超高静压在肉制品中的应用

（一） 超高静压在肉制品中的灭菌作用

超高静压会导致肉制品中微生物细胞膜和细胞壁的破坏，使蛋白质空间结构产生永久性改变，部分酶失去活性，或使压缩率不同物质的结合部产生巨大的剪切应力等，从而导致微生物正常代谢的破坏，生命活动终止。将肉制品中常见的腐败菌和食物致病菌接种于猪肉浆，在100~600MPa、25℃处理下，研究超高静压灭菌的可行性，结果如图4-9所示。大肠杆菌在小于200MPa处理时几乎未减少，但达到300MPa以上灭菌效果很显著。残存菌数随压力增高、时间延长而减少。加压对弯曲杆菌、铜绿假单胞菌、沙门菌和耶尔森菌等的灭菌效果也与大肠杆菌相似，而300MPa以下条件对肉制品中的微球菌、葡萄球菌、肠球菌几乎无效，400MPa以上才开始减少，600MPa以上可以杀灭。酵母菌在300MPa左右几乎无效，400MPa以上灭菌效果明显。可见，超高静压对不同菌种进行处理的效果差异较大。

对鲤鱼肉浆分别在0℃、0~500MPa处理30min和0℃、500MPa处理0~30min的超高静压灭菌试验结果如图4-10所示。可见，经300MPa、30min超高静压处理残存菌数明显减少，加压500MPa，灭菌效果更佳。

此外，在对肉制品进行超高静压灭菌时，温度的影响也至关重要。高于细菌培养繁殖温度（一般为20~40℃）或在0℃左右低温情况下的效果最佳，特别是耐温耐压的芽孢菌芽孢，需采用600MPa、60℃处理才能杀灭。但是超高静压灭菌效果不随肉制品盐含量增高而下降。由此可见，超高静压处理对肉制品灭菌的效果与施加压力、时间、温度密切有关，还受肉的种类、pH和所含菌种等诸多因素影响。在肉制品进行灭菌时，使用热处理会有很多弊端，仅依靠超高静压手段又很难达到完全灭菌，为此寻求能满足食品要求、具有实用价值的综合

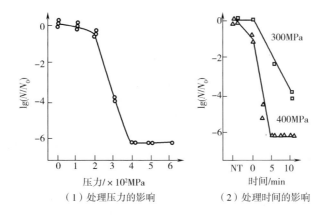

（1）处理压力的影响　　　　（2）处理时间的影响

图 4-9　超高静压对猪肉浆中大肠杆菌的灭菌效果

N_0—处理前菌数　N—处理后菌数　NT—未处理

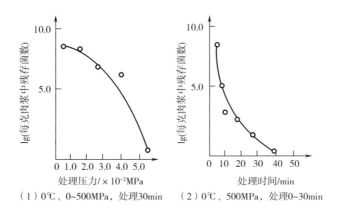

（1）0℃、0~500MPa，处理30min　　（2）0℃、500MPa，处理0~30min

图 4-10　鲤鱼肉浆超高静压处理后的残存菌数

协同灭菌方式在未来的研究中非常重要。

（二）　超高静压对肉制品品质的影响

（1）超高静压对肉制品口感的影响　铃木敦士将牛肉在20℃、100~300MPa下进行超高静压处理，处理后肉的颜色基本不变。在总趋势上，硬度随压力增大而减小，如表4-8所示。

表 4-8　　　　　　　　　　　　超高静压处理对牛肉硬度和弹性的影响

处理压力/MPa	相对硬度/%	相对弹性/%	处理压力/MPa	相对硬度/%	相对弹性/%
0.1（未处理）	100	100	200	27	91
100	58	91	300	13	98
150	22	94			

肉制品的硬度、弹性变化还与处理温度、时间、食盐量、原料本身等因素有关。实验还

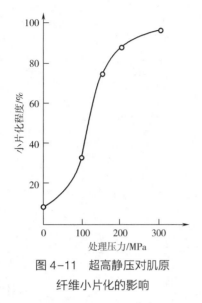

图 4-11 超高静压对肌原
纤维小片化的影响

发现，150MPa 以上超高静压处理能促进肌原纤维小片化，如图 4-11 所示。这与肉制品的成熟度、肉质嫩化密切相关。大森丘还观察到，超高静压处理时溶菌体破碎，大量存在于细胞质中的蛋白酶释出，促使肌原纤维小片化，也使肌肉蛋白自行分解加速，游离氨基酸增加。超高静压处理是使肉制品嫩化、提高保水性（多汁）、促进成熟、改良风味的有效手段。

（2）超高静压对肉制品低盐化的影响　生产肉制品时都会在原料肉中添加食盐，这除了具有调味功能外，还能促进作为肌肉结构蛋白的肌原纤维蛋白部分溶解，赋予肉制品必要的保水性、乳化性和组织黏结性。铃木敏郎的研究表明，超高静压有类似添加食盐的效果，对肌原纤维蛋白质的溶解也有促进作用。例如，在 0.1~0.2mol/L 的 KCl 盐溶液中常压下肌原纤维蛋白质不溶，若施以超高静压即充分溶解，跟食盐溶液中的结果相似。Berry 报道制作调味牛排时，在不加食盐的情况下，采用 100MPa 超高静压处理，仍可制得具有优良组织结构的牛排。又据 Macfarlane 报道，添加 1% 食盐经超高静压处理的牛肉泥比添加 3% 食盐而未经超高静压处理的黏结性好。这些报道均证明了超高静压处理是开发低盐度新口感肉食品的有效手段。

（三）　超高静压对肉制品风味的改良

（1）超高静压对畜肉的嫩化　对常食用的猪肉、牛肉进行切块真空包装后，采用超高静压处理。当低于 200MPa 时，肉的外观变化不大；高于 200MPa 后，色泽白化，组织结构也有变异；高于 300MPa 时，变得与火腿相似且高弹性，成为口感独特的肉食品；压力进一步增大到 400MPa 及以上保持 10min 处理后的生猪肉就可以直接食用，此时的猪肉蛋白质已经变性，肉色转白。用 200MPa 压力对牛腿肉进行试验，制成牛排，可与柔软的脊肉媲美，杀菌效果也很理想。超高静压处理牛肉，会带来两个主要结果，一是嫩度指标的改善，二是感官指标的变化，所以，在确定超高静压处理牛肉的最佳工艺条件时，应进行综合考虑。

在超高静压处理牛肉品质改良试验中，压力因素对综合指标的影响明显强于时间的作用。超高静压处理牛肉就嫩度和感官指标而言，选取 300MPa、2min 为最优处理条件，基本符合保质期和营养特性指标及工业化生产的需要。

畜肉嫩化的主要原因是超高静压导致了蛋白质空间组织结构的变化。超高静压不仅使肌原纤维内部结构变化，而且还导致肌原纤维间隙增大，促进了肌肉嫩化。美国沃尔特·肯尼克研究超高静压对肉组织影响时，用电镜观察发现超高静压能使胶原纤维分裂，使肌动蛋白纤维素解体，从而使粗糙老硬的肉嫩化。

（2）超高静压对传统肉制品风味改善　火腿、香肠等传统肉制品的加工大多是由原料肉经盐腌制、烟熏、加热而成，因工艺相似，产品缺乏特性和新鲜感。将传统肉制品通过超高静压技术处理，可显著提升其风味。

超高静压火腿富有传统火腿所不具有的弹性、柔软度，表面及切面光滑致密、色调明快、风味独特。加工过程可先加压后，结合适当加热或烟熏以形成人们熟悉的口味，但加热或烟熏时温度不宜过度，以防先加压获得的独特品质被破坏。值得注意的是，若采用先加热后加压则往往因加热已造成变性，再加压就不起作用了，因此加热加压先后顺序及条件十分重要。烟熏和加压的顺序则没那么讲究。野赖正敏就采用先烟熏后加压工艺，即将鲜猪肉盐腌、烟熏后再经 250MPa、20~40℃ 超高静压处理 3h，制得具有鲜猪肉的红润色泽、防腐性好、口感滋味甚佳的新风味超高静压火腿。实验表明，先低温烟熏具有固色、增味、防腐功能，也不会影响后面超高静压处理所赋予的新口味。

比较多种加工工艺研究发现，先用烤炉加热至中心温度达 48℃，再经 20℃、250MPa 超高静压处理 3h，可制得既有传统烤牛肉风味，又具口感软嫩、弹性好、色调红润、成熟滋味更佳、灭菌保藏性良好的新型超高静压烤牛肉。

所以，超高静压处理技术不仅可以对肉制品进行杀菌，延长保质期，而且还可以嫩化肉制品，提升其品质，增加组织的保水性、乳化性和组织黏结性。在追求食肉口感风味和健康营养的今天，超高静压可以使肉制品低盐化，是一项非常具有前景的食品加工新技术。

三、　超高静压在乳制品中的应用

（一）　乳品的超高静压杀菌

多数生物经 100MPa 以上加压处理即会死亡，而微生物因种类和试验条件不同有所差异。一般而言，细菌、霉菌、酵母的营养体在 300~400MPa 压力下可被杀死；病毒在稍低的压力下即可失活；寄生虫的杀灭和其他生物体相近，只要低压处理即可杀死；而芽孢杆菌属和梭状芽孢杆菌属的芽孢对压力比其营养体具有较强的抵抗力，需要更高的压力才会被杀灭。乳制品中的超高静压杀菌和其他食品中的杀菌类似，压力需达到一定高度，否则会出现可逆性。

压力越高，则处理所需的时间越短。资料表明，在 20~25℃ 下加压处理黏质沙雷菌、乳酸链球菌、荧光假单胞菌和产气杆菌时，当压力为 200~300MPa 时，需加压处理 60min 才能杀死；而在 340~400MPa 时，只需 50min。这种现象类似于加热杀菌中出现的低温长时、高温短时和超高温瞬时杀菌，故也可将超高静压杀菌分为低压长时（LPLT）、高压短时（HPST）和超高静压瞬时杀菌（UHP）。林力丸提出的设想是，LPLT 杀菌是指在 400MPa 左右加压处理 10~20min；HPST 指在 600MPa 左右加压处理 1~2min；UHP 指在 600MPa 以上加压处理几秒至 1min 以内。

采用超高静压（200~420MPa）处理生鲜脱脂牛乳 3~25min，对其微生物指标和理化性质影响的研究发现，超高静压对脱脂牛乳的杀菌作用明显。压力撤除后，杀菌效应仍然存在，而且超高静压会使脱脂牛乳的透明度显著增加，黏度也会增加；而对于色度的影响仅与压力有关。研究表明，脱脂牛乳的最佳压力时间组合应为 420MPa 处理 10min。

（二）　对液态乳品质的影响

超高静压对乳品物化特性的影响首先体现在对光亮度的改变。压力达 230MPa，乳的浊度和光亮度未改变，胶束略有溶解，对乳的光学和感官特性影响不大；压力在 230~430MPa 范围内，酪蛋白胶束构象改变，发生重排、压缩，致使乳的浊度和光亮度逐渐降低，并趋于稳定。乳样散光力（光度值）也会因超高压的作用而发生相应的变化。超高静压作用于混合均匀的全乳，其光度值几乎无改变；而作用于脱脂乳时，光度值变化显著。当全乳静置形成奶油层后，上层与下层之间的光亮度对比非常明显，下层的透明度与超高静压作用于脱脂乳的透明度是一样的。

适当的超高静压还会对乳品体系中的钙磷矿物元素产生积极影响。Johnston 等报道，压力达 600MPa，处理 2h，乳中 Ca^{2+} 的含量对其稳定性有显著的影响。超高静压乳中 Ca^{2+} 的水平并未有大的变化，但乳清中钙和磷的总水平都有相似程度的增加。主要是由于压力作用下的胶束小片化，会释放出非离子钙和磷。要全面了解胶束中的各种变化，需用模式系统对每个成分进行研究。

超高静压会让乳品中的部分蛋白发生分解或结合作用。Payens、Heremans、Ohmiya 先后研究了超高静压对 β-酪蛋白和其他酪蛋白的影响。当压力达 100MPa 时蛋白发生分解，但进一步提高，分子会开始结合。除酪蛋白胶束外，Johnston 等采用离心法（70kg），测定非酪蛋白氮和乳清氮，发现超高静压会引起某些蛋白质间的相互作用。随压力的升高，非酪蛋白氮和乳清氮都减少，表明超高静压可使乳清蛋白发生变化，致使离心时发生沉降。

（三） 对酸奶的影响

超高静压技术在酸奶加工中的应用研究主要包括三个方面：（1）超高静压处理过的原料乳用来发酵酸奶；（2）在超高静压的条件下进行酸奶的发酵；（3）采用超高静压处理包装好的发酵乳成品。该技术在发酵乳制品加工中的应用，可以很好地解决凝固型酸奶硬度过低或者搅拌型酸奶黏度较低、乳清析出等问题。

超高静压对原料乳的处理研究已有大量的报道。Hernandez 和 Harte 用超高静压处理牛乳，并观察其在酸性条件下形成的凝胶性质，经过离心力作用 20min 后仍有 20% 的乳清保留，这表明凝胶具有很好的持水性。Johnston 等在凝固型酸奶的生产过程中，发现随着超高静压压力和时间的增加，酸奶形成的凝胶硬度增加，乳清析出量减少，并能很好地防止脱水收缩。在电镜下观察，600MPa 处理的样品凝胶结构更为致密。这是因为超高静压处理会改变原料乳中的酪蛋白胶束结构，使得酪蛋白表面相互作用位点增加，所生产的酸奶质地更佳。Ferragut 等研究了超高静压处理原料乳对于酸奶在保藏期内的脱水收缩作用，发酵刚完成时，经 10℃，200~500MPa 或 10~55℃，200MPa 处理的原料乳制得的酸奶的脱水收缩程度与巴氏杀菌牛乳制得的酸奶相同，但在 4℃ 下贮藏 20d 后，超高静压处理样品的脱水收缩作用不变，热处理牛乳制得的酸奶脱水收缩作用随着贮存期延长而显著增加。

超高静压处理原料乳后，其形成凝胶的 pH 会发生改变。Desobry-Banon 等研究发现，超高静压处理后牛乳形成凝胶的 pH 高于未进行高压处理样品，且所形成的凝胶强度也高于对照样品。与此相似，Ferragut 等采用 350MPa 或 500MPa、25℃ 或 55℃ 下处理的原料乳发酵酸奶时，在较高的 pH 下即可以形成较好的凝胶。

热处理（85℃、20min）牛乳用来发酵酸奶时，胶束表面纤维状的突起使得胶束彼此分离，这样不利于形成较好的凝胶结构。与热处理不同，超高静压处理后，酪蛋白胶束结构改变为表面光滑的颗粒结构，颗粒相之间紧密包裹形成链状。虽然蛋白内部胶束之间有紧密的作用力，但是胶束不仅不会聚集，反而以无定形状态分布于各处。增加超高静压处理压力还可以缩短凝胶时间。不同压力条件下所形成的凝胶结构不同，100MPa、40min 形成凝胶较为粗糙，增加压强，缩短时间，如 200MPa、10min，所形成的凝胶较为细腻。

酸奶与其他食品不同之处在于含有丰富的活性乳酸菌，处理压力一旦过大，会杀灭大量有益菌。Tanaka 和 Hatanaka 将发酵乳置于 200~300MPa、10~20℃ 下处理 10min，此处理条件不会影响酸奶的质地和活性乳酸菌的数量；当压力超过 300MPa 时，活性乳酸菌数量明显降低，相应的后酸化现象也受到一定程度的抑制。不同乳酸菌耐压能力不同，Reps 等采用 400MPa 处理酸奶，使得德氏乳杆菌完全失活，但不会对唾液链球菌嗜热亚种造成影响。所以，在采用超高静压处理酸奶时应综合考虑，选择适当的压力和时间，从而保证酸奶有更佳的质地。

超高静压处理还可防止酸奶的发酵过度。Tanaka 使用超高静压技术成功地解决了酸奶后酸的问题，用 20~300MPa 的压力在 10~20℃ 的温度条件下处理 10min 就可以防止包装后的酸奶因酸度继续增加而导致的乳清分离，这一原理并不改变酸奶的质地和活性乳酸菌的数量。

（四）　对干酪的影响

凝乳酶用于干酪的制作由来已久，它作用于乳，使乳发生凝固形成凝胶或凝块，分三个阶段。第一阶段，酶选择性水解这些突出的毛发状蛋白链，并留下修剪平整的胶粒，当毛发层减少达一定量，胶粒失去其稳定性；第二阶段胶粒相互结合，形成越来越大的聚合体，直至网络三维结构，从而产生弱凝块；第三阶段，这些凝块强度逐渐增加。当干酪生产者判断达到所需硬度时，即可切割凝块。

热处理虽可促进乳清蛋白变性，使干酪产量增加，但破坏了乳的凝胶特性，延长凝固时间，凝块松软。对超高静压处理干酪的研究表明，当压力达到极限值 120MPa 时，固定化胰蛋白酶会使 β-酪蛋白多聚物分解，而压力在 300MPa 以上时，又会再结合，其浊度压力曲线为一抛物线；同样条件下，凝乳酶作用于 k-酪蛋白，结果相似。而且超高静压处理可以使乳清蛋白变性，使其进入凝块，从而使干酪产量增加，尤其是其保水性增强。Lopez-andino 等发现，在 200MPa、30min 超高静压处理乳时，虽然仅 20% 乳球蛋白发生变性，但凝块质量也有很明显的增加；压力分别在 300，400MPa 下处理 30min，凝块平均质量分别增加 14% 和 20%，乳清中蛋白质损失降低，分别下降 7.5% 和 15%，乳清总体积分别减少 4.5% 和 5.8%。总之，压力在 300~400MPa 时，可提高乳的凝固特性，增加新鲜干酪的蛋白质含量和持水力，缩短凝固时间，而对干酪其他特性影响程度小。

超高静压不仅用于硬制干酪，在新鲜未成熟干酪中也有一定应用。Trujillo 等用 500MPa 处理的牛乳生产新鲜干酪，发现高压处理样品中不仅水分和灰分高于对照样品，且脂肪质量分数也显著较高，这是因为超高静压处理改变了牛乳在凝乳酶作用下所形成凝胶的性质，在凝胶表面形成了更紧密的酪蛋白胶束链，从而包裹更多的脂肪，提高了终产品中脂肪的质量分数。在扫描电镜下观察，超高静压处理干酪的蛋白结构较为整齐和致密，对照组干酪蛋白网状结构较为疏松。Drake 等在制作切达干酪过程中，发现巴氏杀菌和超高静压处理原料乳制得的干酪的风味并没有显著差异性，但超高静压处理样品由于水分含量较高，质地较软，涂抹性较好。对于生产商而言，干酪产量和组分非常重要，质地和风味也是直接影响销售的重要因素。

此外，在干酪生产中，很多干酪品种在制作时使用生乳，这些产品成熟后的基本风味比用消毒乳生产的同类型干酪要好，但是生干酪对原料乳卫生质量的要求很高，否则产品的安全性很难保证，使用超高静压技术则可以解决这一生产难题。用一定范围的压力处理原料乳，既可以减少微生物的数量，保证产品的安全性，又可以避免产品风味的变化。因为超高静压处理后的牛乳中保留了大多数的天然乳酶、风味物质和维生素，这些成分对干酪成熟过程中风味的形成有重要作用。

四、 超高静压在酒生产中的应用

（一） 超高静压技术处理果酒

随着超高静压技术的兴起，国内将该技术用于果酒品质的改良上收到了重要成效，已经在实验室水平很好地发挥了作用。阚建全等将柚子酒在高压 400MPa 下，25℃处理 30min 后，柚子酒的香气成分中酯类物质的相对含量由 21.14%升高至 22.69%，酸类和醛酮类也有不同程度的提高，而长链烷烃类化合物消失，同时产生芳樟醇、乙酸异戊酯等新物质。感官评定表明，超高静压处理减少了柚子酒的刺激性，还能很好地保持柚子酒特征香气，使香气变得饱满柔和，沉实厚重。对桑椹酒而言，经超高静压 400MPa 处理 20min 后，酒中香气种类没有变化，但其含量发生了不同程度的改变，其中醇类、酯类含量分别增加了 1.27% 和 15.21%，酸类、醛类的含量分别下降了 14.21%和 12.06%。该技术处理可以促进酸醇的酯化作用、醛类氧化作用，改善桑椹酒香气，加速陈化。感官评定表明，经超高静压处理的桑椹酒香气更加柔和丰富、醇厚协调。严蕊等对黑莓酒进行超高静压处理，酒香成分种类没变，但含量发生了变化，整体香气趋向柔和、协调、饱满，提升了黑莓酒香气品质。超高静压对果酒的处理，主要能改变酒中香气成分的比例和产生少量新物质。

（二） 超高静压技术用于黄酒

超高静压技术除了在丰富酒的香气上能起到显著作用，在酒体的杀菌和催陈等工艺上也有重要贡献。对黄酒催陈实验的研究结果表明，黄酒在 50~150MPa 下处理后色泽和风味不变，酸度也基本不变，挥发酯含量提高 20%左右，呈甜、鲜味的氨基酸比例上升，苦、涩味的氨基酸比例下降。处理后的黄酒更加鲜甜、醇和、爽口，香味更加浓郁，总体催陈效果达一年以上。由此可见，超高静压催陈黄酒有较明显效果，以 150MPa 处理 30min 效果较好，而且催陈同时可以达到杀菌目的，具有很好的市场应用前景。

（三） 新型的超高静压生酒

日本比较关注采用超高静压技术对生酒的处理，也进行了超高静压技术在酒类生产中的第一次尝试。日本千代园酒造与熊本县工业技术中心共同开发超高静压处理的浑浊型生酒，它是把生酒（生啤酒、生果酒等）经约 400MPa 的超高静压处理，把酒体中所有酵母菌及其他部分菌类杀死，由于高压并不改变酒体原风味，从而得到具有生酒风味、能长期保存的新型生酒。这种产品目前已商业化生产，开始面市。

以往上市的浊酒经加热杀菌，常温流通，但香气、滋味都差，由于浊酒是含醪固形物的清酒，固形物中含有微生物，未经加热杀菌的浊酒香味虽好，但因微生物繁殖使酒酸败，不易保存。因此，可考虑采用超高静压杀菌处理技术。具体操作为，先将浊生酒中固形物分离，澄清液用过滤机除菌，固形物于超高静压设备中用超高静压 400MPa 处理 45min，杀灭酵母等微生物后再加回到浊生酒中。通过该超高静压处理后的生酒既能保持浊生酒的原风味，又有优良的保存流通性，在 15℃以下可存放半年以上。

五、 超高静压在谷物产品中的应用

（一） 淀粉的超高静压糊化

玉米淀粉在超高静压下会像热加工一样，微晶结构被破坏，即超高静压糊化。超高静压使玉米淀粉糊化是通过提供水分子和淀粉分子间的势能，使淀粉分子发生水合作用来实现的。马成林等采用差示扫描量热法（DSC）对玉米淀粉在不同压力及保压时间下的糊化度进行了测试。测试结果表明，在 700MPa 超高静压下处理 2min 即可使 86.8% 玉米淀粉糊化，达到一般食品加工要求；处理 5min，可使玉米淀粉 100% 糊化。随压力增加，处理时间延长，玉米淀粉的糊化度会进一步提高。超高静压不仅可以使淀粉糊化，而且其程度还可控。

压力诱导的淀粉糊化依据其压力水平而定，这种现象在工业上具有很好的应用前景。Douzals 等的研究表明，5% 的小麦淀粉在室温下经 300MPa 和 500MPa 的压力处理后，分别具有 15% 和 88% 的糊化度。对于原淀粉，根据衍射谱型可分为 A 型（谷物淀粉，直链分子含量高于 40% 者除外）、B 型（块茎，基因修饰玉米淀粉）、C 型（根，豆类淀粉）和 V 型（直链淀粉）。糊化发生的压力范围依据淀粉的不同而不同。Ezaki 等和 Stute 等发现，和 B 型淀粉相比，A 型淀粉和 C 型淀粉对压力更为敏感。Hayashi 和 Stute 等还分别发现，在压力处理时，升高温度可以降低诱导淀粉糊化的压力。压力诱导的淀粉糊化还与其水分含量密切相关。在 600MPa、20℃ 下处理 15min，小麦淀粉完全糊化需含 50% 的水分。

（二） 超高静压对陈米品质的改良

米是以淀粉为主的食物，在我国大部分地区被作为主食，产量巨大。每年都会出现大量无法消耗的陈米。新米胚乳细胞壁和淀粉质膜柔软，煮制过程中被破坏，淀粉充分糊化部分流至米粒表面，使米饭柔软而有黏性、口感好。然而存放一年以上的陈米其细胞壁和膜已坚固地结合在一起，抑制了煮制过程中淀粉质的流出和糊化，成为硬而不黏的米饭，品质严重下降。青山等采用超高静压作为部分破坏细胞壁和膜的手段，具体方法是：陈米在 20℃ 吸水润湿后，在 50~300MPa 超高静压下处理 10min，再按常规煮制成饭。促进淀粉粒子的膨润、物化，使米饭硬度下降、黏度上升，可改良陈米品质至新米范围，同时光泽和香气显著提高，具有与新米饭相似的品质。不考虑成本因素，超高静压处理是一款改善陈米品质非常有效的技术。同时，超高静压处理还可缩短煮熟时间。在方便米饭的制作时，将生米加水加压处理制作方便米饭，食用前只需要把米用水煮 3~5min，就具有直接水煮 30min 的正常蒸煮米饭一样的香味和可食性。

六、 超高静压提取植物天然活性成分

目前关于天然活性成分的提取方法有很多，超高静压技术作为提取方法于 2004 年才被首次提出。研究发现该技术可以缩短提取时间，提高得率和产品纯度。通常认为超高静压处理会对细胞器、细胞壁、细胞膜造成一定破坏，导致细胞渗透性增加，从而使提取溶剂更多地渗透到细胞中，而被提取成分更多地渗透到细胞外，于是天然活性成分的得率得到提高。

为了探究超高静压的提取机制，Xi 等以未经任何处理的当归为空白，通过扫描电子显微镜、透射电子显微镜观察，比较热回流处理和超高静压处理后当归表面组织及细胞结构变化，结果如图 4-12 所示。经超高静压处理的当归表层结构遭到破坏 [图 4-12 (2)]，可以明显地观察到组织渗透性增加，且产生微裂缝和空心现象。但热回流处理后的当归表面是完整、紧密的 [图 4-12 (3)]，与空白对比当归 [图 4-12 (1)] 相似。通过透射电子显微镜可以观察到经过热回流处理后细胞的细胞壁、细胞器依然保持完好 [图 4-12 (6)]，与空白对比组 [图 4-12 (4)] 相似，而超高静压处理后细胞壁遭到破坏 [图 4-12 (5)]，可以很明显地观察到细胞壁出现破裂，细胞壁厚度降低，细胞器被严重破坏。因此，超高静

压处理对细胞组织结构的破坏，很可能加速了被提取成分向提取溶剂中转移，从而导致提取效率的增加。

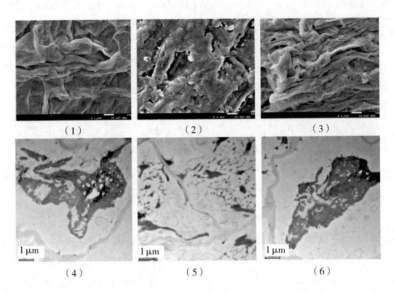

图 4-12 当归扫描电子显微镜（1），（2），（3）和
透射电子显微镜（4），（5），（6）照片

（1），（4）未处理　　（2），（5）超高静压处理　　（3），（6）热回流处理

对超高静压提取蓝莓果渣花色苷进行研究，发现超高静压处理能够显著提高花色苷的提取率。这是因为高压导致提取溶剂分子间氢键的变化，进而使提取溶剂物理性质发生变化，最终使得花色苷提取率提高。因此，超高静压处理对提取溶剂物理性质的改变也可能是造成提取率提高的另一重要原因。

（一）超高静压提取天然活性物质工艺

（1）原料前处理　将目标原料清洗干净，一定温度下干燥至恒重，粉碎，过筛，置于干燥器中密封保存，备用。

（2）超高静压提取　称取一定质量的前处理干粉原料，放入聚乙烯袋，再加入提取溶剂，让原料均匀分散，进行真空密封，然后放入超高静压密封容器，进行超高静压处理，最后离心，取上清液，测提取成分含量。

（二）超高静压提取优势

近几年的植物天然活性成分提取技术一直在向提高产品得率、降低有机试剂用量和增加提取效率的方向发展。在这样的前提下，超声波辅助萃取、超临界流体萃取和微波辅助提取等方法相继得到研究和发展，超高静压提取法则更为出色，不仅大大缩短了提取时间、增加了提取效率，还具有可常温提取、提取物纯度高等优势，展现出巨大的发展潜力。传统的物理、化学方法和酶法通过使生物细胞结构变性，从而达到从细胞中提取有效成分的目的，但是传统的提取方法会使细胞组织结构丧失选择性，从细胞内渗透出的不仅有被提取成分还会混入较多杂质，导致提取成分很难与杂质分离。Zhang 等发现使用超高静压技术进行提取时，在高压条件下更多的提取溶剂会进入到细胞内，提取成分也会更多地渗透到细胞外，但只有少许杂质会混入提取成分中，因此提取物纯度得到大大提高。热回流提取、索氏提取、热水浸提等传统的提取方法在提取过程中通常需要较长的反应时间，而且所得产品得率并不理想，而超高静压提取可以在缩短提取时间的同时提高产品得率。Xi 等发现使用超高静压技术从茶叶中提取茶多酚最优条件是：体积分数 50%乙醇提取液、料液比 1∶20（g∶mL）、压力 500MPa、保压时间 1min，在这样的提取条件下所得到的茶多酚得率与超声萃取 90min 或者热回流提取 45min 相近，分别为 30%、29%和 31%。

超高静压技术在天然活性成分提取方面与其他方法相比较，高效率、高纯度是其主要优点，尤其是提取过程可以在室温条件下进行，避免了热效应对天然活性成分的破坏，得到众多研究者的青睐。随着国内外对超高静压技术的研究及合作交流机会的增多，超高静压提取在未来的发展具有以下特点。

（1）超高静压提取天然活性成分的原理逐渐清晰，为超高静压技术的应用提供理论依据。

（2）超高静压设备趋于完善，比如安装温度实时监控设备，以便更加精确地控制温度；提升各部件材质，从而增加超高静压设备的密封性、稳定性及安全性，使得提取工艺参数得到进一步优化。

（3）影响提取得率的因素得到进一步发掘，超高静压技术对提取成分结构、生物活性等影响，对超高静压提取后所提取产物的分离纯化和定性定量分析相关研究逐步增多。

（4）超高静压技术协同其他因素提取天然活性成分研究会越来越多，比如，超高静压技术与均质作用结合、酶法辅助超高静压提取等。随着国内外研究的不断深入，超高静压技术在食品工业中的应用将会更加深入和广泛。

第七节　超高静压技术的问题及前景

一、超高静压技术的现存问题

在我国，超高静压处理属于一项新兴食品加工技术，研究应用还不成熟，主要集中在低水平跟踪，工艺技术开发，还存在着许多有待解决的问题。目前，能应用于该技术的食品种类无法达到全覆盖，主要对成分中含有一定水分的食品，才能达到有效压缩的效果，因此此类食品应用效果较好；对于干燥的粉状食品或粒状食品，尚不能采用超高静压处理技术。由于高压下食物的体积会缩小，故只能用软材料塑料包装，金属、玻璃材料则不适用。一些产芽孢的细菌，特别是低酸性食品中的肉毒梭菌的杀灭条件严格，需在 70℃ 以上加压到 600MPa 或加压到 1000MPa 以上才能杀死，对设备要求较高。超高静压装置必须采用耐高压的金属材料和严格的密封结构，故装置大，前期建设费用高。就目前的超高静压处理来看，存在如下几个方面的问题。

（一）超高静压对食品风味有利也有弊

超高静压处理后的食品可以尽量保留原有风味，这是该技术的一项优势，但也因此不会产生热加工过程中所带来的一些特殊香味和颜色，如美拉德反应所带来的期望风味。超高静压常温下处理食品过程中整个系统温度上升很小，超高静压处理的范围只对生物高分子物质立体结构中非共价键结合产生影响，故不发生美拉德等褐变反应。超高静压加工的河虾，外表如同生虾，没有热加工后虾全身通红的诱人颜色。吃惯了热加工食品的人群对生鲜逼真的食品不敢食用。在食品工业的实际加工应用中，如需获得加工带来的新风味，还需结合其他手段进行。

（二） 超高静压食品包装材料选择很局限

食品在进行超高静压处理时都要求先包装好再处理，因此包装材料必须满足加压可变形、压力解除后可复原、可以热融合和氧透过性低等要求。目前，能较好满足这些条件，且较实用的只有塑料包装材料。金属、玻璃等其他包装材料包装后的食品无法进行超高静压处理。所以，开发出更多适用于超高静压包装的材料种类显得非常重要。

（三） 超高静压对食品原料要求高

超高静压加工在很大程度上保持了食品原料的色泽、风味，原料品质的高低将直接带入超高静压处理后的产品中，因而对食品原料提出了更高的要求。另外，传统的热加工工艺可以降低食品中的农药残留、真菌毒素等有毒有害物质，对提高食品品质有积极作用。然而，超高静压处理对这些有毒有害物质的去除效果则并不明显，大部分还会残留在密封包装中。所以，一般对需要进行超高压处理的食品，需选择品质优良、纯净度高的原料，预处理中尽量去除有毒有害物质，以确保加工后产品的质量。

（四） 超高静压食品杀菌条件要求严格

对于食品中不同的微生物，超高静压杀菌条件，如压力、时间、温度等是不同的。一般来说，常温下 200～300MPa 压力可以杀灭细菌、霉菌、酵母菌的营养体及病毒、寄生虫；600MPa 以上才能杀死耐压性高的芽孢杆菌属的芽孢。对于酶类，100～200MPa 可以使一般性酶失活；50～60℃、700MPa 以上可使耐压性高的过氧化物酶、果胶酶等失活。因此，若杀菌工艺条件控制不够严格，仍可能有微生物、酶的残存，使食品在后期贮藏过程中发生腐败变质。

（五） 超高静压食品贮藏要求严格

另外，对超高静压食品的流通和贮藏也有严格的要求。一般的热处理产品都在常温下流通，而加压处理的产品因包装容器内可能残存的氧，易发生氧化，使香味劣化，引起色泽褐变和凝胶体软化，产品逐渐变质。因此，要保持产品新鲜度，必须去除残留氧，或采用冷链流通，这就增加了流通成本。

（六） 超高静压加工设备价格高昂

与加热工艺有所不同，超高静压需要加压装置。这种设备的价格较为昂贵，所以在全球来讲应用范围和规模上将受到很大限制。目前，日本、欧美和国内的超高静压技术的商业化还有限。该技术中的压力强度与装置的耐久性和高压容器的壁厚有关，且需要容器密封性能好，所以，超高静压加工的设备制造难度大。压力的增大会导致设备费用大大增加，建厂初期的设备成本投资巨大，生产效率比热加工要低些，从而加大了食品产品的成本。另外，超高静压设备的稳定性较差，实时温度检测缺乏，这些都限制了超高静压技术在全球食品领域的推广。

（七） 超高静压科学的理论标准体系有待完善

目前的超高静压加工技术处于实验研究阶段较多，商业应用正在发展，但并不广泛。有关该技术科学的理论研究与理论体系尚不完善，因而在学术理论和实际应用上仍需作进一步的研究，以丰富理论、积累知识、组成体系。由于超高静压处理具有其他加工技术无法比拟的优势，而被视为一种十分有前途的食品加工高新技术，但由于出现的时间尚短，研究还不广泛，其加工的工艺、操作、制品品质评价尚未形成统一的标准体系，这就阻碍了该技术在食品加工中的发展。不同种类食品的具体加工参数，尤其是多种加工方式并用的工艺研究及产品的评价标准体系制定，都需要在未来投入更多科研力量。

总之，超高静压加工技术在实际应用中还存在许多具体问题需要解决。对果汁而言，果汁浓度越高，加压杀菌的效果越差，故对浓缩果汁不宜使用高压杀菌。超高静压技术也不适合加工粉状食品和像香肠一样两端扎结的食品。在杀菌方面，酶的钝化、芽孢的残存问题，特别是低酸性食品中肉毒杆菌芽孢的杀灭问题，有待进一步研究解决。新型包装材料有待进一步开发，加压装置的成本还需要大大降低。对于我国来讲，市面上已出现应用型超高静压设备，但仍需学习欧美及日本先进技术，加强自主创新研发，继续扩展该技术的商业化应用。

二、 超高静压技术的应用前景

当今，人们对食品品质要求越来越高，现有的一些加工技术对进一步改良食品品质存在着局限性，这就要求开发新的食品加工技术，而超高静压食品的研究为该类社会需求提供了重要的技术支撑。目前在食品领域，可以利用超高静压技术加工的食品种类繁多，既有液体食品，也有固体食品，其中，生鲜食品有蛋、肉、大豆蛋白、水果、香料、牛乳、天然果汁、矿泉水等；发酵食品有酱菜、果酱、豆酱、啤酒等。食品中的蛋白质、淀粉、油脂、水等成分在超高静压下，可保持原有食品的风味、营养成分尽可能保留，受到消费者的广泛欢迎，而且在食品杀菌中还能产生显著效果。所以，超高静压食品加工技术有着潜在的社会效益和经济效益，具有非常广阔的应用前景。

（一） 用于食品杀菌保鲜

食品中的杀菌研究一直是食品领域研究的重点。食品在超高静压常温加工过程中，可以取得高温热加工条件下相同的杀菌效果，特别是对于果汁和含有挥发性香味的食品，这种方法更为优越。这可能是超高静压加工方法最具有应用前景的方面之一。绿茶传统加工一直是采用瞬间的加热杀菌法，无法避免加热导致茶的品质下降和较大损耗。采用超高静压加工技术杀菌，几乎不会对绿茶的品质和功能有不良影响。

食品在贮藏过程中会因酶促反应而发生变质。超高静压技术除了可以杀灭微生物，还能通过抑制食品中酶的活性，来防止食品变质，也不会有加热法所带来的变色、变味，以及冷冻法引起的食品中细胞组织破坏等现象。

（二） 用于保健食品加工

超高静压技术与热加工不同，可有效保留食品中的营养及活性成分，所以非常适合用于保健功能性食品的加工。此类食品往往含有较高的热敏性营养活性成分，传统的热加工对这些营养成分的破坏非常明显。研究表明，同一种保健功能性食品在超高静压技术加工后比热加工处理后的营养成分提高 30% 左右。

（三） 加快或延缓反应

超高静压技术除了抑制食品中的某些反应外，还能使有些反应在常压下反应速度非常缓慢或不可能发生，但在适当的高压下可以促进反应底物间的相互作用，从而使反应较快地进行。例如生物大分子的酸性水解、酶反应、有气体参加的反应等，这些反应在食品加工方面具有良好应用前景。对于体积变小的可逆反应，超高静压将使反应更趋于完全。此外，超高静压食品加工技术还可使食品内部的气体逸出，也可使一些气体（如 CO_2）溶解在液体介质中，加快或延缓反应的速度，从而达到食品加工的目的。

（四）　用于开发新型食品

超高静压处理属于物理性质的处理技术，所以食品中的低分子成分，即糖类、氨基酸、维生素和芳香成分在整个加工条件下不发生分解，因而可以制造出风味好、营养丰富的高质量产品。日本有一种新型风味的超高静压火腿，呈红色，比传统火腿低盐、柔嫩，肉质新鲜，别具风味。

另外，超高静压食品加工技术能可逆性改变食品中水和脂类的可塑性，利用熔点、冰点和沸点这些特性的变化，用于制造具有不同口感和感官特性的食品，例如新型巧克力、冰淇淋等。利用超高静压下淀粉糊化的特殊性能，进行大米和豆类的软化加工。例如，利用超高静压食品加工技术可以制作新型方便米饭，将生米加水加压处理后，食用前水煮 3～5min，就具有正常蒸煮米饭的香味和可食性。

三、　我国超高静压食品研究和加工中的建议

自 1986 年超高静压食品技术问世以来，该技术在理论探索、产品开发、设备研制等方面取得了众所瞩目的成果。超高静压食品顺应了工业社会人们对食品高品质、新风味和回归自然的强烈追求，因此全球科研工作者、生产商开始对该项技术密切关系。

我国近年来正处于系统地阐述和专题研讨超高静压食品与加工技术的阶段。食品界和众多相关学科人士密切关注，但在超高静压食品科学，超高静压食品开发和超高静压装置的设计、试制方面仍需努力探索。为追赶国际上超高静压技术水平，使我们在较短时间达到世界领先水平，有以下方面工作值得注意和改进。

（一）　加快超高静压食品开发的基础研究

超高静压食品开发涉及的食品种类繁多，而且在加工过程中各种工艺会综合使用。所以，对超高静压在食品加工中的基础研究非常重要。具体包括：进一步弄清超高静压技术对微生物、酶的作用机理，研究微生物耐压性的层次，查明耐压出现的机理，各种酶在超高静压下的变化及蛋白质和淀粉等高分子在超高静压下的特征等；加压同时加热作用的研究。工业上往往采用复合条件对食品进行加工杀菌处理，对每种食品复合杀菌工艺都有所不同。所以，对复合条件下每种参数对产品的影响值得深入研究。

（二）　超高静压食品的安全性问题

单纯采用超高静压处理食品难以使其中的酶彻底钝化，处理后的食品还会因酶活力进一步发生变化，该技术加工下的食品内酶促变质一直是一个有待解决的关键问题。因此，在提高超高静压灭菌效率和产品品质的同时，还能抑制酶活力，防止食品后续酶变，是十分必要和有意义的。目前，我国在果蔬、乳类、肉类等原料的超高静压抑制酶活力方面有所研究，但还需要进一步探讨。

（三）　超高静压食品的包装贮藏技术

超高静压处理施加压力大，条件特殊，因此对食品的包装材料也有严格要求。目前

能够适用于超高静压处理的主要为塑料类包装材料，金属、玻璃材料无法适用。如何采用多样化、实用性更强的包装材料，达到超高静压环境中不发生破坏，不让加压介质渗入造成食物污损，这些还需要进一步研究。同时，超高静压食品有一个重要特点就是保持了原有新鲜风味和色泽，但食品的风味和色泽在贮藏过程中很容易受光、O_2 和温度等的影响，比新鲜状态更易劣变。因此，目前对适用于超高静压处理食品的包装材料及贮藏等需要进一步研究。

（四）　超高静压食品设备的产业化

目前，我国用于食品加工处理的超高静压设备，与日本、欧美的产业化生产尚有一定差距。从当前阶段来看，可以引进必要的超高静压食品加工技术和设备，加快国内超高静压食品加工设备的发展。

过于昂贵的超高静压装置至今仍是制约超高静压食品产业化的关键。因此降低超高静压装置造价，提高生产能力的研究任务仍十分紧迫而艰巨。目前，一方面需要引进国外先进的超高静压食品加工设备，另一方面，吸收先进技术，尽早进行超高静压装置的定型化、标准化、产业化，必将有助于推广应用和造价的大幅度降低。此外，上述提及的复合加工工艺的使用，从而可以在较低压力下达到预期超高静压处理的目的，也就可以降低了设备造价。只要能解决超高静压设备的成本问题，研制出价廉优良的加工装置，超高静压食品将会得到产业化生产，受到广大消费者的喜爱。

（五）　超高静压特色食品的开发

由于欧美人消费习惯的原因，传统的超高静压食品主要以果蔬酱汁、熟肉制品为主。国内除了食用这些食品以外，越来越多的消费者开始追求食品的原有风味，包括生鱼片、生肉片等生鲜食品。然而，这些生鲜食物常常存在寄生物等安全隐患，直接食用易导致食物安全问题的发生。若这些食物能先经超高静压处理，不但不会改变原生鲜风味，而且还大大提高了食用的安全性。可以说，超高静压食品加工技术的出现为我国食品工业的冷加工找到了出路。我国的肉类、鱼类资源很丰富，在超高静压技术加工处理下，我国未来的食品将更多样化、口味也更丰富。

（六）　积极参与国际交流与加强国际合作

当前超高静压技术在食品加工中的应用已成为热门话题，国际间学术交流频繁，非常活跃。有条件的科研院所和大学应注意国际动态，建立合作机制，加强国际间同行的学术交流合作，确定研究方向，加快产品基础研究。大型食品公司、企业（集团）也应争取国际合作，加大这方面的投资，引进技术和人才，将新型产品面向市场。

目前，只有日本和欧美的一些发达国家在在超高静压技术的研究和产品产业化上取得了一定的发展。大部分国家还处于起步阶段，或者还未开始相关研究。超高静压食品加工涉及的范围广、学科多，有待探索的领域非常广泛。我们已经开始在这个领域进行科研工作的开展，也在进行产品的产业化探索和初步的商业化应用。只要加强超高静压基础和产业化研究不松懈，加大投入力度，今后就能在世界先进水平中占有一席之地。

我国超高静压技术的商业化发展离不开各企业间的沟通合作。在英国成立了食品超高静压加工俱乐部，该组织使学术界与工业界形成很强的联合，其目标是加速信息和思维的转换，让超高静压食品在未来食品市场占据一席之地。随着超高静压食品加工技术研究和开发的不断深入，我们完全可以相信，由传统单一"热"处理为主，通向"热"和"压"并举的新时代，超高静压技术在食品行业必有广阔的应用前景。超高静压处理前期需要非常密集的资本投资，短期收益并不乐观；同时消费者对该类产品并不熟悉，由于价格高昂，除非产品品质有显著优势，否则消费者还不愿大量购买。所以，可借鉴国外超高静压处理产品的销售与宣传模式，并加强工业界和学术界、国内与国外良好的合作加速食品超高静压处理的商业化进程。当今消费者不断追求食物的口感风味，还需要吃得营养健康，可以预测，超高静压食品是未来发展的一个重要方向，将在未来高端食品市场占据重要地位。

超声技术及其在食品保藏中的应用

第一节　概　　述

超声波作为一种物理能量形式，具有频率高、波长短、方向性好、功率大、穿透力强等特点。超声波同时具有机械效应、热效应和化学效应，能引起空化作用，被广泛应用于金属工业、医药、化学与化工过程、环境保护、食品工业和生物工程等领域。

随着现代消费习惯的变化，人们对新鲜食品的需求不断增加，对食品营养和感官品质的要求逐渐提高，低损食品受到欢迎。传统的热处理通常导致食物中热敏性营养成分和有益健康的植物化学成分的损失，因此在食品保藏领域，传统的热处理技术正逐渐被新兴的非热加工技术所部分替代。超声技术在金属工业、医药、化学与化工过程中早已有广泛应用，具有较长时间的工业化基础，其本身的物理特性研究已十分成熟。目前，超声技术作为一种典型的非热加工技术，其在食品工业领域，尤其是食品保藏领域的应用方兴未艾，被认为是未来5年中最有潜力应用于食品工业中的重要技术之一。

超声技术按其强度和用途可分为检测超声和功率超声。检测超声在食品领域的应用研究主要在20世纪90年代以前；其后，功率超声逐渐成为研究的热点。近20年来，功率超声在食品工业中的应用范围逐渐扩大。功率超声的应用范围从最初的脱气、乳化、冷冻、杀菌、干燥、过滤、提取、酒的陈化、肉的嫩化，扩展到切割、腌渍、烹饪、微胶囊等新型食品的制备。其中，超声提取、超声均质、超声乳化已达到工业应用的水平。食品保藏领域，超声波辅助杀菌技术、超声波辅助干燥技术、超声波辅助灭酶技术均是目前研究的热点。超声波辅助灭菌技术在液体食品如啤酒、橙汁、酱油等中有较多的研究，并已成功用于饮用水消毒和食品工业废水处理。

本章主要介绍超声自身的物理特性、超声效应，以及超声杀菌、超声抑酶和超声波辅助干燥技术的原理、技术特点、工艺、装备，并结合应用实例，探讨超声处理对食品色泽、风味等感官特性，以及质构、流变、理化特性方面的影响。

第二节　超声技术概述

一、　超声波的定义

声波是一种机械波，由物体（声源）振动产生。弹性媒质中传播的应力、质点位移、质点速度等量的变化称为声波。声波可以理解为介质偏离平衡态的小扰动的传播，这个传播过程只是能量的传递过程，而不发生质量的传递。声波也是声音的传播形式，人耳可以听到的声波的频率范围为 $16 \sim 20000Hz$，低于 $16Hz$ 的声波称为次声波，高于 $20000Hz$ 的声波称为超声波，频率为 $0.5 \times 10^9 Hz$ 以上的声波称为特超声或微波超声。总体而言，超声波大致可分为低频（低于 $10^5 Hz$）、中频（$10^5 \sim 10^6 Hz$）和高频（$10^7 \sim 10^9 Hz$）。声波的组成如表 5-1 所示。

表 5-1　　　　　　　　　　声学频率范围

声波	次声	可听声	超声	微波超声	光波超声
频率/Hz	$10^{-5} \sim 2 \times 10$	$2 \times 10 \sim 10^4$	$10^4 \sim 10^9$	$10^9 \sim 10^{12}$	$10^{12} \sim 10^{14}$

超声按照其强度，也可分为低强度超声波（$\leqslant 1W/cm^2$，$0.1 \sim 0.2$ MHz）和高强度超声波（$10 \sim 1000W/cm^2$，$\leqslant 0.1$ MHz）。低强度的超声波可用于无损检测、物质特性的分析，包括刺激细胞活性、食品表面去污、提取、结晶、乳化、过滤、干燥等。高强度超声波可根据具体需要不同程度地改变物质的物理化学结构，如液体食品脱气、诱导氧化/还原反应、提取酶和蛋白质、酶失活、诱导成核结晶、灭活微生物等。

声波的能量与频率的平方成正比，高声谈话约等于 $50MW/cm^2$ 的强度。而超声波频率高，因而具有很大的能量。$10^6 Hz$ 超声波的能量比振幅相同而频率为 $10^3 Hz$ 的声波要大 100 万倍。

二、　超声波的传播与吸收

（一）　超声波的传播

声波从声源经介质传播至接收器的过程，称为声波的传播。声波传播的速率与介质有关。当介质一定时，声波的波速是一个常数。声波在气体中传播较慢，在液体中较快，在固体中最快。超声波在水中的波速一般为 $1500m/s$，波长一般为 $0.01 \sim 10cm$。超声波在媒质中主要产生 2 种形式的振动，即横波和纵波，其中横波只能在固体中产生，而纵波在固体、液体、气体中均可产生。这是由于气体和液体不能承受剪切应力，因此，在气体和液体介质中只能传播纵波，而在固体介质中可以混有横波。声波在介质内的传播如图 5-1 所示。

超声波作为一种机械振动在媒质中的传播过程，具有反射、折射、绕射、聚束、定向、透射等特性。

（1）折射与反射　超声波在不同介质（即由一种介质到另一介质时）中传播时，其传播方向会在两介质的平面界面上发生改变，一部分声波被界面反射，反射波仍以同样的传播

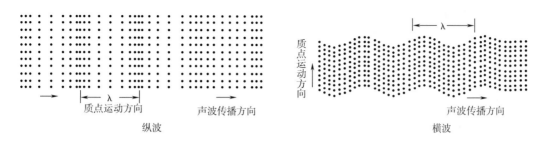

图 5-1　声波在介质内的传播

速度回到第一介质中；而其余声波（未被反射的声波）将通过界面进入第二介质，其传播速度也随介质的改变而改变。声波的折射和反射遵循几何光学的反射和折射定律，如图 5-2 所示。

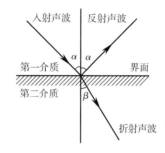

（2）散射与绕射　超声波入射到凹凸不平的两种介质的分界面上或在声波传播的过程中遇到障碍物时，若凹凸大小或障碍物的尺寸大于声波的波长，则声波在介质面上和障碍物的界面上就要发生反射和折射现象；若障碍物的尺寸小于或接近声波波长时，入射声波被障碍物散射的部分极小，则散射波强度极弱，入射波绕过障碍物继续向前传播，发生

图 5-2　声波在介质界面上的传播

绕射现象。超声波传播过程中发生绕射现象时，在这些障碍物的界面上会发生能量损失，如图 5-3 所示。

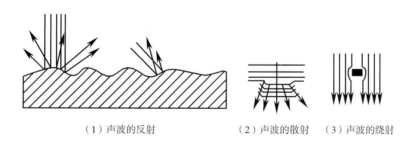

（1）声波的反射　　　　（2）声波的散射　（3）声波的绕射

图 5-3　声波散射和绕射

（二）　超声波的吸收

超声波在各种介质中传播时，随着传播距离的增加，超声强度会逐渐减弱，能量逐渐消耗，这种能量被介质吸收掉的特性，称之为声吸收。超声波在介质中的强度以指数衰减。

（1）液体中声波的吸收现象　声波在液体中传播时，液体质点相对运动产生内摩擦（黏滞作用），导致声波的吸收。压缩区的温度将高于平均温度，而稀疏区的温度则低于平均温度，热传导使压缩和稀疏部分之间进行热交换，不断引起声波能量的减少。超声波的声吸收与频率有关，频率越大，吸收越大，则传播的距离越短；超声波的吸收还与液体黏度有关，在黏度很大液体中，超声被吸收得很快。

（2）气体中的声吸收现象 声波在气体中传播时，介质中的分子相互碰撞，引起分子热弛豫吸收，低频声波能够在空气中传播很远，而超声波在空气中很快衰减。

（3）固体中的声吸收现象 超声波在固体中的吸收受到固体的实际结构的影响。粒度极大的物质，例如橡皮、胶木等均是良好的绝缘体。

第三节　超声技术原理

一、　空化现象和超声效应

（一）　空化现象

空化现象是液体中常见的一种物理现象，是一种液体中出现的动力学现象，是液体减压的结果。在液体中由于涡流或超声波等物理作用，致使液体的某些地方形成局部负压区，从而引起液体或液-固界面断裂，形成微小的空泡或气泡，这些微小空泡或气泡随着声压的变化作脉动、振荡，或伴随有生长、收缩以至破灭的现象。液体中产生的这些空泡或气泡处于非稳定状态，当它们迅速闭合时，会产生一种微激波，在局部区域产生极大的压强。这种空泡或气泡在液体中形成和随后迅速闭合的现象，称为空化现象，如图5-4所示。

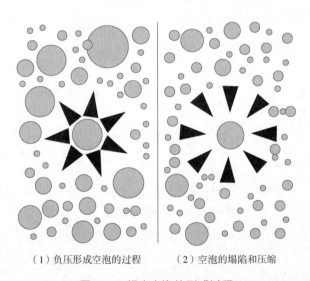

（1）负压形成空泡的过程　　　　（2）空泡的塌陷和压缩

图5-4　超声空泡的形成过程

超声空化是强超声在液体中传播时，引起的一种特有的物理现象，引起液体中空腔的产生、长大、压缩、闭合、反跳快速重复性运动等特有的物理过程。超声波在液体中传播时，分子平均距离随分子的振动而变化，当分子间距离超过保持液体作用的临界分子间距时，即形成空化现象。空泡在崩溃闭合时产生局部高压、高温。液体中的微小气核在声场的作用下的响应与声场中的曲率、声强（声波平均能流密度的大小）和液体的表面张力、黏度以及周围环境的温度和压力有关，既可能是缓和的，也可能是强烈的。

超声空化作用分两种形式：稳态空化（频率 200~500kHz，声强<10W/cm²）和瞬态空化（频率 20~100kHz，声强>10W/cm²）。

（1）稳态空化　稳态空化主要是指那些内含气体和蒸气的空化泡的动力学行为，是一种寿命较长的相对缓和气泡振动。这种空化过程一般在小于 10W/cm² 声强时产生；空化气泡振动时间长，且持续几个声波周期。气泡在负压半周期内缓慢膨胀，在正压半周期内缓慢收缩但不致破裂，气泡做周期性的、非线性的振荡运动。稳态空化气泡寿命相对较长，空化程度较为缓和，对介质微环境的影响较小。但当振动振幅足够大时，会使气泡中稳态转变为瞬态空化，继而发生崩溃。

（2）瞬态空化　在较高的声振幅（高声压）和较低的频率下，坍塌的气泡分解成许多较小的气泡，新形成的小气泡迅速坍塌、消失，导致不稳定或瞬态空化。

瞬态空化一般指在大于 10W/cm² 的声强时所产生的空化气泡，振动只在一个声周期内完成。这种在声场中振动的气泡，当声强足够高，在声压为负半周时，液体受到大的拉力，气泡核迅速胀大，可达到原来尺寸的数倍；继而在声压的正半周时，气泡受到压缩突然崩溃而裂解成许多小气泡，以构成新的空化核。在气泡迅速收缩时，泡内的气体或蒸汽被压缩，而在空化泡崩溃的极短时间，泡内产生约 5000℃ 的高温，局部产生约 $5×10^7Pa$ 的高压，温度变化频率高达 $10^9℃/s$，伴随产生强烈的高达 $10^8N/m^2$ 的冲击波和时速达 400km/h 的射流、发光现象，也可听到小的爆裂声。

瞬态空化程度剧烈，使介质形成多个局部极端的物理化学环境，对介质微环境有较大影响。瞬态空化正是以这种特殊的能量形式加速了某些化学反应，或为某些反应启动了新的通道。瞬态空化绝热收缩至膨胀的瞬间，泡内可产生高温高压，破坏细胞结构或破碎细胞，使酶失活。

（二）　超声效应

超声效应（ultrasonic effect）是由于超声波在媒质内传播使媒质发生的各种变化的总称，空化作用是形成超声效应的重要原因之一。超声效应可包括机械效应、光效应、电效应、热效应、化学效应、生物效应等。

1. 超声机械效应

超声波在介质中传播时，一方面可使介质质点进入振动状态，加速介质质量传递；另一方面，基于空化作用，空化泡爆破的瞬间会产生强大的微射流、剪切力、振荡波以及液体的湍动。以上过程称为超声波的机械效应或机械传质作用。当机械传质作用发生在细胞壁附近或细胞内时，声波可增强细胞膜及细胞壁的质量传递，起到促进生物传质的作用。

2. 超声热效应

超声热效应是超声波在介质内传播时，其能量不断被传播介质吸收，使介质温度升高的一种现象。根据实验测定，超声空泡泡核内温度高达 5000℃，压力高达 $5.05×10^7Pa$，泡核周围极小的空间范围内（泡核液相层厚度为 200~300nm）的温度也可高达 1700℃。由于这种局部高温、高压条件存在的时间极短（小于 10μs），温度变化率可高达 $10^9K/s$，并伴有强烈的冲击波和时速高达 400km/h 的微射流，这就为在一般条件下难以实现或不可能实现的化学反应提供了一种极端物理化学条件。

3. 超声化学效应

空化泡在 ns~μs 时间内快速破裂，瞬间产生高温高压使得空化泡周围的水分子裂解，产生 ·H、·O 和 ·OH 自由基，进而生成 ·OOH 和 H_2O_2 等高反应活性微粒；在气液界面区域形成超临界水，该区域在空化泡破裂期间形成约 1500℃，$2.4×10^7Pa$ 的高温高压，形成了以自由基氧化、高温高压裂解和超临界水氧化为主体的超声波空化体系，这可以加速某些化学反应，也可以导致一些化学反应，引起某些目标产物的降解或氧化。

4. 超声生物效应

（1）对微生物的作用　超声波对微生物的作用是复杂的，超声波对食品中微生物的影响主要可以归纳为三方面。

①适当条件的超声波可促进微生物细胞的生长，同时促进有益代谢产物的合成。低强度超声波产生的稳态空化作用对细胞的破坏很小，主要可以改变细胞膜的通透性，促进可逆渗透，加强物质运输，从而增加代谢活性和促进有益物质的生成。

②一定剂量的超声空化效应可使细胞壁变薄及其产生的局部高温、高压和自由基，从而抑制或杀灭微生物。超声空泡作用形成的微小气泡核，在绝热收缩及崩溃的瞬间，其内部呈现 5000℃ 以上的高温及 $5×10^7Pa$ 的压力，从而导致液体中某些细菌死亡，病毒失活。超声波甚至能够破坏微生物细胞壁，但其作用的范围有限。

③超声波可诱变菌种，其作用机理可能是超声改变了微生物细胞中蛋白的表达水平。

（2）对酶的作用　超声波在低强度及适宜频率条件下具有稳态空泡作用、磁致伸缩作用和机械振荡作用，可改变酶分子构象，促进细胞代谢过程中底物与酶的接触，促进产物的释放，从而增加酶的生物活性。同样的，超声波也能够使酶的活性下降，因此可用于食品中品质劣变酶的钝化。

二、 超声辅助杀菌技术原理

在食品工业中，超声通常和其他杀菌技术联用，利用它们的协同效应增强杀菌效果。

超声杀菌作用基于超声波的生物效应。超声波主要通过破坏微生物和芽孢，钝化代谢酶来实现杀菌的目的。通常认为，超声波具有的杀菌效力主要由其产生的空化作用所引起的。超声空化效应在液体中产生的瞬间高温及温度交变变化、瞬间高压、压力变化、剪切力和冲击力，导致微生物细胞壁、细胞内结构紊乱、细胞质变性，细胞壁破裂、细胞膜破损以及酶、蛋白质等变性；同时产生大量自由基，造成细胞氧化损伤，这些对细胞结构的不可逆、不可修复的破坏最终导致微生物细胞死亡，而不产生显著的亚致死损伤。高频超声杀菌的主要原因是羟基自由基（·OH）的产生以及对细胞膜的破坏作用；而低频超声波的杀菌机理更多依赖于压力交变、局部高温高压等物理效应。

细菌初始浓度与超声诱导的损伤程度没有显著关系，而超声杀菌作用靶点和具体作用机制与微生物种类有关。Li 采用超声对大肠杆菌和金黄色葡萄球菌进行灭菌实验，发现超声灭菌过程中出现了细胞膜损伤、酶失活和代谢抑制等现象。超声灭菌可能具有多个作用靶点，包括细菌外膜、细胞壁、细胞质膜和细胞内部结构等，主要靶点取决于细菌种类；它可能是革兰阴性细菌的外膜和革兰阳性细菌的细胞质膜。此外，采用透射电镜观察超声处理后大肠杆菌和金黄色葡萄球菌，发现未经超声处理的细菌中，细胞质电子密度均匀，细胞壁和细胞膜平滑，而超声作用 20min 后，大肠杆菌细胞壁变粗糙，细胞膜模糊，内部结构分解，部分细胞的细胞壁与细胞质膜发生断裂，出现细胞自溶或细胞裂解，细胞质外泄；金黄色葡萄球菌细胞质电子密度降低、不均匀，细胞壁、细胞质膜裂解，细胞质出现空泡等现象，如图5-5所示。透射电镜观察结果显示，超声处理后，细菌细胞的超微结构发生了严重的不可逆改变。

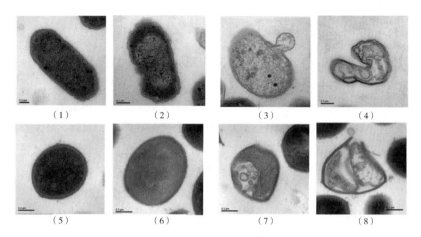

图5-5 透射电镜观察超声处理对大肠杆菌和金黄色葡萄球菌微观结构的影响（标尺：0.2μm）

（1）未经超声处理的大肠杆菌 （2）~（4）超声处理20min的大肠杆菌

（5）未经超声处理的金黄色葡萄球菌 （6）~（8）超声处理20min的金黄色葡萄球菌

周丽珍等研究了超声处理对啤酒酵母的杀菌作用及机制，发现超声处理后细胞未检出显著的亚致死损伤；超声处理对细胞的超微结构破坏大，表明结构完整性的破坏可能是细胞死亡的直接原因。超声处理后酿酒酵母的细胞超微结构如图5-6所示。超声辐照会使细胞原生质体与细胞壁脱离，细胞内部结构紊乱、细胞器受到破坏、细胞质变性，也会使细胞壁破损、膜穿孔，细胞内容物流出；随着超声强度的增大这些现象增强，而相应的超声处理条件下细胞的死亡率也随之变动，在细胞结构的破坏程度与细胞的死亡率间有着对应的关系。

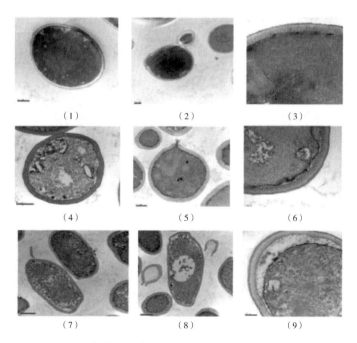

图5-6 超声处理前后酿酒酵母细胞的透射电镜照片

（1）~（3）未经处理的酵母细胞及局部放大图 （4）~（6）102.8W 超声处理10min 的
酵母细胞及局部放大图 （7）~（9）288.0W 超声处理10min 的酵母细胞及局部放大图

三、超声辅助灭酶技术原理

果蔬及其制品由多酚氧化酶（PPO）、过氧化物酶（POD）、抗坏血酸氧化酶（AAO）等导致酶促褐变，并带来营养和风味的一定改变，动物制品中的脂肪氧化酶则会带来明显的令人不愉快的气味，而超声辅助处理能够通过使酶失活的方式，减少食品中的酶促褐变和其他不利的酶促反应，从而减少食品品质的劣变。食品工业中最常见的灭酶方式是热加工，但热加工会带来明显的风味、颜色和营养的损失，其影响大小和温度与作用时间成正比，尤其对于新鲜的水果、蔬菜、动物制品等，热加工的影响更为明显。二氧化硫处理也是较为传统的用于果蔬制品漂白、护色的手段，然而由于二氧化硫对于人体健康的副作用，目前已在诸多食品中限制使用。而超声单独处理或超声辅助其他方法灭酶处理，可以有效降低食品中褐变相关酶类的活性。超声辅助处理通常能够减少灭酶所需的时间，并提高灭酶的效率。一方面，超声辅助灭酶作为一种安全、绿色的抑制酶促褐变方法；另一方面，超声辅助作用有利于减少干燥或杀菌过程的升温和高温维持时间，从而减少加热过程中由美拉德反应等造成的非酶促褐变。

超声灭酶的常用频率通常为 20~100kHz。在超声作用下，酶分子的蛋白质亚基空间结构可能发生变化，或导致体系中酶及其同工酶失活、蛋白质变性以及底物–酶接触减少等，可能导致酶催化反应速率的降低。目前认为，超声波对酶的灭活主要是蛋白质变性的结果，超声波所形成的空化气泡、气泡塌陷产生的高温和剧烈的压力，以及在高温、高压下水分子形成大量自由基（$H_2O \rightarrow \cdot OH+H\cdot$）均可造成酶（蛋白质）的变性。超声对酶的失活作用及具体机制根据酶的种类具有特异性，与酶本身的构象和氨基酸组成有关。超声使酶失活的可能机制如图 5-7 所示。

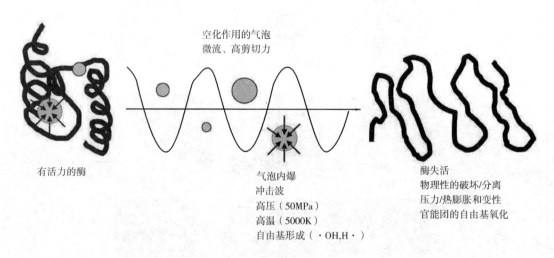

空化作用的气泡
微流、高剪切力

有活力的酶

气泡内爆
冲击波
高压（50MPa）
高温（5000K）
自由基形成（·OH,H·）

酶失活
物理性的破坏/分离
压力/热膨胀和变性
官能团的自由基氧化

图 5-7 超声灭酶的机制示意图

（一）自由基损伤机制

自由基对蛋白质的损伤是超声灭酶的一个重要机制。通常中频超声处理会产生显著的化学效应，自由基机制是中频超声影响酶活力的主要机制。自由基与酶的氨基酸残基作用，通过改变蛋白质高级结构，改变酶的结构稳定性、底物结合能力或催化能力等，从而实现酶的失活（或激活）。Ashokkumar 等认为超声自由基与二聚体间存在离子相互作用，与单体间存在氢键或疏水相互作用，从而改变葡萄糖-6-磷酸脱氢酶活力。羟自由基作为最具活性的自由基之一，其高氧化还原电位和氧化特性使其能够通过加成、氢提取或电子转移反应等，与大多数氨基酸，包括脯氨酸、亮氨酸、异亮氨酸、赖氨酸、半胱氨酸和谷氨酸等，快速反应形成过氧化物。羟自由基或过氧化氢能够通过分子间二硫键的形成，驱动猪源延胡索酸酶的超声聚集。超声也可通过破坏大豆胰蛋白酶抑制剂中的二硫键，将其转换为末端巯基，改变了胰蛋白酶抑制剂的构象使其无法与底物结合，从而失活。

（二）　物理损伤机制

对于高频超声，气穴和相关的化学效应不太可能出现，而声流效应更加显著。超声波能大幅度提高传质能力。超声通过减小依赖于扩散边界层厚度的外部阻力，它在传质边界引起强烈的压力变化或微流，由微流引起的高压和剪切力可以抑制食品中酶的催化活性。

此外，需要注意的是，超声处理可能抑制酶的活力，也可能激发、增加酶的催化反应。超声处理提高食品中酶催化反应的可能机制包括：提高原料中底物的含量，例如提高酚类的提取率，则提高 POD 催化底物的浓度，从而促进褐变；通过空化效应增加底物-酶的接触；激活体系中的同工酶；酶聚集体在超声作用下分离，从而提高底物-酶的接触等。超声通过改变疏水基团和区域的向内向外暴露，既可能提高也可能减少酶活力，这与酶的种类和具体空间结构改变有关。

四、　超声辅助干燥原理

在干燥过程中引入超声技术，利用超声的空化、机械等效应，能够改善物料内部微细结构，增加物料内部微孔道，促进水分扩散，减小物料内部水分向表面迁徙的阻力，从而强化干燥过程，提高干燥速率，改善干燥产品品质。

超声在液体介质中具有明显强化传热和传质的效果，这主要与超声在液体介质中能产生空化效应有关，同时超声所产生的微扰效应、波动效应、湍动效应、射流效应也起到了重要作用。超声波作用于物料时，当声强达到一定值时，会产生稳态和瞬态空化效应，空化气泡迅速膨胀然后闭合，产生强大冲击波，引起液体的湍动并产生小漩涡，形成水分子的湍流扩散；同时在靠近固体表面的地方产生微射流，使水分子与固体表面分子之间的结合键断裂，使固体表面活化。此外，物料内部结构反复受到压缩和拉伸作用，不断收缩和膨胀，产生海绵效应，这种结构使水分的表面附着力减小，有利于水分的迁移。

在气介式大功率超声干燥技术中，超声能够产生流体湍流和微射流，降低传热传质边界面厚度，增加近壁面的速度梯度，传递超声能量引起液体介质吸收能量远大于气体介质加速物料水分向气体中扩散，可显著提高气流干燥速率，降低物料温度。

任晓光等研究了超声对无垢质蒸馏水传热和含垢质溶液传热的影响，发现超声的加入可使这两种体系的传热系数明显提高（1.2~2.0 倍）。Paniwnyk 等发现超声能够强化固相内传质和固相-流体相界面传质，显著提高传质效率（传质系数提高 30%）。

第四节　超声技术特点

一、超声辅助杀菌技术特点

（一）超声辅助杀菌的特点

超声波杀菌技术是近些年兴起的一种非热杀菌技术。与传统热杀菌技术相比，超声辅助杀菌技术具有风味损失少（尤其在甜味果汁中）、均匀度高、能耗低、杀菌温度低等优点。现有研究表明，超声处理能够杀灭单增李斯特菌、沙门菌、大肠杆菌、金黄色葡萄球菌、枯草芽孢杆菌等细菌以及枯草芽孢杆菌黑色变种芽孢等。此外，超声处理也能够杀灭酿酒酵母等真菌。栗星等研究了在不同橙汁特性以及仪器可变条件下，超声波对橙汁中菌落总数的影响，并与传统热杀菌进行了对比。其实验结果表明，超声波杀菌的 D 值低于热杀菌，超声波杀菌在保持橙汁营养和品质方面具有一定优势。朱秀菊等研究发现高强度超声能够杀灭铜绿假单胞菌菌膜中的活菌，并能对其生物被膜结构产生影响。

超声作用于微生物细胞的结果往往是致其完全死亡，或不影响其活性，而致其亚致死损伤的作用不显著。使微生物致死的处理手段，可能使微生物立即死亡，也可能仅是使细胞发生亚致死损伤，即初表现为死亡，但在一定条件下会修复。此类亚致死损伤细胞，由于开始时未能检出而被忽略，在后续的过程中则可能修复而给食品带来污染腐败的危险。受到亚致死损伤的细胞在非选择性平板上可生长，但在高渗透压的选择性平板上则无法存活。周丽珍等证实超声处理后的酵母细胞中，初表现为死亡随后又修复复活的亚致死损伤现象不显著。

（二）超声辅助杀菌效果的影响因素

超声杀菌效果受到处理体积、食品成分、微生物种类、微生物初始菌数、处理温度、超声波的振幅、功率、暴露时间等诸多因素的影响。超声空化强度越大，杀菌效果越好。温度、介质、pH、超声功率、频率等因素，通过改变超声空化作用的强弱，来影响超声杀菌效果。

（1）处理温度　温度对空化作用的影响具有两面性。一方面，液体的表面张力系数及黏滞系数随温度升高而下降，从而导致空化域值下降，使空化更易于发生；另一方面，随着温度升高，蒸汽压增大，使空化强度减弱。因此，在超声杀菌过程中，应优化获得一个合适的温度值，使得空化效应最佳，从而使杀菌效率最大化。在较低的温度范围内，杀菌率随着温度升高而提高。采用超声处理 32℃ 盐溶液中的大肠杆菌 30min，其存活率为 0.2%；而处理温度为 17℃ 时，大肠杆菌的存活率提高了 8%。

（2）暴露时间　在一定范围内，暴露时间越长，杀菌率越高；在超过一定时间后，处理时间对微生物灭菌率的影响变小，即尽管继续增加超声时间，杀菌率却增加缓慢。采用超声处理 32℃ 盐溶液中的大肠杆菌 10min 和 30min，其存活率为 0.83% 和 0.2%。

（3）pH　pH 的对超声处理杀菌率的影响尚不确定。当在牛乳中加入 10% 的橙汁使其 pH 变为 2.6 时，细菌存活率只有 0.3%，pH5.6 时，存活率却为 100%。但在有些情况下，pH 对杀菌率影响不大。

（4）声强　声强通过改变空化作用影响杀菌效果。一般说来，在声空化域值声强以上，提高声强会使声空化增强，但提高声强有一定的界限，超过了这个界限，空化泡在声波的膨胀相内可能增长过大，以致它在声波的压缩相内来不及发生崩溃，从而使空化饱和度下降。

（5）超声波振幅　超声波振幅对杀菌率的影响与温度有关。在35℃、45℃、55℃研究超声振幅对细菌灭活效果的影响，发现45℃和55℃时，超声振幅越大，细菌灭活率越高；35℃时，细菌灭活率与振幅并不是同比增大，而是存在一个最佳值，当振幅过大时，灭活率反而降低。

（6）超声功率　超声功率较大（5kW以上）时，对悬浮液中的细菌有杀灭作用；而超声功率较小（0.2kW以下）时，只能起到分散的作用。但超声杀菌的效果并不与超声功率成正比。随着超声功率由小变大，杀菌效果逐渐上升，达到峰值后下降。

（7）超声频率　频率对空化强度的影响可以从液体中空化核尺寸的统计分布得到解释，液体中包含的气核满足 Gussian 分布，即式（5-1）：

$$N(R) = A \exp[-(R - R_0)^2]/2\delta^2 \qquad (5-1)$$

式中　$N(R)$——具有半径 R 的空化核数；

　　　R_0——具有最大数目的空化核半径；

　　　δ——分布曲线的半宽高度；

　　　A——常数。

半径为 R 的气核，此处设其共振频率为 f_r，所用超声波的频率 $f<f_r$ 时，频率比较低，f 增大，空化增强；$f>f_r$ 时，频率比较高，f 增大，空化减弱。但频率增大过高，声波膨胀相的时间相应变短，空化核来不及增长到可产生效应的空化泡，或者即便空化泡可以形成，但处于压缩相的时间太短，空化泡可能来不及收缩至发生崩溃，则空化作用对微生物细胞产生破坏力下降。冯中营等研究发现在相同的超声功率（29W）下，频率为 18.7kHz、21.7kHz、29.5kHz 超声波灭菌率依次升高，灭菌率最高为 87.5%。

（8）介质黏滞系数　介质黏滞系数越高，杀菌效果越弱。要在液体中形成空穴，要求在声波膨胀相中产生的负压值足以克服液体内部引力（包括环境压力），因此黏滞性大的液体中空化较难发生，杀菌效果不好。

（9）样品体积和样品量　样品体积变大增加了超声场的不均匀性以及动态变化性，导致灭菌效果下降。样品量的增加则使样品分布于不同强度的场强中，可能造成杀菌效果不均一的现象。

（10）微生物种类　微生物对化学、物理和机械效应的耐受性因种类不同而有所差异。大肠菌群与霉菌和酵母菌相比，对化学效应有较高的耐受力，而对机械作用相对敏感，因而在以压力交变、局部高温高压等物理效应为主要杀菌机理的低频超声灭菌中，大肠杆菌具有更低的临界功率。此外，霉菌、酵母和大肠杆菌由于细胞结构不同，对超声温度的敏感程度也不同。霉菌与酵母菌细胞壁的主要成分分别为几丁质和葡聚糖，均表现出较好的机械强度；而大肠菌群属革兰阴性细菌，细胞壁结构中的肽聚糖网结构疏松，机械强度差，导致其较低的抗逆性。

（11）其他因素　影响超声杀菌效果的其他因素包括蒸气压、气体的溶解度及其导热系数等。蒸汽压增大，空化强度减弱；蒸汽压减小，空化强度增强。溶解度大，空化泡内气体增多，会缓冲空化强度，而气体的导热系数大，在变化过程中将会削弱空化泡内的热量积累，从而导致空化强度下降。

二、 超声辅助灭酶技术特点

热漂烫是食品工业中最常见的钝化酶的方式，但热漂烫对食品颜色、质地带来不利影响，不能钝化耐热酶类，能耗和资源消耗高等。而超声辅助热漂烫或压热声处理（超声、静水压、加热同时处理）能够在更低的温度下或较低的压力下（$p \leq 500kPa$），产生相同或更好的钝化效果，从而减少对食品品质的影响。酶的超声失活过程根据酶的种类、耐受力等有所差异，但通常可通过一级反应动力学模型进行拟合。通常，单独使用超声处理并不能有效地导致食品中酶的灭活，但超声热处理、超声结合超高静压处理对于灭酶是完全有效的。超声辅助使果胶甲酯酶（PME）、聚半乳糖醛酸酶（PG）、过氧化物酶（POD）、多酚氧化酶（PPO）和脂氧合酶（LOX）等失活率最大提高 400 倍，并使得耐热的酶类（如番茄 PG I、耐热 PME）有效失活。超声波提高灭活率的程度取决于酶的类型、酶悬浮的介质以及处理条件，包括频率、超声波强度、温度和压力等。

（一） 超声对不同种类酶的钝化作用

超声对不同种类酶的失活作用与其氨基酸组成、构象以及酶-底物结合过程有关，应根据酶的种类选择超声辅助灭酶工艺的具体参数。以下列举了超声处理、超声辅助压热处理对不同酶的钝化效果。

（1）漆酶 漆酶存在菇、菌及植物中，是一种含 4 个铜离子的多酚氧化酶，以单体糖蛋白的形式存在。超声与热漂烫在漆酶失活过程中具有协同作用。Basto 等研究了不同频率和功率（20kHz、50W；150kHz、72W；500kHz、47W）以及不同组合的超声在 50℃下处理 0~6h，对漆酶活力的影响。该研究发现与单独 50℃加热相比，超声波（72W、150kHz）能够促进漆酶蛋白质聚集体的形成，随着处理时间增加至 4h，聚集体增多，最终通过阻断酶活力位点使酶失活。超声处理可使漆酶的半衰期（将活性降低到初始值的一半所需的时间）减少 80%~82%。在反应体系中加入聚乙二醇（PEG）、聚乙烯醇（PVA）等自由基清除剂后，漆酶对超声失活的稳定性增加。

（2）过氧化物酶 过氧化物酶（POD）是一种热稳定性较强的酶，温度 40~80℃时 POD 活性增加，温度 85℃以上酶失活率较高。而超声与热漂烫在辣根过氧化物酶（HRP）的失活过程中同样具有协同作用。Gennaro 等研究了高功率超声-温度联合处理（0~120W，频率 20，40，60kHz，温度 80℃）对悬浮于水中的辣根过氧化物酶活力的影响，发现辅助超声处理，可使 80℃时酶活力降低到 10%所需的时间从 65min 降低到 10min。超声辅助失活 POD 具有 pH 依赖性，随着 pH 升高，POD 失活率不断降低，在 pH 小于 5 时，超声空化过程中产生的自由基与 POD 活性部位的功能性重要氨基酸残基迅速反应，导致酶失活。溶质对超声热漂烫失活 POD 也存在影响：甘油和蔗糖对于柠檬酸缓冲液中 POD 的失活具有协同作用。在 40℃时，提高功率可使超声失活乳过氧化物酶（LPO）的能力显著提高，温度升高和时间延长也表现出协同灭活效应。此外，有研究表明，抗坏血酸与超声协同作用可促进 POD 的失活，而单独采用超声处理并不能使 POD 失活。

（3）多酚氧化酶 多酚氧化酶（PPO）是一种含铜的酶，催化单酚类化合物氧化成邻二酚和邻二羟基化合物氧化成邻醌，醌类物质被氧化或聚集形成褐色素或黑色素。对蘑菇（*Agaricus bisporus*）中 PPO 的灭活实验研究发现，超声热漂烫比单独采用热处理能够更有效的灭活 PPO，如图 5-8 所示。PPO 灭活动力学研究发现，超声热漂烫具有更高的活化能。超声灭酶效应在较低温度是表现得更明显，可能在较高温度下，水蒸气压的增加使得气泡的破裂和空化效应减小。抗坏血酸对于超声失活 PPO 也具有协同作用。

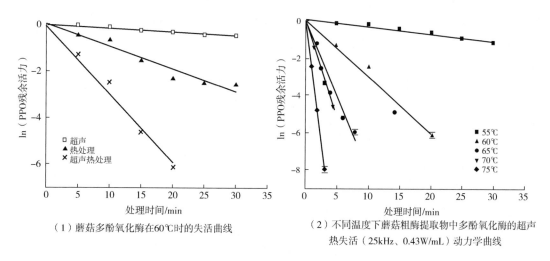

（1）蘑菇多酚氧化酶在60℃时的失活曲线　　　　（2）不同温度下蘑菇粗酶提取物中多酚氧化酶的超声热失活（25kHz、0.43W/mL）动力学曲线

图 5-8　蘑菇粗酶提取物中多酚氧化酶失活动力学曲线

（4）脱氢酶　脱氢酶是动植物内源酶。乳酸脱氢酶等与动物性食物原料宰后成熟过程有关，而谷氨酸脱氢酶、乳酸脱氢酶及乙醇脱氢酶等则可用于发酵型食品的加工过程。Rachinskaia 等比较了葡萄糖-6-磷酸脱氢酶（肠系膜明串珠菌来源，G6PDH）在低频（27kHz、60W/cm^2）和高频（880kHz，1.0W/cm^2）下，在 0.1M 磷酸缓冲液（pH7.4）中 36~50℃ 的灭活动力学。在上述条件下，低频超声酶失活比高频超声高 2 倍。自由基在 G6PDH 超声失活中起主要作用，因此低浓度的自由基清除剂可显著降低超声失活效率。Kashkooli 等用 20kHz 超声灭活苹果酸脱氢酶（MDH，猪心肌细胞线粒体来源），发现 MDH 的灭活效率随着超声时间的延长呈指数增加，而随 MDH 浓度增加而下降，例如当 MDH 浓度为 3.7μg/mL 时，半衰期为 40min；MDH 浓度增加到 185μg/mL 后，半衰期延长至 125min；物理损伤机制为该灭活过程的关键作用机制。

（5）果胶酶　Vercet 等研究压热声处理钝化番茄多聚半乳糖醛酸酶（PG），发现热处理对于钝化 PG 无效，而超声辅助则可钝化约 62% 的 PG 酶活力。Raviyan 等对比了 50℃、60℃ 和 70℃ 下热漂烫和超声辅助热漂烫对番茄中果胶甲酯酶（PME）的灭活作用，60℃ 时，超声辅助热漂烫能使 PME 失活度为热失活度的 39~374 倍；70℃ 时为 3.6~84 倍。PME 失活度随体系 H_2O_2 生成量的增加而增加，自由基机制可能是超声灭活 PME 的主要机制。超声辅助能够显著降低灭活番茄中 PME 热失活所需的时间，并提高失活度，类似的现象在柠檬果胶酯酶（PE）钝化过程也能观察到，在 40~60℃，400kPa 下联合超声波处理柠檬果胶酯酶，其失活效率比单纯热处理提高约 2~3 倍。压热声处理对于钝化耐热的柑橘 PME 也是有效的，在 200kPa 的压力和 72℃ 下，柑橘 PME 在缓冲液中的失活率与热处理钝化相比提高了 25 倍，在橙汁中增加了 400 倍。超声热漂烫中，超声空化效应的强度随样品处理量增加而减小，从而降低了失活度。

（6）脂肪氧合酶 脂肪氧合酶（lipoxygenase，LOX）能够催化顺式-1，4-戊二烯多不饱和脂肪酸的氧化，产生9-或13-顺反氢过氧化物，这与果汁、豆乳等贮藏过程中的不良气味以及颜色变化有关。降低 LOX 活性有利于延长果汁保质期或改良豆乳的风味。超声钝化（20kHz、pH4~5、22℃）LOX，其失活率受到超声时间、pH、超声波振幅的影响。当 pH>5 时，LOX 较稳定；当 pH<5 时，LOX 活力降低了约80%；大豆中 LOX 的抗热性和耐热性也与 pH 有关。随着振幅增加，LOX 失活效率提高。LOX 的超声失活遵循一级反应动力学方程式。

（7）过氧化氢酶 Potapovich 等研究了 36~55℃ 温度范围内，超声波（20.8kHz、48~62W/cm^2）对缓冲液（pH 4.0~11.0）中牛肝过氧化氢酶（CAT）的钝化作用，发现 CAT 的失活率随超声功率增加而增加，随酶浓度升高而减小。pH 对于超声钝化 CAT 有显著影响，当 pH 在 6.5~8.0 范围内，失活反应较为稳定，而当 pH>9.0 或 pH<6.0 时，超声钝化的效率大大降低。目前，自由基损伤机制是超声钝化 CAT 的主要机制。

（8）β-半乳糖苷酶 半乳糖苷酶可用于水解乳糖制造无乳糖或低乳糖食品。研究超声处理对 β-半乳糖苷酶水解乳糖动力学的影响发现，当超声（20kHz、1min、37±1℃）功率为 20~100W 时，乳糖水解率仍能达到90%；但当超声功率和时间继续增加时，酶活力逐渐降低；100W 超声处理 30min 后，β-半乳糖苷酶活力下降到20%。目前认为超声效应中产生的高压和高剪切力为超声钝化 β-半乳糖苷酶的主要原因。

（9）淀粉酶 研究超声灭活芽孢杆菌 α-淀粉酶Ⅱ型（A6380，淀粉液化）的效果发现，在 20~80℃ 范围内，与热失活 ［10^{9}kJ/（mol·K）］相比，超声辅助热处理显著提高酶失活的效率（超过50%），并且降低了活化能 ［19.29kJ/（mol·K）］。超声 α-淀粉酶Ⅱ型的钝化效果受到温度、介质气体含量、超声电极尖端直径等的影响，尖端直径的增加提高钝化效率；而去除介质中溶解的气体不利于空化，降低了钝化效率。

（10）脂肪酶 嗜冷菌易污染乳、肉、水产原料，嗜冷菌产生的脂肪酶是导致乳、肉、鱼制品产生异味的重要因素之一。细菌脂肪酶能够经受巴氏灭菌或超高温（UHT）处理，而超声处理可降低其活性。Vercet 等研究了压热声处理对荧光假单胞菌（*Pseudomonas fluorescens*）耐热脂肪酶的钝化作用，发现压热声处理比单纯热处理更有效；此外，在 110℃、650kPa 压热声处理（频率 20 kHz，波长 117μm）条件下，脂肪酶残余活力下降到 0.5%，而在 140℃ 下，保持相同压力，脂肪酶活力下降到7%。在固定的静水压力下，由于温度对蒸汽压力的影响，温度增加水蒸气压力增加，空化效应随温度升高降低，因此过高的温度对于超声钝化脂肪酶是不利的。

（11）溶菌酶 Mañas 等研究了压热声处理（117μm、200kPa、70℃）对蛋清中溶菌酶的失活作用，该溶菌酶在 pH6.2 的磷酸盐缓冲液中具有极好的耐热性（$D_{100℃}=11$min），但加入卵清蛋白后，其耐热性显著下降（$D_{70℃}=2.4$min）。压热声处理 3.5min 后，溶菌酶活力下降为10%。

（二） 超声波自身性质的影响

超声波强度不同，对酶活力的影响是不同的。温和的超声波可以使游离酶活力增加。温和的超声波通过适当增加传质作用，促进酶聚集体向溶质内扩散，提高与底物的接触效率，从而间接增加了酶活力。短波高频超声在强度较弱时可以破坏酶聚集体的大分子结构，使酶的活性部位更易于接近底物，潜在地提高酶活力。此外，研究表明，超声电极的类型、几何形状、使用频率、声能密度、处理体积和溶解气体浓度等均对酶失活有显著影响。因此，需要适当选择超声处理参数，以便在需要时加强酶解过程。

以 POD 为例，分别采用水浴超声和超声波探头处理椰子水后，测定椰子水中 POD 残留活力，发现超声波的使用方式、声强、频率等对 POD 活力影响具有较大影响，如图 5-9 所示。在向椰子水施加相同能量的超声时，观察到了不同的酶激活和失活曲线。当使用水浴超声高频（40kHz）和低功率处理时，可观察到 POD 活力在处理 200min 内处于缓慢上升的状态，而长时处理（>3h）后才开始失活；而采用低频率（20kHz）超声探头直接处理和高声强时，只需要极短的时间即可失活，且其活性显著低于水浴超声处理。类似的酶不完全失活或超级激活酶的现象也出现在苹果 POD 的超声灭酶过程中。

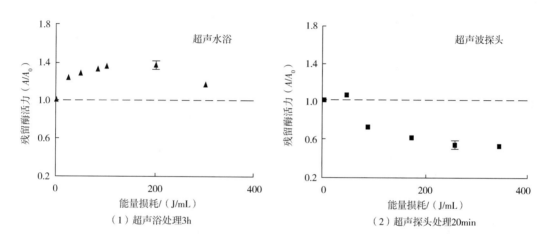

图 5-9 水浴超声和超声波探头处理椰子水后 POD 残留活性

（三） 温度的影响

温度对于超声钝化酶的影响是两面的。超声波也受到超声波传播的材料和介质性质的影响，在较低的温度下（通常 80℃以下），升高温度将降低液体介质的表观黏度，增加超声在介质中的穿透性，强化空化效应，从而提高超声钝化酶的效率。例如，对于牛乳中的碱性磷酸酶、γ-谷氨酰转肽酶和过氧化物酶，在 55℃下用超声处理，不能起到钝化作用，而在 61℃、70℃和75.5℃，能够观察到超声和热处理的协同作用。在高温和超高温条件下，由于过高的温度会导致超声空化效应产生的空穴中水蒸气压的升高，降低空化效应产生的高压、高剪切等物理效应等对酶的损伤。

（四） 其他影响因素

超声对酶的钝化效果受到处理时间、pH、样品浓度、样品体积等其他诸多因素的影响。通常超声钝化效果和超声处理时间成正比，而与样品浓度、样品体积成反比。pH 对超声钝化的影响非常显著，然而对于不同种类的酶，适合于超声钝化的 pH 范围是不一样的，例如，对于过氧化氢酶，最适钝化 pH6.5~8.0，而对于脂肪氧合酶，最适钝化 pH 在小于 5 的范围内。

温度、超声强度、超声时间、超声频率、pH、抗氧化剂和自由基等各因素对超声灭酶影响的部分实验研究结果汇总如表 5-2 所示。

表 5-2 各因素对超声灭酶的影响

因素	处理过程/处理条件	实验结果
温度	超声处理（200W、40kHz、4~55℃）胰蛋白酶	水解作用随温度升高而显著增加
	葡萄糖-6-磷酸脱氢酶的超声失活	温度升高，失活率增加，羟自由基减少
	超声处理脂肪酶	140℃时，脂肪酶的活力快速下降
	压热声处理（超声频率20kHz、70℃/200kPa~130℃/500kPa、振幅20~145μm）	70℃/117μm羟自由基生成量最大，113℃/117μm最小
超声时间	超声处理POD	处理时间延长，失活率增加
	超声处理苹果酸脱氢酶	处理时间延长，失活率增加
超声频率	磷酸盐缓冲液（pH7.4）中超声失活葡萄糖-6-磷酸脱氢酶，超声频率为27~880kHz	低频超声失活效率更高
pH	MTS处理POD	在酸性条件下，超声与热处理具有更强的协同作用
	超声灭活POD	在pH4.1时达到最佳效果
	超声灭活大豆脂肪氧合酶	在酸性条件下（pH4、pH5）酶活力下降
	MTS（20kHz、145μm）处理POD，磷酸钾缓冲液（pH5.2~8.0）	失活率随pH下降而增加
	超声失活过氧化氢酶（20.8kHz、36~55℃、pH4.0~11.0）	当pH<6.0或pH>9.0时，取得最大反应常数
抗氧化剂等其他添加成分	超声处理辣根过氧化物酶	高频和低频超声处理时，抗氧化剂均会降低失活率
	超声处理脲酶（27kHz、10~60W/cm^2、37~60℃、2.64MHz、1W/cm^2、35~56℃）	高频超声处理（2.64MHz，1W/cm^2，35~56℃）不能使酶失活
自由基的作用	加入1%抗坏血酸后，40kHz超声处理PPO和POD	可使酶失活
	在磷酸缓冲液中超声处理葡萄糖-6-磷酸脱氢酶	降低失活率
	超声处理α-或β-淀粉酶	空穴效应产生的自由基未能影响α-或β-淀粉酶结构
	超声处理葡萄糖-6-磷酸脱氢酶	自由基与6-磷酸葡萄糖脱氢酶的失活有关
	超声处理辣根过氧化物酶	自由基与溶液中辣根过氧化物酶的失活有关

续表

因素	处理过程/处理条件	实验结果
	超声处理（100~500W、20kHz）胰蛋白酶	自由基作用、剪切力和冲击波等导致了胰蛋白酶失活分子结构变化和破坏
	超声处理（48~62W/cm²、20.8kHz）过氧化氢酶	自由基作用在过氧化氢酶失活过程中起关键作用

对于食品中酶的钝化来说，超声辅助灭酶技术是一种快速发展的新兴技术，超声辅助热处理、压热声处理是非常有效的酶失活手段。确定压热声处理中不同种类酶的失活反应活性位点也是目前科学研究的热点问题，此外超声辅助灭酶受到超声波性质、温度、压力等多种因素的交互影响，要在工业上放大应用超声辅助灭酶技术仍需要进行大量的研究。此外，超声和微波联合灭酶也是超声灭酶技术的新研究方向之一。

三、 超声辅助干燥技术特点

受当前超声波技术发展水平的限制，将超声波作为一种单独的干燥方式还不现实，独立超声干燥设备不仅投资成本高，且超声设备长时间运行存在不稳定性，易影响干燥品质及效率。因此，超声技术通常作为预处理手段或辅助手段与其他脱水、干燥技术联用，取得提高干燥效率、缩短干燥时间、提高干制品品质等效果。

（一） 超声预处理

超声预处理技术，包括超声预渗透、水浴超声、液态物料直接超声等方式。超声预处理技术可以与热风干燥、红外干燥、真空干燥等多种干燥技术联用，通过改变物料本身的性质来提高干燥效率、缩短干燥时间、减少对色泽的不利影响。

Frederick 等发现，与没有超声预处理的样品相比，10min 超声水浴预处理 [（30±0.5）℃，20kHz，300W/L] 即可显著改善对流式热风干燥的香蕉片的褐变程度；超声处理降低了香蕉果肉中 POD、PPO 和抗坏血酸氧化酶（AAO）的活性，10min 与 30min 超声处理对酶活力的影响没有显著差异；在相同的湿度下，超声预处理的时间越长，香蕉片的微观结构空隙越大，光滑程度越低，如图 5-10 所示。因此，超声预处理对于干燥物料最终产品质地的影响具有两面性，应综合干燥的具体条件来考虑。

（二） 超声辅助渗透脱水

渗透脱水是食品领域中一种常见的加工方法，但通常由于新鲜物料组织结构紧密，导致渗透脱水速率非常缓慢，往往需要几周乃至几个月的时间才能达到加工要求。超声预渗透是将超声作为干燥前的一种预处理手段，利用超声空化效应改变物料表面和内部结构，增大细胞壁间隙，以利于后续干燥，能够进一步缩短干燥时间，提高干燥效率。利用超声在液体介质中所产生的空化效应，可以显著提高脱水速率，同时提高脱水后产品的感官品质。此外，由于超声处理对食品中酶的作用（激活或灭活），通过适当调整超声辅助处理的参数，可以减少渗透脱水过程中由于溶质浓度增加而带来的酶促反应，例如香蕉、苹果干燥过程中褐变等。

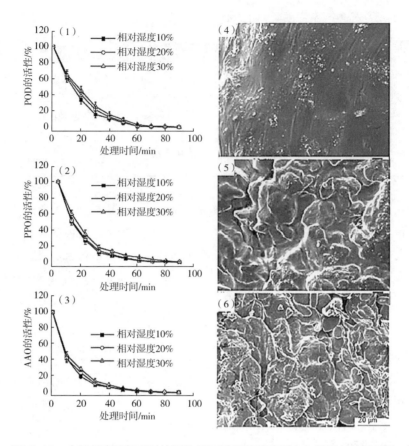

图5-10　水浴超声预处理对控湿热风干燥香蕉片酶活力与微观结构的影响

（1）~（3）POD、PPO、AAO 失活曲线　　（4）~（6）30%相对湿度下超声

水浴处理 10min、20min、30min 的热风干燥香蕉片扫描电子显微镜照片

（三）　气介式超声辅助干燥

气介式超声技术可用于干燥过程的强化，即超声辐射板产生与干燥介质匹配的超声波，其超声能量穿过气体介质到达物料表面并强化传质过程。

气介式超声强化热风干燥是最常见的气介式超声强化干燥技术。热风干燥作为一种极为常见的干燥技术，广泛应用于食品、化工、材料、医药、农业等领域，尤其在脱水食品生产中占据 90%以上。但热风干燥存在传热传质效率低、干燥时间长、能耗偏高、产品皱缩、复水性差等问题；且较长的热风干燥过程极易引起微生物的滋生与繁殖，引起食品的腐败变质。超声辅助热风干燥可以有效缩短干燥时间，减低物料温度，提高产品品质并保护功效成分的生物活性。气介式大功率超声干燥技术将超声直接有效耦合于热风干燥过程中，利用超声的高频率强波动效应、空化效应及热学效应，使超声在可改变物料本身性状的同时，对热风干燥中传热传质进行了强化。

在气介式超声强化热风干燥过程中，对不同结构的物料，超声的强化效果不同：物料结构越紧密，超声的强化效果越明显；在热风流速较小的情况下，超声能显著提高各种物料的水分扩散速率，流速越小，超声的强化效果越明显，还能同时降低热风干燥温度。气介式大功率超声干燥的干燥速率，在低风速下（<5m/s），主要取决于外扩散阻力，热风流速增加

会降低空气介质中超声能量，增加边界层厚度；当风速增大至某一阈值时（>5m/s），干燥速率不再取决于风速的大小，而是由内扩散阻力所控制。

（四）　直触式超声辅助干燥

针对气介式超声在空气中传播的能量衰减较大，降低了设备效率及超声能量有效使用率等问题，发展出直触式超声技术。直触式超声技术将待干物料直接放在超声辐射板上（直触式超声），超声能量不通过任何介质而直接传递到物料内部，可有效降低物料和超声辐射板之间的声阻抗、减少能量消耗。Gallego-Juarez 等发现，直触式超声所用干燥时间比气介式超声更短，所得干燥产品含水率更低，说明将物料直接放在超声辐射板表面，其强化效果要好于气介式超声的强化效果。

远红外辐射加热具有改善物料传热的优点，超声强化干燥技术具有促进物料传质的特点，将超声技术与远红外辐射相结合，可同时改善物料的传热与传质状况，从而提高干燥速率与产品品质。刘云宏等采用超声波强化远红外辐射干燥金银花，利用超声波空化效应有效提升远红外干燥的传热传质速率并钝化酶类，在高效干燥的基础上，避免了物料因酶促褐变引起的有效成分绿原酸或营养成分流失、外观及质量变差的问题。

（五）　超声辅助真空冷冻干燥

真空冷冻干燥是在真空状态下，使预先冻结的物料中的水分从冰态直接升华为水蒸气而被除去，从而使物料得到干燥的技术。真空冷冻干燥能够最大限度地保持食品原有营养价值和风味，但冻干技术能耗高、加工成本大、干燥时间长，在工业化生产中的应用受到一定的限制。超声辅助真空冷冻干燥技术能够有效结合真空冷冻干燥和超声波的优点，在保持食品的风味和营养价值的同时降低干燥的能耗，改善产品的感官特性，尤其有利于黏稠食品物料的干燥。

杨菊芳等研究了超声波辅助冷冻干燥酸奶，认为超声辅助能显著提高物料在较低气流速度和低温下的水分扩散，提高干燥速率，且超声波的空化作用有助于去除物料中的结合水，使其在干燥后期更快达到干燥终点，有效地缩短干燥总时间；其干燥曲线呈先升高后趋于平缓的趋势；并提出黏稠物料酸奶的干燥模型符合指数模型。

第五节　超声技术的工艺与装备

一、　超声波的产生

虽然在自然界中客观存在着某些超声源，但在实际生活小它们是无法应用的，为了满足实际需要，必须用人工的方法来获得超声波，以使它的频率和功率都能适用于各种用途的需要。

超声波是由超声换能器产生的。超声换能器是超声设备中的关键部件，作为超声波的振动声源，是将电能转换成声能的一种能量转换器件。

超声可通过如下方法产生。

(1) 机械式的利用气流和液体的方法　气哨是最早产生超声波的方法，即利用气流通过哨嘴到环形狭缝再经出口遇到圆形尖刃，在尖刃处产生周期涡流，激发空气共振而形成声波。在液体中利用液体射流的振动来激发簧片的振动而产生的超声波，称为簧片哨。

(2) 磁致伸缩换能器　某些材料在磁场中能产生小形变，或利用外力使其形变能产生磁场，可利用这些材料制作磁致伸缩换能器，可用材料包括纯镍、铝铁合金、铁钴钒合金等金属材料，也可以采用陶瓷材料。

(3) 压电式换能器　某些不具有对称中心的晶体，当受到一定方向外力作用时，其表面上会出现电荷，这种现象称为压电效应，具有压电效应的晶体称为压电晶体。当把频率在20kHz 以上的交流电压加在压电晶体上时，晶体即可发生相同频率的振动，发射超声波。这种利用具有压电效应的压电晶体制成的换能器称为压电式换能器。压电式换能器分为两种：一是发射式换能器，用电使其压电晶体振动；二是接收式换能器，用声使其压电晶体变成电能的系统。石英和陶瓷都属于压电晶体。

压电式换能器又包括直接辐射式换能器和间接式换能器。直接辐射式压电换能器利用陶瓷片的厚度振动，使其在基频或谐振频率上，直接由压电片向介质中辐射超声波的换能器，也称为单片式压电换能器，其结构如图 5-11 所示。

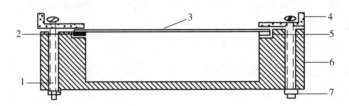

图 5-11　直接辐射式（单片式）　压电换能器结构示意图
1—螺钉　2—圆环电极　3—压电陶瓷片　4—前盖板　5—橡皮垫圈　6—后盖板　7—螺帽

直接辐射式压电换能器结构简单，机电转换效率高，一般适用于几百千赫以上，多用于高频超声的处理；如需更高频率的超声，还需在换能器上加放一聚焦声透镜，将压电陶瓷产生的高频超声聚集在焦点上，即可在焦点处得到所需要的声强度更高的超声波。

间接辐射式压电换能器又称夹心换能器，其结构如图 5-12 所示。间接辐射式压电换能器是把压电陶瓷片夹持在两个金属块之间，并给压电陶瓷片施加一定的预应力，使压电陶瓷片产生厚度振动，经一定长度的金属块反射超声波，可实现大功率发射。间接辐射式压电换能器适用于几十千赫兹的低频段。

间接辐射式压电换能器由中央多片压电陶瓷环、前后金属盖板、螺杆、电极片以及绝缘管组成。压电陶瓷片采用机械串联、电端并联方法连接。相邻两片的极化方向相反，以保证多片压电陶瓷协调一致地均匀振动。压电陶瓷一般成偶数，以便使前后盖板与同一极性相连。否则，前后盖板与晶片间要垫以绝缘垫。由于适用对象不同，前盖板可做成不同的形状，因而可分为喇叭形、锥形、阶梯形、指数形等夹心换能器。

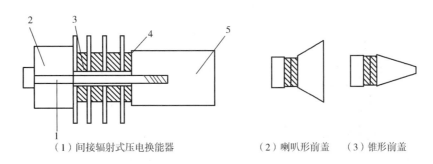

（1）间接辐射式压电换能器　　　（2）喇叭形前盖　（3）锥形前盖

图5-12　间接辐射式（夹心式）　压电换能器及前盖结构示意图

1—螺杆　2—后盖板　3—绝缘管　4—压电陶瓷　5—前盖板

二、　超声辅助杀菌工艺及装备

食品加工业中超声波杀菌技术还可以和其他杀菌技术联用，能明显地提高杀菌速率、减少风味的损失、提高杀菌的均一性并降低能源消耗。

（一）　超声结合热杀菌

热杀菌是一种传统的杀菌方式，在食品工业中普遍使用，但热杀菌会给食品的色泽、口感等带来一定影响，超声联合热杀菌可以显著降低热杀菌所需温度及时间，从而保证食品质量。

施红英等发现在52℃下，声热联用对鼠伤寒沙门菌的致死具有协同作用。Ordonez等均发现20kHz、160W不同温度下超声波杀菌（5~62℃）联用，具有协同杀菌作用，不仅能达到与巴氏杀菌等传统加工同样的致死效应，而且处理时间短，耗能少。Petin等研究了超声协同热处理对双倍体啤酒酵母细胞的灭活作用，在一定温度范围内证明二者有协同效应。

Kon等利用共聚焦激光扫描显微镜观察超声波（28，45，100kHz）对不同种类酵母杀菌的效果，发现在28kHz的超声波处理下，酵母细胞内的细胞器已破碎，其中，超声波对啤酒酵母的杀菌效果最好。Lee等就超声杀菌技术与热杀菌及低压杀菌技术联用对苹果汁的杀菌效果进行了研究，发现与传统的巴氏杀菌相比，声热杀菌、压热声杀菌、压力超声杀菌对苹果汁的风味破坏更少。

李冰等发明了一种连续式超声辅助热杀菌装置结构示意图如图5-13所示，该装置包括原料罐、加热装置、换热装置、超声处理装置、储液装置和控制器。加热装置与换热装置连接，原料罐、换热装置、超声处理装置和储液装置依次通过管道连接，所述控制器分别连接加热装置、换热装置、超声处理装置以及各管道上的控制阀；超声处理装置包括超声桶、若干个超声探头以及与超声探头对应设置的超声波换能器和超声波发生器，各超声波发生器采用不同的频率并均设置在控制器内，各超声探头相对应地交叉错位分布在超声桶四周上。料液先经换热装置加温后再经超声处理装置进行动态连续超声波杀菌处理。采用低温加热与超声结合技术，具有杀菌效果好、效率高等优点。

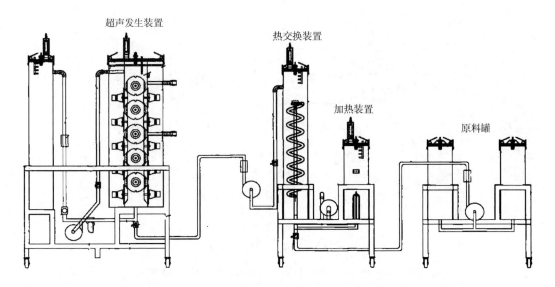

图 5-13   连续式超声辅助热杀菌装置结构示意图

（二）　超声结合紫外线杀菌

　　紫外线可以杀灭各种微生物，而且杀菌效率极高，但紫外线的穿透能力很弱，如果将紫外线和超声联合杀菌则有很好的效果。

　　Torben 等的研究表明如果在使用紫外线（UV）杀菌前用超声波预处理，就可以使杀菌率有很大的提高，他们用超声波预处理污水 5s，然后用紫外线杀菌 10s 便可使污水中的大肠菌群含量低于 1CFU/mL，而如果单独使用紫外线消毒，即使紫外线杀菌时间延长 3 倍，效果也没有超声与紫外线联合好。Munkacsi 发现用超声波能除去牛乳中 93%（初始值为 2.38×10^4 CFU/mL）的大肠杆菌；若用 800kHz，强度为 $8.4W/cm^2$ 的超声波处理 1min，再用紫外线辐照 20min，大肠杆菌的杀死率将达到 99%。吴木生等研究了超声紫外协同杀菌的饮用天然水杀菌工艺，发现超声协同紫外能够有效杀灭饮用天然水源水细菌、酵母和霉菌，该超声协同紫外线水处理装置结构如图 5-14 所示。

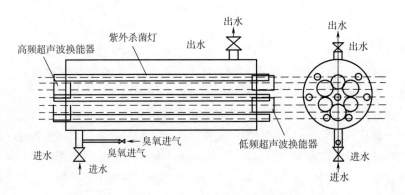

图 5-14   超声波紫外线杀菌器设计图

　　该设备处理水量 $0 \sim 75m^3/h$，工作压力 $0.05 \sim 0.6MPa$，工作温度 $5 \sim 60℃$，电源电压 220V（50Hz），防护等级 IP55，超声波频率 $0 \sim 25kHz$，超声波功率 $0 \sim 600W$，紫外照射剂量

$0 \sim 35 MJ/cm^2$，反应器尺寸为直径273mm，长1200mm，进出水口管径DN150，水流形式为横流式。

（三）　超声结合臭氧杀菌

超声与臭氧（O_3）结合能够有效提高杀菌率，其原因可能在于：①超声使臭氧气泡粉碎成微气泡，极大地提高溶解速度，增加了臭氧的浓度，高浓度的臭氧能够迅速氧化杀灭细菌；②超声空化效应产生的局部高温高压，使空化泡中的臭氧直接快速分解并产生自由基，随空化泡崩溃的冲击波进入水中，杀灭微生物；③超声空化效应促使臭氧分解产物由常温常压下氧化性弱的 O_2 转化成氧化性强的 H_2O_2。

郭丽娟等研究了超声波协同臭氧杀菌对梨汁菌落总数的影响，发现超声与臭氧有着较好的协同杀菌作用，其杀菌效果明显优于单独超声杀菌或单独臭氧杀菌。吴木生等将超声波紫外线协同杀菌与臭氧杀菌技术联合使用的杀菌效果与单一臭氧杀菌进行比较，发现臭氧浓度 0.10 mg/L 协同杀菌效果优于臭氧浓度 0.30 mg/L 单一杀菌效果，且溴酸盐浓度低于 0.005 mg/L，符合国家标准。该研究表明，超声波紫外线协同低浓度臭氧的饮用水杀菌技术有望替代单一的臭氧杀菌技术，既达到杀菌效果，又可降低溴酸盐风险，确保饮用水品质。胡文容等研究表明超声能够明显的增强臭氧杀菌率，在同样99%杀菌率前提下，在相同的处理时间内，80W、20kHz 的超声与臭氧联合可少使用33%的臭氧；当臭氧使用量相同时，可缩短超声处理时间，从而节省超声能量。

（四）　超声结合高静压杀菌

Pagan 等研究了超声波在压力及温度协同作用下对单增李斯特菌的灭活情况。单增李斯特菌的热抵抗力随着温度升高而增加，当温度从4℃升高到37℃时，单增李斯特菌的热抵抗力增加了2倍。然而，温度并不改变压力超声波处理的效果。在环境温度下，单增李斯特菌经过 20kHz、117mm 的高强度超声波处理，压力较低时 D 值为 4.3min，分别增加相对压力到 200kPa 和 400kPa 时，D 值分别减少到 1.5min 和 1.0min。随着超声波的振幅在 62~150mm 范围内增加，压力超声波的灭菌率成指数增加。处理温度上升至50℃，压力超声波对单增李斯特菌的杀菌率没有影响。然而，在高温下，这种联合方式的效果也相应地增加。

（五）　超声结合纳米二氧化钛杀菌

超声波能够提高二氧化钛（TiO_2）消毒效率。Ogino 等应用超声波系统和 TiO_2 微粒在黑暗条件下对大肠杆菌进行消毒处理；Dadjourm F. 等用 TiO_2 作为光催化剂，使用超声辐照系统对大肠杆菌进行处理，证实了超声波对 TiO_2 消毒效率的影响。王君发现 TiO_2 催化剂在超声波照射下，对大肠杆菌有明显的杀灭作用，当纳米 TiO_2 含量为 1.0 mg/L，超声处理 75min，对大肠杆菌杀灭率达到100%，采用相同功率超声单独处理 75min，对水中的大肠杆菌杀灭率为 26.37%~34.47%。pH 升高对超声波杀菌效果有轻微影响。增加 TiO_2 的使用量可增强超声杀菌能力，TiO_2 浓度为 1g/mL 时，超声处理 30min，细菌含量降到原来的3%。

（六）　超声结合电解杀菌

电解是一种效率很高的杀菌方法，但需要不停地搅拌细菌悬浮液，因为杀菌主要发生在电极表面附近。超声和电解联合杀菌时，在次氯酸盐产生的电极表面附近，超声增强了细菌悬浮液的搅拌效果；空化产生的作用于细菌的机械作用通过直接破坏或通过削弱细胞壁，从而使得细菌更容易被电解杀灭；超声对电极表面的清洗作用防止了污垢的产生，因此能够维持电解高效持续发生，达到最佳杀菌效果。

Joyce E. 等进行了超声联合电解杀菌的试验：在 600mL 的细菌悬浮液中，分别使 150mA 的电流通过不同的电极，经过 15min 的电解后，除了不锈钢电极外都达到了 100% 的杀菌率。

（七） 超声结合酸性氧化电位水杀菌

张弥左等研究了超声波与酸性氧化电位水对微生物的协同杀灭作用。单独使用超声波处理 10min，对大肠杆菌杀灭率为 89.9%；单独使用酸性电解水作用 30s，对大肠杆菌杀灭率为 100%；超声波与酸性电解水协同作用 15s，杀灭率也达到 100%。超声波与酸性氧化电位水具有明显协同作用。

（八） 超声结合化学杀菌剂杀菌

次氯酸钠杀菌是目前应用非常广泛的一种杀菌技术。然而次氯酸钠的用量低时达不到很高的杀菌率，要达到很高的杀菌率就要提高次氯酸钠的用量。但次氯酸钠能够与溶解的化学物质反应产生有害的次产品和刺激气味，还造成细菌对氯化杀菌产生更强的抵抗力。超声与次氯酸钠联合则可以降低次氯酸钠的用量，大大提高杀菌率。Dukhouse H. 用频率为 20kHz 和 850kHz 的超声分别与次氯酸钠联合杀菌，杀菌效果表明 20kHz 的低频超声与次氯酸钠同时作用时，对杀菌率的提高是最大的，这也可以从低频超声可以引起更剧烈的超声空化来解释；而用 850kHz 的高频超声处理细菌悬浮液，然后紧接着加入次氯酸钠时杀菌率也有很大提高。

Sierra G. 等利用超声波协助戊二醛对细菌芽孢进行灭菌，研究了低频（20kHz）或高频（250kHz）超声能量与戊二醛的协同作用，低温（25℃）或中温（55℃）下用超声波协同水碱化戊二醛溶液可以对其实现快速失活。汪川等研究超声波协同戊二醛对枯草芽孢杆菌黑色变种芽孢的杀菌作用，作用时间（4h）相同时，在超声波的协同下，戊二醛灭菌（杀灭率 100%）有效质量浓度从 20g/L 降低至 5g/L；作用质量浓度（20g/L）不变时，其灭菌（杀灭率 100%）作用时间从 4h 缩短为 1h；5g/L 戊二醛作用 2h 其杀灭率即达 100%。

邹华生等研制一种连续混响超声场耦合化学法饮水安全处理装置，其结构示意图如图 5-15 所示。该装置由原水储罐、配药罐、带射流器的化学反应釜、混响超声反应器和纯水储罐等主要设备组成，其处理工艺为：①配药罐内的化学药剂与原水在离心泵内预混合后，通过射流器进入化学反应釜混合与反应，再进入混响超声反应器再进行超声杀菌和有机物降解；②来自储水罐中的原水经离心泵进入混响超声反应器初步杀菌，从超声反应器出来的水与来自配药罐的化学药剂在离心泵内预混合后，通过射流器进入化学反应釜进行充分混合和杀菌。采用传统化学法处理饮水工艺中耦合连续式混响超声场的作用，能够减少化学药剂用量，有效降低了化学杀菌中产生的有害副产物，提高杀菌效果，降低能耗。

（九） 超声结合脉冲磁场杀菌

钱静亚等对温度（50~100℃）、超声（200W，5~30min）、乳酸链球菌素（100~350IU/mL）、协同磁场强度为 3.0T，脉冲数为 30 个的脉冲磁场杀灭枯草芽孢杆菌进行了研究，发现先脉冲磁场处理再采用超声功率 800W，工作 5s 间隙 10s 的超声处理后，超声总时间越长杀菌效果越好，当超声时间为 30min 时，枯草芽孢杆菌的残留率最低，达到 8.18%；先脉冲磁场处理再加热、超声、Nisin 处理的杀菌效果比先加热、超声、Nisin 处理后再脉冲磁场处

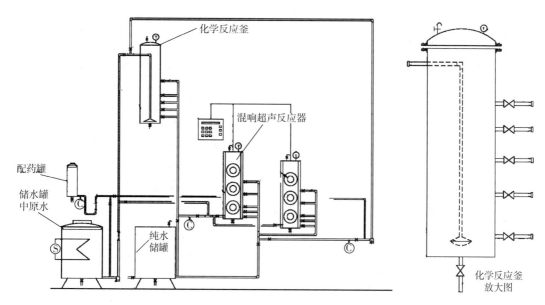

图5-15　连续混响超声场耦合化学法饮水安全处理装置结构示意图

理的杀菌效果要好。扫描电镜结果表明，协同杀菌后，枯草芽孢杆菌的形态发生改变，细胞产生萎缩现象。

（十）　超声结合低温等离子技术杀菌

低温等离子体技术为新兴的非热杀菌技术，超声处理低温等离子体技术连用，能够提高非热灭菌效率。刘东红等将金黄色葡萄球菌先经介质阻挡放电低温等离子体处理（10～12kHz、气隙间距为5～6mm、功率为40～45W、时间5～6min），然后再进行超声处理（20～22kHz、200～220W、10～20min），显著提高了室温下金黄色葡萄球菌的杀灭效率。

三、　超声辅助干燥工艺及装备

受当前超声波技术发展水平的限制，超声技术通常作为预处理手段或辅助手段与其他干燥技术联用。

（一）　超声预处理工艺

超声预处理技术，包括超声预渗透、水浴超声、液态物料直接超声等方式。超声预处理技术可以与热风干燥、红外干燥、真空干燥等多种干燥技术联用，通过改变物料本身的性质来提高干燥效率，缩短干燥时间。

超声预渗透是将超声作为干燥前的一种预处理手段，利用超声空化效应改变物料表面和内部结构，增大细胞壁间隙，以利于后续干燥。超声预渗透技术能够显著缩短渗透脱水的时间。孙宝芝等研究了超声强化苹果和梨渗透脱水的效果，发现超声空化对水果渗透脱水有显著的强化作用，经超声空化后的物料渗透脱水率和干物质均增大；董红星等进一步探讨了超声对胡萝卜渗透脱水质量传递规律的影响，表明超声能有效强化胡萝卜渗透脱水过程中的传质；巴西学者Fernandes等先利用超声对新鲜菠萝片进行辐照（25kHz、4780W/m^2、20min），再热风干燥，发现采用此方法能使干燥过程的水分扩散系数提高45.1%，干燥时间缩短31%。陈文敏等采用水浴超声预处理结合中短波红外干燥红枣，进一步缩短了干燥时间，提高干燥效率。

（二） 气介式超声辅助干燥工艺与装备

赵芳等研究了超声换能器直接接触式和以空气作为介质传播超声两种方式对超声预干燥

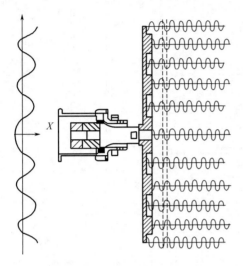

技术（超声波强度 $1.0W/cm^2$）对苹果片自然对流恒速干燥阶段的影响，发现超声波有效强化了苹果片的预干燥过程，且随着超声波强度的增加，样品的干燥速率逐渐增大；超声波热效应引起的样品表面及中心的温度变化很小；超声波加速了样品内部水分子扩散，超声波对样品内部水分扩散系数的影响随着超声强度的增加而逐渐增强。气介式大功率超声换能器的设计原理及具体结构，如图 5-16 所示。

图 5-16　气介式大功率超声
换能器的结构示意图

要实现功率超声在空气中能量的传播，必须解决声阻抗配匹问题。由于弯曲圆盘的声阻抗低，易于实现与空气的匹配，从而可有效解决大功率超声的输出问题。如图 5-16 所示，当夹心式换能器纵向振子的共振频率与圆盘弯曲振动某一振动模式共振频率一致时，二者在同一个共振频率上共振，此时复合系统的工作状态处于最佳状态。当辐射圆盘突出的台阶高度与超声波在空气中传播的半波长相等时，负相区域的声波不会与正相区域的声波相互抵消，相反会相互加强，这样来自圆盘各个点的辐射相都是相等的，使超声波在气体介质中与像在液体介质中一样传播，实现热风强化热风干燥的实际应用。

超声强化热风干燥设备主要由热风系统和超声系统两部分组成，其中热风系统由加热器、风扇、测温计、风速计、干燥室（或装料室）等组成，还可配置真空室、真空泵和压力计等；超声系统由计算机、控制元件、功率放大、阻抗匹配、气介式超声换能器所组成，超声换能器可与干燥室外壳直接相连，也可直接伸入干燥室内。超声强化热风干燥设备结构如图 5-17 所示。与外壳直接相连的超声干燥设备，其换能器直接与干燥室外壳相连，在超声工作过程中能带动整个外壳一起振动，从而作用于整个圆壳内的干燥热风和物料，辐照比较均匀；带真空系统的超声干燥设备，只有处于超声换能器正下方的物料和热风才接受超声辐照，因此样品铺开的面积不能太大，否则干燥不均匀。由于配置的真空泵能及时将干燥后的湿热空气抽走，干燥速率较快。

（三） 直触式超声辅助干燥工艺及装备

直触式超声冷风干燥装置结构如图 5-18 所示。刘云宏等研究了直触式超声强化远红外干燥技术及装置干燥南瓜片，并采用直触式超声强化冷风干燥装置，有效缩短马铃薯所需干燥时间，并提高其营养成分含量。该研究表明，超声辅助冷风干燥马铃薯过程中，较低温度下的超声强化效果要好于较高温度；马铃薯超声强化冷风干燥呈先恒速阶段、后降速阶段的干燥过程，表明该干燥过程由表面扩散控制转化为内部扩散控制；超声强化能够增大和增多物料表面的微细孔道，从而有利于水分传递；Weibull 分布函数可很好地拟合马铃薯超声强

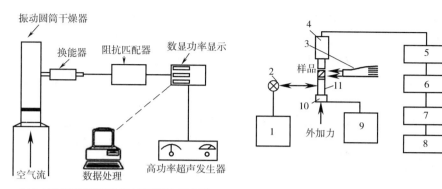

（1）与外壳直接相连的超声干燥设备示意图　　　　（2）带真空系统的超声干燥设备示意图

图5-17　超声强化热风干燥设备结构示意图

1—压力表　2—真空泵　3—空气流发生器　4—超声振动器　5—阻抗匹配器
6—功率放大器　7—控制系统　8—计算机　9—静态压力计　10—称重传感器　11—真空室

化冷风干燥过程。

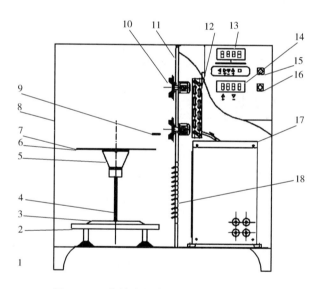

图5-18　直触式超声强化冷风干燥设备

1—机座　2—底座　3—底盘　4—支撑杆　5—超声振子　6—紧固螺栓　7—辐射盘　8—干燥箱体
9—风速计　10—风机　11—隔板　12—蒸发器　13—超声控制屏　14—干燥参数控制屏
15—控制开关　16—总开关　17—制冷机　18—通风口

该超声冷风干燥装置是在热泵式冷风干燥机中加装一套超声系统组装而成。热泵式冷风干燥机中干燥介质的温度、流速、相对湿度的调节范围分别为 5～30℃、0.5～5m/s、20%～90%，工艺参数可在控制面板读取和控制。超声系统主要包括超声换能器和超声发生器。超声换能器由不锈钢超声振动盘（直径 150mm）、超声振子、支撑杆及底盘组成。超声换能器的谐振频率为（28.0±0.5）kHz，谐振抗阻≤20Ω，功率可在 0～60W 范围内调节。超声换能器通过电缆与置于干燥机外面的超声发生器相连，其工作参数由超声发生器直接控制。干燥时，物料放在超声振动盘表面并一同放于干燥箱内，超声振子发射的超声波可通过超声振动盘直接传入物料。

直触式超声强化远红外干燥装置如图5-19所示。该干燥设备包括干燥箱主体、远红外辐射系统、超声系统、控制系统等。远红外辐射系统主要由伸缩架、远红外辐射板、控制器等组成。超声系统主要包括超声换能器和超声发生器。超声换能器通过电缆连接到超声发生器，其工作参数可由超声发生器控制。超声换能器通过支架固定在干燥室底部，其上部固定了一个不锈钢超声辐射板，物料放在超声辐射板表面，超声换能器发射的超声能量可通过辐射板直接传入物料。

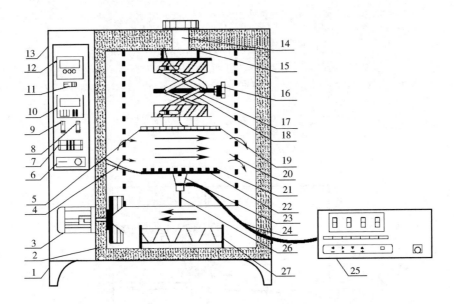

图5-19　直触式超声强化远红外干燥装置结构示意图

1—干燥箱支架　2—隔热层　3—风机　4—热电偶　5—温度传感器　6—电源开关

7—物料温度显示面板　8—辅助加热开关　9—风机控制器　10—干燥箱温度调节面板

11—远红外辐射板开关　12—辐射板温度显示调节面板　13—箱体　14—排气孔

15—伸缩架紧固螺钉　16—旋钮　17—辐射板电缆线　18—伸缩架　19—远红外辐射板

20—干燥室　21—物料　22—超声振动盘　23—换能器　24—电缆线　25—超声波发生器

26—换能器支架　27—电加热器

采用超声雾化技术结合脉冲微波真空干燥技术可用于液态物料的低温干燥。图5-20所示为王玉川等发明的超声波雾化脉冲微波真空干燥装置。液态物料通过超声波雾化器雾化成细小雾滴，经过雾化加热器加热到设定温度，通过脉冲供料阀进入真空干燥管。真空干燥管是液态物料雾滴干燥及流动的通道，光纤传感器安装在真空干燥管不同部位，测量雾滴下落过程中的干燥温度，真空干燥管下部与产品收集器连接，可实现液态物料高效、节能、均匀及低温干燥，实现提升液态物料干燥产品品质的目的。

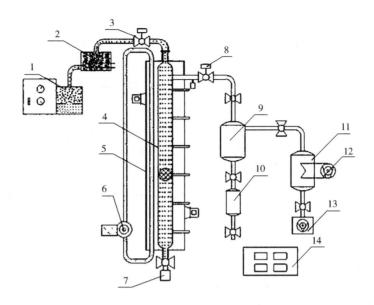

图 5-20 液态物料超声波雾化脉冲微波真空干燥装置结构示意图

1—超声波雾化器 2—雾化加热器 3—脉冲供料阀 4—真空干燥管 5—微波加热腔
6—水负载 7—产品收集器 8—脉冲真空阀 9—气-固分离器 10—卸料器 11—冷却器
12—制冷机组 13—真空泵机组 14—控制柜

第六节 超声技术在食品保藏中的应用

一、超声技术在乳及乳制品中的应用

（一）超声波对乳杀菌

超声波作为一种有效的非热力杀菌方式，可有效地杀灭大肠杆菌、单增李斯特菌、荧光假单胞菌，对酪蛋白和总蛋白没有破坏，对食品组分的影响较小，还具有均质等作用，一直受到乳品行业的关注。目前，超声波的工业应用仍然主要集中在清洗、提取等方面，对乳品的杀菌、均质等仍处于实验室阶段，还存在处理量小，杀菌不彻底，影响因素较多等问题，对其杀菌、均质条件的研究还不够深入。

Villamiel 等对比研究超声灭菌法和传统灭菌法对乳制品的作用效果，结果发现在相同的实验条件下，超声灭菌效果较好，初步研究表明超声灭菌可以应用于乳制品行业。其对牛乳中的荧光假单胞菌和嗜热链球菌进行超声热处理，观察到了热和超声之间的相加效应，并指出超声波有作为牛乳加工生产技术的可能。谭海刚等采用 40kHz 超声波对原料乳在 60℃ 条件下处理 200s，间歇比 5∶2，能够达到巴氏杀菌效果，并能提高原料乳的贮藏稳定性。

（1）独立超声杀菌 Skiba 等对牛乳进行超声杀菌。频率 22kHz 时，分别在功率 90W、120W 和 150W 下对不同体积（240，160，80mL）牛乳样品进行超声处理，发现在处理 80mL

牛乳，达到巴氏杀菌的效果所需超声时间为处理240mL牛乳的1/3；保持样品240mL体积不变，超声功率从90W增加到150W（增加1.7倍），可使处理时间减少38%，若增加功率的同时继续减少样品体积，则处理时间进一步缩短（160mL牛乳样品处理时间缩短45%，80mL缩短50%）。增加超声波功率，特别是在较少牛乳处理量的条件下，达到巴氏杀菌和灭菌的效果所需时间减少了，杀菌效率为99.9998%~100%。王蕊等应用超声波对原料乳进行杀菌，结果表明，在60℃条件下采用50kHz超声波处理原料乳60s，杀菌率可达87%，对营养物质无任何破坏作用；上述条件灭菌后的牛乳在15℃下贮藏45h，仍有优良的感官性能。刘亚珍等研究表明原料乳经超声波结合热处理杀菌后，4℃条件下可贮藏18d，其保存时间超过单独超声波处理或单独热处理后乳的保存时间，并且经超声波结合热处理杀菌的原料乳，杀菌率、酸度、感官及各项营养指标均符合巴氏杀菌乳的要求。潘道东等研究表明，经600W、3min超声波处理的原料乳，杀菌率达93%。

（2）超声结合脉冲电场杀菌 Noci F. 等结合脉冲电场（PEF），利用超声波在温度的协同作用下（TS），对牛乳中的单增李斯特菌的杀灭作用进行了研究，研究表明牛乳在未预热条件下，TS（400W、160s）处理后，牛乳中单增李斯特菌减少1.2个数量级。

（3）超声波结合巴氏杀菌 原料乳经600W、3min超声波处理，结合63℃、30min的热处理后，乳品质保持良好，4℃贮藏条件下贮藏期达16d左右。林祎等利用超声波协同热处理，在60℃采用1400W超声对液态乳处理180s，枯草芽孢杆菌杀菌率达到了97.96%，超过巴杀菌的灭菌效果；超声作用后再经巴氏处理，杀菌率达到98.71%。闫坤等采用300W超声50℃处理8.8min，对沙门菌杀菌率达到99.999%，且对复原乳理化性质影响较小，还能有效降低原料乳中乳脂肪球直径，以保持杀菌乳的稳定。

（二） 牛乳的超声均质

自然状态的牛乳，其脂肪球直径大小不均匀，变动于1~10μm之间，一般为2~5μm，这些脂肪球浮在牛乳表面形成奶油层，导致分层现象，大大影响了牛乳和乳制品的外观和口感。

牛乳均质就是通过剪切力而击碎其中的脂肪球，使脂肪球直径控制在2μm左右，这时牛乳脂肪的表面积增大，上浮力下降，从而避免了分层，达到均一化效果。均质的独特效果从外观、口感等方面都使产品的质量更上一层楼，因而均质处理是牛乳制品前处理工艺中非常重要的一环。

超声波均质是利用超声波在液体中的空化作用及其他物理作用来达到均质效果的。超声波对脂肪球的影响能提高牛乳的贮藏性能及营养性能。朱海清等发现超声波频率为40Hz、声强0.8W/cm² 时，处理牛乳1min，脂肪球平均粒径约为584nm，粒径小于1μm的脂肪球的体积分数超过了94%，均质效果最为理想。Schmidt发现在60℃、（20±1）kHz的实验室条件下，对4mL低脂牛乳进行均质，处理后脂肪平均粒径小于1μm。Villamiel等应用高强度超声波处理牛乳，发现经超声处理后的牛乳，脂肪球粒径减小了81.5%。Ertugay等发现，在450W超声条件下超声10min，脂肪球直径大小为0.725μm，在180W条件下10min与传统均质效果相类似。

在乳制品加工工业中，超声波已被证实与其他加工工艺结合，可以有效发挥作用。但仍应从以下几个方面继续展开研究：①超声波与其他加工工艺的优化组合；②对超声波换能器进行改进；③杀菌、均质等作用于一体的超声设备的研制，以便加速超声协同工艺的工业化应用。

二、果蔬及其制品

果蔬工业，尤其是果蔬汁加工，由于其食品原料含有大量的糖类、氨基酸、酶类和植物化学成分，其对温度尤为敏感。传统热加工带来的高温，对于果蔬和果蔬汁的色泽、风味和质构都会带来不可逆的破坏，因此，热传统杀菌和热漂烫在果蔬及果蔬汁保藏中受到一定的制约。而超声辅助杀菌技术、超声灭酶技术能够显著降低处理温度，缩短处理时间，且具有环境友好的特点，可用于果蔬、果蔬制品保质期的延长。

（一）果蔬干制

（1）胡萝卜　Fuente-Blanco 等研究了在不同功率的超声作用下胡萝卜的脱水情况，发现随着超声功率的增大，胡萝卜的脱水速率明显加快，在热风速率和干燥温度分别为 2m/s 和 30℃ 条件下，附加 20kHz、100W 的超声可使新鲜胡萝卜在 90min 内失水率超过 70%，而不附加超声的普通热风干燥的样品失水率仅为 15%。Soria 等发现，在较低温度（≤40℃）下，经超声干燥后的胡萝卜中还原糖的损失很小，但在 60℃ 时，还原糖有明显的损失，尤其是葡萄糖损失达 54%；胡萝卜中的蔗糖、景天庚酮糖和肌醇在不同干燥参数下均很稳定。与冷冻干燥相比，超声干燥的胡萝卜在总酚含量、抗氧化活性、复水率、直径变化方面没有明显区别。

（2）红枣　陈文敏等通过响应面分析得到的超声辅助中短波红外干燥红枣的优化条件为：40min、40kHz、350W，之后于 50℃、1125W、风速 4.5m/s 的条件下进行中短波红外干燥。该条件下，红枣干制品总可溶固形物、总糖、总维生素 C、总酚、总黄酮含量最高，总酸含量最低，色泽最优，干燥时间最短，能耗最少。红枣干燥至含水率为 40% 时所需干燥时间为 9.55h，比未超声红外干燥缩短了接近 4h，比传统分段热风干燥缩短了 7h，有效缩短干燥时间；超声处理会使红枣果皮表面产生大量裂缝，并使其变薄，从而加速水分迁移。

（3）南瓜片　采用直触式超声强化远红外干燥装置（图 5-19），在远红外辐射板温度为 200℃、超声功率为 60W 时，南瓜片所需干燥时间比无超声辅助时缩短 26.7%，平均干燥速率提高 36.1%。

（4）马铃薯　将超声强化技术用于马铃薯冷风干燥中，能够实现干燥时间的显著缩短及产品品质的有效保护。采用直触式超声强化冷风干燥马铃薯，其优化参数为干燥温度 10℃、超声功率 48W，对应的总酚、总黄酮、维生素 C 含量分别为 296mg/100g、52mg/100g、96mg/100g。

（5）植物种子　植物种子的保藏对于来年种子的发芽和作物产量非常重要，科学的干燥方法有利于延长种子的保藏期，提高生产效率。研究证明，采用超声干燥后的种子比普通热风干燥后的更耐贮藏。超声辅助干燥设备也可用来干燥各种植物种子，包括甜瓜、西红柿、玉米、小麦、荞麦等的种子。

（二）果蔬及果蔬汁的杀菌、抑酶

对于果蔬汁来讲，超声辅助杀菌在破坏微生物的同时，还能够钝化影响果蔬汁品质的多酚氧化酶、果胶酯酶（PE）、过氧化物酶（POD）。

（1）番茄　在适宜压力下，用热处理和超声波相结合的方法对番茄汁进行处理，该方法的协同作用比常规热处理更能有效地抑制 PE 和聚半乳糖醛酸酶（PG）Ⅰ 和 PGⅡ 活力，在 62.5℃ 下对于 PE 的 D 值（原始酶活力降低 90% 所需的时间）降低了 98%，PGⅠ 和 PGⅡ 的 D 值在 86℃ 和 52.5℃ 分别降低为原 D 值的 1.2% 倍和 3.8% 倍。

（2）秋葵　江宁等采用低频超声波热漂烫对黄秋葵进行抑酶预处理，超声波处理频率为

20~30kHz，声强为 0.32~0.37W/cm²，热水温度为 78~82℃，料水比为 1∶5，超声处理时间为 2.3~2.7min；之后将沥干的秋葵微波真空干燥，低频超声波热漂烫预处理能够抑制黄秋葵 POD 活力，同时有效保存黄秋葵原料的抗氧化活性功能成分，与常规漂烫抑酶相比，其总黄酮含量提高了 15%~30%。

（3）柑橘　柑橘作物富含维生素 C、酚酸、黄酮、黄酮醇等多种活性成分，具有抗肿瘤、抗衰老、抗病毒、预防心脑血管疾病以及消炎的作用，酚类化合物是柑橘中主要抗氧化成分，维生素 C 也具有潜在抗氧化性。李申等应用低频超声波（25kHz）处理温州蜜柑汁，在 50℃、720W 条件下处理 40min，能够杀灭柑橘汁中的大肠杆菌、霉菌和酵母；该条件处理后，橘汁糖酸成分无显著变化，其抗氧化能力显著高于巴氏杀菌后的柑橘汁，DPPH·清除能力比热杀菌橘汁高9.7%。超声波产生的空穴效应具有消除溶解氧的作用，能有效地抑制维生素 C 的有氧降解，降低脱氢抗坏血酸的积累水平，以脱氢抗坏血酸为底物的维生素 C 的无氧降解也受到间接抑制。低频超声技术具有提升橘汁抗氧化能力的潜力，超声化学效应产生的 OH· 在酚类等活性物质的苯环结构上羟基基团进行邻位或者对位添加，对该物质抗氧化能力有增强作用。同时低频超声技术的提取效应引发的细胞内含物流出以及束缚态酚类物质的释放是引起总酚含量显著上升的重要原因。

（4）其他水果　Rawson 等研究脉冲超声波处理新鲜哈密瓜汁时发现，多酚含量在 0~6min 内不受影响，但 10min 后超声处理组的多酚含量较对照组显著下降。Tiwari 研究超声处理草莓汁发现，处理前期花色苷含量随时间延长而增加，但随着时间进一步延长，花色苷的含量反而下降。

（三）　超声波对果蔬及果蔬汁品质的影响

对于果蔬汁而言，其色泽、质地、流变特性等感官属性和营养成分的变化是影响消费者偏好和接受度的重要因素。

（1）营养成分及植物化学物　通常而言，与传统压榨技术相比，超声辅助提取能够使果汁中植物化学成分提高 30%~35%，超声处理对于果蔬汁中不同化学成分的影响如下。

①糖类：超声辅助会提高小分子糖类的提取率。研究表明，与传统提取处理相比，超声辅助技术导致哈密瓜汁中糖含量提高了 53.60%，葡萄汁中葡萄糖的含量提高了 4.24%。

②蛋白质：果蔬汁中蛋白质浓度受到超声处理时间和超声强度的显著影响。适当的超声处理后会导致细胞破碎，使胞内蛋白释放到果汁中，从而提高了果蔬汁的蛋白质含量。继续增加超声强度和处理时间（高于 226W/cm²，大于 7min），可以观察到蛋白质含量降低的现象，这可能是由于超声效应导致的蛋白质损失大于了蛋白质的释放所致。

③维生素 C：水果和蔬菜是维生素 C 的良好来源。研究表明，尽管超声处理过程中的产生的自由基造成了维生素 C 的氧化，使维生素 C 含量下降，但其破坏作用仍低于普通热处理。这可能是由于超声处理消除了液体中的溶解氧，同时破坏了抗坏血酸氧化酶，从而减少了空化过程中抗坏血酸的降解。

④多酚：果蔬汁榨取过程中，采用 20~40kHz 的超声连续或脉冲式处理 2~90min，均会提高果蔬汁产品中的多酚的含量，这可能与超声加剧了细胞壁的破坏、促进结合酚类物质的释放有关。Tiwari 等在草莓汁中研究了超声处理对花青素的影响，在较低振幅水平和处理时间内，果汁中天竺葵色素-3-葡萄糖苷含量略有增加；但同时花青素也会由于空化作用产生的高温、高压和自由基而降解，因此其最终效应取决于超声处理的参数。

⑤类胡萝卜素：超声处理后，番茄汁中类胡萝卜素的含量可提高9%。超声处理15min和30min后，类胡萝卜素仍然稳定，这可能是由于空化引起的冲击波和声化学反应导致了类胡萝卜素降解酶的失活。此外，采用酸漂烫和超声处理的联用，果汁中番茄红素、叶黄素等类胡萝卜素总量的增加高于仅超声处理的汁液。

（2）理化特性

①pH：超声处理对果蔬汁pH的影响与果蔬种类和处理方式有关。脉冲超声辅助热提取菠萝汁时，在40~60℃内，pH随温度升高而下降，而脉冲超声辅助提取蔓越莓果汁时，pH随温度升高而上升，这可能与超声处理过程中形成的化学副产物种类（如亚硝酸盐、H_2O_2和硝酸盐等）及含量不同有关。

②混浊度：超声辅助提取会显著增加苹果汁的浑浊程度，这可能是由于超声处理期间，产生的空化效应引起了高的压差，导致果胶等分解成较小的分子而均匀分散在果汁中。超声可以破坏果胶的线性分子，降低果胶相对分子质量并形成较弱的网状结构。

（3）流变特性　Costa等发现采用高强度超声处理菠萝汁可使其黏度下降75%，且超声强度越高，处理时间越长，其黏度越低。超声处理可能给果胶的流变学特性带来影响，随着超声处理时间和强度的增加，凝胶强度降低，凝胶化时间增加。然而，采用超声辅助番茄汁提取，能够提高番茄汁中果胶分子的浓度，使其浓稠，改良番茄汁的品质。因此，超声对果蔬汁流变学的影响，可能与原料中果胶分子的含量、相对分子质量、化学结构和存在形式有关。

（4）感官特性

①色泽：高强度的超声处理会增加细胞内容物的释放，从而影响产品色泽。通常而言，较长时间的超声处理会使果汁具有较低的 L 值（亮度指标），而增加 a 值（红绿指标）和 b 值（黄蓝指标），可能是由于超声处理增加了红色色素和黄色色素的释放，同时增加了其他细胞内容物的释放，而超声空化效应加剧了内容物之间的相互反应，从而降低了果汁的亮度。尽管如此，超声所导致的色泽变化并不十分明显，控制好超声处理参数，可以使果蔬汁的色泽变化降低到肉眼可以识别的阈值以下。值得注意的是，当采用栅栏技术处理果蔬汁时，在紫外和高强度的光脉冲处理后使用超声，会导致显著的 a 值和 b 值下降。

②风味：与未经超声处理的果汁相比，超声处理可能会促进果汁中新化合物的形成和原化合物的消失，其影响程度与超声的振幅水平、处理时间和温度有关。超声波与低压热加工结合处理果汁，果汁中关键芳香化合物的浓度高于巴氏杀菌样品。同样的，与高温短时巴氏杀菌（94℃，26s）相比，热超声处理（55℃，10min）结合脉冲电场（40kV/cm，150μs）对苹果和蔓越莓汁的风味影响没有显著差异。然而，超声结合紫外、光脉冲处理，会明显损害果汁的风味。

三、　超声技术在其他食品加工中的应用

（一）　制糖过程

在制糖生产过程中，由于甘蔗本身带来和环境中存在的微生物使蔗汁中含有大量的微生物，尤其是肠膜明串珠菌（*Leuconostoc mesenteroides*），加剧了蔗汁中蔗糖的转化，带来制糖过程中蔗糖的转化损失。制糖过程中辅助超声处理，在提高原料破碎程度的同时，能够有效杀灭和抑制蔗汁中的微生物，降低蔗糖的微生物转化损失，提高煮炼收回率。

（二） 酸乳辅助干燥

杨菊芳等研究发现超声辅助真空冷冻干燥酸奶的最佳的条件为：超声波功率 55%，超声脉冲（超声时间：间歇时间为 5∶3），超声波作用时间 1.5h，此条件下干燥时间比冷冻干燥缩短了 64.7%（20.58h）。

（三） 超声辅助卤肉制品杀菌

张磊等采用超声波预处理技术提高卤牛肉的杀菌效果，发现 100~500W 的范围内，超声波的功率越大，超声温度越高，杀菌效果越好；随着超声波处理时间和功率的增大，卤肉制品在色泽上得到了改善，细胞破裂导致色素分散，则肉的亮度得到提升，红度值下降；随着时间、功率和水温的增加，菌落总数相较于对照组有所降低，同时改善了肉的嫩度。

四、 超声技术在水处理中的应用

（一） 饮用水

超声紫外协同杀菌可用于饮用水的灭菌。吴木生等优化了超声/紫外对山泉水的杀菌条件，采用自制的超声波紫外线杀菌器，在超声频率 20kHz，功率 500W，紫外线照射剂量 30MJ/cm^2，杀菌时间 10s 的处理条件下，成功对山泉水进行了杀菌并运行。该条件对饮用天然水源水细菌 98.5% 以上的杀菌率，对霉菌及酵母菌也有明显的杀菌效果。

邹华生等在常温下，采用 59kHz、90W 超声场预处理水样 5min，再加入有效氯浓度为 9.0 mg/L 的次氯酸钠溶液反应 30min 的条件，处理肠杆菌菌落数约为 10^4CFU/mL 的水样 5min，水样中大肠杆菌对数灭活率可达 5.02，同时余氯浓度低于 4 mg/L，满足国家饮用水标准。该技术有望用于解决自来水中次氯酸钠大量使用带来的余氯偏高、口感差以及有害消毒副产物三卤甲烷、四氯乙烯等残留的问题。

（二） 循环冷却水

目前，在循环冷却水系统中，抑制菌藻的通行方法是添加杀菌剂和杀藻剂。使用化学杀菌灭藻剂，易产生有毒环境污染物。高丽萍等设计了超声装置，用于超声波全效防垢除垢、杀菌灭藻、除氧，图 5-21 所示为一种超声波联合臭氧为循环冷却水杀菌的装置的基本原理。

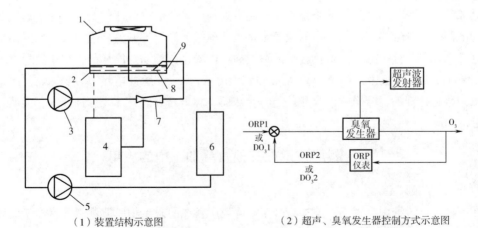

图 5-21 一种用于循环冷却水杀菌的超声-臭氧联合装置

1—冷却塔 2—超声波发生器 3—泵 4—臭氧发生器 5—循环泵组

6—热交换器 7—气水混合装置 8—臭氧注入口 9—集水槽

第七节　超声技术的安全性及应用展望

超声波对微生物的杀灭作用在理论上已得到深入的研究，但超声波杀菌在实际应用上还不广泛，目前主要作为辅助技术。要使超声波杀菌技术得到更加广泛和充分的利用，必须首先在保证操作人员安全和食品安全的基础上，设计高频率、高强度的超声波源。探索能简便产生超声波且价格低廉的方法，对于实现超声技术在食品保藏中的工业化应用具有重要意义。

一、超声技术的安全性

由于超声具有空化作用、机械效应、热效应、化学效应和生物学效应等，尤其超声波广泛用于临床诊断，超声对人体的影响一直受到人们的关注。

国内外对超声波安全性进行了大量流行病学调查和动物实验研究，涉及神经、卵巢、睾丸、脑、肾等多个方面，研究结果存在一定差异。正在发育的感觉器官、生殖腺、神经组织对超声波十分敏感。人体组织中，超声波的传播随距离增加而减小，一是受超声反射与折射的影响，二是组织吸收超声波时产生热量，局部组织温度升高，超声波衰减。超声在人体组织中的传播特点与组织特性、超声声强、超声脉冲重复频率有关。对人体而言，超声时间长、声强低时，引起损伤的主要机制是热效应；超声时间短、声强高时，引起损伤的主要机制则是瞬态空化。人体蛋白尤其是胶原组织具有较强的吸热性能，因此，骨骼、脂肪、肌腱等组织的超声热效应现象比较明显，与骨骼相近的组织也会受到一定影响。骨骼的吸热性最强，其次依次为皮肤、肌腱等。超声波对生物膜的物质传输能力也具有较大的影响。

此外，超声波的声强足够大时，会产生较大的剪切力，生物组织的机械运动会超过其弹性限度，导致组织粉碎或断裂。

二、存在的问题与发展趋势

在超声辅助干燥方面，超声辅助热风干燥是相对更易工业化的技术，但超声对热风干燥影响的基础问题仍未解决，如下所示。

（1）超声在热风干燥系统中的声学传播规律　超声在气体中传播与在液体中传播存在明显不同，特别是热风和物料的性质对超声波的传播影响很大，因此不能简单借鉴超声在液体中的传播规律。只有获得超声在热风干燥系统中的关键性声学参量值，才能为超声有效强化热风干燥过程提供理论指导。

（2）超声在热风干燥中的作用效应　超声对液体介质的强化作用主要由于其在液体介质中产生的空化效应，而超声在气体介质中并不能产生空化效应。那么在热风干燥中，超声波在气-液-固三相共存体系中产生空化效应的特点，以及超声在气-液-固三相共存体系中提高干燥效率的作用机制仍有待研究。

（3）超声场对热风干燥中的温度场、能量场、动量场的影响　现有研究主要集中在超声辅助热风干燥的工艺参数影响，尚未深入研究超声效应、热风干燥参数、物料特性等因素之间的关联，并基于此建立起超声场、温度场、能量场、动量场的相互作用关系，实现超声强化传质、传热作用的最大化利用。

此外，超声等非热加工技术的应用，通常以保持食品更高的营养与感官品质为目的，了解其对食品品质的影响，对于设计和优化技术参数以生产高标准产品至关重要。而超声处理对于食品本身质量变化的影响和潜在机制尚需要更为明确的研究结果，对于不同的食品品类，如牛乳、果汁等，超声处理对品质的影响以及导致品质变化的机制有待系统的研究和总结。还需要在上述研究的基础上，根据细分食品品类进行工艺、设备的设计和优化，以最大限度地发挥其作为非热能技术的潜力，有利于超声技术在食品工业中的规模化应用。

第六章

CHAPTER

6

臭氧杀菌技术及其在食品保藏中的应用

第一节　概　　述

目前，食品工业发展面临的主要挑战是生产更安全、更健康、更高品质的食品，以满足当代消费者的需求。虽然目前已有很多加工保藏技术能有效地控制食品中微生物的生长，并能保证食品成分的完整性，然而，食品安全依然是食品工业生产中最重要的目标之一。在现有的能有效保障食品安全和品质的方法中，臭氧处理便是其中之一。

臭氧处理是将受污染的食品（水果、蔬菜、饮料、香料、肉类、鱼类等）暴露于臭氧化水或臭氧气体中进行处理的一种化学杀菌方法，它对食品中微生物的灭活作用是在恒定的压力、流速和特定的臭氧浓度下实现的。此外，由于其显著的氧化特性和广谱的抗菌活性，臭氧处理被广泛用于食品保藏中。

臭氧处理不仅能有效地延长食品保质期，而且经处理后的食品的营养、物理和化学性质不会发生显著改变。臭氧（O_3）的强氧化性可有效使大部分常见的细菌、真菌、病毒、原生生物等在较低的处理浓度和较短的暴露时间内失活；而且，相较于其他化学消毒剂，臭氧在处理过程中不会产生有毒物质，是一种环保型消毒剂。2001 年，美国食品和药物管理局（Food and Drug Administration，FDA）批准臭氧作为杀菌剂在肉类和家禽类加工业中使用，进一步促进了臭氧在食品工业中的应用。目前，臭氧作为化学杀菌剂在食品加工业中已被广泛的研究应用。

第二节　臭氧杀菌技术概述

1785 年，德国科学家 Van Marum 偶然发现在雷雨后的清新空气中含有特殊的鱼腥味，并首次通过用大功率电机进行试验，发现当空气流过一串火花时，同样会产生这种特殊气味。1840 年，德国科学家 Schonbein 通过做电解和电火花放电试验后，正式确定并命名这种新发现的特殊气味的气体称为 "Ozone"，臭氧（O_3），该词是依据希腊语 "Ozein"（难闻）

一词音译而来。此后，来自欧洲的科学家率先开始了对臭氧特性及其功能的研究，在发现其广谱灭菌效果后，开始了工业化生产。1893年，臭氧首次在荷兰大规模应用于水处理。1902年，德国帕德博恩建立了第一座用臭氧处理水质的大规模水厂，开创了臭氧化水处理的先河。1904年，欧洲首先采用臭氧处理对牛乳、肉制品、奶酪等食品进行保鲜。1906年，臭氧也在法国尼斯用于饮用水的处理。至此，臭氧已经在许多领域得到应用，包括1909年在德国用于肉类保存，1936年在法国用于贝类净化，1939年用于预防酵母和水果霉菌，1942年在美国用于贮藏鸡蛋和奶酪，1957年在德国用于饮用水中铁和锰的氧化，1965年在瑞士用于微量污染物如酚类化合物和几种农药的氧化，1965年在英国、爱尔兰用于控制水表面的颜色，1970年在法国用于控制藻类的生长。1997年，美国电力研究院组织专家对臭氧在食品加工方面的安全性问题、应用领域等方面开展研究。研究发现，臭氧作为消毒杀菌剂应用时，符合通用安全标准要求（generally recognized as safe, GRAS）。自此，美国食品与药品管理局明确表明臭氧可作为一种食品添加剂，安全、有效地应用于食品工业，这对臭氧技术的应用起到了有效的促进作用。20世纪末，臭氧处理已被广泛应用于饮用水处理、医药、水产养殖、食品加工等。目前，在我国，臭氧处理已经广泛应用于生活饮用水处理、废水处理、烟气脱硝、纸浆漂白、精细化工、食品及饮料杀菌等领域。

臭氧具有杀菌、杀虫、灭酶、降解农药、净化水质等作用，是一种高效、广谱杀菌剂。由于臭氧在处理过程中，可在半小时后分解为O_2，不会残留任何有毒有害物质。因此，臭氧是目前世界上最洁净的环保型消毒剂，其安全性和可靠性已被充分肯定。迄今为止，臭氧对各类生物体的杀菌效果已经被研究报道，其中包括革兰阳性细菌、革兰阴性细菌，以及孢子和营养细胞等。Restaino等研究了臭氧处理对食源性病原菌的杀菌作用，研究表明臭氧能有效地杀灭单增李斯特菌、金黄色葡萄球菌、蜡状芽孢杆菌、粪肠球菌等革兰阳性细菌，以及铜绿假单胞菌、小肠结肠炎耶尔森菌等革兰阴性菌；而且他们进一步的研究发现，臭氧能破坏酵母白色念珠菌、接合酵母杆菌和黑曲霉的孢子。Khadre和Yousef通过比较研究，发现臭氧比H_2O_2能更有效地杀灭食源性芽孢杆菌的芽孢。臭氧强大的氧化能力，不仅能有效地杀灭微生物，而且已被证明能有效杀灭病毒。其中，包括委内瑞拉马脑脊髓炎病毒、甲型肝炎、甲型流感、水泡性口炎病毒和传染性牛鼻气管炎病毒以及噬菌体。

臭氧杀灭微生物的作用机制是首先作用于微生物细胞膜，使细胞膜结构损伤，导致细胞内容物外泄，从而阻碍细菌的新陈代谢；其进一步渗透进胞内，破坏膜内细胞器等组织，最终导致细胞死亡。臭氧处理能有效地杀灭金黄色葡萄球菌、粪链球菌、大肠杆菌、铜绿假单胞菌等病原微生物，其杀灭率可达99%以上；它也可通过直接破坏核酸（DNA或RNA）等物质，杀灭感冒、肝炎等病毒；臭氧也被证明可杀灭支原体、衣原体、芽孢和真菌，还能破坏肉毒杆菌毒素等。

臭氧具有强氧化性，其氧化能力比氯高一倍，灭菌比氯快300~600倍，是紫外线的3000倍。由于臭氧的强氧化性，其杀菌作用具有高效性，可迅速杀灭各类微生物。当浓度超过一定剂量时，杀菌过程可在瞬间完成。在相同时间内，对大肠杆菌杀灭率为99%的要求下，所需臭氧的剂量为氯的$4.8×10^{-5}$倍。

第三节　臭氧杀菌技术原理与杀菌效果

一、臭氧的性质

（一）臭氧的物理性质

臭氧又称超氧、高能氧、三原子氧，是一种在常温下具有刺激性、腥臭气味的极不稳定气体，分子式为 O_3，相对分子质量为 48.0，其 4 种分子结构如图 6-1 所示。较低浓度的臭氧为无色，高浓度则呈淡蓝色，而液态臭氧为深蓝色，固态为紫黑色。在一个标准大气压下、0℃ 时的密度为 2.14g/L，沸点为 -111.9℃，熔点为 -192℃。臭氧微溶于水，在一个标准大气压和 0℃ 下，其溶解度为 641 mg/L，比 O_2 高 13 倍，比空气高 25 倍（表 6-1）；而纯臭氧通入蒸馏水中，0℃ 下的溶解度为 1372 mg/L，并且随温度的升

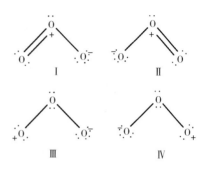

图 6-1　臭氧的化学结构式

高，溶解度降低。臭氧能吸收大部分短波光线，在可见光谱区的最大吸波长范围 560～620nm，在紫外光谱区为 220～330nm。目前最常用的表示臭氧浓度的单位是 mg/m^3，溶于水中臭氧浓度单位最常用的表示则为 mg/L。

表 6-1　　　　　　　　　　　臭氧的物理性质

指标	参数
相对分子质量	48
密度/（kg/m^3）	2.14
沸点/℃	-111.9
熔点/℃	-192
临界温度/℃	-12.1
临界压力/MPa	5.5
氧化电势/V	-2.07
0℃ 水中的溶解度/（g/L）	0.640
15℃ 水中的溶解度/（g/L）	0.456
40℃ 水中的溶解度/（g/L）	0.112
60℃ 水中的溶解度/（g/L）	0.000

（二）臭氧的化学性质

（1）臭氧的分解　臭氧的化学性质极不稳定，易在空气和水中慢慢分解，最终生成 O_2。

在分解过程中，会伴随着大量的热量释放；若其浓度达到 25% 以上，易发生爆炸。一般而言，臭氧处理过程中，它在空气中的比例一般不超过 10%；它在饮用水处理的应用时间最长，迄今并未有一例关于臭氧爆炸的安全事故发生。

不同浓度的臭氧在不同环境条件下完全分解所需的时间会有所差异。在常温常压的空气中，1% 以下的臭氧分解半衰期在 16h 左右。其分解速率随温度的升高而加快，当温度超过 100℃ 时，分解剧烈；当温度达到 270℃ 时，可瞬间分解为 O_2。此外，它在水中的分解速度比在空气中的分解速度快很多。其在水中的分解速度主要受水质、温度和 pH 的影响，水温越高、pH 越高，分解越快；在有杂质的水中可迅速分解成 O_2。例如，它在水中浓度为 6.25×10^{-5}mol/L（3 mg/L）时，其分解半衰期在 5~30min；然而在超纯水中，分解 10% 则需要 85min。倘若水的温度越低（接近 0℃ 时），臭氧便会变得更加稳定。

一般而言，为了其提高利用率，要求臭氧在水处理应用中分解速度慢一点。然而，由于臭氧会对环境造成污染，因此，在废气处理时需要加快臭氧分解速度。

（2）臭氧的氧化能力 从表 6-2 中可看出，臭氧的氧化还原电位仅次于氟，高于氧、氯、高锰酸钾等常见的氧化剂，说明其氧化性极强。此外，臭氧反应后的产物为 O_2，因此，臭氧可作为一种高效的、无二次污染的氧化剂应用于现代工业。

表 6-2 氧化还原电位比较

名称	分子式	标准电极电位/mV	名称	分子式	标准电极电位/mV
氟	F_2	2.87	二氧化氯	ClO_2	1.50
臭氧	O_3	2.07	氯	Cl_2	1.36
过氧化氢	H_2O_2	1.78	氧	O_2	1.23
高锰酸钾	MnO_4^-	1.67			

（3）臭氧的腐蚀性和毒性 由于臭氧很强的氧化性，它对除金和铂外的所有金属都有腐蚀作用。常见的食品工业设备原材料如铝、锌、铅等，若与臭氧接触，会发生强烈氧化，但臭氧对含铬铁的合金基本不起作用。因此，工业生产中一般采用不锈钢（含 25% 铬的铬铁合金）制造臭氧发生设备和臭氧直接接触的相关部件。

除了对大部分金属有很强的腐蚀作用外，臭氧同样对非金属材料也有很强的腐蚀性。因此，在臭氧发生设备和计量设备中，须使用比聚氟乙烯更强的耐腐蚀性材料生产相关设备，如硅橡胶等。

当臭氧的浓度为 3mg/m³ 时，会对人的眼、鼻、喉会有刺激感；当浓度在 3~30mg/m³ 范围时，人体会出现头疼、呼吸器官局部麻痹等症状；当臭氧浓度达到 15~60mg/m³ 时，则会对人体生命造成危害。臭氧的毒性还与人的接触时间有关，若人长期接触浓度在 8.56mg/m³ 以下的臭氧，会引起人的心脏永久性障碍；反而，如果接触浓度在 42.8mg/m³ 以下的臭氧时间不超过 2h，却对人体不产生永久性危害。因此，人体接触臭氧的浓度被规定为 0.214mg/m³，接触时间为 8h。

二、臭氧的反应

（一）与无机物的反应

（1）臭氧与亚铁反应

$$Fe^{2+} + O_3 \rightarrow Fe^{3+} + O_2$$

（2）臭氧与 Mn^{2+} 反应

$$Mn^{2+} + O_3 + H_2O \rightarrow MnO_2 + H^+ + O_2 \ （易）$$

$$Mn^{2+} + O_3 + H_2O \rightarrow MnO_4^- + H^+ \ （难）$$

（3）臭氧与硫化物反应

$$H_2S + O_3 \rightarrow SO_2 + H_2O$$

$$H_2S + O_3 \rightarrow H_2SO_4$$

（4）臭氧与硫氰化物反应

$$CNS^- + O_3 + OH^- \rightarrow CN^- + SO_3^{2-} + O_2 + H_2O$$

$$CN^- + SO_3^{2-} + O_3 \rightarrow CNO^- + SO_4^{2-} + O_2$$

（5）臭氧与氰化物反应

$$CN^- + H^+ + H_2O + O_3 \rightarrow N_2 + O_2 + H_2CO_3$$

（6）臭氧与氯反应

$$Cl_2 + O_3 \rightarrow ClO_2 + Cl_2O_7$$

（二）与有机物发生的反应

（1）臭氧易与具有双键的烯烃化合物发生反应，反应如下。

式中 G 代表—OH、—OCH₃、—OCCH₃ 等基团。其反应产物为单体的、聚合的或交错的臭氧化物混合体。臭氧化物分解成醛和酸。

（2）臭氧和芳香族化合物的反应较慢，在苯、萘、菲、嵌二萘、蒽系列中，其反应速度常数逐渐增大。其部分反应如下。

（3）与核蛋白或氨基酸的反应　臭氧与核蛋白或氨基酸的反应如下。

$$R_2S + O_3 \longrightarrow R_2\overset{\overset{O}{\|}}{S}\text{—OH}$$

$$O(\text{⬡})_3P + O_3 \longrightarrow (\text{⬡} O) + P^+O^-$$

$$R_3N + O_3 \longrightarrow R_3N^+ + O^-$$

$$R_2N\text{—}CH_2R + O_3 \longrightarrow R_2\overset{\overset{OH}{\|}}{N}\text{—}CH_2R$$

（4）与有机氨的氧化反应　臭氧能与有机氨发生氧化反应，其反应如下。

$$\underset{R}{\overset{H}{\underset{\|}{N}}}\text{—OH} \longrightarrow \underset{R}{\overset{H}{\underset{\|}{N}}}\text{=O} \longrightarrow \underset{R}{\overset{OH}{\underset{\|}{N}}}\text{—OH}$$

$$R_2\overset{\overset{OH}{|}}{\underset{\underset{H_2}{|}}{C}}\text{—R} + O_3 \longrightarrow R_2\overset{\overset{H}{|}}{N}\text{=C—R} + R\overset{\overset{O}{\|}}{C}\text{—OH}$$

（氨基醇）　　　　　　　（氨基醛）　（有机酸）

三、 臭氧对微生物的杀菌效果

　　臭氧对微生物杀菌是一个复杂的过程。臭氧能攻击细胞膜、细胞壁、细胞质、内孢子层、病毒衣壳和病毒包膜中的各种成分。臭氧强大的抗菌性能是由于其高氧化电位和通过生物膜扩散的能力。一般来说，所有微生物都对臭氧具有固有的敏感性。霉菌比酵母菌更具抗性，酵母菌比细菌更具抗性，而革兰阴性菌比革兰阳性菌更敏感。与营养细胞相比，臭氧对真菌和细菌芽孢的杀灭有效性较低。病毒对臭氧的敏感性类似于细菌，而噬菌体表现出最小的抗性。此外，有研究证明臭氧可通过完全降解常见霉菌毒素或引起这些毒素的化学修饰来解毒，从而显著降低相关微生物的生物毒性。

　　实验条件对抗菌效果具有显著影响。目前，已有很多研究报道臭氧对与食物有关的微生物的影响，研究表明臭氧处理后大肠杆菌菌落总数降低的范围为0.5~6.5个数量级，具体范围取决于臭氧处理的剂量（4.4~800 mg/L）和处理持续的时间（30~120s）。此外，Dave等研究表明臭氧对细菌的灭活效果与其环境介质直接相关。经1.5 mg/L低浓度的臭氧处理后，蒸馏水中肠炎沙门菌的菌落总数减少了6个百分点。在另一项研究中，对肉鸡皮肤接种肠炎沙门菌并暴露于臭氧-空气混合物（臭氧质量分数为8%），处理15s后肠炎沙门菌菌落总数下降了1个数量级。Restaino等通过实验证实，革兰阳性细菌如单增李斯特菌对臭氧化水的敏感性高于革兰阴性菌（大肠杆菌、小肠结肠炎耶尔森菌）。在实际观察中，臭氧处理后的革兰氏阴性细菌中发生了脂蛋白和脂多糖层的分解，从而引起细胞通透性增加，最终导致细胞裂解。

　　相比细菌芽孢和营养细胞对臭氧暴露的敏感性，芽孢对臭氧更具抗性。而多层芽孢层是抵抗臭氧的主要屏障。因此，臭氧处理与另一种破坏性因素相结合被认为可用来增强细菌芽孢灭活效力。Naitoh研究证实，臭氧处理（10.7~107mg/m³、1~6h）结合加入抗坏血酸或异抗坏血酸，可以显著减少枯草芽孢杆菌芽孢的数量。此外，他还提出气态臭氧和紫外线辐射共同处理芽孢，可有效地缩短臭氧接触时间。Guzel-Seydim等研究了食物成分如脂肪、蛋白质、碳水化合物对杀菌细胞抗臭氧能力的影响，其中，分别以C类无菌缓冲液、搅打奶油、

1%刺槐豆胶、可溶性淀粉和酪蛋白酸钠溶液为基质条件下，研究了 4 mg/L 剂量的臭氧处理 10min 对嗜热脂肪芽孢杆菌芽孢、大肠杆菌营养细胞和金黄色葡萄球菌的灭菌效果。结果表明，与缓冲液对照相比，淀粉对臭氧处理营养细胞损伤没有保护作用，刺槐豆胶具有与缓冲液对照相同的保护水平，而酪蛋白酸钠和搅打奶油则能最大程度的保护细菌免于臭氧损伤。实验还观察到芽孢杆菌的外芽孢组分有降解，表明臭氧处理可使芽孢杆菌芽孢失活。主要是因为芽孢层占有几乎 50% 的芽孢体积，从而防止芽孢皮层和核心暴露于臭氧作用中。

此外，臭氧对真菌具有杀菌活性。Freitas-Silva 和 Venancio 认为，臭氧处理导致真菌失活机制与膜完整性损伤有关。与细菌相似，不同种类的霉菌对臭氧具有不同的敏感性。Palou 等比较了臭氧处理对意大利青霉菌和指状青霉菌生长的影响。结果表明，臭氧处理后，意大利青霉菌生长受到影响而被抑制，而指状青霉菌则表现为对臭氧处理的抗性。数据表明气态臭氧通常用于抑制霉菌生长。Zorlugenc 等在一项比较研究中，调查了臭氧化气体和臭氧化水在抑制霉菌生长和除去干无花果中黄曲霉毒素 B_1 的有效性。结果表明，在减少毒素方面，臭氧气体比臭氧化水更有效，而臭氧化水在抑制霉菌生长方面更有效。一些研究人员认为，臭氧可能是其他熏蒸方法的替代物。Ewell 研究了臭氧处理对保质期产品微生物的影响，结果表明经不同浓度臭氧（$1.28 \sim 3.21 \text{mg/m}^3$）处理后，在 0.6℃ 和 90% 相对湿度贮藏条件下，经臭氧处理的鸡蛋比未经臭氧处理的鸡蛋中霉菌数量明显减少；在相同的贮藏条件，经不同浓度（$5.35 \sim 6.42 \text{mg/m}^3$）的臭氧处理可有效控制牛肉中霉菌的生长。更重要的是，臭氧处理可有效灭活酵母菌，且酵母比霉菌对臭氧更为敏感。Restaino 等研究证明，使用臭氧化水可使白色念珠菌和拜氏接合酵母的菌落总数至少降低 4.5 个数量级，而在臭氧处理 5min 后的黑曲霉孢子数量仅减少了约 1 个数量级。

四、　臭氧的杀菌作用机理

臭氧具有广谱抗菌活性，是由于其高反应性而产生的。由于液态和气态臭氧的不稳定性，臭氧会分解成羟基、氢过氧基和超氧自由基，这些臭氧分解过程中产生的高反应性副产物是潜在抗菌活性的来源。

臭氧杀菌是一个复杂的过程，因为它涉及臭氧对细胞膜成分（如蛋白质、呼吸酶、不饱和脂肪酸）、细胞被膜（如肽聚糖）、细胞质（如酶、核酸）、芽孢层和病毒衣壳（如蛋白质和肽聚糖）的攻击。臭氧可能有两种主要的微生物灭活机制，第一种是包括酶、肽和蛋白质中的巯基和氨基酸在臭氧处理过程中被氧化产生短肽，引起细菌代谢紊乱，最终死亡；而第二种机制涉及将多不饱和脂肪酸氧化成过氧化物。也有研究认为微生物失活是由于细胞膜受损或破裂，导致细胞内容物渗漏和细胞裂解，最终导致细菌死亡。

臭氧对细菌的破坏作用包括细胞壁、细胞质膜和细菌 DNA 结构的连续破坏，导致无法抵抗臭氧攻击。第一步包括细菌细胞壁的分解，细胞壁中的细胞质膜是由磷脂组成的，磷脂含有多元不饱和脂肪酸，这些化合物由于臭氧作用而发生过氧化反应，导致不饱和脂肪酸或其残基在自由基的作用下氧化，并形成这些化合物的过氧化物。在起始阶段，由于臭氧的强氧化活性，从其余的不饱和脂肪酸分子中夺去一个氢分子。然后，在没有氢原子的碳原子中形成一个带有未配对电子的烷基自由基。下一阶段涉及双键的重排，从而促进共轭键的形成。在初始阶段后，脂质经一系列化学反应完全被过氧化。过氧化产物改变了细胞膜的物理性质，导致其去极化并抑制膜酶和转运蛋白的活性。此外，当对细胞的直接破坏不够有效时，臭氧的强氧化性也能导致氨基酸、蛋白质以及核酸氧化，从而导致细胞失活。然而，臭氧对细胞膜的破坏是导致继发性 DNA 损伤及最终导致细胞死亡的主要原因。

第四节　臭氧杀菌技术工艺与设备

一、　臭氧杀菌技术的特点

臭氧杀菌技术作为一种高效、环保的杀菌技术，与常见的杀菌技术，如高温杀菌、紫外线杀菌、化学药剂杀菌等相比，具有诸多优点。

（一）　广谱杀菌

臭氧是一种广谱杀菌剂。臭氧能在短时间内有效地杀灭细菌、真菌和病毒等相关微生物，其中包括金黄色葡萄球菌、沙门菌、痢疾杆菌、伤寒杆菌、大肠杆菌、蜡杆菌、巨杆菌、流脑双球菌、流感病毒、肝炎病毒等。而且，对于细菌芽孢、原生孢囊、真菌孢子等，同样可经臭氧长时间处理达到杀菌的效果。

（二）　灭菌效率高

当灭菌剂的浓度为 0.3 mg/L，为确保菌体灭活率达到 99%时，所需二氧化氯的处理时间为 6.7min，碘处理所需时间为 100min，而用臭氧处理只需 1min 即可达到相同的效果。就对大肠杆菌的灭活效果而言，臭氧处理的效果更好，当浓度为 0.9 mg/L，细菌灭活率达到 99.99%时，臭氧处理只需 0.5min，而二氧化氯处理则需 4.9min，两者的处理时间相差 8.8 倍。南京军区军事医学研究所和南京空军医院就臭氧处理和紫外线照射对空气中微生物的杀灭情况做了对比研究，结果如表 6-3 所示。从表 6-3 可以看出，在相同的处理剂量和处理时间内，臭氧处理的杀菌效果远大于紫外线的杀菌效果。

表 6-3　　　　紫外线照射和臭氧消毒对空气中微生物的杀灭率对比试验结果

消毒方法	微生物杀灭率/%				
	10min	20min	30min	40min	50min
紫外线照射	30.4	57.2	60.1	67.4	69.0
臭氧消毒	85.9	97.5	100	100	100

（三）　无残留

臭氧是一种不稳定、化学性质活泼的气体，极易自行分解成氧。在处理过程中不产生任何残留，也无任何新物质生成，不会造成二次污染，是一种非常干净的消毒剂。

（四）　无消毒死角

常用的消毒剂如紫外线、高锰酸钾、漂白粉等由于其使用特点，有消毒死角，从而导致消毒不彻底。而臭氧在通常情况下是气态的，易于扩散流动，对可与空气接触的地方都能有效地进行消毒处理，不会有消毒死角。

（五） 无需高温处理

臭氧杀菌是一种冷杀菌技术，主要利用其强氧化性，达到杀菌的作用。较传统的高温杀菌技术相比，它可有效地保障食品安全及并维持食品原有的感官性状。由于臭氧的强氧化性，能与导致水有臭味的有机化合物和有色有机物反应，也能与亚铁和亚锰发生氧化反应，形成不溶性氧化物沉淀，然后通过沉淀和过滤除去，从而起到脱色、脱臭、除味的目的。

（六） 使用方便

臭氧发生器一般采用壁挂式安装，根据调试验证的灭菌浓度以及时间，设置发生器的开启以及运行时间，操作方便。

二、 臭氧制备技术

（一） 臭氧制备

臭氧有不同的产生方式。这可能是由于空气或其他含有氧的气体混合物暴露于高能电场（电晕放电法）、紫外线辐射（植物化学法）或氧分子（O_2）到臭氧（O_3）（化学方法）。由于臭氧能迅速降解为 O_2，因此必须在使用前生成。由于无法积累，必要时需要连续生产臭氧。臭氧生成方法包括电解、元素磷与水的反应以及放射化学生产。但这些生产方法对于食品行业而言效益不高，或仅处于早期的发展阶段。通常，在实践中仅使用两种方法：光化学和电晕放电。尽管两种方法都在食品工业中有应用，但第一种是更适合生产臭氧。两种制备方法在食品工业中的应用各有优缺点，具体如表6-4所示。

表6-4 用于食品工业中的臭氧制备技术

光化学制备技术		电晕放电制备技术	
优点	缺点	优点	缺点
低副产物的产生		高臭氧剂量	
产量几乎不受湿度的影响		在水溶液中应用更有效	
低成本	产率不高	快速去除有机物异味	高成本 高投入
设备简易		使用周期长期，无需维护	
低投入		应用更广	

电晕放电技术的主要原理是使干燥、无尘、无油空气或含氧气体混合物或 O_2 本身通过被介电材料（通常是玻璃）隔开的两个电极之间的高能电场的空间。当气体通过电场时，氧分子被分解成氧原子（O），并且形成非常活泼的原子态的氧自由基，这些氧自由基与剩余的氧分子（O_2）结合能够生成臭氧（O_3）。

一个电极是接地介质，另一个是电介质。重要的是控制处理过的气体温度，因为臭氧可通过加热分解，即可能发生吸热反应。如果超过所施加能量的80%，则将其转化为热量；如果热量不除去，特别是温度在35℃以上，臭氧自发降解成氧离子和氧分子。因此，为了防止这种分解，臭氧发生器必须配备电极冷却系统（如图6-2所示）。此外，臭氧形成的熵较高，且不利于反应的进行。因为该反应的标准生成焓很高，所以不能通过调节温度来激发 O_2 生成臭氧。

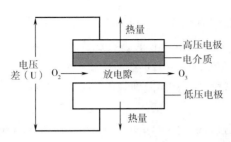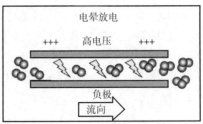

图 6-2　电晕放电技术图示

如果使用干燥空气，从臭氧发生器排出的臭氧和气体的混合物则包含 1%~3% 的臭氧，而当使用高纯度 O_2 作为进气源时，臭氧含量可达 3%~6%。在 5000V 的电晕形成时，同心管或平板之间会生成臭氧，其次放电间隙中的氧分子会被转换成臭氧。该技术的特点是在含气间隙的两端形成一个电压梯度，当电压梯度超过临界值时则低压放电。

紫外线技术是用 140~190nm 波长的紫外线来形成臭氧，特别是使用低压汞灯来处理空气生成臭氧。在氧分子的光解过程中，其中一些氧气（O_2）被分裂成不稳定的氧自由基原子（$O \cdot$），所产生的游离氧自由基原子附着在 O_2 分子上，并与其反应，从而形成臭氧分子（O_3）。高透射紫外线灯最重要的优点是汞放电的发射光谱，有两个波长为 185nm 和 254nm 的高效率共振线。波长为 185nm 的光子是产生（或形成）臭氧的主要原因；另一条波长为 254nm 的紫外光谱会改变微生物的 DNA，从而损害其繁殖能力。主要用于灭活微生物的波长为 254nm 的紫外光谱在臭氧生成中是无用的，因为臭氧在该波长下会被破坏，因此，产生臭氧的紫外波长为 185nm。将空气作为进气通过高能 UV185 系统，但由于这种臭氧产生方法效率低，其应用非常有限。如果出于工业目的以这种方式生产臭氧，则在封闭系统中，以在空气中约 $0.064mg/m^3$ 的低浓度 O_2，通过 185nm 波长辐射产生。

（二）　食品加工业臭氧处理设备

臭氧处理可采用臭氧化水和臭氧气体两种形态应用于食品加工工业。在实际应用中，臭氧处理系统的基本组成部分包括：气体（空气或纯氧）、臭氧发生器电源、接触器（用于产生臭氧化水）、反应器、剩余气体消除单元和臭氧分析仪。通常在电晕放电型发生器中，干燥的空气或纯氧作为氧源转化成臭氧。如果使用空气，则必须将其冷却至 -65℃ 的冷凝点，以提高臭氧处理的效力，并防止形成腐蚀电极的氮氧化物。通常来说，起分子屏作用的沸石塔能通过禁止空气中形成氮化合物来生产纯氧。由于在超过 30℃ 的温度下臭氧会迅速分解成 O_2，因此在臭氧产生过程中空气应该冷却。在臭氧处理期间，设备通常以低频率（50~60Hz）和高电压（>20kV）运行，但先进的产生技术需要更高的频率（1000~2000Hz）和较高的电压（10kV），以确保臭氧处理的有效性。用于水处理的臭氧系统使用接触器将产生的臭氧转移到水中进行消毒。根据臭氧处理的目的，接触器主要有带气泡扩散室和含有涡轮搅拌反应器两种。带有气泡扩散器的多柱接触器是一种有效的转换设备。此外，任何接触室、涡轮扩散器和静态搅拌器都可能有助于加速气态臭氧的生成，以确保其充分混合和最大限度地接触。臭氧处理后，出于安全考虑应对多余的臭氧进行清除。在大型处理厂，臭氧可以用空气稀释，或通过催化分解，或用湿颗粒的活性炭吸收。

Brodowska 研究小组提出了臭氧处理实验室气体介质设备的简化方案（图 6-3），涉及臭氧对受污染的植物材料的处理。该设备允许在反应器（包括圆柱形玻璃和钢室）中进行臭氧处理，其中用臭氧和 O_2 混合物连续处理污染的样品。一方面，该装置配备有一个带有摇动和旋转机构的控制系统，与反应器直接连接，从而加强了植物材料在室内的运动，臭氧分析仪分析确定入口和出口处的臭氧浓度。另一方面，臭氧化水处理装置由类似的元件组成（图6-4），但需对反应器中样品溶液的 pH 进行实时控制。

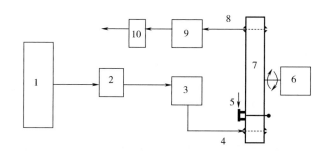

图6-3　实验室条件下的气相臭氧处理系统

1—氧气瓶　2—臭氧发生器　3，9—臭氧分析仪　4—臭氧入口　5—臭氧处理材料的供应和处理
6—带震动和旋转的控制系统　7—反应器　8—臭氧出口　10—剩余气体消除单元

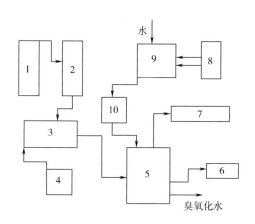

图6-4　水相臭氧处理系统

1—氧气瓶　2—臭氧发生器　3—臭氧溶解装置　4，10—泵　5—溶样器　6—臭氧监测仪
7—臭氧分解催化装置　8—冷却装置　9—水容器

（1）臭氧化水　臭氧化水常被用于水的消毒和净化。溶解在水中的臭氧比溶解在 O_2 或空气中的臭氧会更快地衰减。臭氧在水中的溶解度是 O_2 的 10 倍，在 20℃、101.3kPa 条件下，氧气在水中的溶解度为 1.0×10^{-3} mol/dm^3，而臭氧此时在水中的溶解度则为 1.2×10^{-2} mol/dm^3。臭氧在 pH 小于 7 的水中溶解，不与水反应，且以分子形式存在。水溶液 pH 的增加会引起臭氧的自发分解，从而导致产生高活性的自由基，如羟基自由基、氧和氢氧根离子，特别是在水溶液 pH 大于 7.5 时，臭氧的分解速率更快。而对于羟基自由基（2.80V），氧化电位比臭氧（2.07V）高。在 pH 为 8 时，几乎一半的臭氧被分解成各种中间形式和 O_2，分解时间不超过 10 min。臭氧衰减导致产生以下自由基：过氧羟自由基（·HO_2）、羟基

（·OH）和超氧化物（·O_2^-）。在水相中的臭氧的稳定性是由水质和纯度决定，它会在几秒到几小时内衰变。不纯溶液中臭氧降解的速率高于纯水中臭氧的降解速率。Hill 和 Rice 经实验证实，臭氧在 20℃的蒸馏水中，20min 内就分解了 50%；而在 20℃的双蒸水中，85min 内仅分解了 10%。在天然水体中，臭氧衰减最初是以臭氧浓度快速下降为主要特征，然后出现臭氧衰减阶段。将臭氧浓度从 50%降低到 25%所需的时间则被称为二次半衰期。一般而言，在室温下，浓度为几个百分比（以重量计）的蒸馏水中的臭氧半衰期约为 20~30min。在蒸馏水和环境温度下，在 pH10 时臭氧的二次半衰期约为 25s，在 pH7 时臭氧的二次半衰期约为 17min，在 pH4 时二次半衰期则增加至 7h。臭氧溶解度也受温度的影响，水温越高，其溶解度越低。例如，臭氧在 0℃下比在 60℃下更易溶于水。除 pH 的影响外，水相中的臭氧稳定性也受到碱性溶液（如碳酸盐浓度）以及有机物含量的影响。臭氧在较高的 pH、较高有机物含量和有碳酸盐存在的水溶液中寿命较短。另外，就安全性而言，与相对安全的气态臭氧相比，液态臭氧即使在很低的温度下也可能爆炸。

（2）臭氧处理期间在水中反应过程 臭氧在水中通过间接反应衰变成未配对的电子—羟基（·OH）自由基。羟基自由基具有比臭氧更强的氧化能力。大多数短寿命化合物由于其不稳定性，会直接与另一种分子反应以回收缺失的电子。臭氧氧化过程中的反应途径可能非常复杂，从而形成主要的高反应性物质。

Gottschalk 和 Sehested 两个研究团队描述了臭氧氧化过程的间接反应的一个模型过程，包括以下几个步骤：引发、自由基链式反应和终止。

第一步反应引发涉及到由引发剂引发的臭氧分解，例如羟基分子。

首先，氢氧根离子与臭氧发生反应，形成一个 O_2^{-o} 阴离子和一个 HO_2^o 基团：

$$O_3 + OH^- \rightarrow O_2^{-o} + HO_2^o$$

这种自由基在 pKa=4.8 处有一个酸碱平衡，但当超过这个值时，羟基自由基只形成一个 O_2^{-o}，这就是它不再继续分解的原因：

$$HO_2^o \rightarrow O_2^{-o} + H^+$$

第二步是在羟基自由基形成的自由基链式反应中进行。

在此反应过程中，只有一个 O_2^{-o} 阴离子与臭氧发生反应，产生 O_3^{-o} 阴离子。然后，通过三氧化氢（HO_3^o）快速分解成 OH^o 基团：

$$O_3 + O_2^{-o} \rightarrow O_3^{-o} + O_2$$
$$HO_3^o \leftrightarrow O_3^{-o} + H^+$$
$$HO_3^o \rightarrow OH^o + O_2$$

由于形成了 OH^o 基团，下一步反应如下：

$$OH^o + O_3 \rightarrow HO_4^o$$
$$HO_4^o \rightarrow HO_2^o + O_2$$

HO_2^o 自由基能引发更多数量的反应，这引发了由启动子维持的连锁反应。而这些则是将羟基自由基（·OH）转化为超氧化物（O_2^{-o}）自由基的物质，如有机分子。

最后一步是终止反应，由自由基清除剂终止上述连锁反应。它是由有机物和无机物质如 CO_3^{2-} 和 HCO_3^- 以及羟基自由基之间的反应引起的。由该反应产生的次级自由基不会产生超氧自由基。Gottschalk 研究小组总结出 2 个基团反应的一个例子：

$OH^O + HO_2^0 \rightarrow HO_4^0 + H_2O$

由于臭氧的分子结构，清除剂可以是亲电试剂或亲核试剂。亲电子反应主要发生在含有机污染物的高电子密度的水中，并且它们在含有非脂族化合物的溶液中的速率较高。另一方面，当缺少电子时会发生亲核反应，特别是含有吸电子基团的碳化合物，包括 $-COOH$ 和 NO_2。通常，臭氧氧化过程的直接反应涉及选择性反应机理。值得注意的是水的 pH 对臭氧衰减有直接影响。

环境温度（21℃）下，臭氧在纯水中会发生反应，具体的分布如下：

$O_3 + OH^- \rightarrow HO_2^- + O_2$ $[k = 70 \text{ dm}^3/(\text{mol} \cdot \text{s})]$

$O_3 + OH_2^- \rightarrow O_2^{0-} + HO^O + O_2$ $[k = 2.8 \times 10^6 \text{ dm}^3/(\text{mol} \cdot \text{s})]$

$O_3 + O_2^{0-} \rightarrow O_3^{0-} + O_2$ $[k = 1.6 \times 10^9 \text{ dm}^3/(\text{mol} \cdot \text{s})]$

当 pH≤8 时，基团 O_3^{0-} 会发生如下反应：

$O_3^{0-} + H^+ \rightarrow HO_3^0$ $[pK = -8.2, \ k_+ = 5 \times 10^{10} \text{ dm}^3/(\text{mol} \cdot \text{s}), \ k = 3.3 \times 10^2 \text{ dm}^3/(\text{mol} \cdot \text{s})]$

$HO_3^0 \rightarrow HO^O + O_2$ $[k = 1.4 \times 10^5 \text{ dm}^3/(\text{mol} \cdot \text{s})]$

$O_3 + HO^O \rightarrow HO_2^0 + O_2$ $[k = 1 \times 10^9 \text{ dm}^3/(\text{mol} \cdot \text{s})]$

当 pH>8 时，基团 O_3^{0-} 会发生如下反应：

$O_3^{0-} + H^+ \leftrightarrow O^{0-} + O_2$ $[pK = 6.2, \ k_+ = 2.1 \times 10^3 \text{ dm}^3/(\text{mol} \cdot \text{s}), \ k = 3.3 \times 10^9 \text{ dm}^3/(\text{mol} \cdot \text{s})]$

$O^{0-} + H_2O \rightarrow HO^O + OH^-$ $[k = 1 \times 10^8 \text{ dm}^3/(\text{mol} \cdot \text{s})]$

$O_3 + HO^O \rightarrow HO_2^0 + O_2$ $[k = 2 \times 10^9 \text{ dm}^3/(\text{mol} \cdot \text{s})]$

反应序列具有链式特征。形成的产物是参与增强臭氧分布的反应的自由基。在水溶液中，臭氧分解通过化学途径进行。如果超过20%的臭氧和 O_2 混合物发生，液体臭氧可能发生爆炸。臭氧上的分解在食物的水相中非常迅速，因此它的抗菌作用可能主要发生在表面。

（3）臭氧气体　与液体形式不同的是，纯气态臭氧在室温下于几千帕的压力下相对安全和动力学稳定。根据碰撞频率确定的理论，臭氧分解在25℃的101.3kPa压力下，每年仅为0.2%。此外，值得注意的是，任何污染以及表面反应都会导致连锁反应，这使得在高压下的臭氧会比较危险。然而，在臭氧处理过程中，优先使用气态臭氧与 O_2 或空气的混合物而不是纯臭氧。臭氧氧化混合物的爆炸极限取决因素包括臭氧浓度、温度、压力、污染物和催化剂的存在，以及反应器的大小和尺寸。实际上，由于在液相和气相中使用纯臭氧的风险很高，臭氧实际上是原位产生。含有超过9%~16%的臭氧的混合物相对安全，在保持特殊预防措施的同时可以实现最高价值。超过这些水平，在空气压力和环境温度下，会发生自发性爆炸。因此，应避免压力和温度快速的变化，以及机械撞击和不清洁的设备，以生产使用确保安全。此外，也可在1.3MPa的压力下生产含氧量约为40%的臭氧。但必须注意的是，接近 O_2 沸点温度时，臭氧和 O_2 的混合物会分成臭氧层和氧气层，臭氧层十分危险。因此，在使用高浓度臭氧混合物时，温度不能低于-178℃。

在臭氧的爆炸分解中，原子氧发挥了重要作用，它会导致臭氧的进一步衰减，而2个氧分子携带的大量能量也会导致反应过程速率的增加。原子氧还可与水蒸气反应，在水蒸气中形成羟基自由基。由于羟基自由基的高活性，会导致臭氧的进一步衰减。臭氧的半衰期随着气态臭氧剂量的增加和温度的升高而降低。浓度为5%臭氧气体在120℃下的半衰期为

11.2min，而在 20℃下的半衰期仅为 0.9s。在室温下，臭氧与 O_2 混合物中的臭氧根据其浓度在 20~100h 内分解，具体分解时间与浓度有关。而且，气相中的臭氧衰减可能由一些气态物质引起，包括氮氧化物（NO、NO_2）、氯、二氧化硫和三氧化硫以及硫化氢。此外，臭氧分解也可通过放电形成原子氧和氧化物阴离子，以上反应形成的两种形式的氧都会引起臭氧的进一步衰减。

（4）工业型臭氧发生器　在工业的实际应用中，应用电晕法原理生产臭氧的发生器种类繁多，它们在电源形式、运行条件、电晕元件的构造和散热方式等方面有所差异。根据电晕的元件构造，可将其分为板式、管式和金属格网式 3 种。

在电晕元件中，板式元件主要为奥托板式；管式元件分为卧管式元件和立管式元件，其中，立管式元件又可分为水冷式、立管式和油水双冷立管式；而网格式元件主要为劳泽（Lowther）板式元件。

①奥托板式水冷却发生器：这款板式发生器的原型是 20 世纪初由奥托设计开发的，具体组件如图 6-5 所示。其基本的运行参数为：原料气为空气，露点为 -60℃；水冷却；电晕元件压力为 100kPa；标准放电间隙约为 3mm；标准驱动电压为 7.5~20kV；标准频率为 60~600Hz；介电体厚度为 3~4.8mm；电晕功率密度为 0.15~0.75kW/m^2；电源类型为固定频率 60~600Hz，电压可调，冷却水用量为 2500~4150L/kgO$_3$；臭氧产量为 0.2~27kg/d；冷却水的温度 ≤35℃。其中，放电元件是由被两块玻璃板和气体间隙隔开的空心箱体组成的，这些空心箱体有电极和散热器双重作用。此装置在大气压或负压下运行，主要是由于在装置设计时未考虑防漏电。当空气被抽吸到发生器内，经过电晕放电区，穿过玻璃板和金属箱体的中心管流出发生器。空气通过玻璃板间的电晕区时产生臭氧。由于元件需在低压力环境下运行，因此此类臭氧发生装置仅应用于负压溶解，如真空注入或涡轮吸引。

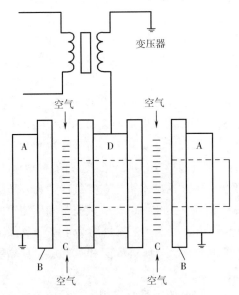

图 6-5　奥托板式臭氧发生器组件

A—水冷箱式地极　B—玻璃介电体　C—放电间隙　D—水冷箱式高压极

②卧管式水冷发生器：此类臭氧发生器是臭氧工业实际生产应用中最普遍的，在我国很多地方都有实际生产和应用（图6-6）。其基本的运行参数如下：原料气为空气或O_2，露点为-60℃；水冷却；电晕元件压力范围为100~200kPa；放电间隙为2~3.5mm；驱动电压范围为14~32kV，频率为60~600Hz；介电体厚度为1~3mm；电晕功率密度范围为0.3~1.5kW/m^2；电压可调、固定频率的电源；发生器臭氧的产量为0.2~680kg/d；冷却水温度范围为7~65℃。电晕元件主要由一根内表面有金属材料涂层的同轴玻璃介电管和一根接地的不锈钢外管组成。两根管的金属表面间形成两个电极。在玻璃介电管和不锈钢外管之间，在电极定位垫圈的作用下，形成了3mm的标准气体间隙，内管的金属层的供电是由一根装有电极刷的轴向母线与内管金属层相连完成的。每根放电管都装有单独熔断保险，以确保当发生器内个别介电管失效时发生器能继续保持运行。放电管冷却则是通过自来水或热交换器中的优质水沿不锈钢外管的外部流过时实现的，通常生产1kg臭氧需要2500~4000L、15~20℃的冷却水。

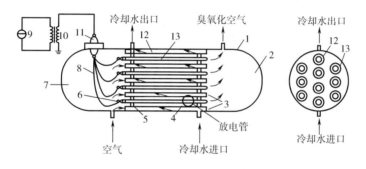

图6-6　卧管式水冷发生器

1—金属圆筒　2—臭氧化空气氧化室　3—空板　4—放电间隙　5—定位环　6—接线柱
7—进气分配室　8—导线　9—电源　10—电压器　11—绝缘瓷瓶　12—不锈钢管　13—玻璃管

③立管式水冷发生器：此类发生器主要特征是利用冷却水用作冷却和接地之用。进气管、富臭氧气管和冷却水使发生器装置形成了3个独立单元（图6-7）。干燥空气进入兼作高压电极用的中心金属管的上部，空气由上向下流动，在玻璃介电管封闭端附近流出并通过放电间隙。基本运行参数与卧管式水冷发生器相同。

④立管式双液冷发生器：该类发生器装置主要利用水和不导电的油（或与油类似的流体）两者用作冷却剂之用，相比于以上3种发生器，该发生器类型的放电管设计比较复杂（图6-8）。电晕元件主要由三层环形套管组成。内管是一根金属管，为电晕地极；一层涂在玻璃介电管表面上的金属涂层为高压电极。通过在内电极和玻璃管间发生电晕放电产生臭氧。冷却水经内部的金属管流动，从而起到冷却的作用；而不导电的油则流进外面的金属管极起到冷却的目的。使用此装置每生产1kg臭氧需要2500~4000L的水。其基本运行参数为：原料气为空气或O_2，露点为-50~-40℃，油/水冷却，电晕元件压力范围为170~200kPa，放电间隙为1.3mm，驱动电压为10kV；固定频率为2500Hz，介电体厚度为2.4mm，电功率密度为7.6kW/m^2；固定电压的、可调频率50~2500Hz的电源。冷却水量范围为2500~4000L/kgO_3，臭氧的产量范围为0.1~163kg/d，冷却水的温度为1~3℃。

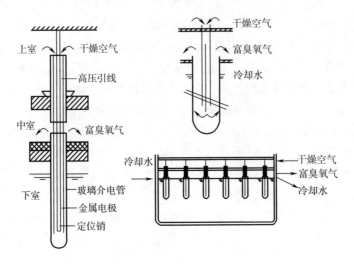

图 6-7　立管式水冷发生器

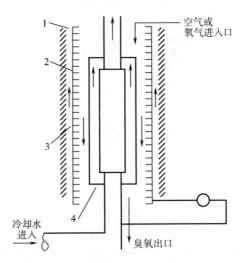

图 6-8　立管式双液冷发生器

1—玻璃电介体　2—高压极　3—油　4—不锈钢电极

⑤板式气冷发生器：这种发生器虽然也是板式（图 6-9），但与奥托板式有显著区别。最大的区别是生产压力的差异，板式发生器可在略微升高的压力下运行生产臭氧，而奥托发生器只能负压下进行臭氧生产。板式气冷发生器的基本运行参数为：原料气为空气或 O_2，露点为 $-60℃$，空气冷却，电晕元件压力范围为 $170 \sim 240kPa$，放电间隙为 $1.0mm$，驱动电压为 $7 \sim 9kV$；频率为 $2500Hz$，介电体厚度为 $0.5mm$，电功率密度为 $15.8kW/m^2$；固定电压的、频率可调的电源（$50 \sim 2500Hz$）。冷却气体用量为 $2.6 \times 10^6 L/kgO_3$，臭氧的产量为 $0.1 \sim 1500kg/d$。

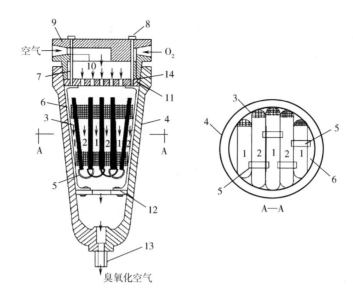

图 6-9　板式气冷发生器

1, 2—不锈钢丝网　3—云母片　4—塑料罐（外壳）　5—不锈钢电极夹　6—不锈钢电极
7—不锈钢螺帽　8—不锈钢螺帽　9—塑料罐帽盖　10—配气室　11—有机玻璃扩散板
12—有机玻璃固定环　13—聚氯乙烯短管　14—密封圈

三、　影响臭氧杀菌的因素

（一）　温度对臭氧杀菌的影响

臭氧对微生物的破坏速率通常随着温度的升高而增加。根据 Van't Hoff-Arrhenius 理论，温度部分决定了臭氧扩散通过微生物表面的速率及其与底物反应的速率。随着温度升高，臭氧与底物的反应速率增加。随着温度从 0℃ 上升到 30℃，臭氧对贾第虫胞的灭活效力增加。然而，Kinman 通过研究发现，在 0~30℃ 温度范围内，温度对臭氧处理细菌的杀菌效果没有显著影响。研究人员推测该结果与温度升高时臭氧溶解度的降低、分解和反应性的增加有关。Achen 和 Yousef 分别在 4℃、22℃ 和 45℃ 下用臭氧处理大肠杆菌污染的苹果，结果发现在不同温度下经臭氧处理后的苹果表面大肠杆菌数量分别减少了 3.3，3.7，3.4 个数量级，3 种处理间差异不显著（$P > 0.05$）。残余的臭氧浓度在 4℃ 下最大，随温度升高，其浓度降低。这可能当处理温度升高时，臭氧反应性的增加补偿了其稳定性降低带来的负面影响，因此，三组处理间效果不显著。相反，Kim 研究发现臭氧在高温比在冷藏温度下使用时更能有效地减少微生物污染。

（二）　pH 对臭氧杀菌的影响

在恒定的浓度下，在 pH5.7~10.1，臭氧处理对微生物的杀菌效果基本保持不变。然而，对于轮状病毒和 Ⅰ 型脊髓灰质炎病毒，臭氧的杀灭病毒效果在碱性条件下下降。臭氧在低 pH 条件下更稳定。当 pH 低时，主要是通过微生物与臭氧分子反应导致微生物失活。在高 pH 下臭氧分解，主要是产生的自由基有助于臭氧对微生物的杀菌效力。

（三）　与臭氧反应的化合物对臭氧杀菌的影响

高臭氧需求的有机物质的存在能与微生物竞争臭氧。与细胞、细胞碎片或粪便有关的病毒和细菌对臭氧具有抗性，但纯化后的病毒更易被臭氧灭活。因此，食品加工的水中有机物的存在对臭氧处理的杀菌效果会产生负面影响。臭氧与有机化合物反应产生的反应物也可能会缩短产品的保质期，改变感官质量，对最终产品的安全产生隐患。

四、 臭氧浓度的测定

国际臭氧协会质量评定委员会（IOA-QAC）推荐了 2 种测定臭氧发生器产生的高浓度臭氧的方法，即碘化钾化学吸收法和紫外气相臭氧分析仪法。CJ/T 322—2010《水处理用臭氧发生器》规定，臭氧发生器臭氧浓度的测定采用碘量法。其测定原理为：臭氧是一种强氧化剂，与碘化钾水溶液反应可游离出碘，可通过碘指示剂对游离碘进行滴定。在取样结束对溶液酸化后，用 0.100mol/L 硫代硫酸钠（$Na_2S_2O_3$）标准溶液，并以淀粉溶液为指示剂对游离碘进行滴定，根据硫代硫酸钠标准溶液的消耗量计算出臭氧量。

检测臭氧浓度的方法主要有以下 3 种：①紫外辐射吸收法；②碘量法及其改进方法；③乙烯化学发光法。

（一） 紫外辐射吸收法

紫外辐射吸收法测定臭氧，其主要原理为臭氧在 253.7nm 波长下有紫外特征吸收，具有灵敏度高、精确度高、操作方便、无试剂消耗、响应速度快、需要的仪器设备简单、可实现连续在线检测等诸多优点。正是由于以上优点，该方法已被美国等国家作为测定臭氧浓度的标准方法，主要用于测定水、气体和大气中的臭氧浓度。

（二） 碘量法及其改进方法

碘量法是基于氧化还原显色原理的一种臭氧分析方法，具有灵敏度高、稳定性好、操作简单和易于掌握等特点，也是国际臭氧协会推荐使用的一种臭氧分析方法。若将氧化还原显色和分光光度比色原理结合，可大大提高检测臭氧的灵敏度。徐通敏研究团队采用硼酸-碘化钾吸收剂紫外分光光度法对低浓度臭氧进行测定，该方法对臭氧浓度的实测范围为 0.043~2.354mg/m³，变异系数小于 5%，表明该方法是一种简易、可靠、便于推广的低浓度臭氧分析方法。碘化钾-硫酸-4-氨基 N，N-二乙基苯胺（KI-DPD）分光光度法是一种实用、可靠的碘量法的改进方法，主要应用于测定水中的低浓度臭氧。

（三） 乙烯化学发光法

乙烯化学发光法主要基于臭氧同气相乙烯反应时会有特有的光散射发生。该方法具有反应速度快、灵敏度高、特异性好等特点。由于该方法不受待测样中其他化合物干扰，非常适合于环境空气中臭氧的分析测定。

第五节 臭氧杀菌技术在食品中的应用

一、 臭氧在果蔬加工中的应用

采用臭氧杀菌技术可延长鲜切果蔬保质期，因臭氧能有效抑制引起食品腐败的细菌和真菌的生长。

（一）　臭氧在水果加工中的应用

（1）浆果类水果　新鲜水果中有较好营养价值和特殊风味的浆果主要包括草莓、鲜食葡萄、黑莓、蓝莓、蔓越莓和覆盆子等。然而，由于自然成熟过程引起的过度质地软化以及它们对微生物攻击的敏感性，使得这些浆果的保存期限相对较短。

将采后的浆果储藏在0~5℃冷藏温度下，其保质期为2d~2周。在采后的几个小时内迅速去除浆果的热量（预冷）是必不可少的，由于浆果表面结构的敏感性，强制空气冷却比水冷却更加适用。此外，由于采后的处理和加工会对质量产生负面影响，导致保质期缩短，市场的新鲜果实在出售前往往不经过处理或加工。

①草莓：经臭氧化水处理（21 mg/L、64min）的草莓样品中，大肠杆菌O157：H7和肠道沙门菌分别降低了2.9和3.3个数量级。如果使用臭氧化水温度低于20℃，处理的效果可能会更好。有研究报道了3种浓度的臭氧化水（0.075，0.15，0.25 mg/L）和2种暴露时间（2min和5min）对于维持草莓品质的效率，结果表明：在冷藏条件下，低臭氧浓度（0.075 mg/L）和中等臭氧浓度（0.15 mg/L）可延长草莓保质期至少3周，因为它们延迟了pH、总可溶性固形物、硬度和电导率的改变，同时有效防止贮藏期间霉菌的生长。而且，结合超声波处理会获得更高品质的草莓。Restaino等在有机物质存在和不存在两种条件下研究了浓度在0.044~0.198 mg/L的臭氧化水的抗菌作用，并确定该处理有效地杀死了革兰阳性菌（单增李斯特菌、金黄色葡萄球菌、蜡状芽孢杆菌和粪肠球菌）和革兰阴性菌（铜绿假单胞菌和小肠结肠炎耶尔森菌）。在同一研究中，观察到臭氧化水破坏了白色念珠菌和接合酵母菌以及黑曲霉孢子。Rodgers等经研究证明，接种后的草莓在经4 mg/L臭氧化水洗涤5min后，在4℃条件下贮藏的前9d内，未检测到大肠杆菌O157：H7和单增李斯特菌。且样品经臭氧处理后，嗜温细菌、酵母和霉菌立即减少。臭氧处理对嗜温性细菌、酵母菌和霉菌的杀菌效果不会持续很长时间，因此选择不同的杀菌剂以及浓度组合是一种更有效的方法。

②蓝莓：Crowe等发现用1 mg/L臭氧化水喷洒接种后的蓝莓可有效降低荧光假单胞菌和成团肠杆菌的数量。经臭氧处理60s和120s时，荧光假单胞菌分别减少了2.57和2.8个数量级。对于成团肠杆菌而言，臭氧处理使菌数降低2.3个数量级，并且通过增加臭氧暴露时间或通过与消毒剂过氧化氢联合使用，抑菌效果并没有显著变化。

③葡萄：Federico等通过人为接种导致葡萄酸败的非酿酒酵母菌和醋酸菌，研究低剂量臭氧气体在葡萄采后酸败防治中的效果。结果显示，接种假丝酵母CBS9494和醋酸菌LMG21419的葡萄浆果酸腐病发病率最高；采用2.14mg/m³的臭氧气体处理经接种假丝酵母CBS9494和醋酸菌LMG21419的葡萄浆果在4℃贮存10d后，没有出现酸败病。这些结果表明低温臭氧化处理能有效延长鲜食葡萄的保质期。

Sarig等探究了臭氧处理对采后葡萄果实的影响。与有机物接触过程中臭氧浓度迅速下降，与葡萄表面反应的最终臭氧化水浓度为0.1mg/g、流速为8mg/min、时间为20min。即使与臭氧接触时间更长，处理后葡萄样品仍会出现毒性症状。但是，经臭氧化水处理20min后，包括细菌、酵母和真菌黑根霉如在内的微生物污染物数量显著减少，表明臭氧处理能明显降低采后葡萄的菌落数。除此之外，臭氧处理产生的白藜芦醇和紫檀芪的含量与在UV-C辐照条件下获得的含量相差不大。臭氧处理采后水果，既能有效抑制表面真菌，又在刺激生成植物抗毒素方面具有显著的效果，说明其可用作二氧化硫熏蒸的替代品。

在酿酒过程中，二氧化硫由于其良好的防腐性能，通常被用于葡萄酒酿造工程中内在微生物的控制。然而，因为使用高浓度的二氧化硫会对人体健康产生负面影响，并且由于其难闻的气味可能会改变酒的香气质量，这种杀菌方法受到了越来越多的质疑。因此，寻找替代方法来实现微生物稳定并减少异味产生变得越来越重要。事实上，臭氧已被用来处理采后葡萄。臭氧化水已建议用于在葡萄贮藏过程中控制葡萄孢菌灰霉病。有研究表明臭氧气体处理可增加即食葡萄和酿酒葡萄的葡萄皮硬度，有利于防止葡萄中酚类化合物因酶促褐变而导致的含量减少。Francesco 采用臭氧处理，无论是臭氧化水或臭氧气体，其中臭氧气体 [（32±1）μL/L、12h 和 24h] 和水溶液 [（5±0.25）mg/L、6min 和 12min]，对在自然发酵和接种发酵过程中酿酒葡萄微生物菌相的影响进行了研究。结果证明臭氧（水溶液或气体）处理能减少和改变葡萄在自然发酵和接种发酵过程中的酵母种群的能力。表明臭氧处理能选择性的对约 0.5CFU/mL 群体大小（主要为细尖酵母）表现出良好的抗菌性能，因此臭氧处理可有效地降低葡萄酒中由葡萄自然发酵所产生的乙酸含量。这一证据表明，臭氧处理可被作为一种在葡萄酒发酵过程中，控制第一阶段不利的酵母菌种群和产生具有令人愉快的酯的有效工具。

④覆盆子：对于覆盆子而言，经过臭氧化水处理的（21 mg/L、64min）果实，其大肠杆菌 O157：H7 和肠道沙门菌分别减少了 5.6 和 4.5 个数量级。使用自来水处理最多可使大肠杆菌 O157：H7 和肠道沙门菌分别减少 1.3 和 1.1 个数量级，这表明臭氧化水应用的有效性。由于人们普遍认为浆果对水敏感，因而监测臭氧化水处理时间导致的果实硬度、抗氧化能力、颜色和味道变化等质量参数也至关重要。

⑤无花果：Akbas 和 Ozdemir 研究了臭氧气体处理对干无花果中大肠杆菌、蜡状芽孢杆菌及芽孢的影响。采用 0.214，1.07，2.14mg/m³ 臭氧浓度处理探究对大肠杆菌、蜡状芽孢杆菌杀菌效果的影响；采用更高的剂量的臭氧（2.14，10.7，14.98，19.26mg/m³）探究对蜡状芽孢杆菌芽孢的影响。结果发现，在 360min 后，臭氧气体浓度为 2.14mg/m³ 时，大肠杆菌和蜡状芽孢杆菌的菌落总数降低了 3.5 个数量级；高于这个剂量时，蜡状芽孢杆菌芽孢数量降低了 2 个数量级。此外，臭氧处理对无花果的 pH、颜色和水分以及甜味、酸败、风味和外观都没有显著影响。

（2）柑橘类水果　柑橘类水果主要包括橙、柑橘、柠檬、橘子和葡萄柚等水果。柑橘类水果表面粗糙，果肉上有褶皱、蜡质和精油，在保鲜技术和贮藏过程中需要加以保护，这可能是很少将臭氧化水应用于柑橘类水果的原因。其中，导致柑橘损坏的主要病原体是指状青霉和意大利青霉菌。Di Renzo 等用氯化物（50 mg/L 氯）和臭氧化水（0.6 mg/L）洗涤橘子，以及将这些处理与 0.535mg/m³ 的气态臭氧联合使用。将经处理的橘子在 5℃ 和相对湿度 90%~95% 下贮藏 8 周。单独使用气态臭氧并不能降低青霉菌发病率，表明臭氧的氧化效果并不会影响果实创伤中的真菌结构。

（3）仁果类水果　仁果类水果主要由苹果和梨等组成，通常具有光滑的表面，并且在 0℃ 的温度下可以长期存放数月甚至长达一年。对于农产品不同类型（光滑、粗糙或有褶皱）的表面区域，臭氧效果有所不同。使用 25 mg/L 的臭氧对苹果进行鼓泡处理和浸渍处理，与对照处理相比，分别使洗涤和浸渍处理的光滑果实表面上的大肠杆菌 O157：H7 数量降低 3.7 和 2.6 个数量级。相反，在茎萼部位进行不同臭氧暴露时间（1~3.5min）和温度（4℃、22℃ 和 45℃）的测试没有发现显著差异，这是由于消毒剂无法作用到细菌附着在干萼区域的粗糙表面。

使用 3 mg/L 臭氧化水洗涤苹果片 5min 后，未检测到大肠杆菌 O157：H7 和单增李斯特菌菌落，而中温细菌、酵母菌和霉菌分别以 4～5、1 和 2.5 个数量级下降。在该项研究中，将苹果片在 4℃下贮藏 9d 后，大肠杆菌 O157：H7 和单增李斯特菌仍低于检测限，表明臭氧处理的效应具有持久性。然而，由于存在低贮藏温度等不利条件，以及可能存在比酵母和霉菌尺寸更大的微生物的条件，贮藏过程中臭氧的杀菌效力会受影响，嗜温细菌、酵母菌和霉菌的数量增加。

Spotts 和 Cervantes 曾报道臭氧化水（3.1μg/mL、5s）对接种在梨上的扩展青霉菌无明显效果。然而，由于臭氧化水（0.1~4μg/mL）处理抑制了孢子活力，所以被检真菌（灰葡萄孢菌、梨状毛霉和扩展青霉）的繁殖期均受到了影响。通过这种方式，可防止在果实、包装厂设施中孢子间的转移，从而减少了病原菌传播的发生。

由于臭氧与乙烯迅速发生反应，因此乙烯这种催熟剂在富含臭氧的环境中可以被有效地消除。因此，与对照室中贮藏的水果相比，暴露于浓度为 0.4μL/L 的臭氧中的苹果和梨，其乙烯量减少。

（4）核果类水果　核果类水果主要由桃、杏、油桃、李子和樱桃等组成，具有不同的表面：桃毛蓬松；杏子略显粗糙，多毛；油桃、李子和樱桃表面光滑。这类果实通常在 95% 的高相对湿度条件下可于 0℃贮藏 1 周至 3 个月。橄榄也被认为是具有光滑表面和高脂质含量的核果实，可在 6℃下贮藏 4~6 周。Koyuncu 等报道，对甜樱桃表面进行臭氧处理（臭氧产生量为 0.48g/h，16min）后，经预冷臭氧化水或在 10℃、65% 相对湿度条件下贮藏 1 周后，其细菌数量没有减少，但在贮藏第 5d 后，预冷臭氧水降低了樱桃上的酵母和霉菌的数量。在同一项研究中，经过臭氧处理的樱桃在存放一周后表现出更好的适销性和茎干绿色保持性，而果实硬度、颜色、总可溶性固形物和可滴定酸度没有明显变化。因此，在预冷水中使用臭氧可替代其他消毒剂。绿色茎干是樱桃的高质量指标，而臭氧对绿色的护色效果随着浓度的增高和持续时间的增加而增加。

臭氧化水处理（3.63 mg/L）应用在可食橄榄中，可使乳酸菌和酵母菌减少 1 到 1.5 个数量级。未与酚类化合物氧化的残余游离臭氧可能是导致微生物最初死亡的原因。当臭氧被鼓泡到绿色餐用油橄榄的发酵盐水中时，也观察到了以上现象。在这项研究中，在酸性溶液（pH4.0）和碱性条件（pH10.0）中，完全消除多酚（存在于绿色餐用油橄榄的发酵盐水中）所需的臭氧分别为 15 mg/L 和 7 mg/L。显然，在碱性条件下，多酚更容易被破坏，导致发酵盐水的颜色发生改变和苦味的产生，并且臭氧的消耗量更少。通常的盐水、乳酸菌和酵母的微生物群体可以同时被消除，但在酸性条件下需要更高的臭氧化水平。因此，高pH 溶液中的臭氧效率更高，因为臭氧在高 pH 下分解产生的自由基有助于其杀菌效果显现。

（二）　臭氧在蔬菜加工中的应用

蔬菜既可以生吃也可以熟食，在人体营养中起着重要的作用，主要是因为蔬菜脂肪和碳水化合物含量低，但维生素、矿物质和纤维素含量高。蔬菜中的可食部分可以是植物的不同部位，包括根、球茎、块茎、叶菜、花蕾和果蔬。蔬菜通常具有比水果更高的 pH，因此更易产生细菌腐败。用臭氧化水冲洗大葱、西红柿和绿叶莴苣，其抗肠炎沙门菌的能力取决于新鲜产品表面结构以及冲洗时间（1min、5min 或 10min）、冲洗温度（室温、50℃或 4℃）和pH（酸性、中性或碱性）。

（1）根、球茎、块茎类蔬菜

①胡萝卜：Liew 和 Prange 探究了臭氧处理对胡萝卜的影响，采用浓度为 128.4mg/m³ 的臭氧气体处理胡萝卜 8h，可使胡萝卜中 2 种采后病原体——灰霉菌和核盘菌菌落数减少了 50%。尽管可通过此方法抑制真菌活性，但胡萝卜的呼吸作用、电解质以及色泽均随着臭氧浓度增加而发生变化。采用色度色差仪评价其色泽，结果显示未经臭氧处理的胡萝卜具有更强的色彩，即高色度值和低亮度值。

在另一项研究中，用含有 4mg/L 臭氧化水清洗 2min 后，胡萝卜软腐杆菌群体减少了 1.5 个数量级，且臭氧处理时间的增加并没有进一步减少细菌数量。而在用自来水冲洗的对照样品中，最大细菌减少量仅为 0.5 个数量级。在胡萝卜中使用臭氧化水处理不会影响维生素 C 的含量，也不会影响贮藏过程中胡萝卜呼吸速率。考虑到包装企业在经济上的可行性，在臭氧应用之前将胡萝卜用自来水洗涤一下，将土壤和有机物残留量最小化，这样可提高臭氧处理的效率。

②马铃薯：接种小肠结肠炎耶尔森菌的马铃薯用浓度为 5 mg/L 的臭氧化水处理 30s 时，微生物数量减少了 1.6 个数量级。5mg/L 的臭氧化水处理时间延长到 5min 不会进一步减少小肠结肠炎耶尔森菌的数量。经浓度为 5mg/L 臭氧化水处理 1min 的马铃薯的嗜温细菌、嗜冷细菌、大肠杆菌和单增李斯特菌数量分别减少 1.1，0.7，1.5，0.8 个数量级。当时间增加到 7min，微生物数量没有进一步的减少。不同的病原菌对臭氧的耐受时间有所不同。考虑到马铃薯在采后过程中可能存在混合菌群，以及获得品质安全的马铃薯产品，应考虑 5 mg/L 的臭氧化水处理 1min。

③芦笋：An 等研究了用臭氧化水（1mg/L）洗涤绿芦笋的效果，在 3℃下经臭氧处理的芦笋木质素、纤维素和半纤维素积累速度减慢，直接影响新鲜农产品的抗氧化状态。与对照相比，臭氧处理芦笋的超氧化物歧化酶、抗坏血酸过氧化物酶和谷胱甘肽还原酶酶活力增加，苯丙氨酸解氨酶酶活力降低。

（2）果菜类蔬菜

①辣椒：臭氧化水能减少鲜切红和绿甜椒的微生物数量，其效果随着臭氧剂量的增加而增加。但有研究发现，臭氧化水处理对鲜切辣椒的保鲜效果不显著。切割辣椒表面的有机物质浸出，会与臭氧发生反应，从而降低臭氧的杀菌效率。因此，臭氧处理辣椒是整个辣椒而不是预切的辣椒。

Chitravathi 等采用 30 mg/L 臭氧化水处理辣椒 10min 后，在 8℃条件下贮藏，能有效地降低辣椒的微生物数量。Glowacz 等的研究显示，连续暴露于浓度为 0.642mg/m³ 臭氧气体的甜椒中没有观察到腐烂的迹象，而在茎和花序梗上观察到真菌的生长。

Marcin 和 Deborah 研究了连续暴露于 0.45，0.9，2mg/L 三个浓度的臭氧化水下，红辣椒和青辣椒在 10℃贮藏过程中的品质变化。经 0.45mg/L 和 0.9mg/L 两个浓度的臭氧化水处理后，红辣椒的发病率减低，2mg/L 浓度的臭氧化水处理效果不显著。0.9mg/L 的臭氧化水处理可减少辣椒在贮藏过程中的重量损失，并改善其坚固性。经 2mg/L 的臭氧化水处理后，红辣椒褪色显著；而经所有浓度臭氧处理后的绿辣椒褪色都显著。臭氧处理对辣椒中总酚含量影响不显著，但经 2mg/L 臭氧化水处理后的青辣椒抗氧化活性显著降低，主要由于这些样本中的抗坏血酸含量的降低，表明 0.9mg/L 的臭氧化水处理可延长辣椒的保质期。

在用浓度为 30mg/L 臭氧化水处理的辣椒中检测到较低的微生物数量。除抗坏血酸含量在使用臭氧化水处理后减少，辣椒的质量指标保持不变。在鲜切辣椒的臭氧处理过程中，细胞间液从切割表面渗入水中，因此，微生物将向受伤表面迁移，此时使用 0.3~3.9mg/L 的臭氧化水持续处理 20s~5min 无法减少微生物数量。此外，臭氧的有效性可能会被辣椒的成熟度（未成熟、成熟）影响，主要是由于成熟过程中组织成分的变化（即糖分增加和硬度降低）。Horvitz 和 Cantalejo 发现，在鲜切红辣椒中使用 1mg/L 的臭氧化水处理 3min 和 5min 后，可以有效减少嗜冷细菌数量，并且这种作用可以在冷藏环境中持续 14d。

②西红柿：当西红柿暴露在浓度为 3.8g/mL 臭氧化水中 10min 时，可以与传统的氯消毒处理有等效的真菌病原体抑制效果。然而，虽然能使果实表面的孢子萌发减少，但置于创伤口中的孢子不受臭氧处理的影响，这与氯消毒的情况类似。因此，臭氧效果取决于微生物在新鲜农产品表面或在新鲜农产品内的位置。

（3）花菜类蔬菜

①花椰菜：采用臭氧化水（0.66~0.75mg/m³）洗涤 15min 后，鲜切花椰菜中的大肠杆菌数量降低，同时，处理后产品的白色外观和消费者可接受性能维持 18d。在 6.42mg/m³ 的臭氧化水浸渍后，切丝卷心菜中的细菌、大肠杆菌、酵母和霉菌总数均减少，并且在贮藏过程中这种效果可持续 3d。

②朝鲜蓟：近年来，全球朝鲜蓟已经重新成为促进健康的营养物质的来源。Lombardo 等报道经 2mg/L 的臭氧化水处理的朝鲜蓟，在 4℃ 贮藏 3~7d 后，嗜温细菌和酵母菌以及霉菌的数量显著减少。然而，无论在哪个收获时间（冬季、早春和晚春），臭氧处理朝鲜蓟的时间不应超过 3d，以确保产品的品质安全。Restuccia 等也观察到了类似的结果，他们报道在贮藏前 4d 内可以中断臭氧化水处理，以防止多酚含量和商品抗氧化能力的过度损失。品质维持时间的延长对于全球朝鲜蓟头至关重要，其暴露时间和浓度需要针对每个品种定制。

（4）叶菜类蔬菜

①生菜：臭氧化水在生菜上的应用已经被广泛研究，主要是研究臭氧浓度和持续时间对处理效果影响。使用臭氧化水（3.8g/mL）处理 1min 内可杀死水中的莴苣盘梗霉孢子囊，而在生菜叶上的那些被保护的微生物，甚至在相似水平的臭氧下接触 25min 也不会降低孢子囊的活力。在水果和叶子上杀灭病原体所需的臭氧量要高于在水中杀死孢子所需的臭氧量，因为孢子可能在叶表面粗糙的褶皱中受到保护。事实上，增加臭氧剂量可能会导致莴苣的氧化爆裂，从而失去贮藏性和莴苣的本身质量。将整个生菜和鲜切生菜暴露于臭氧（1~5mg/L、0.5~5min）可减少大肠杆菌 O157：H7 和单增李斯特菌的菌落数量，同时对维生素 C、β-胡萝卜素和感官品质等生菜质量指标也有着正面的影响。有研究对二氧化氯（60mg/L、10min）、过氧乙酸（100mg/L、15min）和臭氧化水（1.2mg/L、1min）能否作为次氯酸钠（150mg/L 游离氯 15min）的替代品进行评价，使用最小加工的生菜样品对菌落总数、大肠杆菌、沙门菌属、嗜冷菌、嗜温菌、酵母菌和霉菌进行试验。结果显示，所有最小加工的生菜样品都没有大肠杆菌和沙门菌。二氧化氯、过氧乙酸和臭氧化水的处理分别使最小加工产品的菌落总数产生 2.5、1.1、0.7 个数量级的减少，表明臭氧可作次氯酸钠的替代物。在这项研究中，臭氧杀菌效果比具有酸化特性的二氧化氯和过氧乙酸的杀菌效果差，这主要是由于使用臭氧的浓度较低和处理时间较短。可通过增加处理的臭氧浓度、延长处理时间和降低 pH，进一步提高臭氧的杀菌效率。

Singh 等报道用臭氧化水（5.2~16.5mg/L、15min）处理可减少生菜中的大肠杆菌

O157：H7数量。使用了3个连续的洗涤处理（二氧化氯、臭氧和百里香精油），该连续洗涤处理可在切碎的生菜上使大肠杆菌O157：H7减少3~4个数量级。而且，Selma等发现用臭氧化水（1mg/L、2mg/L和5mg/L，5min）处理洗涤切碎的冰山生菜后，弗氏志贺菌的菌落分别下降了0.7、1.4和1.8个数量级，表明臭氧浓度与弗氏志贺菌的减少呈正相关。在另一组实验中，Yuk等强调，浓度为3mg/L的臭氧与1%的有机物（乙酸、柠檬酸或乳酸）组合对单增李斯特菌具有更高的抑制作用。在同一研究中，仅在不同暴露时间（0.5min、1min、3min、5min）下使用臭氧处理（1mg/L、3mg/L、5mg/L），在降低单增李斯特菌水平方面不如臭氧和有机酸的组合有效。Olmez和Akbas发现用2mg/L的臭氧化水冲洗生菜2min足以减少单增李斯特菌计数2个数量级以上，并能保障生菜的质量。上述研究的差异的原因可能与生菜的品种（冰山与绿叶），所用水的温度以及微生物初始接种量有关。

②菠菜：Rahman等报道，用臭氧化水（5mg/L、3min）清洗鲜切菠菜后，酵母菌总数和霉菌总数分别减少了1.07和0.88个数量级。在接种的鲜切菠菜叶中，这种处理也有效地将大肠杆菌O157：H7和单增李斯特菌菌落分别减少了1.22个数量级和1.4个数量级。

研究臭氧化水（12mg/L）和氯化水（100mg/L）对接种大肠杆菌和单增李斯特菌的生菜、菠菜和香菜的作用，结果显示2种消毒剂都能减少大肠杆菌数量（2.9个数量级和2.0个数量级）；在接种单增李斯特菌的蔬菜测试中，臭氧化水和氯化水2种处理方式之间有相似的作用。臭氧化水对被测蔬菜的化学指标不造成任何有害影响，因为抗坏血酸和总酚的含量以及臭氧处理样品中的抗氧化剂活性分别为40.1%、14.4%和41.0%，均低于对照样品。

③芹菜：5min的臭氧化水处理（0.03mg/L、0.08mg/L、0.18mg/L）也能有效地降低鲜切芹菜在处理后和4℃贮存过程中的细菌总数，其效果与臭氧浓度有关，臭氧浓度越大细菌数量减少越多。在臭氧处理的样品中，叶组织的抗氧化状态增加，主要包括多酚氧化酶（PPO）活力和呼吸速率降低，因为叶片变质和衰老减慢，防止组织褐变，维生素C的含量增加。因此，这些发现表明，用臭氧化水处理通过控制组织的衰老可以保持鲜切芹菜的新鲜品质。

④其他：与自来水处理的样品相比，臭氧化水处理（10mg/L、5min）可有效降低总需氧量和肠杆菌科细菌数量，并保持鲜切香菜叶片的典型香气和总体品质。在用10mg/L臭氧化水洗涤1min后，与用自来水洗涤的样品相比，芝麻菜、野生芝麻菜、水菜和豆瓣叶中的嗜温和嗜冷菌数减少。经臭氧处理的叶子的理化性质、感官和营养品质没有发生显著变化，与所用贮藏温度（1℃、4℃、8℃和12℃）直接相关。因此，当温度从1℃升高到12℃时，通过呼吸产生的CO_2增加了2~4倍。采用10mg/L的臭氧化水对野生芝麻菜进行洗涤处理，结果发现，与用自来水冲洗的对照样品相比，用臭氧化水（10mg/L、1min）洗涤后，嗜中性和嗜冷菌的细菌计数降低了大约1个数量级，这种微生物减少现象持续了近12d；且臭氧处理不影响野生芝麻菜的理化性质、感官品质和营养品质参数。

二、 臭氧在乳制品加工中的应用

（一） 臭氧在牛乳上的应用

为了食用安全，传统的原料乳都是经过热处理。然而，加热可能会对牛乳的营养价值和感官特性产生负面影响。为此，Sander发明了一种温和臭氧处理液体方法的专利；用此方法处理牛乳和液体乳制品，可最大限度地减少了热处理带来的品质降低。Rojek等使用加压臭氧（浓度为5~35mg/L）处理脱脂牛乳5~25min，结果显示臭氧处理至少能减少脱脂牛乳中99%的嗜冷菌。Sheelamary和Muthukumar的研究也表明通过臭氧处理能有效地消除生牛乳和品牌牛乳中的单增李斯特菌。Cavalcante等研究了臭氧处理对生乳中微生物灭活的功效，他们发现浓度为1.5mg/L的臭氧气体处理15min能有效减少1个数量级的细菌和真菌。

（二）　臭氧在乳粉产品上的应用

阪崎肠杆菌与新生儿感染密切相关，这些微生物常见于乳粉和乳粉生产设施的环境中。Torlak和Sert的研究证明，臭氧处理是一种杀灭乳粉中，特别是干脱脂乳粉中阪崎肠杆菌ATCC 51329的有效方法。该将全脂和脱脂乳粉样品暴露于浓度为2.8mg/L或5.3mg/L的臭氧气体中处理0.5~2h。暴露120min后，两组臭氧化水平处理均使脱脂乳粉中的克罗诺杆菌菌落数降低约3个数量级。然而，在臭氧处理2h后，全脂乳粉中的阪崎肠杆菌的存活力仅降低了2个数量级，主要原因为产品中脂肪的存在会对臭氧处理的有效性产生不利影响。

臭氧处理也可能影响干乳制品的物理、化学、功能和感官特性。在浓度为$32\mu g/L$臭氧化水平的情况下，制造的喷雾干燥的脱脂乳粉比经含有浓度为$4.28\mu g/m^3$臭氧的空气中产生的喷雾干燥的乳粉的感官得分明显降低。全脂乳粉比脱脂乳粉的品质更易遭到臭氧破坏，主要是由于乳脂和臭氧间发生脂质氧化所造成的异味所致。Uzun等采用臭氧气体和臭氧化水处理乳清蛋白分离物。结果显示，臭氧处理能大大提高蛋白质的发泡能力和泡沫稳定性；但乳清蛋白的溶解度和乳液稳定性在臭氧处理后都有所降低。值得注意的是，经臭氧气体处理后的蛋白质溶解度比经臭氧化水处理后的蛋白质溶解度降低得更多。Segat等也报道了类似的结果，可通过臭氧处理来开发具有特定功能的定制乳清蛋白。

（三）　臭氧在干酪上的应用

早在20世纪40年代，臭氧就被用于美国的干酪贮存设施。随后，许多科研工作者推荐采用低浓度臭氧处理干酪贮存设施，以防止在干酪成熟过程中霉菌的生长。

Cavalcante等采用浓度为2mg/L臭氧化水处理巴西新鲜干酪1~2min，对冷藏贮藏过程中微生物和品质进行监测。结果发现，臭氧处理能有效地减少初始的有氧嗜中性菌、乳酸菌、酵母和霉菌的数量，菌落数量均减少约2个数量级；然而，在30d的贮藏期内，臭氧处理并不影响这些微生物的生长和存活率。同时，所使用的臭氧处理也不会引起奶酪样品的物理化学性质的变化。

Segat等考察了不同臭氧处理降低马苏里拉干酪生产过程中腐败菌活菌数量的能力。当样品与含有浓度为2mg/L臭氧化水一起包装时；或者是样品被1×10^7CFU/g假单胞菌属污染后，再用臭氧化水（2~10mg/L）处理60min或暴露于臭氧气体（10~30μg/L）处理2h时，臭氧处理都不能有效地对干酪表面进行消毒。与对照干酪相比，用2mg/L的臭氧化水预处理的马苏里拉干酪样品的微生物数量明显降低。因此，在马苏里拉干酪制造过程中，采用臭氧化水处理能有效提高干酪成品的质量，从而延长其保质期。

三、　臭氧在粮食加工中的应用

Oxygreen专利技术是臭氧在食物中应用的最重要的进展之一。在食品工业中，臭氧被用于新鲜水果和蔬菜的净化。然而，有关臭氧处理作为氯处理的替代品应用于谷类和谷类产品的消毒的研究报告数量有限。

对谷物的臭氧处理通常在筒仓或容器中进行。在臭氧处理前，对各种颗粒类型的臭氧运动动力学进行分析是非常必要的，以便选择最适宜的臭氧发生设备。臭氧慢慢通过颗粒，会与颗粒外层（种皮）中的化学成分发生反应。臭氧向颗粒中的扩散取决于颗粒特性。臭氧在颗粒中的吸附和渗透取决于若干内在和外在因素，如颗粒的表面特性、微生物污染、昆虫的存在和水分含量等。颗粒柱内臭氧的渗透和移动可通过微分动力扩散方程表示。

臭氧在颗粒层中的运动受到臭氧高度反应性的限制。Kells 等描述了臭氧向玉米的两个不同阶段的移动。第一阶段是臭氧与颗粒接触，在颗粒表面或其附近存在的有机物质相互作用下，臭氧浓度随着垂直方向移动通过颗粒而降低，臭氧通过氧化反应迅速降解。由于有机物与臭氧会发生反应，臭氧在这一阶段的运动受到限制。第二阶段是上述反应位置被消除时，臭氧通过颗粒层自由移动。

颗粒层中的臭氧吸附取决于原料气中的臭氧浓度、暴露时间、气体流速、温度、颗粒特性，以及其他有机物质，如昆虫的存在和颗粒的表面微生物状态。水分的存在对臭氧与谷物的反应起着重要的作用，水溶解臭氧会增加气体与谷物之间的接触。

（一） 臭氧对仓储害虫的影响

谷物经常在大容量筒仓中常温贮藏长达 36 个月，并经常熏蒸以防止感染和污染。在粮食加工业中，臭氧被用来替代现有的熏蒸剂，如甲基溴和磷化氢，以控制贮存过程中的虫害。臭氧作为熏蒸剂能杀死储粮害虫，如赤拟谷盗、谷蠹、锯谷盗、米象和草粉螟。而且在控制剑齿虫、米根霉、谷蠹和赤拟谷盗的膦敏感和磷化氢抗性菌株具有显著功效。臭氧对昆虫的毒性取决于昆虫在生命周期中所处的阶段。比如，赤拟谷盗的幼虫和蛹阶段对臭氧非常敏感，其敏感度随年龄的增长而降低。Isikber 和 Oztekin 研究臭氧处理对地中海粉螟和杂拟谷盗两种面粉甲虫死亡率的影响，结果表明臭氧处理过程中的昆虫死亡率不仅取决于 2 个物种的特定生命阶段，而且还取决于昆虫的特异性。杂拟谷盗所有的 3 种幼虫、蛹和成虫对臭氧具有高敏感性，经臭氧处理后的杂拟谷盗表现出高死亡率，死亡率均达到 90% 以上。经臭氧处理的玉米象甲、红色面粉甲虫和印度谷螟也表现出了高死亡率。

呼吸系统是有毒气体进入昆虫体内的主要途径。昆虫采用不连续式呼吸的方式，以减少由氧中毒引起的氧化损伤。即使低浓度的臭氧也引起氧化性组织损伤，导致 DNA 链断裂、肺功能改变、支气管反应性、膜氧化或体内突变。随着温度升高，呼吸速率增加可能导致更多的气体交换。然而，Sousa 等通过研究没有观察到昆虫呼吸速率与其对臭氧敏感性之间的任何相关性。Rozado 等报道，暴露于不影响谷物品质剂量的臭氧下，玉米象和赤拟谷盗成虫在贮藏玉米籽粒中的成虫率达到 95%（LT_{95}），臭氧处理对成虫的致死时间（LT_{50} 和 LT_{95}）随着谷物质量温度和臭氧浓度的增加而降低。

（二） 臭氧对微生物净化和霉菌毒素降解的作用

臭氧气体或臭氧化水能降低谷类和谷类产品中的天然微生物菌群，从而减少细菌、真菌和霉菌的污染，这些微生物包括芽孢杆菌、大肠杆菌、微球菌、黄杆菌、产碱菌、沙雷氏菌、曲霉菌和青霉菌。根据臭氧浓度、温度和相对湿度，经臭氧处理的谷物、豌豆和豆类的微生物数量可减少 3 个数量级。采用透射电子显微镜对经臭氧处理的芽孢杆菌芽孢进行观察，结果显示臭氧通过降解芽孢组分（芽孢层包含约 50% 的芽孢体积），使皮层和核心暴露于臭氧的作用下，最终导致芽孢失活。

食物中真菌或霉菌的污染是谷物贮藏过程中最重要的问题之一，会导致大量的经济损失。存在于颗粒表面或内部的微生物使产品的营养品质恶化，并产生对人和动物健康有害的代谢物，如霉菌毒素。图 6-10 所示为食物中发现的一些常见霉菌毒素。已知这些物质表现出致癌、致畸、免疫抑制性质，并在人和动物中会引起生理障碍。由于霉菌和霉菌毒素对谷物潜在的损失和对消费者身体健康的危害，开发低廉、有效地去除霉菌毒素污染的方法变得至关重要。臭氧已被有效地用于减少霉菌毒素污染。因此，臭氧在谷物处理和贮藏中的应用可减少或消除来自谷物和谷物产品的霉菌毒素。

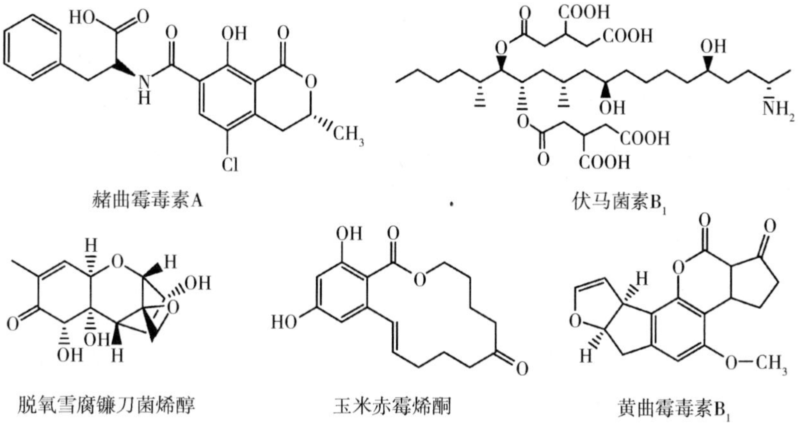

赭曲霉毒素A · 伏马菌素B₁

脱氧雪腐镰刀菌烯醇　玉米赤霉烯酮　黄曲霉毒素B₁

图 6-10　谷物中常见真菌毒素的化学结构

据报道，臭氧处理能有效降解黄曲霉毒素、棒曲霉素、环匹阿尼酸、黑麦酮酸 D、赭曲霉毒素 A 和 ZEN 等。臭氧对真菌灭活和毒素的降解效率取决于以下几个因素，臭氧浓度、暴露时间、pH 和谷物质量含水量。水分是影响臭氧功效的重要因素。当小麦籽粒含水率为 15.2% 时，对谷物籽粒中的真菌净化作用是干燥条件下的 2.2 倍；而含水率为 22.0% 时，真菌净化作用是干燥条件下的 3 倍。这可能是由于臭氧在水介质中比在气态介质中更有效，真菌在潮湿条件下比在干燥条件下生长得更快，臭氧在潮湿条件下在谷物籽粒层中移动得更慢，从而延长了臭氧的处理时间。据报道臭氧对真菌灭活和毒素的降解效果也受到介质 pH 的影响。有研究通过实验发现，与较高 pH（pH7~8）相比，在低 pH（pH4~6）下单端孢霉烯族毒素被臭氧降解的速度更快。

谷物温度也同样影响着臭氧在霉菌毒素降解中的功效。Proctor 等报道了在较高温度下，臭氧处理后的花生仁中黄曲霉毒素的降解率更高。而较低剂量的臭氧（大气中 1.07mg/m³）能有效抑制黄曲霉和镰刀菌的表面生长、孢子形成和霉菌毒素生成。0.16mg/g 剂量的臭氧处理 5min 能使的大麦中 96% 的真菌孢子灭活。

臭氧气体对水溶液中常见的真菌毒素的降解是有效的，相关毒素包括黄曲霉毒素 B₁、B₂、G₁ 和 G₂，环丙二酸、伏马菌素 B₁、赭曲霉毒素 A、棒曲霉素、黑麦酮酸和玉米赤霉烯酮。臭氧可完全降解霉菌毒素；或通过化学修饰，降低霉菌毒素的生物活性。然而，降解或化学修饰的效果取决于要降解的真菌毒素的结构。McKenzie 等观察到，较黄曲霉毒素 B₂ 和 G₂ 相比，黄曲霉毒素 B₁ 和 G₁ 更易被臭氧降解。除了双键脂肪族或多环芳烃的降解外，霉菌毒素中氯化环结构和氮杂环化合物的存在也受到臭氧攻击，产生游离氯或氨基酸，导致相关毒素的降解。

（三） 臭氧对粮食品质的影响

臭氧不是普遍有利的，有效净化谷物的剂量施用臭氧可能会影响谷物的品质。在某些情况下，可能促进谷物中化学成分的氧化降解。由于过量使用臭氧，会导致谷物表面氧化、变色或产生不愉悦的气味。据报道，臭氧通过氧化氨基酸的巯基（—SH）和将多不饱和脂肪酸氧化成过氧化物，来改变水溶液中的氨基酸和脂肪酸种类，从而影响谷物的营养和代谢价值。但有学者并没有观察到经臭氧处理后的小麦、大豆或玉米的氨基酸和脂肪酸含量发生任何显著变化，这表明臭氧侵入种子内部的可能性不大。

然而，大于 $107mg/m^3$ 较高浓度的臭氧会对谷物面粉造成极大的氧化损伤。Mendez 等研究了长时间臭氧处理在一系列食物颗粒上的效果，结果显示臭氧处理没有对谷物的营养品质和加工特性的造成影响。谷物在富含臭氧的环境中贮藏不会影响谷物的流变特性。臭氧处理不会显著改变硬质小麦的面包制造性能，包括面团对过度混合的耐受性、面团的吸水性、重量和发酵性能。臭氧处理对在贮存期间米粒的米饭烹饪质量（如黏附性）也没有显著影响。

臭氧处理后小麦籽粒的面粉碾磨、烘焙性能和生物化学成分不受臭氧处理影响。Ibanoglu 使用含 1.5mg/L 臭氧的水溶液冲洗小麦 30min，与正常水相比臭氧处理能显著减少微生物菌落数量，且不影响小麦粉的流变性能，包括延伸性和最大抗延伸性。

Desvignes 等的研究结果表明，浓度为 10g/kg 臭氧处理会使小麦籽粒糊粉层延伸性的降低和局部胚乳对抗破裂的抗性受到影响。同样，臭氧处理可增强大米淀粉的肿胀，并降低其老化倾向。臭氧处理湿润麦粒可提高麦粒脱壳率。经臭氧处理后的小麦，所需的碾磨耗能显著减少，且研磨部分的生物化学特性没有显著变化。粗糙麸皮产量降低 30%，而白色短梢产量增加，表明臭氧处理能提高麸皮脆性，或使麸皮更易于从淀粉质胚乳中分离。

四、 臭氧在肉制品中的应用

（一） 臭氧在禽畜产品中的应用

当剂量为 95mg/L、0.5% 和 $0.642\sim4.92mg/m^3$，臭氧处理均能有效抑制牛肉胴体中细菌（包括菌落总数、大肠杆菌和鼠伤寒沙门菌）的生长。Reagan 等对臭氧化水和 H_2O_2 处理牛肉胴体进行对比，发现臭氧处理的效果更好，菌落总数降低了 $1.3\sim1.4$ 个数量级。Gorman 等研究了几种清洗方式对牛肉酮体清洗效果的有效性，如非洗涤处理、H_2O_2 洗涤、35℃水或臭氧化水洗涤、市售消毒剂洗涤和磷酸三钠洗涤。结果表明，使用臭氧化水，或用 35℃水洗涤，或用 35℃的水洗净，在处理 $11\sim16d$ 后，牛肉酮体的菌落总数可降低 6 个数量级。

（1）畜肉制品：Gorman 等研究臭氧处理对牛腩品质的影响。其中，实验所用试剂包括 5%H_2O_2、0.5% 臭氧化水、12% 磷酸三钠、2% 乙酸、0.3% 市售消毒剂、$16\sim74℃$ 的水和喷雾洗涤。结果显示，经臭氧化水和 H_2O_2 洗涤后获得了最理想的实验结果。Cardenas 等研究了气态臭氧对牛肉品质的影响。当臭氧剂量为 $154mg/m^3$ 时，牛肉样品中的大肠杆菌数量下降了 $0.6\sim1.0$ 个数量级；同时，在 0℃ 和 4℃ 下贮藏 3h 或 24h，牛肉的表面颜色没有变化。此外，温度是重要的影响因素，温度越低，菌落总数越少。这项工作的结果与之前研究臭氧对杀菌性能影响的研究结果一致。Moore 等认为 $8.56mg/m^3$ 的臭氧浓度足以防止微生物生长。而且，他们发现臭氧对革兰阴性菌的效果比对革兰阳性菌更明显，对细菌的效果比对酵母菌更有效。

Lyu 等研究了 CO 和臭氧预处理对真空包装牛肉品质的影响，实验所用气体为 100%CO、2%臭氧+98%CO、5%臭氧+95%CO、10%臭氧+90%CO。牛肉在气调保鲜包装条件下，用上述方式预处理 1.5h，然后真空包装，并在 0℃下贮藏 45d 后，采用色泽评估的感官分析评估预处理样品的品质。包括总活菌数、高铁肌红蛋白、硫代巴比妥酸反应物质、挥发性盐基氮和 pH 的实验结果显示，在联合预处理后显示出较低的值。实验中臭氧和 CO 配比使用，能明显保持牛肉的质量，并且由此认识到诸如蛋白质变性、氧化和脂质氧化的相互作用等一些重要问题后，它可能成为有前途的保存技术。

此外，Jaksch 等报道了臭氧处理对猪肉的影响，剂量为 214mg/m³ 和 2140mg/m³ 的臭氧能明显减少微生物污染，且低剂量的臭氧处理更有效，同时延长了肉的保质期。

（2）禽肉制品：Jindal 等发现臭氧处理可用于鸡腿的处理过程，浓度为 0.942~1.16mg/m³ 的臭氧剂量能显著减少革兰阴性菌和革兰阳性菌菌落总数，并延长 14d 的保质寿命。同样，Muthukumar 和 Muthuchamy 研究了臭氧处理对生鸡肉中单增李斯特菌的影响，结果表明经剂量为 33mg/m³ 的臭氧处理 1~9min，可有效地杀灭单增李斯特菌。此外，Cantalejo 等研究了臭氧和冷冻干燥联合技术对鸡肉保质期的影响，实验采用剂量为 0.4，0.6，0.72mg/L 的臭氧分别处理 10，30，60，120min。随着处理时间的增加，有氧嗜中性细菌数量显著降低，贮藏 8 个月后，细菌数量减少了 6.8 个数量级。Stivarius 等通过类似的实验得到相似的结果，与臭氧处理 7min 的样品相比，7.2℃的浓度为 1%臭氧化水处理 15min 能有效降低细菌总数。

（二）　臭氧在水产品中的应用

Blogoslawski 等采用臭氧技术处理虾中的弧菌，剂量为 0.07mg/L 的臭氧处理 5~7min，能明显抑制虾中弧菌生长。臭氧化海水能使幼虾存活率上升，并可减少抗生素的使用。另外，Chawla 等也采用臭氧处理对虾进行研究，在臭氧化水中浸泡脱皮虾比用臭氧化水喷雾更有效。臭氧剂量越高，处理时间越长，对减少细菌污染的效果越好。同时，臭氧化水不影响虾的脂质氧化。Abad 等探究了臭氧处理对蛤贝的作用，表明臭氧化水处理是一种保存蛤贝产品的有效方法。结果表明，采用臭氧化海水连续处理，人类致病性肠道病毒在臭氧化海水浸泡 96h 后可被清除。此外，臭氧处理也用于冷藏罗非鱼。在 0℃ 和 5℃ 下，剂量为 6mg/L 的臭氧可将其保质期延长 12d，并在一个月贮藏后改善其质量。Nash 等证实臭氧处理与 0℃ 冷藏相结合，是延长鱼类贮藏寿命的有效方法。虽然上述研究均表明了臭氧处理的有效性，但未研究臭氧处理可能对鱼类成分的氧化作用。与氯气相比，臭氧只是普通的氧化剂，不能选择性地氧化某些酶系统。用臭氧处理的鱼产品具有更好的感官特性，不含霉菌且不腐烂。此外，臭氧浓度在 2.5~3mg/L 范围内，温度 1~3℃，相对湿度 90%，在此条件下可有效地防止脂肪氧化和有害气味的产生。

五、　臭氧在食品工业中的其他应用

（一）　臭氧在乳制品生产车间内的应用

在乳制品农场使用臭氧。在奶牛场实施良好的卫生措施是生产高质量和安全的原料奶的先决条件。由于臭氧是一种对大量微生物（包括病毒、细菌、酵母菌、霉菌和原生动物）具有活性的强氧化剂，因此，臭氧处理被应用于奶牛场。

将牛乳从单个挤奶站运送到散装罐的管道必须在每次挤奶后进行清洗。通常在清洁和消毒过程中，会使用化学物质和消耗大量能量，产生带有化学物质的热废水。使用臭氧处理不仅能大大降低成本，而且能完全消除奶牛场的热废水处理成本。浓度为 0.04~1.2mg/L 的臭氧化水用于清洁和消毒乳品设备，可有效地保障乳制品相关产品的安全。

臭氧甚至已被成功用于治疗牛乳腺炎。在不用抗生素的前提下，用浓度为 6mg/L 的臭氧注入到患有急性临床乳腺炎的奶牛，60% 的患病动物可完全恢复。这种臭氧治疗是一种安全有效和廉价的治疗乳腺炎的方法，也不会在生乳中有抗生素残留。

干酪成熟的场所有利于霉菌生长。因此，如果该场所被霉菌孢子污染，未包装的干酪很可能会发霉。Shiler 等报道，在干酪熟化室的空气中采用浓度为 0.107mg/m³ 和 107mg/m³ 臭氧处理，分别使霉菌孢子的 80%~90% 和 99% 失活，且不影响干酪的感官特性。臭氧气体能有效地减少干酪熟化室空气中的活霉菌孢子总数，但不能降低干酪表面已有的霉菌数量。

（二） 臭氧在乳制品加工设备清洗消毒中的应用

冲洗通常是清洁乳品加工设备除去大量牛乳残留物的第一步。Guzel-Seydim 等分别采用 40℃ 温水和 10℃ 的臭氧化水对不锈钢板上的乳品污垢进行预处理。扫描电子显微的结果显示，通过臭氧处理比 40℃ 温水处理能更有效地清洁不锈钢表面。根据化学需氧量（COD）的测定结果，臭氧处理能去除 84% 的牛乳残留物，而 40℃ 温水处理只能去除 51% 的乳品污垢，但两组处理结果并没有显著差异（$P>0.05$）。同样，Fukuzaki 和 Jurado 等研究了不同状态的臭氧对去除不锈钢表面热变性乳清蛋白的适用性，结果显示臭氧化水和臭氧气体都能促进乳清蛋白的解吸。

牛乳接触表面的微生物难以被去除，会引起牛乳和乳制品的微生物滋生，从而导致牛乳和乳制品的质量恶化。臭氧处理是乳业中广泛使用的氯基消毒剂的可能替代品。含有 0.5mg/L 臭氧的去离子水能在 10min 内将不锈钢板上常见的嗜冷细菌（荧光假单胞菌和粪产碱菌）的数量减少超过 4 个数量级。臭氧化水对荧光假单胞菌和粪肠球菌的生物被膜的去除效果优于浓度为 0.165g/L 的商业使用氯化消毒剂的效果。Dosti 等报道了浓度为 0.6mg/L 的臭氧处理 10min 和浓度为 0.165g/L 氯处理 2min 均能显著减少不锈钢试样上 3 种假单胞菌的生物膜（$P<0.05$）。值得注意的是，臭氧和功率超声的联合使用对于细菌生物膜的去除甚至比单独的任一处理更有效。

但如果乳制品加工设备的表面没有受到不利影响，建议使用臭氧化水分别代替温水和氯气以达到清洁和消毒的目的。在 Greene 等的研究中，在 7d 的时间内，每天在 21~23℃ 水中脉冲入 0.856~1.07mg/m³ 的臭氧 20min 会引起所有测试材料（即铝、铜、不锈钢）的一定程度的重量损失。因此，当对含有铜或碳钢部件的乳品冷却水系统进行脉冲臭氧化处理时，要特别注意。

（三） 臭氧在香料加工中的应用

用剂量为 6.7mg/L 的臭氧分别处理黑胡椒和黑胡椒粉 10min，能有效降低菌落总数。虽然经臭氧处理后，黑胡椒的一些挥发性成分发生了氧化，但对黑胡椒粉没有显著影响。此现象的原因可能是挥发性成分对臭氧更敏感。Torlak 等研究了臭氧处理对甘牛至的品质影响。经浓度为 2.8mg/L 和 5.3mg/L 臭氧处理 120min，能有效地降低甘牛至的沙门菌、酵母和霉菌总数，并且臭氧浓度越高，处理时间越长，菌落总数减少越显著。此外，经臭氧处理后的甘牛至仍具有可接受的味道、风味和外观。

Brodowska 等用 160~165g/m³ 剂量的臭氧处理豆蔻种子 30min 三次，间隔 24h。结果发现，经臭氧处理后的豆蔻种子提取物的自由基清除活性高于未处理组。然而，经臭氧处理的豆蔻种子的多酚总含量和总抗氧化能力都有所降低。此外，不同臭氧浓度（100.0g/m³，130.0g/m³，160.0g/m³）和不同臭氧处理时间（30min，60min，90min）对杜松子中生物活性物质含量变化的影响，结果显示，经臭氧处理30min后，杜松子的总酚含量较高；但长时间处理后，杜松子的总酚含量较低。此外，臭氧处理对抑制细菌和真菌生长方面效果不明显。

（四）　臭氧在农药降解中的应用

农药的滥用导致农药残留在农产品上的积累，以及生态环境的污染，这会对人体健康及人类生存的生态环境造成严重的危害。尽管许多国家实施了严格的立法，以确保农产品中农药残留的限量，但关于农产品中农药残留超标的现象还时有发生。因此，如何有效地控制、解决农产品中农药残留的问题一直是科研工作者关注的热点问题之一。

化学氧化是解决农药问题的关键技术。臭氧氧化被认为是化学氧化最有希望的方法之一，并且在农药降解方面有着悠久的历史。除了臭氧氧化外，有研究还报道了各种基于臭氧氧化生成羟基自由基进行氧化的高级工艺，以降解包括农药在内的水性有机污染物。

Ong等研究了氯化和臭氧化水浸渍在降解溶液、新鲜和加工苹果中的谷硫磷、克菌丹和伐虫脒盐酸盐的有效性。在模型系统中，臭氧处理对谷硫磷的最大降解率为83%，而克菌丹被臭氧处理完全去除。将苹果浸入0.535mg/m³的臭氧化水处理后，苹果表面上的谷硫磷、克菌丹和伐虫脒盐酸盐分别以75%、72%和46%的比例降低。此外，与简单水洗相比，使用臭氧化水洗涤后的苹果中3种农药含量显著降低，减少量在29%至42%之间。

代森锰锌是一种注册的杀真菌剂，是亚乙基双二硫代氨基甲酸盐（EBDC）锰和锌盐的聚合复合物。乙烯-硫脲（ETU）是一种致癌化合物，是亚乙基双二硫代氨基甲酸盐的降解产物之一。Hwang等报道了臭氧化处理对苹果中代森锰锌降解的有效性。结果表明使用浓度为1mg/L和3mg/L的臭氧处理均能显著降低苹果中代森锰锌的残留量，且能有效抑制代森锰锌向乙烯-硫脲的转化。

Hwang等通过实验确定了臭氧在不同pH和温度下对代森锰锌降解作用。结果表明，臭氧对代森锰锌的降解速率取决于pH，在pH7.0时最快。同时，还监测了代森锰锌溶液中的乙烯-硫脲残留物，经3mg/L的臭氧处理15min后的代森锰锌溶液中没有检测到残留物。在另一项研究中，研究了各种洗涤处理对去除新鲜苹果和加工苹果中代森锰锌和乙烯-硫脲的有效性。结果表明，采用臭氧和氯分别清洗样品，可有效去除样品中的代森锰锌和乙烯-硫脲，其中，最有效浓度分别为臭氧3mg/L和氯0.825g/L。

以上研究表明臭氧处理具有去除农药残留的潜力。然而，臭氧处理可能会产生臭氧和农药在原料中反应的副产物。据报道，对有些有机磷农药而言，降解副产物的毒性可能比原来的农药本身毒性更高。此外，配制的农药产品还含有有效成分以外的成分，如溶剂、表面活性剂、载体和增强剂。因此，经过处理的农药溶液往往含有来自母体农药和其他成分的副产物。在这种情况下，不能说食物中的农药风险可以通过臭氧化完全消除，除非经臭氧处理后的副产物被证明是安全的。

第六节 臭氧杀菌技术的安全性和相关立法

杀菌技术的主要目标是确保食品的安全性和质量，这是实现充分的消费者保护和贸易便利化的结果，而与食品工业有关的每个人的首要任务则是保证食品供应的安全，防止人类疾病和在净化操作中的损失。

调查显示，消费者对食品供应链的认知度有所提高，这进一步加深了他们对食品加工过程的认识。这种情况下，消费者要求最低限度加工的食物，以保持营养和口味的属性。因此，为了满足与新型食品工艺有关的要求，创新食品的开发者被迫寻求新的"更好"的技术。然而，大量的研究表明，任何新技术都伴随着公众对可能的风险和收益的看法。因此，关于新技术及其有效性和全面的信息对于消费者的接受程度是至关重要的。

由于臭氧具有较好的杀菌活性、抗氧化活性和处理后无残留等优点，臭氧处理在食品工业中已变得越来越流行。但由于臭氧产生的高成本，其还不像其他常用技术那样被广泛应用。由于臭氧分解速度很快，必须在使用前进行生产；而且由于其存在一定的毒性，导致消费者对臭氧所能提供的安全性产生了质疑。随着臭氧在食品工业中的应用潜力逐渐被证实，美国食品和药物管理局（FDA）随即制定了臭氧应用规则。然而，在 1997 年之前，臭氧在食品加工或处理中的应用只是少数，在美国也没有进行商业使用，甚至臭氧的使用被认为是非法的。主要由于美国食品和药物管理局（FDA）没有批准臭氧与食品直接接触。根据美国食品和药物管理局相关规定，任何与食品接触的材料都被定义为食品添加剂。因此，任何食品添加剂都必须通过适当和特定的食品添加剂法规的批准。此外，食品添加剂申请审批过程中的一个重大问题是缺少规定的最低限度的臭氧接触量，低于该接触量对于预期的目的是不够有效的。

1980 年，国际瓶装水协会（IBWA）向美国食品和药物管理局申请确认，在特定条件下使用臭氧对瓶装水进行消毒已被普遍认为是安全的（GRAS）。其中，这些特定条件包括接触时间在 4min 以内，采用臭氧的最大浓度为 0.4mg/L。此外，经臭氧处理的水必须符合美国环境保护局规定的饮用水的相关要求。国际瓶装水协会的申请获得批准，在 20 世纪 80 年代初期，美国食品和药物管理局正式确认臭氧使用是安全的规定。1997 年由电力研究所（EPRI）召集的食品科学家专家小组得出结论："现有的研究报道表明，当用量和使用方法遵循良好生产规范时，臭氧用作的食品消毒剂或消毒剂是安全的"。从此，激起了食品工业许多领域对臭氧应用的兴趣。

美国食品和药物管理局于 2001 年 6 月发布的最终裁决认可了臭氧以气态或含水形式作为抗菌剂在食品加工工业中应用。

无论在食物中应用何种形式的臭氧，首先需考虑工人的健康和安全问题。在所有的消毒剂中，对于暴露于足够浓度和足够暴露时间的人而言，臭氧是不健康的。臭氧的毒性可能会引起特定的症状，如喉咙干燥、头痛、鼻子刺激，可能导致严重的疾病甚至死亡。

臭氧是安全无毒气体，它的毒性主要是由于其强氧化能力，在浓度高于 3.21mg/m³ 以上时，人员须离开现场，原因是臭氧刺激人的呼吸系统，会造成严重伤害。已有很多研究强调要充分重视臭氧技术的安全使用，并对臭氧的安全使用作了专门的论述。为此，臭氧工业协会制定了卫生标准。国际臭氧协会规定在浓度为 $0.214mg/m^3$ 的臭氧下接触时间不能超过10h；而在美国规定在浓度为 $0.214mg/m^3$ 的臭氧接触时间不能超过 8h；德、法、日等国的规定则与国际臭氧协会规定一致。在我国，国家卫生部规定的臭氧安全浓度为 $0.214mg/m^3$，工业卫生标准为 $0.321mg/m^3$（接触时间不超过 8h），劳动保护部门规定在安全浓度下允许工作不超过 10h。然而，人们能闻到的臭氧浓度一般为 $0.0428mg/m^3$，离安全浓度还相差甚远。由于臭氧有强烈刺激性，人们在感到不适时早已避开，因此在使用过程中一般不会出现中毒现象。

臭氧应用一百多年来，至今世界上无一例因臭氧中毒死亡事故发生。有学者为评价臭氧消毒剂溶液应用安全性，采用动物试验对其毒性进行了观察，结果显示，臭氧化水在消毒中应用有良好的安全性。专家组对臭氧进行了讨论和评估，对其在食品加工方面的功效、安全性、毒理以及对营养物质的影响进行了研究，认为臭氧作为一种食品消毒剂或杀菌剂是安全的，而且当臭氧按照良好生产作业规范（GMP）应用时，达到了公认安全标准（GRAS）。因此，所有涉及臭氧的过程都应该采取适当的预防措施，以避免工作期间臭氧暴露。

此外，臭氧可能与设备以及表面相互作用，因此必须考虑与臭氧相容的材料。大多数材料在 $2.14\sim6.42mg/m^3$ 的浓度下都能抵抗臭氧。但高浓度臭氧可能导致设备腐蚀。聚四氟乙烯、聚偏氟乙烯、聚氯乙烯以及乙烯-三氟氯乙烯共聚物等塑料是食品工业中使用最广泛的材料，它们在臭氧暴露下表现出良好的耐臭氧腐蚀性能。因此，在使用臭氧处理时，必须考虑在食品加工过程中与臭氧接触的所有材料的耐臭氧能力。

在氧气作为原料气产生臭氧的过程中，必须注意许多有机材料的可燃性会大大增加。此外，还注意到一些有机建筑材料暴露在氧气中会导致其分解。因此，如果食品加工厂使用 O_2 来产生臭氧，应考虑一些相关的预防措施，以避免因氧气泄漏导致不必要的火灾发生。

我国卫生部和国家标准化管理委员会在 2011 年底联合发布了 GB 28232—211《臭氧发生器安全与卫生标准》，于 2012 年 5 月 1 日正式实施。该标准规定了用于水、空气和物体表面消毒的臭氧发生器的技术要求、应用范围、使用方法、检验方法、标志与包装、运输与贮存、标签与使用说明书及注意事项。该标准的实施为我们如何正确选择和使用臭氧，提供了有力的科学参考，进一步保障了臭氧相关从业人员和臭氧使用过程中的安全。

微波技术及其在食品保藏中的应用

第一节　概　　述

　　自 19 世纪赫兹通过火花得到微波信号以来，关于微波的科学研究和技术应用得到不断发展。1959 年，日本开始将微波加热技术用于食品加工；1965 年，美国出现了第一座用于烘干油炸马铃薯片的隧道式微波烘炉，该设备具有 50kW 的功率，所采用的微波频率为 915MHz；1966 年，日本夏普公司首次推出功率为 600W 的家用微波炉；1968 年，美国 FDA 正式批准微波技术应用于食品工业。20 世纪 70 年代末，能源成本的提高，促进了微波作为节能、高效的热源在工业上的应用。1977 年至 1990 年间，美国家庭中微波炉占有率从 4% 攀升到 82%，日本则达到 65%。目前，微波技术已经成功的用于食品发酵、膨化、干燥、解冻、杀菌、灭酶、灭虫等多个领域，多种多样的微波食品应运而生。

　　微波技术与传统加热方式相比，其优势在于节省能源、整体加热且对食品品质影响较小。微波能在工业中可作用于固体和流质食品，包括含有大颗粒的液体食品，具有巨大的商业应用价值，在过去二十年中得到广泛应用，并将继续成为未来食品工业发展中的重要技术。在我国，微波作为一种新型技术，在食品行业的各领域，尤其在干燥、杀菌、漂烫、杀虫等食品保藏方面得到广泛应用，国产微波加热、微波干燥、微波杀菌设备和生产线也达到了较高的技术水平。

　　本章将重点介绍微波技术的原理及其在食品保藏领域应用的技术特点、装备和工艺。

第二节　微波技术概述

一、微波的定义与使用频率

　　微波与无线电波、红外线、可见光、紫外线、X 射线一样，都是电磁波，只是波长和频率不同。微波（microwave）是一种频率范围在 300MHz～300GHz 范围内的电磁波，依据其波长，可分为米波、厘米波、毫米波和亚毫米波 4 个波段。

　　为避免工业用途微波对广播、移动电话和雷达等电磁波段的干扰，微波在工业、医学和科研应用上使用其特定的频率范围（industrial, scientific and medical band, ISM 频段）。各国允许用于工业、科学及医疗的微波频率如表 7-1 所示。ISM 波段位于 433，915，2450MHz，其中 433MHz 不常用，工业用微波频率一般包括 915MHz 和 2450MHz，2450MHz 也是家用微波炉唯一可用频率。

表 7-1　　　　　　　　　各国允许用于工业、 科学及医疗的微波频率

频率		中心波长/m	使用国家
中心频率/MHz	变动范围（ ± ）		
433. 92	0. 20%	0. 691	奥地利、荷兰、德国、瑞士、前南斯拉夫、葡萄牙
896	10MHz	0. 335	英国
915	25MHz*	0. 328	全世界
2375	50MHz	0. 126	阿尔巴尼亚、保加利亚、匈牙利、罗马尼亚、捷克、前苏联
2450	50MHz	0. 122	全世界
3390	0. 60%	0. 088	荷兰
5800	75MHz	0. 052	全世界
6780	0. 60%	0. 044	荷兰
24125	125MHz	0. 012	全世界

　　注：＊美国允许变动范围为 13MHz。

二、 微波的传播与吸收

　　微波具有电磁波的波动特性，如反射、透射、干涉、衍射、偏振以及伴随电磁波的能量传输等。微波在自由空间以光速直线传播，自由空间波长与频率的关系如公式（7-1）所示。

$$\lambda_0 = c/f \tag{7-1}$$

式中　λ_0——自由空间波长，m；

　　　c——光速，3×10^8m/s；

　　　f——频率，Hz。

　　微波频率越低，穿透力越强。实际传播过程中，微波在不同材料（介质）中传播时，会产生反射、折射和穿透等现象，这取决于材料本身的特性，包括：介电常数（dielectric constant，ε^*）、介质损耗（tanδ，也称为介质损耗角正切）、比热、形状和含水量等。根据材料本身特性的不同，可以将材料分为良导体、绝缘体以及介于二者之间的介电物质。

　　良导体和绝缘体都属于微波的非吸收介质，微波在非吸收介质上的行为符合几何光学，产生反射和折射。大多数良导体，如金属，能够反射微波，因此在微波系统中以一种特殊的形式用于传播以及反射微波能量。铝、黄铜等金属可用于制作微波系统的波导管和设备外壳。

绝缘体，如玻璃、陶瓷、聚四氟乙烯和聚丙烯塑料等，可部分反射或渗透微波，通常它吸收的微波能较少，大部分可透过微波，常用于食品微波处理过程的包装和反应器材料。当微波被物质反射或穿透物质时，并不增加物质的热；只有当物质吸收了微波的能量，才能引起该物质变热。

介电物质具有吸收、穿透和反射微波的性能。在微波加热过程中，被处理的介质材料以不同程度吸收微波能量，因此又称为有耗介质。含有水、盐和脂肪的食品及其他物质均属于有耗介质，在微波场作用下会不同程度的吸收微波能并将其转变为热能，从而使材料的温度升高。

第三节　微波技术原理

一、　微波加热原理

（一）　微波加热基本原理

微波在介电材料中产生的热量属于分子内加热，主要有离子极化和偶极子转向两种机制。

（1）离子极化　溶液中的离子在微波电场作用下产生离子极化。离子从电场中获得动能，相互发生碰撞，将动能转化为热能。溶液浓度越高，离子碰撞的概率越大。高频微波（如 2450MHz）产生的交变电场会引起离子无数次碰撞，产生大量的热，引起介质温度升高。

（2）偶极子转向　当分子的正负电荷重心不重合时，即具有偶极矩，这种分子称为偶极分子（极性分子）。由这些分子组成的介电物质称为极性介电物质。在微波场中，偶极子振动的频率与微波频率相似。在高频微波磁场中，偶极子以每秒数十亿次的频率高速振动，引起分子间强烈摩擦，从而产生热能。

在常用的微波频率 2450MHz 下，极性水分子由随机热运动转变为以每秒 10^9 次的频率转动，不断朝向电场的方向，如图 7-1 所示，从而产生大量的热，使温度以约 10℃/s 的速度上升。

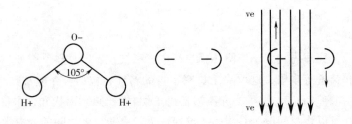

图 7-1　水分子在微波场中的取向

（二）　微波处理与食品介电性

微波加热的原理决定了微波对介质的加热过程具有"热点"效应，且会在加热介质中产生多个"热源"，因而其加热效果远高于传导加热和对流加热，加热效率高。当然，由于微波场中能量的空间分布特点，加热速度过快，如控制不当则出现局部过热。对食品物料介电特性的理解，掌握其介电数据与变化规律，对于理解食品和微波场的相互作用，对微波杀菌、消毒、干燥、漂烫、烹饪等过程的系统控制和产品开发建模具有重要的意义。

（1）食品的基本介电特性　微波的能量具有空间分布的性质，在微波能量传输方向上的空间某点，其电场能量的数值大小与该处空间的电场强度的二次方成正比，微波电磁场总能量为该点的电场能量与磁场能量叠加的总和。由于电磁能的耗散，离电介质的表面距离越远，微波的电场强度就越弱。

食品物料的介电特性是物料在静电场中的能量损耗，以介电常数 ε^* 来表征。对于食品类物质而言，由于食品是非磁性的，微波场与食品的相互作用可进行简化，即：其相对磁导率 μ 可设为1，电容率张量可简化为一复合常数，有实部 ε' 和 ε''，其中包含了电导率 σ。

因此，微波场与物质的相互关系可由式（7-2）、式（7-3）、式（7-4）表达：

$$D = \varepsilon_0 \varepsilon \cdot \vec{E} \tag{7-2}$$

$$B = \mu_0 \mu \cdot \vec{H} \tag{7-3}$$

$$\vec{J} = \sigma \cdot E \tag{7-4}$$

式中　ε——一般物质的电容率或介电常数；

ε_0——物质在真空状态下的电容率或介电常数；

σ——电导率；

μ——磁导率；

B——磁通量；

$\vec{E}$——电场；

$\vec{H}$——磁场；

$\vec{J}$——物质中的电流密度；

D——电流密度。

食品物料的介电特性可通过式（7-5）表达：$j\varepsilon''^2$ $\tag{7-5}$

式中　$j = \sqrt{-1}$；

ε'——介电因数；

ε''——损耗因数；

ε^*——食品的介电常数。

介电因数 ε' 反映了材料在电磁场中贮存电能的能力，损耗因数 ε'' 影响电磁能向热能的转化，介电损耗角正切 $\tan\delta = \varepsilon'/\varepsilon''$。食品受电磁场作用时，其转化的热量与损耗因数 ε'' 的值成正比。

如不考虑热传递的损失，微波加热食品时，温度增量可用式（7-6）、式（7-7）表示：

$$\rho C_p \frac{\Delta T}{\Delta t} = 5.563 \times 10^{-11} f E^2 \varepsilon'' \tag{7-6}$$

$$5.563 \times 10^{-11} = 2\pi\varepsilon_0 \tag{7-7}$$

式中　C_p——材料的比热，J/（g·℃）；

　　　ρ——材料的密度，kg/m³；

　　　E——电场强度，V/m；

　　　f——频率，Hz；

　　　Δt——时间增量，s；

　　　ΔT——温度增量，℃。

由此可知，食品在微波场中温度上升的速度与损耗因数、电场强度的平方及频率成正比，与物料的密度和比热成反比。

食品微波加热的均匀性受到微波在物料中的穿透深度的影响，穿透深度是评价一定频率的微波对某一具体食品能否均匀加热的重要指标。通常，穿透深度 d_p 被定义为微波在物料中的耗散功率衰减到 1/e（e≈2.718）的深度。一定功率的微波在食品中的穿透深度 d_p 符合式（7-8）：

$$d_p = \frac{c}{2\pi f \sqrt{2\varepsilon'\left[1 + \sqrt{\left(\dfrac{\varepsilon''}{\varepsilon'}\right)^2 - 1}\right]}} \tag{7-8}$$

式中　d_p——微波穿透深度，mm；

　　　c——自由空间光速，$c = 3 \times 10^8$ m/s；

　　　f——微波频率，Hz；

　　　ε'——介电因数；

　　　ε''——电介质的损耗因数。

由式（7-8）可知，微波在材料中的穿透深度与频率成反比，即短波比长波穿透物料的深度要浅。由于湿物料内部介电常数和损耗因数相对较高，微波在含水量高的食品中穿透深度不会太深，图7-2所示为微波在大尺寸材料中的穿透深度变化规律。

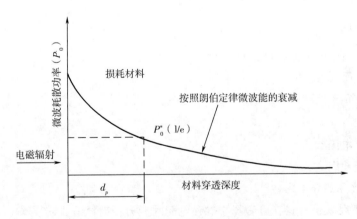

图7-2　微波在大尺寸材料中的典型穿透深度

（2）影响食品介电特性的因素　食品的介电特性受到微波频率、物料温度、物料水分含量以及食品组分，尤其是盐和脂肪含量等诸多因素的影响。离子导电和偶极子旋转是食品工业中导致微波能损耗的主要机制。因此，在液体和动植物组织等食品物料中，极性小分子的旋转、蛋白质侧链的松弛以及结合水、自由水等均会带来介电损失。

表7-2中总结了部分食品在不同温度下的介电特性和微波穿透深度。

表7-2　　　　　　　　　　部分食品的介电特性和微波穿透深度

	温度/℃	915MHz			2450MHz		
		ε'	ε''	d_p/mm	ε'	ε''	d_p/mm
空气		1.0	0		1.0	0	
水							
蒸馏水/去离子水	20	79.5	3.8	122.4	78.2	10.3	16.8
5g/L 盐水	23	77.2	20.8	22.2	75.8	15.6	10.9
冰	-12	—	—	—	3.2	0.003	11615
玉米油	25	2.6	0.18	467	2.5	0.14	220
新鲜果蔬							
红苹果	22	60	9.5	42.6	57	12	12.3
马铃薯	25	65	20	21.3	54	16	9.0
芦笋	21	74	21	21.5	71	16	10.3
脱水苹果							
红苹果水分含量（%，湿基）							
87.5%	22	56.0	8.0	48.9	54.5	11.2	12.9
30.3%	22	14.4	6.0	33.7	10.7	5.5	11.9
9.2%	22	2.2	0.2	38.7	2.2	0.1	28.9
68.7%	60	32.8	9.1	33.1	30.8	7.5	14.5
34.6%	60	22.5	6.8	36.8	19.7	6.6	13.2
11.0%	60	5.3	1.7	71.5	4.5	1.4	29.9
高蛋白产品							
酸奶（预煮的）	22	71	21	21.2	68	18	9.0
乳清蛋白凝胶	22	51	17	22.2	40	13	9.6
熟火腿	25	61	96	5.1	60	42	3.8
	50	50	140	3.7	53	55	2.8
熟牛肉	25	76	36	13.0	72	23	9.9
	50	72	49	9.5	68	25	8.9
通心面和干酪（含水60%，含盐0.6%）	20	40.2	21.3	16.0	38.8	17.4	9.7
	40	40.9	27.3	12.8	39.3	19.0	9.0
	60	40.0	32.9	10.7	38.5	20.9	8.1
	80	39.5	39.7	9.1	37.6	23.7	7.2
	100	40.7	48.2	7.8	37.1	27.6	6.2
	121	38.9	57.4	6.7	35.6	31.9	5.4

续表

	温度/℃	915MHz			2450MHz		
		ε′	ε″	d_p/mm	ε′	ε″	d_p/mm
马铃薯泥	20	64.1	27.1	15.7	65.8	16.3	13.3
（含水85.9%，	40	65.7	22.8	18.8	63.7	14.4	14.8
含盐0.8%）	60	62.5	25.2	16.7	60.7	14.7	14.2
	80	59.9	27.6	15.0	58.0	15.4	13.2
	100	57.3	32.0	12.8	55.5	17.4	11.5
	121	54.5	38.1	10.6	52.8	20.1	9.6
马铃薯泥	20	55.1	28.4	14.1	53.5	19.4	10.2
（含水85.9%，	40	52.8	35.6	11.2	51.7	21.5	9.0
含盐1.8%）	60	49.4	43.3	9.1	48.3	24.7	7.7
	80	46.1	51.7	7.7	45.2	28.7	6.5
	100	46.7	69.3	6.1	46.3	37.5	5.1
	121	48.7	95.2	4.8	48.8	50.7	4.0

①频率的影响：对于极性分子纯溶液，如无水乙醇、水等，频率对介电特性的影响受极差控制。ε′与松弛时间 τ 相关的临界频率处达到最大值，该临界频率 $f_c = 1/2\pi\tau$。一般大分子比小分子的松弛时间更长，因此临界频率随分子质量的增加而降低。例如，纯水在20℃时的松弛时间介于 0.00148~0.0071ns，介电损耗因素在16000MHz达到峰值。

②水分：食品中的水分通常分为三类：细胞间的自由水、处于自由水和结合水之间可移动的水层和结合水。细胞间的自由水分子的介电性与液态水的介电性相似，而结合水的介电性则类似于冰。一般来说，当食品中的水分含量降低到某一临界值时，其介电性也迅速降低。在低于临界水分含量时，由于食品中的水分主要以结合水的形式存在，水分含量的变化对介电损耗因数的影响不大。

③盐含量：在含盐量少、含水量高的食品中，不同微波频率下的介电特性是由水决定的；而对于含有溶解的盐类的湿食品物料而言，盐离子的传导性也对损耗因数起作用。Guan等研究了不同盐含量的马铃薯泥在不同微波频率范围内的介电特性，发现在400~3000MHz范围内，随着马铃薯泥中盐离子浓度从0增加到2%，其介电损耗因数增加。

④温度的影响：温度对食品介电特性的影响与很多因素有关，包括食品的组成，特别是水分和盐含量。

在含盐量少的湿食品中，不同微波频率下的介电特性是由水决定的，纯液体的松弛时间 τ 随温度的增加而迅速缩短，介电损耗因数下降，高温的物料比低温物料的吸收能量少。

在含盐量稍高的食品中，升温会增加溶液在低频范围（低于2000MHz）的介电损耗因数，而降低高频范围（例如2000MHz以上）的介电损耗因数，如图7-3所示。这是由于温度升高使离子溶液的黏度降低，离子流动性增加，离子溶液中的电导率增加，而在频率低于2000MHz时，离子导电性对物料的介电损耗起主要作用，而在高频范围，水分子极化作用的贡献提高。随着盐离子浓度的增加，温度对介电损耗因数影响的频率拐点向高频方向移动。

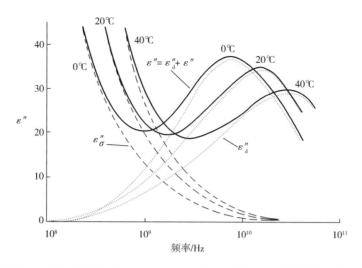

图 7-3　三种不同温度对 0.5mol/L 的氯化钠溶液介电损耗因数的影响

ε''—介电损耗因数　ε''_σ—离子导电性贡献的介电损耗　ε''_d—极化作用贡献的介电损耗

　　水溶液的温度与介电特性的关系显著影响湿食品的微波加热特性。对于含盐的湿食品，在低的微波频率下，损耗因数随温度升高而增加，会导致所谓的"热失控"现象，即食物中温度升高越快的局部区域在微波场中得到加深热化，将导致加热不均的现象。

　　冰和冻结食品中，水分子矩阵是固定的，其行为类似于结合水，因此冰和冷冻食品的介电常数和损耗因数都很低，其值取决于食品中未冻结状态水的量和自由水的离子传导性。低盐冷冻食品解冻后，其损耗因数会急剧增加后缓慢下降，而高盐分冷冻食品解冻后，其损耗因数在急剧增加后继续上升。图 7-4 所示为温度对不同食品介电损耗因数的影响。

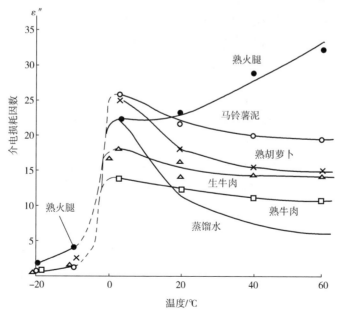

图 7-4　3000MHz 下温度对不同食品介电损耗因数的影响

⑤食品组分的影响：食品的介电性受到食品组分的影响，食品的主要成分，包括水、碳水化合物、脂类、蛋白质、无机盐（矿物质）等，与微波相互作用的机理不同。

微波加热的主要机制是偶极子的旋转和离子的加速，微波对食品的影响主要取决于盐和水的含量。在中高含水量的食品中，吸收微波能的是水，而不是固形物，但水热容高，易产生加热不均。而在干燥产品中，溶解盐会因水分蒸发而浓缩、沉积，使离子导电性受到限制。对于低水分含量的食品，固形物本身也会吸收能量，且由于其热容低，低水分含量的食品加热更均匀。

醇类和含羟基的糖类或碳水化合物能形成氢键，在电场中会受到偶极子旋转的作用。食品溶液中的低级醇或糖对水和溶解离子与微波的相互作用影响很小；在高浓度下（如糖果、果酱、果冻），糖可以改变微波与水的响应频率。

蛋白质表面的离子区可束缚水和盐，会产生与表面自由电荷相关的影响。脂类作为疏水性的物质，在有水存在的条件下，与微波作用微弱，在水分含量低的食品中能够吸收微波能。食品成分的复杂性也是导致微波加热非均匀性的原因之一。

二、 微波的生物学效应

（一） 微波杀菌原理

在食品工业中，微波灭菌或微波辅助灭菌技术能够有效缩短处理时间，并在一定程度上降低处理温度，有利于食品中营养成分、功能因子及质构、色泽等感官品质的保持。因而，微波灭菌技术在食品工业中具有较为广泛的应用。

微波处理对细菌、真菌和真菌孢子等均有杀灭作用，可用于液体食品、固体食品、加工表面和空气的灭菌。微波处理通常会导致微生物细胞膜和遗传物质及其功能的损害、蛋白质变性等。微波热效应和非热效应是目前普遍认可的微波杀菌机制。微波非热效应对热效应有增强作用，也称为促热效应，微波杀菌是二者协同作用的结果。

（1）微波热效应 微波热效应是指微波能被介质材料吸收而转化为热能的现象。热效应是微波杀菌主要机制。微波杀菌的热效应机制包括：微波的选择性加热特性，使得物料中介电系数更高的部分升温更快，因此含水量高的微生物产生自身热效应；同时微波的穿透性，使食物表面和内部同时加热，并热传导给微生物——来自两方面的热量共同给作用于微生物，使微生物快速达到比周围物质更高的温度，导致微生物的快速死亡。

（2）微波非热效应 非热效应是指当介质材料吸收电磁能后，产生的不属于温度变化的系统响应。微波杀菌的非热效应是指没有温度显著升高的杀菌作用。

微波处理和传统高热杀菌处理后的细菌细胞，在形态学、DNA 数量、细菌活力、细菌细胞数、细胞内容物泄漏等方面均存在差异，证实微波杀菌过程中存在非热效应。Suvash 等对比研究了微波和常规热处理对艰难梭状芽孢杆菌（*Clostridium difficile*）及其芽孢的杀灭效果，发现 2450 MHz 的微波（800W）处理 60s 显著优于 98℃处理 60s 的杀菌效果，两种处理条件下艰难梭菌的形态变化对比如图 7-5 所示。此外，与传统热杀菌相比，要取得同样的杀菌效果，微波处理所需的时间更短，温度更低，且半数致死时间、完全致死时间均低于相同温度下的热杀菌，也从侧面佐证微波非热效应的存在。

微波非热效应对细菌的作用与其频率、功率、温度和作用时间有关。微波对微生物的非热生物效应，包括电穿孔、磁场耦合、光化学反应、场力效应、电磁共振效应等。即使在较低的温度下（低于 50℃），微波非热效应也能影响微生物细胞的能量和物质代谢，扰乱细胞

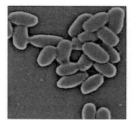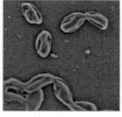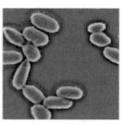

（1）未处理　　　　（2）2450MHz、800W微波处理60s　　　（3）98℃热处理60s

图7-5　扫描电镜下微波处理与传统热杀菌后艰难梭状芽孢杆菌形态的对比

膜系统功能，干扰 DNA 和 RNA 分子的正常复制。电穿孔和磁场耦合作用是微波非热效应杀菌的主要机制。

①电穿孔机制与细胞膜损伤：电穿孔机制是指细菌细胞膜上存在电势能，微波场使细胞膜产生空隙，导致细菌细胞内容物发生渗漏。埃德温等通过电导率的测量证实，微波处理导致细菌细胞中的离子泄漏，随着电解液的泄漏，细菌膜系统功能进一步受损。

微生物细胞膜的损伤还会导致 DNA、蛋白质等生物大分子的泄漏，这也是导致微生物死亡的原因之一。Fang 等发现，低功率微波热处理对寄生曲霉（*Aspergillus parasiticus*）的杀菌机制与电导加热显著不同：微波处理造成更严重的细胞膜损伤，Ca^{2+} 泄漏和 DNA 降解是寄生曲霉的主要致死原因；而常规热处理通过电解质泄漏和 DNA 凝集促其死亡。低功率微波处理增加寄生曲霉细胞膜损伤的机制可能是由于微波场中的电磁振荡改变了细胞膜的电位差和膜表面的离子分布，进一步增加了膜的通透性，导致更多的离子泄漏。微波加热和常规电导加热过程中，寄生曲霉的电解质、钙离子泄漏和形态学变化如图7-6所示。

由于革兰阳性菌、革兰阴性菌、霉菌和酵母等具有不同的细胞壁结构和不同的细胞成分，其对微波的吸收率也不同。因此，微波能对革兰阳性菌、革兰阴性菌、霉菌和酵母造成的损伤也有差异。在相同功率、相同频率的微波场中，处理一定的时间，也能观察到不同的形态学变化和细胞膜损伤。

Wu 等研究了微波（2450MHz）对革兰阴性菌荧光假单胞菌（*Pseudomonas fluorescens*）、铜绿假单胞菌（*Pseudomonas aeruginosa*）和革兰阳性菌枯草芽孢杆菌变种（*Bacillus subtilis var. niger*）、金黄色葡萄球菌（*Staphylococcus aureus*）以及杂色曲霉（*Aspergillus versicolor*）的杀菌机制，发现微波处理对革兰阴性菌、革兰阳性菌和霉菌均造成细胞膜损伤，但这些损伤有显著的形态学差异。图7-7 所示为微波处理后不同种类微生物的形态学变化。

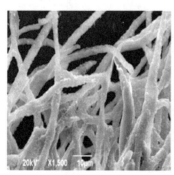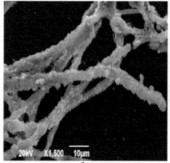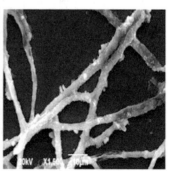

（1）未处理　　　　　　　（2）70℃热杀菌　　　　　　　（3）70℃微波处理

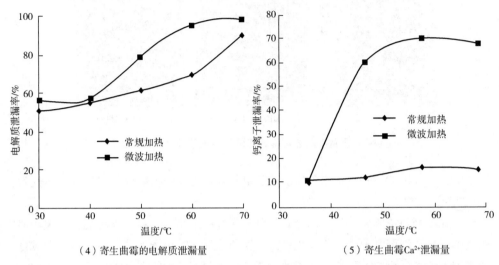

（4）寄生曲霉的电解质泄漏量　　　　　　　　（5）寄生曲霉Ca²⁺泄漏量

图7-6　微波处理和常规热杀菌后寄生曲霉的电解质、钙离子泄漏和形态学变化的对比

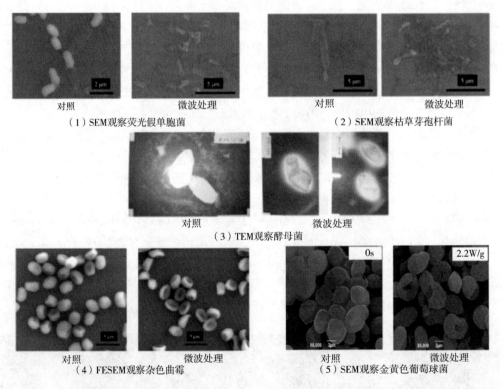

（1）SEM观察荧光假单胞菌　　　　　　　　　（2）SEM观察枯草芽孢杆菌

（3）TEM观察酵母菌

（4）FESEM观察杂色曲霉　　　　　　　　　（5）SEM观察金黄色葡萄球菌

图7-7　形态学观察（FESEM、SEM、TEM）微波处理对不同微生物细胞膜损伤情况

采用环境扫描电镜（FESEM）观察微波处理后的荧光假单胞菌或扫描电镜（SEM）观察微波处理后的酵母菌，能清晰观察到细胞膜的穿孔和破损，FESEM观察下的杂色曲霉孢子细胞也呈现出如同被挤压一般的痕迹；但用FESEM观察微波处理的革兰阳性菌枯草芽孢杆菌，其与未处理的细胞相比，细胞形态变化不明显，透射电镜（TEM）才能观察到较为粗糙的细

胞膜结构。SEM 观察微波处理后金黄色葡萄球菌，发现细胞膜上出现明显破损。由此可见，微波处理对不同微生物的细胞膜均有损伤，但由于不同微生物在细胞壁成分、DNA 的 G+C 比例不同，可能存在具体机制上的差异。

②磁场耦合机制　在磁场耦合机制中，细胞的重要成分，如蛋白质或 DNA 在磁场耦合中被破坏。微生物细胞内的蛋白质、DNA、RNA 等生物大分子在微波场中，受到无极性热运动和极性转变的作用，分子的空间结构会发生变化或受到破坏，引起细胞的死亡。Samarketu 等研究了不同脉冲频率的微波对蓝细菌生理行为的影响，发现微波场的非热效应通过差异分割离子使分子结构变化，改变生化反应的速度和（或）方向，诱导产生不同的生物效应，该效应与频率及微波作用时间等参数正相关。

此外，微波能可影响遗传物质 DNA 的含量，干扰其正常复制、转移、合成和修饰等活动，也会引起微生物细胞中酶等蛋白质的钝化。Wu 等发现在微波处理的枯草芽孢杆菌和杂色曲霉细胞中，用 TEM 可观察到细胞质中出现了因蛋白质聚集而形成的暗色斑点。Dreyfuss 等发现微波处理金黄色葡萄球菌，会导致与代谢相关酶类，如 6-磷酸-葡萄糖脱氢酶、碱性磷酸酶与苹果酸脱氢酶酶活力受到影响。

（二）　微波对酶的作用及原理

食品中的酶类均属于电介质，具有吸收微波的良好特性。酶分子经微波处理，其结构及酶学性质均可能发生变化。微波对酶活力具有双重作用：钝化酶或激活酶。

微波对酶的作用的机制包括热效应和非热效应。微波对酶活力的热破坏是微波钝酶的主要机制。微波非热效应主要是电磁耦合效应下对蛋白质分子高级结构的改变。

微波辐射属于非离子辐射，是一种大波长、低频率的辐射，不具备破坏化学键的能力。但是，很低能量的微波即可引起酶分子高速振动，对氢键、范德华力、疏水键等蛋白质的高级结构次级键具有一定的影响。多数酶属于蛋白质，酶的活性依赖于酶的高级结构，其高级结构的微小差异可导致酶生物学性质的显著差异，如酶活力大小和稳定性的变化等。采用傅里叶红外光谱、荧光光谱、圆二色光谱等、X 射线衍射、扫描电镜等研究微波处理对酶分子结构的影响，发现微波不会改变酶的一级结构，但可改变酶的高级结构。

Vukova 等研究了微波对乙酰胆碱酯酶活力的影响，表明微波可导致蛋白质二级结构发生变化，其中 β-折叠含量增加，α-螺旋结构变得混乱，使蛋白质的有序结构无序化。将嗜热酶置于 10.4GHz 的微波场，发现处于微波场中两个酶都发生时间依赖性不可逆失活，失活速率与吸收的微波能量有关，与酶的浓度无关；利用圆二色光谱和荧光光谱分别研究酶的二级和三级结构，发现酶的二级和三级结构发生改变，表明微波诱导了与温度无关的蛋白质结构重排；而在相同温度下传统加热后酶却是稳定的。

Young 等研究了微波在 40℃ 以下对极端嗜热菌（*Pyrococcus furiosus*）中 β-葡萄糖苷酶（耐热酶）的活性和空间结构的影响，发现随着微波作用功率的增加，β-葡萄糖苷酶催化活性显著增加，表明微波对酶具有激活作用。也有研究表明在 40℃ 下采用低功率微波辐射过程中酶结构的变化是可恢复的。

由上述研究结果可见，从结构生物学角度研究微波对酶活力影响目前尚无法形成一个统一的结论，因研究的目的、所使用的酶种类、微波反应条件以及微波试验装备等的不同，致使研究结果不一致。

（三） 微波灭虫原理

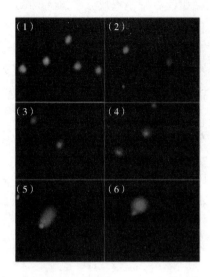

图 7-8　0，35，70，150，300，600W 微波处理地中海粉螟后对 DNA 的影响

（1）～（6）：0，35，70，150，300，600W 微波处理后 DNA 彗星实验结果

微波灭虫的热效应机制主要是微波的选择性加热作用，一是通过高温使害虫体内脱水而死；二是通过高温使虫体蛋白质变性而死。

近年来的研究越来越多的关注到微波灭虫的非热效应。Dilek 研究了微波处理对面粉及粮食贮藏中的有害昆虫地中海粉斑螟（*Ephestia kuehniella*，鳞翅目，螟蛾科）幼虫的杀灭机制，发现 70W 处理 50s，150W 处理 20s，300W 处理 10s，600W 处理 5s 均可完全杀死地中海粉螟幼虫。随着微波功率和处理时间的增加，地中海粉螟幼虫体内的丙二醛（MDA）上升，而超氧化物歧化酶（SOD）、过氧化氢酶（CAT）、谷胱甘肽过氧化物酶（GPX）活力下降，DNA 碎片增多，如图 7-8 所示。该研究显示微波处理引发的氧化损伤可能是高功率的微波处理杀灭幼虫的机制。尽管如此，脂质过氧化、抗氧化酶活力的显著降低和 DNA 的碎片化并没有出现在被低功率微波处理死亡的幼虫样本中，低功率微波处理杀灭幼虫应该另有机制。

第四节　微波技术特点

微波技术或与其他技术联用，可在杀菌、漂烫、杀虫和干燥等食品保藏领域发挥重要作用。无论微波技术用于何种领域，其特有的热效应和非热效应都是共同的。物料处于微波场中，灭菌、灭酶、杀虫和微波干燥是同时进行的，它们的区别仅在于微波处理的目的不一样，导致处理时间、功率等工艺条件上的差别。

微波加热的高效、快速、不均匀性是微波技术的共性特点。微波加热不均匀的原因包括：

（1）微波加热具有选择性　即使在相同的微波场中，不同的食品材料都存在温度的差异；

（2）微波具有良好的穿透性　在实际加热中受反射、穿透、折射、吸收等影响，对同一食品材料各部分产生的热能可能存在较大的差异，如肉类熟食中的肌肉和骨头；

（3）电场的尖角集中性　也称棱角效应（edge effect），微波作为电波的一种，其电场有尖角集中性，这是造成食品微波加热不均匀的主要原因。电场会向有角的地方集中，这些部分就产热多，升温快。为了克服棱角效应，人们在容器上作了许多改进，例如尽量使用大小合适的圆角容器，环状容器；对有尖角的食品进行整形处理。

为了克服微波加热的局限性，可考虑把微波和其他加热方法，如电导、红外或远红外、蒸汽等组合使用。

一、 微波杀菌技术特点

杀菌是食品加工的一个重要操作单元，微波杀菌的目的一是控制食品中的微生物污染，二是延长食品的保鲜期，保持食品的鲜度、口味和营养成分等品质。热力杀菌是目前使用最多的杀菌方法。传统加热灭菌从工艺过程来看，具有如下特点：①灭菌过程中热力从食品表层向中心传递，里层温度状态滞后，且传热速度受到食品自身传热特性的影响，整体灭菌时间长；②杀菌时间和所需温度与菌种有关，在相对较低的温度下，如巴氏杀菌温度，对食品中耐热性较强的芽孢杆菌和真菌孢子的杀灭有较大难度，而进一步提高温度则对食品质构和风味产生显著影响；③加热灭菌总时间受到食品的初温、原料形状大小、包装、数量的影响；④能耗高，废水量大。

微波杀菌与热力杀菌相比具有多种优点。

（一） 杀菌效率高、 处理时间短

微波能在极短的时间内提高食品物料整体温度，食品内外同时升温，不需要利用传热介质的传导和对流传热，处理时间短仅需传统方法几分之一或几十分之一的时间。由于微波的选择性加热作用和穿透性，对霉菌孢子和细菌芽孢的杀灭作用优于常规热杀菌。微波加热杀菌效率与传统加热杀菌方法的对比如图 7-9 所示。

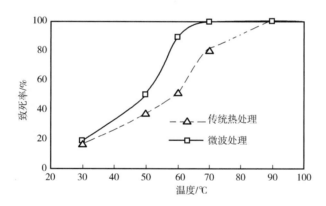

图 7-9　微波加热杀菌与传统加热杀菌对寄生曲霉的温度致死曲线

微波杀菌是热效应和非热效应的协同作用，微波非热生物效应在微波杀菌中具有促热效应，可以在相对温和的杀菌条件下（更低的温度和更短的时间）取得相同的杀菌效果，在相同温度下，微波杀菌也具有更短的致死时间和半数致死时间。例如，Fang 等采用低剂量微波（2450 MHz、1.6W/g）和电导加热对大米中寄生曲霉（*Aspergillus parasiticus*）及孢子的杀灭作用，发现微波处理的致死温度与半数致死温度均低于电导加热。微波处理的半数致死温度为（52±2）℃，致死温度为（72±2）℃。微波加热达到 70℃时，寄生曲霉孢子的死亡率可达到 99%；而电导加热的半数致死温度和致死温度分别为（62±2）℃和（92±2）℃。

（二） 利于保持食品品质

微波杀菌时间短，对食品的感官品质影响和热敏成分影响较小，且大大减少水溶性营养成分的流失。短时微波杀菌对其生物活性成分、抗氧化活性成分、色泽和质地不会造成明显影响，但可以导致食品中酶活力的破坏。酶的主要成分为蛋白质，在微波场中短时暴露即可失活，利于食品品质的保持、抗营养因子的减少和食品消化率的提高。与常规加热方式相比，微波直接加热（不加水）可以有效地降低产品的水分含量，增加产品的压缩率、脱水率和复水率，对食品品质和营养成分影响较小，但大量加水微波烹煮则会造成营养物质的严重损失。

通常，微波杀菌的处理越短，对食品质构和色泽的影响越小。微波加热会导致叶绿素的变化，而对番茄红素没有显著影响。

（三） 节能、环保

微波杀菌不需要燃料和输热管道，工业应用中不仅可以节约大量厂房占地面积，无需进行管道铺设，还能避免烟尘造成的大气污染。

（四） 易于自动控制

微波加热过程不包括升温，微波加热装置开机即可正常工作，若想停止其工作，切断电源可以马上使物料加热工作无条件停止，不会有"余热"现象发生。

二、 微波漂烫技术特点

食品中含有大量的酶，其中一些内源酶的存在会影响食品的风味、色泽和稳定性，从而破坏食品的品质，对食品质量带来不良影响。多酚氧化酶（PPO）会导致果蔬褐变，过氧化物酶（POD）会致使果蔬加工过程中产生不良的风味，脂肪酶（LA）和脂肪氧化酶（LOX）会引起油加工原料和产品氧化酸败，因此对食品中的酶类实行有效的钝化是食品保藏的重要内容之一。

漂烫是果蔬工业化加工、贮藏中的重要工序，漂烫的主要目的是使酶失活。在贮藏期间，果蔬在其自身酶系统，包括过氧化酶、脂肪氧化酶、半胱氨酸裂解酶、果胶酶、多聚半乳糖醛酸酶、脂肪酶、蛋白酶、抗坏血酸氧化酶和叶绿素酶等的作用下，会出现软化、变色、风味改变和营养价值下降的问题，降低食用品质。因此，为保留良好的品质，包括色泽、风味和营养物质，大部分蔬菜和一些水果在速冻、冷冻贮藏、脱水干燥、罐藏、油炸等之前，需要进行漂烫。漂烫的主要目的是使造成颜色、风味、质地改变的酶系统失活，从而避免贮藏期间因酶促反应造成的品质劣变。

（一） 微波漂烫的优点

漂烫是一种热加工，常规漂烫是通过将果蔬浸泡在热水（88~99℃）、含有酸或盐的溶液、蒸汽中完成。漂烫的加工效率取决于抗热性酶的钝化，如 POD 或者 PPO。除了钝化酶，漂烫也会带来一些其他的好处，包括清洁、减菌、除去果蔬组织内部的气体等。但漂烫也会带来不利的影响，例如，热水漂烫和蒸汽漂烫会造成糖、矿物质、维生素等营养成分的流失和降解，产生热水和蒸汽的过程本身能耗高且影响环境。因此，漂烫加工应在尽可能减低负面影响的情况下，确保酶的失活。

微波漂烫与传统漂烫方法相比，具有效率高、营养物质损失少等优势，效果优于传统热钝酶，其主要优点如下。

（1）显著缩短漂烫时间　微波加热以升温速度快为特点之一，因此微波钝酶的效率很高，所需处理时间很短。Muftugi 对比了水、蒸汽、微波和对流炉四种方法漂烫青豆的效果，发现微波漂烫是使过氧化酶完全失活所需时间最短的方法。Collins 等研究发现，使平均半径

2.27cm 的马铃薯块茎中过氧化酶失活，开水漂烫需要 13min，微波漂烫仅 4.7min；多酚氧化酶失活开水漂烫 6~7.5min，微波漂烫 3~3.5min。利用频率为 2450MHz 的家用微波炉加热 240s，即可使水分含量仅 7.8% 的豆类中 98% 的脂肪氧合酶失活。

（2）降低漂烫温度　由于微波漂烫存在明显的促热效应，使得微波加工获得的 z 值（失活时间曲线的斜率）比传统处理的低得多。例如，要使苹果浆中 PPO 完全失活，高功率微波漂烫不超过为 79℃，而常规热处理需要 92℃。

（3）营养成分保持较好　微波漂烫与蒸汽、沸水漂烫相比，可减少溶性营养成分流失。Muftugi 等采用水、蒸汽、微波和对流炉四种方法漂烫青豆，微波（650W、2450MHz）漂烫样品中的维生素 C 和叶绿素含量显著偏高。但也有研究发现，较长时间（酶完全失活）的微波漂烫可能导致胡萝卜素的降解。Sharmila 等发现 4W/g 的微波对新鲜米糠处理 5min，不会造成明显的营养损失，贮藏 3 个月后仍能保持较高的出油率和营养价值，其米糠油中必需脂肪酸为 3%，过氧化值 3.815mmol/kg，酸价 0.071mgMDA/kg。

微波对酶的作用，本质上是对蛋白质的作用，因而微波漂烫灭酶的同时，能够破坏大豆中酶蛋白酶抑制剂等抗营养因子，以及牛乳中的致敏因子。Mirosław Pysz 等研究发现，1000J/g 的微波处理能够使蚕豆中的胰蛋白酶抑制剂活性降低 70%~75%，提高蛋白质消化率。Djazia Zellal 等采用小鼠动物模型研究发现，微波在 pH6.8 下处理牛乳（300W 或 700W），可减少 β-乳球蛋白的致敏性，减少其诱导血清中 IgG、IgG$_1$、IgG$_{2a}$ 及 IgE 的产生。

（4）微波对色泽和质构的影响较小　植物组织吸收微波能后会导致一系列化学和物理变化。微波处理诱导的分子间摩擦会使细胞内部压力增加，导致细胞破裂，从而引起细胞内容物的泄漏，影响质地和色泽，但这种影响可以通过优化最佳微波漂烫工艺得到改善。总体而言，采取合适的工艺微波漂烫，可以获得比传统漂烫方式更佳的质构，并减少色素的析出和降解，从而使漂烫后的果蔬、茶叶等食品具有良好的色泽。

Quenzer 等用扫描电镜观察了微波漂烫的菠菜的微观结构，发现微波会导致细胞壁的原生质凝结，但细胞壁保持完好；冷冻干燥后，微波漂烫使样品的脱水率显著提高并获得可接受的质构特性，其质构保持优于沸水漂烫和蒸汽漂烫。微波漂烫对苹果果肉组织的损伤很小，被认为是一种有效的可使 PPO 完全失活，而不会对果实组织和形状造成重大损害的方法。微波漂烫（10kW、2450MHz）连续式处理胡萝卜，没有观察到胡萝卜组织中的缝隙和裂痕，漂烫后样品硬度增加。Tang 等选取的 5 种方法：煮、热空气干燥、高压蒸汽、冷冻、微波辐射预处理新鲜的油棕榈果，发现 5 种预处理均能显著钝化处理过的果肉中的脂肪酶和过氧化物酶，而微波辐射能显著降低萃取后棕榈油中的游离脂肪酸含量和过氧化值，并提高氧化稳定性指数。

但 Cano 等发现，微波漂烫时的快速加热反而会造成香蕉的氧化和组织降解，因而是不适宜于处理香蕉的。Latorre 等采用 100~935W 的微波对红甜菜中的 PPO 和 POD 进行钝化，发现微波漂烫降低了红甜菜的弹性特征，改变了组织颜色，其色泽发生了蓝移。

Guzman 研究发现，微波漂烫鳄梨汁，可形成叶绿素锌，样品在贮存 10d 后仍保持很好的绿色。草莓组织在 PPO 的作用下，会失去鲜艳的红色和铬黄色，微波（400W）漂烫使 PPO 失活 80%，虽然仍会导致铬黄失色，但尚达不到人眼可以识别的程度。

（5）减少产品污染　微波加热的形式决定了在漂烫过程中不会产生食品物料和额外的加工表面，诸如热交换器的板面、管壁等相接处的机会，减少了产品表面受到微生物等污染的机会。

总之，微波漂烫与传统漂烫方法相比，具有加工速度快、能量消耗低，过程控制准确、启动和停止迅速、果蔬等食品物料的风味、质地和颜色保持好、水溶性营养物质流失少、用水量少等优点。

（二） 微波漂烫效果的影响因素

尽管微波漂烫与蒸汽、沸水、酸碱溶液漂烫相比，能够更好地保护食品的感官品质和营养价值，但要充分钝化酶（以耐热过氧化物酶为评价指标），仍可能对食物原料带来较大的损伤。微波漂烫成功与否取决于原材料的种类、质量、处理的工序、处理时间、微波功率和加工条件。在实际应用中，有必要寻找最佳的微波漂烫条件（如时间、功率、pH 等），以便在使酶钝化的同时，减少营养和感官损伤。以下将简要探讨影响微波漂烫效果的部分因素。

（1）pH 在酶的最适 pH 进行微波漂烫钝化酶，需要更长的处理时间；而降低 pH 能够显著缩短微波处理时间。例如，Dorantes 研究发现，鳄梨汁在 PPO 的最适 pH 范围内时，需要在 103℃下微波处理 5s，而利用柠檬酸将其 pH 降低到 4.3 时，处理时间减少到 2s，pH 降低到 3.9 时，只需要 1s。

（2）微波功率 在一定范围内加大微波功率，使样品温度快速升高，可以在更短的时间内破坏酶的结构，达到钝酶的效果。采用不同功率的微波处理后，苹果中 PPO 活力与微波功率强度成反比，使 PPO 失活的最佳微波功率为 0.51kJ/g。使单位重量原料中某种酶失活所需的具体微波功率应该足以顺利完成漂烫，又要尽量避免对食品品质不利影响的出现。处理温度不足时，酶的破坏作用将在贮存中持续，甚至在某些情况下会被增强。

（3）食品物料的种类和质量 不同种类的食品物料，具有不同的组织结构、成分、形状、大小以及不同的酶的种类与活力，其微波漂烫的工艺参数不尽相同，需要通过实验确定最佳的漂烫工艺。微波漂烫对食品品质的影响也受到食品种类的影响。尽管微波漂烫在苹果、草莓、鳄梨、西红柿、芹菜、辣椒、胡萝卜、菠菜、芥菜、甜菜、蘑菇、豆类、米糠、油棕榈果、人参、马铃薯、莴苣、山核桃等大量食品原料中取得了满意的效果，但在某些食品，如玉米棒、花椰菜、香蕉等中的应用却不尽人意。玉米棒由于尺寸和形状的问题，容易出现局部过热和温度分布不均，不能实现均一的酶钝化效果；微波漂烫的花椰菜、西蓝花和香蕉没有在贮藏过程中表现出比蒸汽漂烫和热水漂烫更好的品质。因此，对于部分物料而言，微波漂烫的具体工艺还有待研究。

总之，微波漂烫的最终目标是为了使食品在贮藏和加工中获得良好的可接受的品质，因而不能仅追求酶的钝化效果，而是在钝化酶和保持食用品质二者间选取一个平衡的工艺条件。

三、 微波杀虫技术特点

食品工业中，微波杀虫主要用于豆类和粮食中。害虫对于豆类、粮食、坚果等是极其重要的危害因素。例如，绿豆象（*Callosobruchus chinensis* L.）、米象（*Sitophilus oryzae*）和锯谷盗（*Oryzaephilus surinamensis*）、烟草粉斑螟（*Ephestia elutella*）、菜豆象（*Acanthoscelides obtectus*）、松褐天牛（*Monochamus alternatus*）、大头金蝇（*Chrysomya megacephala*）及谷象（*Sitophilus granaries*）等是粮食中常见的有害昆虫。

传统的杀虫防虫方法包括：植物抽提物杀虫、药剂防治、辐照杀虫、药物熏蒸、低温冷冻等，但这些技术都有一定的缺点，对食品安全和环境安全带来负面影响。

微波处理是一种极为彻底的杀虫方法，微波杀虫时间短，效率高，能够同时杀灭成虫、虫卵和幼虫，并能够通过对酶的抑制作用影响粮食和豆类的发芽，是一种可用于害虫防治无公害技术。微波的杀虫处理具有后续效应，在微波处理后，没有立刻死亡的成虫可在后续过程中死亡。微波处理裸成虫的死亡率随处理时间及功率增加而升高。研究表明，微波处理可杀灭米象、锯谷盗、烟草粉斑螟、地中海粉斑螟、菜豆象、松褐天牛、大头金蝇和谷象等。

微波杀虫效果显著，可应用于储粮杀虫，但不适合种子粮的杀虫处理。此外，在使用微波杀虫时需考虑微波仪器、处理功率和时间、产品用途及含水量等诸多因素的影响并进行优化试验以取得最佳效果。

四、　微波干燥技术特点

（一）　微波干燥技术的优点

微波干燥技术与气流干燥相比，具有很多优势，如干燥速度快、产品受热均匀、干燥品质佳、节能卫生，产品具有更好的感官特性等。微波干燥具有如下优点。

（1）干燥速度快　由于微波能够深入到物料内部而不是靠物体本身的热传导进行加热，所以加热时间非常短，干燥时间可缩短 50% 以上。

（2）产品质量高　微波加热温度均匀，表里一致，干燥产品可以做到水分分布均匀。由于微波对水有选择加热的特点，可以在较低温度下进行干燥，而不致使产品中的干物质过热而损坏。微波加热还可以产生一些有利的物理或化学作用。

（3）反应灵敏、易控制　通过调整微波输出功率，物料的加热情况可以瞬间改变，便于连续生产和实现自动化控制，提高劳动生产率，改善劳动条件。

（4）节能、环保　微波加热设备本身不耗热，热能绝大部分（>80%）都作用在物料上，热效率高，因此微波加热节约能源，与电阻加热相比，一般可节电 30%~50%。微波加热设备对环境温度几乎没有影响，设备体积也相对较小。

（5）在杀菌的同时保持食品营养和风味　微波加热具有热效应和生物效应，因此能在较低的温度下杀灭霉菌和细菌，最大限度地保持物料的活性和食品中的维生素、色泽和营养成分。微波干燥经常与热风干燥相联合，可以提高干燥过程的效率和经济性。因为热空气可以有效地排除物料表面的自由水分，而微波干燥提供了排除内部水分的有效方法，两者结合就可以发挥各自的优点使干燥成本下降。

总之，微波干燥是食品工业中常用的加工方法。与传统干燥方法相比，微波干燥的产品具有低收缩、低密度、高复水率、高脱水率、低耗能等优点，质地松脆且外表接近新鲜产品。但由于微波干燥速率更快，采用微波干燥的食物具有更明显的多孔结构，并容易发生局部过热的现象，对产品品质产生不利的影响。此外，对于含还原糖的产品，应注意微波处理时发生美拉德反应的可能性。

（二）　微波干燥过程

通过与气流干燥对比，来了解微波干燥曲线。将理想状态下食品材料的典型的气流干燥曲线分为三个阶段：恒速区、一次降速区和二次降速区，如图 7-10 所示。

气流干燥中，物料的加热由表面向中心内部进行，因而湿热传导率阻碍水分从物料中脱去，出现一次降速区和二次降速区，经过长时间加热或过高的表面温度易造成物料表面结

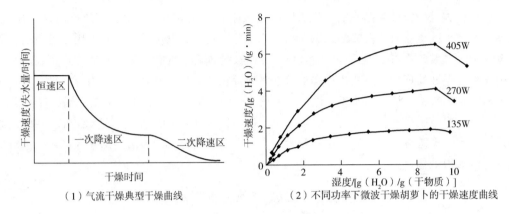

（1）气流干燥典型干燥曲线　　　　（2）不同功率下微波干燥胡萝卜的干燥速度曲线

图7-10　气流干燥与微波干燥特性对比

皮、硬化、烧焦及内部缺陷。例如，采用热风干燥果蔬，其有效工作范围在60~90℃，干燥时间长达15h，造成挥发性风味物质的流失和结构改变，还会破坏维生素，影响色泽等。

微波干燥的差异主要出现在降速阶段。由于食品物料的介电损耗因数随水分含量降低而减小，所以食品中干燥部分将电磁能转化为热能的能力降低。物料含水率在30%以下时，微波的穿透深度会显著增加。物料的潮湿部分会将更多的微波能转化为热能，使潮湿部分产生强烈加热，以至于物料内部蒸汽的形成速度超过它的迁移速度，有利于增加传质和传热速率。微波干燥过程中的选择性加热特性，会显著缩短烘干时间。

在接近干燥结束阶段，由于产品中水分剩余极少，会出现温度的快速提升和干燥速率的下降。微波干燥的速度与所用的微波能成正比。

五、微波低温等离子体技术特点

低温等离子体灭菌技术是近年来消毒学领域出现的新的物理性的非热灭菌技术。目前，微波低温等离子体技术用于果蔬，尤其是叶菜的杀菌保鲜以及食品接触面消毒除菌，是新兴的研究热点。

等离子体含有电子、离子、自由基和激发态原子等活性粒子，具有足够的能量可破坏共价键并诱导化学反应。等离子体可诱导微生物细胞产生氧化应激，破坏DNA，诱导DNA加合物的形成，从而导致微生物细胞的损伤和死亡。

等离子体的产生方法有直流放电、射频放电、微波放电等，直流放电的缺点是有极放电、密度低、电离度低、运行气压高；射频放电虽然密度和电离度有所提高，但应用范围受限；而微波放电技术与上述等离子体产生技术相比，具有能量转化效率高、不会产生电极污染和很宽的压强范围等一系列优势，正被广泛应用于工业领域。

微波等离子体属于非平衡态的低温等离子体，有成分相对丰富、底衬材料的温度相对偏低、能够在高压下保持等离子体的浓度、无噪声（微波等离子属静态等离子体）等特点。

第五节　微波技术工艺与装备

一、工业用微波的产生与传输

微波能通常由直流或50Hz交流电通过特殊的器件来获得。可以产生微波能量的器件主要有两大类：电真空器件和半导体器件。电真空器件中能产生大功率微波能的有磁控管、多腔速调管、微波三极管、微波四极管、行波管及正交场器件等。目前在微波加热应用较多的是磁控管及速调管。半导体器件在获得微波大功率方面远不如电真空器件，故少用于工业微波加热。

工业化微波系统的基本构成包括磁控管、波导、检测系统、谐振腔、环行器（过载保护器）等，如图7-11所示。微波源、波导、辐射器三部分是组成微波加热系统的主要构件。

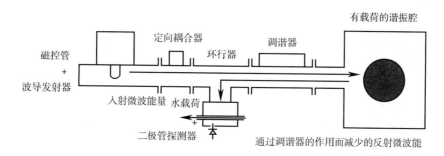

图 7-11　按照微波 GMP 设计的工业化微波设备示意图

（一）微波源

微波源即磁控管，磁控管由一个真空管组成，真空管的中心是一个具有高辐射源，能够发射出电子的阴极，该阴极管周围分布着具有特定结构的阳极，这些阳极形成谐振腔，并与边缘耦合而产生微波谐振频率。辐射的电子在强电场作用下迅速加速，又在正交的磁场中发生偏离，产生螺旋运动。当电磁场强度适宜时，谐振腔从电子中获得能量，而储存的电磁能量则借助圆环天线，通过谐振腔传输到波导或同轴线中。

对于频率为2450MHz的微波，采用空气或水冷却电极时，功率分别限制为1.5kW和25kW，而915MHz频率的磁控管由于谐振腔更大，可获得更大的功率。通常2450MHz磁控管的加热效率为理论值的70%。磁控管示意图如图7-12所示。工业微波设备依据微波源数量和功率的不同，分为大功率单磁控管和小功率多磁控管设备。

（二）波导

微波是一种超高频电磁波，微波能的传输以交变的电场和磁场的相互感应的形式传输。波导管是食品工业中常用的微波传输装置。一定尺寸的波导管（简称波导）用来传输大容量功率的微波，并可减少传输过程的功率损耗。波导管通常由铝、黄铜等金属材料制成。

波导是横截面为圆形或矩形的中空导体，常见的波导有中空的或内部填充介质的导电金

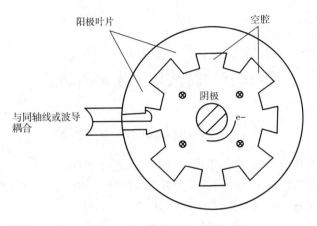

图 7-12　磁控管示意图

属管，如圆形波导、矩形波导和脊型波导等，如图 7-13 所示。波导内部尺寸大小决定最小传输频率。波导的尺寸大小及结构，要按传输电磁波性质及实际需要进行专门设计和制造。最常用的波导是矩形相交场，其宽度为高度的 2 倍。

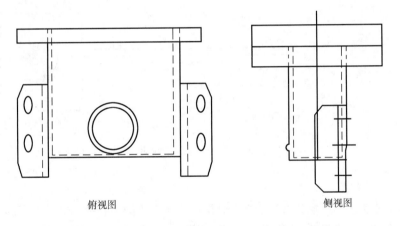

俯视图　　　　　　　　　　　　　侧视图

图 7-13　微波传输装置中的工业用矩形波导管

　　波导本身可作为微波加热的辐射器，以波导作为辐射器属于行波装置。在食品工业和家用微波设备中，常见的是驻波设备。在从辐射器到微波源的传输过程中，为了获得高吸收能与低反射的微波，引入调谐器，以便使一定负荷的辐射器的阻抗与相应的波源和波导的阻抗相匹配。调谐器尽量减少能量反射，使得能量与负载达到高效匹配。同时，使用环行器来阻止剩余反射能返回，防止微波源过热。根据场的结构，一般将辐射器分为近场辐射器、单模辐射器和多模辐射器，多模辐射器在工业和家庭使用中占主导地位。图 7-14 所示为单模辐射器的结构。

二、　微波杀菌工艺与设备

（一）　微波杀菌工艺

　　食品工业中的灭菌主要指商业灭菌，要求杀灭在正常贮藏和销售期间能繁殖并导致食品变质腐败的腐败菌和病原菌，以保证食品安全和食用者的健康。对于不同的产品，其微生物

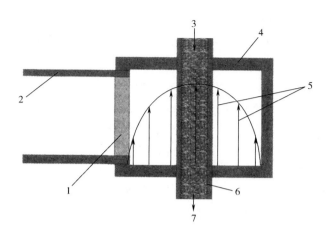

图 7-14　TMO10 单模辐射器示意图

1—连接孔　2—微波源波导　3—材料入口　4—金属腔　5—电场线　6—绝缘管　7—材料出口

指标有所差异。此外，在实现灭菌的基础上，应尽可能地保持产品风味和营养成分。

一般来说，微波功率、处理时间和温度是影响杀菌效果的主要因素。增加微波功率、提高杀菌温度和延长杀菌时间，能够有效提高微波灭菌效果。此外，由于不同类型的食品通常含有不同种类和数量的微生物，具有不同的尺寸、性质、成分和状态，不同类型的食品微波杀菌的条件不同。

目前，食品工业上常见的微波杀菌工艺如下。

（1）连续微波杀菌工艺　连续微波杀菌可用于食品的巴氏杀菌，也可用于高温短时杀菌，目前广泛应用于啤酒、乳制品、果蔬汁饮料、酱油、黄酒等液态食品，以及畜禽制品、果蔬制品、粮油制品、水产品、功能食品等。连续微波杀菌在国内外已有广泛的研究，可据食品的介电常数、含水量确定其杀菌时间、功率密度等工艺参数；对于食品物料的介电机理及在微波场中升温杀菌理论模型也有一定的研究。

（2）脉冲微波杀菌工艺　脉冲微波与连续微波处理相比，具有更显著的非热生物效应。脉冲微波杀菌的方式主要有两种：一是采用具有瞬时高压脉冲微波能量，而平均功率很低的脉冲微波杀菌技术，使物料在极短时间内受到高能量的微波处理；二是将原有的幅度较低的连续波微波功率进行周期性地切断，间歇处于毫秒级持续时间和毫秒级停断时间。

（3）多次快速加热和冷却的微波杀菌工艺　对于对温度敏感的液体食品，如饮料、米酒等，为避免让物料较长时间连续性地处于高温状态，减少温度对物料的色泽、风味及营养成分的影响，可采用多次快速加热和冷却的微波杀菌工艺。当进行快速加热和冷却的微波杀菌操作时，被处理料液在低耗介质导管内流动，当物料进入微波区域时被加热，当到达冷却器区域时则被急剧冷却。介质导管连续经过微波区域和冷却器，因此，管中物料多次交替改变其温度。物料受微波处理的总时间取决于通过微波区域的次数和流速。尽管多次快速加热和冷却的微波杀菌工艺中，物料高温的持续时间短，但仍应充分考虑温度交替变化对物料感官性状、成分等的影响。

此外，微波杀菌也可与常规热力杀菌相结合，从而发挥微波加热耗时短、穿透力强的优点和常规加热均匀性好的优点，有效缩短杀菌时间，同时避免成分复杂、水分含量不均匀的食品出现加热不均匀的现象。

（二） 微波杀菌装置

微波杀菌装置的功率可以根据产量、物料尺寸进行定制。按照被处理物料的状态，可分为液态食品微波杀菌装置和固态食品微波杀菌装置。

（1）液态食品微波杀菌装置 对于液态食品的工业微波杀菌，有两种设备类型：一是管道式的，另一是隧道式箱型工业微波灭菌设备。

管道式液料工业微波灭菌装置配置无菌灌装设备，可实现"先杀菌，后灌装"的工艺流程。管道式液料工业微波灭菌冷却装置的结构如图7-15所示。

当实施灭菌工艺条件时，管道式液料工业微波灭菌装置可对牛乳、果汁和果茶饮料及酱油等液料进行灭菌处理。为节约能耗，提高微波灭菌液入口温度，该装置还配有热平板交换器。利用已处理过液料降温的热量来满足提高入口液料温度的需要。该装置的管道置于波导内，但希望它只承受被处理料液在其中波动的功能，而不吸收或少吸收微波能量，故需用能反射微波而又低耗的介质材料制成，如玻璃管和石英玻璃管等。玻璃管价格低廉但易破裂；石英玻璃管可使破裂现象得到改善。管道式微波灭菌装置在使用过程中需定期清洗，以避免液料在管道内结垢。

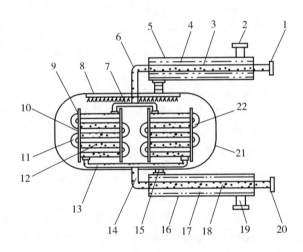

图7-15 管道式液料工业微波灭菌冷却装置内部结构示意图

1—料液输入口 2—热水输出管 3—预热料液管 4—杀菌直管 5—预热套管 6—进料管 7—分液管
8—微波杀菌装置 9—杀菌盘管a 10—固定架 11—U型弯管 12—杀菌直管
13—集液管 14—输出料管 15—冷却腔 16—冷却套管 17—导流管 18—冷却料管
19—冷水输入管 20—料液输出口 21—微波杀菌罐体 22—杀菌盘管b

若液态物料采取先灌装后灭菌的工艺，则采用隧道式箱型工业微波灭菌设备，将需灭菌的液料灌装容器后，连同灌装容器一起送入微波设备进行杀菌，其设备功能与结构与用于固态食品微波杀菌的隧道式箱型装置类似。

（2）固态食品微波杀菌装置 需要灭菌的固态物料品种繁多。固态物料的灭菌过程与加热过程相同，区别在于处理的目的不同。按照杀菌工艺和处理量，又可以分为箱式间歇微波杀菌装置、隧道式微波杀菌装置、调压式微波杀菌装置和热水并用的加压输送式微波杀菌装置。

①箱式间歇微波杀菌装置：箱式间歇微波杀菌装置的基本结构主要由腔体、微波系统、转盘、搅拌器炉门、观察窗、排湿孔等组成。在间歇式杀菌中，为使微波炉内磁场分布均匀，在设计时，大多数微波炉采用叶片状反射板（搅拌器）旋转或转盘装载杀菌物料回转的方法；也可以设计成与蒸汽并用以及旋转照射的方式。

箱式间歇微波杀菌是密闭的方式，比较容易防止微波泄漏和进行压力控制，因此也可应用于高温杀菌。市售微波炉是箱式间歇微波杀菌装置的典型代表。箱式间歇微波杀菌装置在大型化时，难以解决照射距离的问题，每次加工的产品数量因此受到限制，不适用于工业生产。图 7-16 所示为一种处理量较家庭式微波炉更大的箱式间歇微波杀菌装置内部结构。

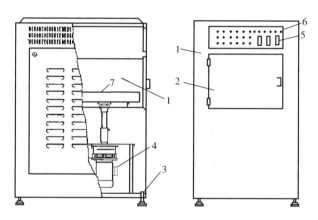

图 7-16　箱式间歇微波杀菌装置内部结构示意图

1—箱体　2—处理箱门　3—支脚　4—电机　5—时间继电器或开关　6—指示灯　7—转盘

②隧道式箱型微波杀菌装置：隧道式箱型微波杀菌装置是工业中常用的微波灭菌设备。在大批量产品进行连续式微波杀菌生产中，一般采用传送带式隧道微波装置。隧道式箱型微波杀菌装置主要由微波杀菌箱、微波源、能量输送波导、漏能抑制器、排湿装置、传输机构等组成。由于大多数设备的物料出入口为开放式结构，要特别注意防止微波泄漏，有的设备采用安装闸门或吸收体的方法，但对于过大的物体有时不能完全排除泄漏的事故发生。

采用隧道式微波装置杀菌时，食品可包装或不包装，通过传送带，进入隧道式箱型微波杀菌装置。食品包装密封，有利于灭菌效果，但在微波加热灭菌过程中，易出现袋内空气膨胀使压力增高发生破袋、漏袋的情况，因此，宜采用真空包装进行改善。图 7-17 所示为一种隧道式微波杀菌装置的基本部件构成。

③调压微波杀菌装置：无论是箱式还是隧道式微波杀菌（加热）装置，加热密封包装的食品后，都会使食品内部气体受热膨胀，导致容器内充满水蒸气，容器内壁承受气压而出现膨胀甚至漏袋的现象，增加包装破损率。如为减少胀袋而降低微波杀菌功率、温度，或缩短时间，则杀菌效果难以达到。而采用调压微波杀菌装置，提高杀菌腔中预置空气压力，可解决以上问题。

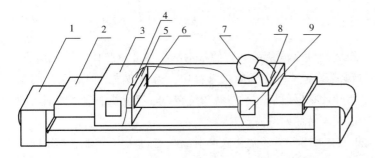
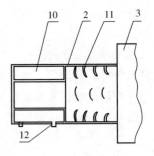

图7-17　隧道式微波杀菌装置示意图

1—传送带　2—抑制器　3—隧道式微波腔体　4—强微波杀菌区　5—隔板　6—输送孔
7—风机　8—进风口　9—观察窗　10—能量吸收仓　11—抑制反射片　12—进出水口

　　箱型微波加压灭菌装置通常包括微波发生器、耐压灭菌工作室、压力空气预置系统和冷却系统，物料灭菌在预置压力空气的耐压灭菌工作室中进行。经适当设计，加压式箱型微波灭菌装置的灭菌温度可达135℃，可适用于低酸性食品（pH>4.5）的快速灭菌。

　　一种箱型预加压微波杀菌装置结构示意图如图7-18所示。该预加压微波灭菌锅部件主

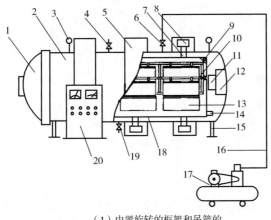
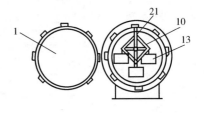

（1）内置旋转的框架和吊篮的
预加压微波灭菌锅示意图

（2）内置旋转圆柱形滚筒的
预压力微波灭菌锅示意图

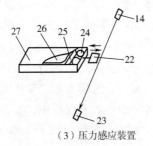
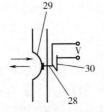

（3）压力感应装置

（4）弹力膜压力感应装置

图7-18　一种箱式加压微波炉的结构示意图

1—预压力微波灭菌锅密封门　2—耐压的预压力微波灭菌锅外套　3—压力表　4—放气阀　5—微波发生器及其控制
电路和外罩　6—进气阀　7—波导　8—微波发生器　9—摄像头　10—旋转的框架　11—减速器　12—电动机
13—活动吊篮　14—激光发射器　15—支架　16—高压输气管　17—空气压缩机　18—微波加热室
19—放水阀　20—控制柜　21—旋转框架的吊梁　22~30—压力感应装置

要包括：承压的预压力微波灭菌锅外套、密封门、微波加热控制部分、散装或袋装含水物料盛装部分与空压机。微波加热室采用普通不锈钢板制成圆柱体置于预压力微波灭菌锅外套内，微波发生器及其控制电路安装在预压力微波灭菌锅外套外，便于维修和散热降温；通过波导将微波输入微波加热室内，波导与外套之间采用聚四氟乙烯厚板密封连接，微波透过聚四氟乙烯厚板密封连接进入微波加热室；微波加热室被制作成圆柱体，微波发生器按定长和圆周等分点位，分组安装，可以根据物料的加热要求进行微波发生器如磁控管的叠加（微波加热功率叠加）。微波加热室内装有能滚动的物料筒或能旋转的框架及框架上安装的吊篮：滚筒主要用于散装含水物料的灭菌处理，有滚环，滚筒在微波加热室内可以旋转滚动，以保证物料在微波加热室中受热均匀；吊篮材料可采用聚四氟乙烯、聚碳酸酯、改性聚乙烯、飞机雷达罩材料、工程陶瓷、钢化玻璃、耐热工程塑料、玻璃钢及耐火材料黏合或烧制而成，内衬聚碳酸酯衬里，吊篮主要用于含水袋装物料、瓶装类药品、食品及其他物品进行灭菌处理，这些物料均匀放置在旋转的框架的吊篮内，微波加热过程中吊篮在灭菌锅中不停转动使袋装物料在微波加热室中受热均匀。采用普通空压机，提供压力在 0.1~0.6MPa 之间的压缩空气或惰性气体，在预压力微波灭菌锅内形成 0.089MPa 以上的压力环境，预压力微波灭菌锅内的气压可以根据灭菌工艺的要求加以调整。预压力微波灭菌锅装有压力表和压力感应装置，实现预压力微波灭菌锅内压力及物料灭菌状况的在线监控。

为实现物料的连续处理，产生了加压隧道式微波炉，其主要结构如图 7-19 所示。该加压隧道式微波炉将隧道式微波腔制成一密封腔体，其前部为微波灭菌段，后部为冷却段，密封腔体上设有腔压增压泵和观察窗，增压泵工作时可使密封的隧道式微波腔中的压力保持在 0.1~0.25MPa，避免真空包装袋鼓胀破裂；微波灭菌段端部设有进料口，冷却段设有冷却排管，其末端设有出料口，进、出料口之间设有输送带；进、出料口上均设有压力平衡过渡仓。

④热水并用的加压输送式微波杀菌装置：为了控制微波加热不均匀问题，也可将包装食品置于充满热水的加热室中，热水和微波并用杀菌，这种方法可解决加热不均匀问题，但以热水为介质进行微波加热与直接微波加热法对比，存在热水吸收微波的问题。该方法不适用于低温杀菌。

⑤微波-紫外联用的杀菌装置：微波/紫外联用的杀菌装置集微波杀菌、排气密封、紫外杀菌于一体，能够实现对塑料袋装食品先微波杀菌，再趁热无菌密封的加工工艺；能够缩短杀菌时间、提高杀菌效果，防止微波杀菌爆袋，提高罐头内的真空度，减少氧气含量，有效地提高袋装罐头食品的食用品质。

一种适用于流水线式生产的微波/紫外联用的杀菌装置结构如图 7-20 所示。该装置依次设置的对产品进行微波杀菌的微波杀菌装置、对产品进行紫外灭菌的紫外灭菌装置、对产品进行密封的封口装置，以及输送产品的输送带。紫外灭菌装置和封口装置均位于微波杀菌装置的出口，输送带贯穿微波杀菌装置和封口装置。

三、微波干燥工艺与设备

微波干燥食品具有干燥速度快、产品受热均匀、干燥品质佳、节能和卫生等优势；但也存在设备投资大、耗电量大等缺点，对于含水量高的物料，其经济效益并不理想。在实际应用中，微波加热干燥常与渗透脱水、热风干燥、近红外、远红外干燥等配合使用，微波干燥通常应用在食品干燥的后续环节；也可采用微波冷冻干燥和微波真空干燥。以下简要介绍渗

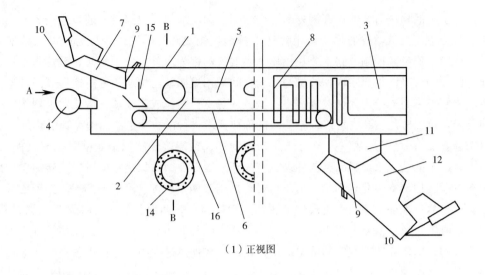

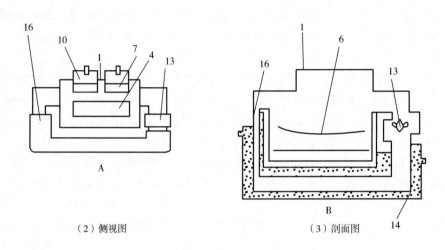

图 7-19　一种加压隧道式微波炉的结构示意图

1—密封腔体　2—微波杀菌段　3—冷却段　4—墙内压力增压泵　5—观察窗　6—输送带　7—压力平衡过渡仓
8—冷却排管　9—自动仓门　10—密封仓门　11—恒压仓　12—泄压仓
13—风机　14—冷媒　15—漏斗　16—冷却循环管道

透脱水与微波干燥联用、微波真空干燥和微波冷冻干燥。

（一）　渗透脱水-微波干燥联用

渗透脱水是指食品在一定温度下，浸入食盐、糖等高渗透压的溶液中，除去其中部分水分的一种方法。高盐/高糖渗透脱水常用于果蔬干燥。渗透脱水能够有效地去除水果中的水分，并且保留其挥发性风味物质。渗透脱水能够缩短水分从最初的含水率到降低 10% 时所需要的干燥时间，但同时也降低了水分扩散效率。研究发现，渗透预处理增加了细胞壁的厚度和复水后苹果皮的硬度，减低了复水能力。渗透脱水通常作为微波干燥的预处理步骤，渗透脱水-微波干燥技术联用，可用于果蔬、肉类的干燥，能够较好地保持食品风味，并降低成品的含水率和 A_w。可采用 2% 油酸乙酯和 5g/L NaOH 预处理草莓，以提高干燥效率。渗透脱

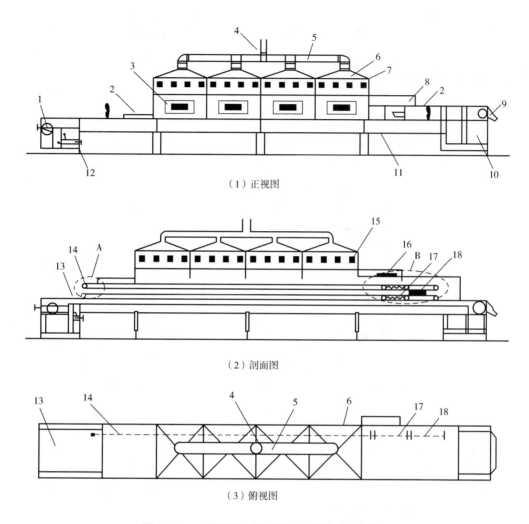

（1）正视图

（2）剖面图

（3）俯视图

图 7-20　一种微波/紫外联用的隧道式杀菌装置

1—输送带轮　2—微波抑制器　3—可视窗　4—排气管道　5—总管道　6—吸风罩　7—微波杀菌装置
8—控制板　9—出料斗　10—动力端架　11—支撑架　12—调偏装置　13—输送带　14—输送条
15—微波发生器　16—紫外灭菌装置　17—封口装置　18—冷却段

水有利于采用微波生产干燥草莓。

半透膜脱水方法与微波干燥方法有机结合，具有更低的单位能耗。预渗透脱水过程中，当渗透进入降速阶段时，物料中的水分主要积聚在中心。而后续的微波干燥，由中心加热的特点，在物料内部产生热量和蒸气压，将湿分驱至表面，并迅速被排出，从而有效降低了单位脱水能耗。

渗透介质会影响微波干燥产品的特性。例如，以食盐为渗透介质进行罗非鱼片干燥，微波干燥后其含水率及 A_w 均明显低于以蔗糖为介质的样品。渗透固液比对鱼片水分指标无明显影响，但在一定范围内，渗透浓度越大、渗透时间越长、渗透温度越高，罗非鱼片的含水率越低、A_w 越低。微波处理条件，如功率、频率、时间、处理量等也会影响产品的水分指标，通常微波功率越大、微波时间越长、装载量越小，产品含水率越小，A_w 越低。

（二） 微波真空干燥

在真空状态下，水分的蒸发温度相应降低。如能维持干燥室内持续的低压环境，那么水分就能不断地从食品表面蒸发，食品随之干燥。干燥室内的真空度越小，食品表面水分蒸发所需的温度就越低，真空干燥时的真空度约为533~667Pa。

微波真空干燥技术综合了微波干燥和真空干燥的优点，可使待干燥的物料在低温条件下快速、均匀、方便地干燥，解决了微波加热因温度过高引起的物料烧伤、结壳和硬化等技术问题，大大提高了干燥食品的品质。微波真空干燥设备由微波炉、压力控制阀、托盘、冷凝器、真空计和真空泵组成，其结构如图7-21所示。

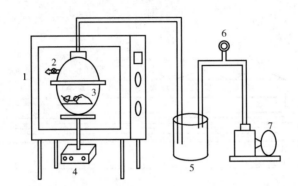

图 7-21　微波真空干燥示意图

1—微波炉　2—压力控制阀　3—样品　4—托盘　5—冷凝器　6—真空计　7—真空泵

微波真空干燥技术对不同产品的干燥条件如表7-3所示。

表 7-3　　　　微波真空干燥对不同物料的干燥条件、产品质量及干燥模型

原料		微波干燥条件	产品质量	干燥模型
果蔬制品	榴莲片	真空度：13.33kPa	色泽好，外形好，结构和硬度无明显改变	Page 模型
	香蕉片	真空度：2.5kPa，微波功率：150W，温度：70℃以下，时间：30min	亮黄色，有香蕉香气，无明显皱缩，复水性好	
	薄荷叶	真空度：13.33kPa	浅绿或黄色，微观结构多空整齐，皱缩少，复水性好	Lewis，Page，Fick 模型
	蜂蜜	真空度：3~4.5kPa，原料厚度：<10mm，终点干燥温度：40~45℃	颜色无明显变化，挥发性成分变性，无明显美拉德反应	
食用菌	香菇	真空度：90kPa，微波功率：83.3g/kW，装载量：171g	收缩率高，复水性好，多糖含量高，组织结构好	Page 模型
	金针菇	真空度：75kPa，微波强度：中等，温度：40℃以下	浅黄色，复水性好，有焦香味	
	蘑菇片	真空度：4.0kPa，微波强度：中等，温度：40℃以下	复水性好	Habey 模型

续表

原料		微波干燥条件	产品质量	干燥模型
水产品	扇贝柱	真空度：4.0kPa，微波强度：中等，温度：40℃以下	收缩率好，复水性好，破碎能力提高	Page 模型
乳制品	酸奶	真空度：70kPa，微波功率：4020W 以下，时间：9min，温度：45℃以下	大部分呈粉末状，维生素 C 含量高，乳酸菌存活达 50%	

（三） 微波辅助冷冻干燥技术

冻干技术能够最大限度地保留物料中的热敏性成分，维持生物活性成分的活力，被广泛应用于药品、生物制品、高附加值农产品及食品等产品的干燥。但是冻干技术存在效率低、干燥周期长、能耗大、成本高等缺点，制约了其进一步的应用。冻干技术的这些缺陷主要是由于冻干装置所采用热传导、热辐射加热方式及物料干燥层具有很低的导热系数等原因造成。微波真空冷冻干燥采用微波作为干燥热源，利用微波高频交变电磁作用下，使物料（主要是水）分子发生振动和相互摩擦，从而将电磁能转化为物料中的水分升华所需的升华潜热。微波冻干理论上具有干燥效率高、能耗低、加热均匀、杀菌等优点，可以完好地保持产品的性状、有效成分，最大限度地保留食品原有成分、味道、色泽和芳香等优点。微波冻干正常进行时，其干燥过程应该分为三个过程，即预冻干、微波升华阶段及微波解吸阶段，如图 7-22 所示。

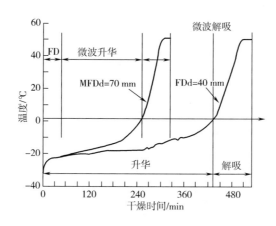

图 7-22 微波冻干干燥阶段的划分

FD：冷冻干燥 FDd：冻干干燥仓管径 MFDd：微波冻干干燥仓管径

目前，微波冻干技术仍然存在一些问题：一是在微波冻干过程中容易发生气体电离，即低压气体放电现象，带来产品色泽及风味的破坏，并消耗大量的微波能量；其次，在微波冻干过程中容易产生非均匀性干燥问题，微波冻干非均匀性问题与冻干腔体的结构、微波源的分布、物料的体积、介电特性、电场强度以及物料的运动方式有关。管道式干燥仓比盘式干燥仓物料容易获得较为均匀的微波吸收，物料与微波的耦合不会影响微波电场的分布。微波真空冷冻干燥中试装置主要由制冷系统、真空机组、制冷机组、微波装置、控制系统等部分组成，如图7-23（1）所示，张远志等设计的带速冻功能的微波冻干制冷系统如图7-23（2）所示。现有的微波冻干中试设备包括：微波功率可调节盘式微波冻干中试设备、在线称重盘式微波冻干中试设备、滚筒式微波冻干实验设备、脉冲喷动床微波冻干设备。其中脉冲喷动床微波冻干技术初步解决了均匀性及低压气体放电两个关键技术难题。

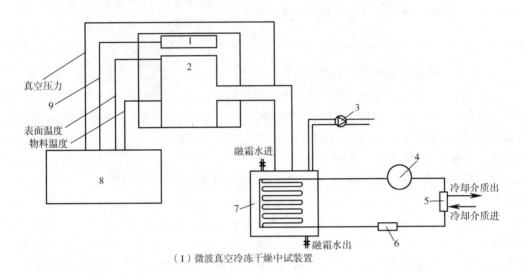

（1）微波真空冷冻干燥中试装置

1—微波装置　2—干燥室　3—真空泵　4—压缩机　5—冷凝器
6—节流元件　7—冷阱　8—控制系统　9—微波功率控制

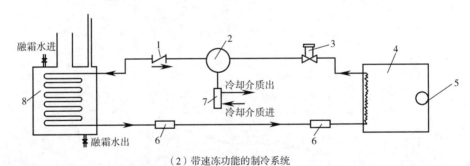

（2）带速冻功能的制冷系统

1—止回阀　2—压缩机　3—蒸发压力调节阀　4—速冻仓　5—强制循环风机　6—节流元件　7—冷凝器　8—冷阱
图7-23　真空微波冻干装置结构示意图

四、其他微波工艺与设备

（一）微波漂烫的工艺与设备

食品工业中常用的微波漂烫工艺如下。

（1）微波-热水漂烫联用工艺　蔬菜等经微波处理后再用适宜温度的热水漂烫，不仅弥补了加热不均的缺陷，也防止了脆弱蔬菜的干燥和枯萎。例如，微波漂烫甜菜时，100~300W的微波处理均导致显著的萎蔫、失重和皱缩，采用微波-热水漂烫结合能够有效地改善甜菜的感官品质，并获得同样的钝化酶的效果。

（2）微波-蒸汽漂烫联用工艺　微波-蒸汽漂烫联用工艺具有较好的经济性。在具体操作中，可采用低成本的水或蒸汽实现产品最初的局部升温和表面升温，而微波用于产品内部漂烫。在利用蒸汽漂烫时，低大气压蒸汽可减少氧气量，减少蔬菜中色素和营养成分的降解，而高压蒸汽可减少漂烫时间，具体选择应视原料种类而定。

（3）微波漂烫后快速冷却工艺　微波漂烫后快速冷却工艺是在微波漂烫后紧接着采用喷淋冷水或浸泡入冷水的方式实现产品的快速降温。食品工业中常用的微波漂烫设备是连续隧道式微波设备，与箱式微波设备和家用微波炉相比，连续隧道式微波设备能够迅速地完成均匀处理，改善微波加热均匀性问题。

目前已可实现微波漂烫与其他工序在同一设备连续进行。例如，微波漂烫多级连轧果蔬制浆机可实现果蔬微波漂烫、切片、制浆连续生产。邓海波等设计的微波多级连轧果蔬制浆机结构示意图如图7-24所示。该微波漂烫多级连轧果蔬制浆机，采用（2450±50）MHz微波，输入功率≤110kW，温度控制精度±3℃，微波、光波汽化漂烫室有效容积2.6m³，设计日产量12t/d。该设备包括一个微波、光波汽化漂烫室，一个旋转排刀切片机，一个连轧机组和一个储料仓；在上部微波、光波汽化漂烫室安装有微波、光波发射器、温度传感器、洒水器、微晶玻璃溜料板、PTFE溜料板、溜料疏水栅格和集水板、槽，原果在微波、光波和蒸汽复合作用下实现快速漂烫；漂烫后原果进入旋转排刀切片机切成薄片；片状物料落入连

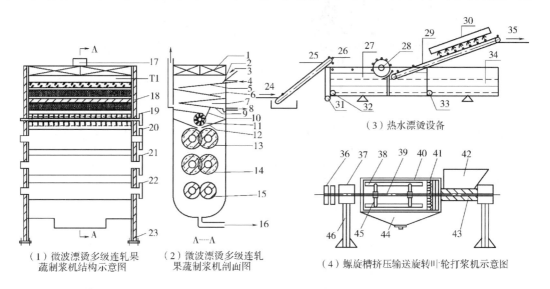

图7-24　微波漂烫多级连轧果蔬制浆机结构示意图

1—光波微波发生器　2—进料口金属复合门帘　3—进料口　4—洒水器　5—微晶玻璃发热板　6—PTFE溜料板
7—PTFE溜料栅格　8—积水槽和泄水口　9—PTFE集水板　10—PTFE挡料板　11—旋转叶片排刀
12—不锈钢挡料板　13—一级梯形轧辊　14—二级梯形轧辊　15—三级弹性体塑胶轧辊　16—浆料储集仓及出口
17—余汽出口　18—整机不锈钢罩壳　19—旋转叶片刀皮带轮　20—一级梯形轧辊皮带轮　21—二级梯形轧辊皮带轮
22—三级塑胶轧辊皮带轮　23—机架　T1，T2—温度传感器　24—进料输送带　25—滚轮输送机　26—圆形果蔬
27—热水池　28—翻果轮　29—滚轮输送机　30—冷水喷淋机　31—循环热水出口　32—循环热水进口
33—喷淋循环冷水出口　34—冷却水池　35—输送带　36—动力皮带轮　37—轴承　38—刮板　39—轴
40—机壳　41—旋转齿刀　42—料斗　43—螺旋槽输送机　44—浆液储集斗　45—夹持器　46—机架

轧机组，经两级梯形齿轧辊和一级弹性体轧辊压榨制浆，浆料汇集于储料仓；整机采用中央控制器自动控制。

（二） 微波杀虫工艺与设备

目前，微波杀虫可用于粮食、块茎、种子、土壤、木材、图书等的灭虫。微波杀虫设备运行时，由微波发生器产生微波，经微波激励腔传输到加热器中，物料由输送带传输送至微波加热器中，此时物料中含有的水分在微波能高频振荡的作用下蒸发，通过排湿风机排出加热器外而带走水分，达到高温培烤干燥目的。同时，物料中的虫体及虫卵被微波电磁场作用所产生的热力效应和生物效应杀灭，且物料的色泽和营养成分并不改变。微波杀虫设备根据处理物料的不同有所差异。

一种箱式微波杀虫设备的结构示意图如图 7-25 所示。

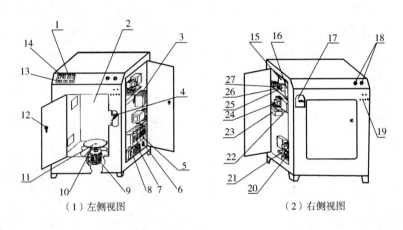

（1）左侧视图　　　　　　　　　　（2）右侧视图

图 7-25　箱式微波杀虫设备结构示意图

1—键盘及显示器　2—箱体　3—监控模块　4—门锁　5—继电器　6—交流电源　7—空气开关
8—主交流接触器　9—电机　10—箱体底部横梁　11—转盘　12—带拨块的旋钮　13，14—键盘
15—CPU 主板　16—箱体左侧变频器　17—箱体表壳上的人工操作盘　18—按钮　19—电源指示灯
20—独立电机　21—带保险丝的风扇　22—变压器　23—电容器　24—磁控管　25—可控硅
26—光电隔离器　27—光电耦合

该箱式微波杀虫设备使用 220V 交流电源和 2450MHz 微波信号，由控制机构、微波源、保护机构、强电控制机构、驱动机构、自锁开关、箱体等七部分组成。单片机控制机构分别与微波源、强电控制机构、驱动机构利用导线连接，保护机构首端与微波源用导线连接，末端与单片机控制机构利用导线相接，自锁开关与主供电线路相接并分别将各机构置于箱体左右、底部或壳体表面。

微波技术在食品工业中主要用于粮食中成虫和虫卵的杀灭。图 7-26 所示为一种粮食微波杀虫设备（立式）的结构示意图。微波灭虫与化学熏蒸相比，能够实现成虫和虫卵的杀灭，防止虫卵在春、夏季等温度适宜的环境下成长、繁殖而危害谷物品质，且不存在药物残留，不诱导昆虫产生抗性，不增加食品安全和生态环境风险。采用微波杀虫设备进行粮食灭虫，需要考虑到如下问题，包括不同部位粮食接受微波照射不均匀、温升不一致、谷物类粮食的流动性问题以及能耗和占地面积等问题。

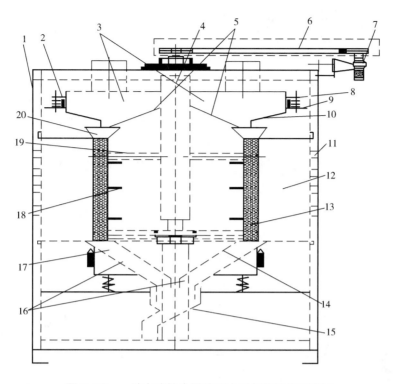

图 7-26 一种立式粮食微波杀虫设备的结构示意图

1—壳体 2—微型振动电机 3—环式进料斗 4—中轴 5—伞状内圈导板 6—皮带轮 7—电机

8—减振弹簧 9—支架 10—可振动式外圈导板 11—微波发生器件 12—立筒状微波工作腔 13—杀虫腔

14—内圈导板 15—可振动式外圈导板 16—环式出料斗 17—出料口 18—温度传感器件 19—进料口

20—轴架

采用上述设备对粮食进行杀虫时，将粮食物料从进料口放入环筒式物料杀虫腔；待粮食物料充满物料杀虫腔时，驱动机构带动环筒式物料杀虫腔绕环筒轴心旋转，分布安装在所述微波工作腔外腔壁上的微波发生器件发出微波；处于微波工作腔内的、正在旋转的物料杀虫腔内的粮食物料接受到一定量的微波辐射后，所带虫卵被杀灭。

（三） 微波低温等离子体杀菌工艺及设备

等离子体消毒设备是由电源、传输系统、气源、激发装置与灭菌舱等部分组合而成。微波等离子体装置的灭菌腔为谐振腔。常用的微波等离子体产生装置包括三个部分：微波功率源、微波传输系统和微波反应器及其附加装置，其原理图如图 7-27 所示。

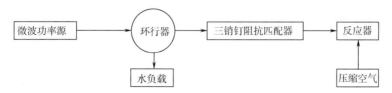

图 7-27 常压微波等离子体装置原理

微波功率源为整个系统提供微波能量。微波传输系统包括环行器和三销钉阻抗匹配器。为避免反射波损害微波功率源，采用环行器隔离反射波，并采用三销钉阻抗匹配器尽量减少微波反射。从传输系统输入的微波能量经过反应器的调制，使得反应器中的电场被重新分配，在某个位置处得到显著加强，利用该强电场将此处空气击穿，从而得到等离子体。

目前，微波等离子体杀菌技术的应用仍限于研究领域。Christian 等采用 1.2kW 的 2450MHz 的微波形成空气等离子体处理黑胡椒，使其表面的沙门菌、枯草芽孢杆菌芽孢和萎缩芽孢杆菌（*Bacillus atrophaeus*）芽孢分别降低了 4.1，2.4，2.8 个数量级，且不会影响其表面色泽、挥发性精油和胡椒碱的含量。其采用的微波冷等离子体装置如图 7-28 所示。

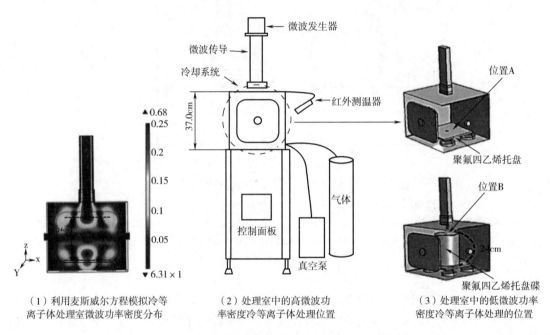

（1）利用麦斯威尔方程模拟冷等离子体处理室微波功率密度分布　　（2）处理室中的高微波功率密度冷等离子体处理位置　　（3）处理室中的低微波功率密度冷等离子体处理的位置

图 7-28　采用的冷等离子体处理系统的示意图

Frederique 等采用 3kW 的 2450MHz 的微波产生常压等离子射流，对食品工厂及设备的接触面进行消毒，可清除附着于不锈钢表面的铜绿假单胞菌生物膜，其使用的微波（3kW、2450MHz）常压等离子体装置如图 7-29 所示。

韩元等研究了 900W 微波形成氮气冷等离子体抑制柑橘中的青霉（*Penicillum italicum*）生长的效果，可实现抑制率 84%，且在此温度下不会造成柑橘重量、可溶性固形物和可滴定酸的明显下降。400W 微波形成的氮气等离子体可使生菜中的大肠杆菌 O157：H7 和鼠伤寒沙门菌降低 6.3×10^2CFU/g，且不影响生菜的感官和贮藏品质。Jung 等研究了微波氮气冷等离子体（4℃、25℃）对洋葱粉微生物污染的影响，发现微波高密度冷等离子体（250mW/m²）可用于降低目标微生物的孢子，且对洋葱粉的颜色和槲皮素含量没有明显影响。

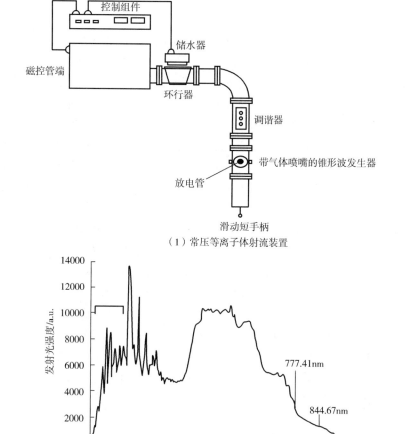

（1）常压等离子体射流装置

（2）650W输入功率条件下常压等离子体的光发射光谱

图7-29 常压等离子体射流装置和650W输入功率条件下常压等离子体的光发射光谱

标记峰代表氧原子；支架表明UV-C区（200~280nm）

第六节 微波技术在食品保藏中的应用

一、 微波技术在乳及乳制品中的应用

微波技术可用于乳品的巴氏杀菌和超高温灭菌（ultra-high temperature，UHT）。和传统的加热方法相比，微波加热所需的能量更小，并且能快速加热，对乳品营养成分破坏更轻微。对于乳粉、奶片、奶酪等，采用微波设备可同时进行干燥、杀菌处理。与常规的热传导、对流或辐射等加热方式相比，微波加热时间更短，速度更快，常规需要数小时的工作量可压缩到数十分钟，杀菌效果更加显著，克服了传统杀菌方式有残留或者杀菌不彻底的弊

端，极大地提高产品品质。

（一） 微波杀菌对乳品品质的影响

（1）微波对牛乳营养成分的影响　与传统加热相比，微波加热升温速率快，在相同温度条件下，微波加热对乳品的品质影响较小。微波加热方式，相比于传统的热交换方式，达到最终温度所需的时间短，几乎不会改变牛乳中维生素 B_1 的含量。尽管如此，微波方式的巴氏杀菌、UHT 杀菌都不可避免地会对牛乳中不饱和脂肪酸和维生素 C 造成破坏。微波与煮沸消毒相比，不会出现乳清蛋白急剧减少的现象，较好地保留了乳清蛋白的营养功能。

此外，牛乳浓缩蛋白经超声波或微波预处理后，能够提高 4 种酶（碱性蛋白酶、胰蛋白酶、中性蛋白酶和风味蛋白酶）后续催化的有效性，所得到的水解产物和未经处理的蛋白浓缩物水解产物相比，其可溶性、抗血管紧张素活性都有提高，但是并没有显著减少水解物的苦味。

（2）微波加热对牛乳感官品质的影响　在相同的巴氏杀菌条件下，微波连续加热和传统热交换两种方式处理的乳样，其 pH、感官特性、挥发性化合物（包括醛、酮、乙醇、酯和芳香化合物）和单糖与原料乳的非常接近。微波加热对牛乳的风味没有造成不良影响。

微波加热的优势在超高温加热时更加明显。微波加热和传统热交换 UHT 加热的牛乳相比，其黏度值相同；感官分析表明，传统热交换 UHT 处理的牛乳比微波处理的牛乳颜色更暗，表现出更高的焦糖色和陈腐的脂肪味。但和巴氏杀菌相比，微波和传统热交换 UHT 加热都将导致初始巯基含量增加，其风味和营养仍有下降。

微波加热对牛乳的影响和微波加热时间直接相关。研究表明，在 800W 功率下，微波处理原料乳 31.71s 后，原料乳的平均脂肪、蛋白和乳糖浓度会显著下降；较长时间（>120s）的微波加热后，牛乳清分离蛋白的羰基含量、二聚酪氨酸含量明显增加，巯基含量明显下降，牛乳清分离蛋白的空间构象改变并产生明显的交联或修饰，导致沉积物的出现。

（3）其他作用　微波加热可以降低牛乳中的过敏源。研究表明，微波加热的牛乳可以降低牛乳过敏儿童对牛乳的过敏反应，且具有良好的安全性。商业化乳清蛋白浓缩物经微波处理后进行酶解，通过酶联免疫吸附法检测水解产物牛乳过敏儿童的血清免疫化学反应，结果表明，微波加预处理可以更有效地降低水解产物中的过敏源。

微波加热能降低原料乳中体细胞数量。研究表明随着微波加热时间的延长，体细胞数下降。微波处理 120s 后，牛乳的体细胞数量下降至 $10^5 CFU/mL$ 以下。

此外，在酸乳发酵后经微波处理，可以阻止酸乳后酸化，并可能延长酸乳保质期。研究表明，由保加利亚乳杆菌（*Lactobacillus delbrueckii* subsp. bulgaricus）和嗜热链球菌（*Streptococcus thermophilus*）发酵后的酸乳，经微波方式加热处理，在冷藏过程（4±1）℃中，乳酸菌活菌数比对照酸乳有所增加，但是酸乳的 pH 和酸度比对照酸乳随时间延长而下降更慢。

（二） 微波杀菌对乳品中微生物的影响

微波能有效杀灭牛乳中的微生物，其较低温度灭菌效果和煮沸处理相当。当原料乳冷藏时间达到 72h，牛乳中微生物数量，假单胞菌为 $1×10^8 CFU/mL$、酵母为 $3.2×10^6 CFU/mL$、肠杆菌为 $1×10^4 CFU/mL$ 时，微波 900W 加热 75s 可彻底清除微生物污染。2450MHz 的微波在 82.2℃ 左右处理一定时间可使牛乳的杂菌和大肠杆菌达到巴氏灭菌乳的要求。微波对微生物致死的效果跟微波功率密切相关。在达到相同瞬时温度下，随着微波功率的不断变大，微波对微生物的致死时间呈双曲线型下降。在 300W 前微生物致死时间下降比较快，而 300W 后微波功率对致死时间的影响不明显。当功率为600W时，对微生物的杀菌效果最显著，微生物下降一个对数循环的时间 D 值与普通热力杀菌相比，仅为普通热杀菌的1/5~2/3。

二、 微波技术在果蔬及果蔬汁中的应用

微波技术用于果蔬及其制品，可同时实现杀菌、灭酶、浓缩、干燥等目的。微波加热的短时、高效、品质损失小的特点使其在果蔬及制品的保藏中具有良好的应用前景。

（一） 果蔬及果蔬汁的微波杀菌效果

目前微波杀菌已成功用于多种果蔬制品，如芦笋、金针菇、苔菜等。表7-4中总结了部分不同食品在不同微波处理条件下的杀菌效果。

表7-4　　　　　微波杀菌处理不同果蔬及制品后微生物杀灭效果对比

食物	微生物	起始菌落数	处理方式	微波处理条件	杀菌效果
辣椒	鼠伤寒沙门菌（*Salmonella typhimurium*）	$3×10^8$ CFU/g	水中	950W、63℃、25s	细菌数量下降为 10^3 CFU/g
香菜叶	鼠伤寒沙门菌（*Salmonella typhimurium*）	$3×10^8$ CFU/g	水中	950W、63℃、10s	细菌数量下降为 10^4 CFU/g
小番茄	肠炎沙门菌（*Salmonella enteritidis*）	10^7 CFU/mL	无水	700W、50s	细菌数量下降为 $9×10^4$ CFU/mL
				350W、50s	细菌数量下降为 $3×10^5$ CFU/mL
马铃薯饼	肠炎沙门菌（*Salmonella enteritidis*）	$3×10^6$ CFU/g	无水	800W、40s	细菌数量下降为 40CFU/g

Lau 等研究表明，微波巴氏杀菌与传统热杀菌工艺比较，可明显减少罐头芦笋因热加工导致的质量变化。微波杀菌过程中，使腌芦笋达到所需温度，比传统杀菌快一倍。与传统的微波加热相比，芦笋的高温降解率更高。此外，微波加热能够大大减少耐热菌孢子在奶油芦笋中的数量。

魏善元对金针菇的杀菌保鲜试验表明，对每30g金针菇采用750W功率的微波处理90s，氨基酸和微量物质损失率仅为0.35%和1.14%。用微波对苏皖两地的薹菜进行微波杀菌，杀菌温度仅80℃左右。菌检化验显示，细菌数几乎为零，完全达到商业无菌效果，保鲜期可长达280d，而风味、脆度等各项口感指标均满足销售要求。

Hjchakavit 等将酵母菌和乳酸菌接种到苹果汁中，用2450MHz、700W的微波连续照射。温度为55℃时，酵母菌微波杀菌的 D 值为2.1，而热力杀菌的 D 值为25，乳酸菌的 D 值变化也类似，微波能强化了对微生物的破坏作用。

能否彻底杀灭食品中微生物，微波处理的功率是一个重要的影响因素。细菌细胞对微波处理的反应依赖于微波功率，当微波功率达到一定水平以上，可完全灭活微生物。例如，完全杀灭鲑鱼中 10^6 ~ 10^7 MPN/g 的大肠杆菌（*Escherichia coli*）、肠炎沙门菌和肠球菌属（*En-*

terococcus spp. ）所需微波处理的最低致死剂量为 430kJ/g，杀灭鳕鱼中 $10^6 \sim 10^7$MPN/g 生孢梭菌（*Clostridium sporogenes*）的芽孢则需 1900kJ/g。

微波杀菌的功率越大，微波杀菌的效果越好。分别采用功率为 300，450，600W 的微波处理马铃薯饼，其中肠炎沙门菌（*Salmonella enteritidis*）起始数量为 2×10^6CFU/g，功率越大肠炎沙门菌死亡的速率越快。功率为 700W 的微波处理葡萄原汁 50s，肠炎沙门菌可从最初的 10^7CFU/mL 下降到 10^5CFU/mL，肠炎沙门菌的数量下降了 2 个数量级；而功率下降到 350W 时，相同处理时间肠炎沙门菌的数量仅下降 1.7 个数量级。1000，900，600W 的微波处理对猕猴桃原浆，杀灭单增李斯特菌（*Listeria monocytogenes*）的 $D_{60℃}$ 值分别为 17.04，17.35，42.85s。

对于不同的食品，即使微波处理的条件和微生物污染程度相似，也可能具有不同的杀菌效果。采用 950W 的微波辅助水煮墨西哥辣椒，达 63℃ 后持续加热 25s，可使辣椒中的鼠伤寒沙门菌（*Salmonella typhimurium*）数量从 3×10^8CFU/g 下降到 10^3CFU/g 左右；而用同样的方法在相同温度下加热 10s，只能使香菜叶中的鼠伤寒沙门菌从 3×10^8CFU/g 下降到 10^4CFU/g 左右。因此，微波杀菌的效果因食物种类、微生物种类和数量而异。

（二） 对果蔬品质的影响

微波杀菌是有效地保证食品的微生物安全的保藏技术，微波杀菌的时间与食品品质有重要的关系。微波杀菌对食品品质的影响主要包括对生物活性物质、抗氧化活性、酶活力、质地和色泽的影响等。短时微波杀菌可以导致食品中酶活力的破坏，但对其生物活性成分、色泽和质地不会造成明显影响。与常规加热方式相比，微波直接加热（不加水）可以有效地降低产品的水分含量，增加产品的压缩率、脱水率和复水率，对食品品质和营养成分影响较小，但大量加水微波处理则会造成营养物质的严重损失。

（1）对生物活性成分的影响　微波处理的杀菌效率和热效率远大于传统加热方式，微波杀菌的处理时间显著低于传统热杀菌，食品中的生物活性物质的含量在微波杀菌后并无明显变化。微波处理苹果汁和蔓越莓汁达到 70~80℃ 后，果蔬汁或果泥中多酚的含量也较高，并对花青素没有显著影响。草莓酱采用 90℃ 微波处理 10s，其杀菌效果与 90℃ 巴氏杀菌 15min 相当，但微波处理对草莓酱的品质影响最小，其中多酚类损失为 5.7%，总花色苷损失 19.2%，维生素 C 损失仅 3.4%，而传统热杀菌后，多酚类、总花色苷、维生素 C 的损失可达到 14.0%，60.2% 和 61.7%。采用 90℃ 微波处理野樱莓 7s，其花青素的损失为 39.7%~59.1%，而采用 100℃ 传统热处理其花青素损失为 66.1%~99.8%。微波加热后葡萄番茄维生素 C 含量和番茄红素含量损失分别小于 6.83% 和 13.52%。当然，由于微波加热过程中温度不受控制，长时间的微波处理（如 455W、180s）会导致维生素 C 的分解。此外，采用微波辅助提取果蔬汁，会增加果胶类物质的提取率，同时会增加果胶在果蔬汁中的溶解度。

微波处理对果蔬中抗氧化活性物质和其他生物活性成分的影响较小，这也可能与微波引起食物中酶的失活有关。微波杀菌处理可抑制油棕榈果酶促脂解反应，45℃ 和 60℃ 微波处理可使小麦胚芽脂肪酶的活力分别降低 60% 和 100%。120℃ 微波处理后，草莓中多酚氧化酶和过氧化物酶的活性分别降低了 98% 和 100%。

然而，微波处理会促进果汁中类胡萝卜素的降解，类胡萝卜素的降解受到微波处理温度的影响，在 60℃ 和 70℃ 下处理 10min，植物中的紫黄质和蒽黄素是最不稳定的化合物，而叶黄素、维生素 A 和类胡萝卜素相对更稳定；而在 85℃ 下处理 1min，各类类胡萝卜素含量都降低了约 50%。

（2）对理化和感官品质的影响 微波处理可能会引起果汁 pH 的降低，但短时微波杀菌对食品色泽和质构的影响较小。

①质构与流变：通常，微波杀菌的处理时间越短，对食品质构的影响越小。短时的微波杀菌对食品质构的影响极小，微波杀菌 1min，质地较硬的果蔬如樱桃小番茄、墨西哥辣椒等的质构并无显著变化。短时微波杀菌后，樱桃小番茄的硬度依然保持在 2.43~2.82N，没有明显下降；辣椒的硬度仅从 10.93N 下降到 9.29N；香菜茎的硬度从 6.71N 升高到 8.21N。尽管如此，长时间的微波杀菌仍然会导致食品质构的下降。与传统热加工相比，微波处理能够提高番茄酱样品的均一性。

②色泽：微波加热对食品色泽的影响与食品中天然色素的种类有关。微波处理会导致叶绿素的变化，而对番茄红素没有显著影响，因此通常导致绿色蔬菜的变色，而对红色蔬菜色泽的影响不大。香菜在微波杀菌后，亮度从 25.98 下降 19.61，而墨西哥辣椒的亮度从 30.38 下降到 24.35；而微波加热处理后，葡萄番茄的各项颜色参数（L、a、b）均无显著变化。

尽管微波加热会引起颜色的变化，与红外、欧姆和传统加热相比，微波处理引起的颜色降低更少。尤其对于微波辅助制取苹果汁而言，适当的微波处理可能灭活了内源性的 PPO，反而获得颜色更为鲜艳的果汁。

三、 微波技术在加工肉制品中的应用

在肉类工业中微波杀菌技术已得到较广泛的应用，尤其是在美国、日本、欧洲等发达国家和地区发展较快。用于肉类工业生产的微波杀菌工艺主要有连续微波杀菌技术、多次快速加热和冷却微波杀菌技术、微波加热与常规加热杀菌技术相结合的杀菌工艺等。

肉制品杀菌一般采用高温高压杀菌的方式，营养成分和风味物质损失大，且肉质易软烂。微波杀菌不仅速度快、效果好，还能较好地解决软包装肉制品的杀菌问题。国内外有许多微波在肉类杀菌中应用成功的例子，如冷藏牛肉、软包装酱牛肉、红肠、鸭丁、风鹅、卤猪肝等等。

（一） 微波处理对肉制品的灭菌效果

Huang 等用微波处理法兰克福牛肉香肠，结果显示微波杀菌比热杀菌效果好，质量也较热杀菌高。孙卫青等研究微波杀菌对羊肉火腿保鲜效果，结果表明，900W、120s 时可使羊肉火腿的冷藏保质期达 3 个月，其中第三个月细菌总数为 8×10^3CFU/g，但随着贮存期的延长，厌氧菌逐渐成为优势菌种。酱牛肉中的主要腐败菌属于葡萄球菌属、肠杆菌科与假单胞菌属，孙承锋等探讨了微波杀菌应用于酱牛肉保鲜的可行性，结果表明微波加热温度达到 50~60℃ 可杀死大部分腐败菌，有效地延长了酱牛肉的保质期。Apostolou 等用大肠杆菌 O157：H7（$10^5 \sim 10^6$CFU/g）接种处理鸡脯肉块及新鲜全鸡，鸡脯肉块分别用微波加热 5，10，15，20，25，30，35s，新鲜全鸡用微波加热 22min，实验发现，经过 35s 微波加热可杀灭鸡脯肉块的埃希大肠杆菌 O157：H7，而全鸡尽管已经完全熟透，仍在鸡体内发现埃希大肠杆菌，研究表明短时间的微波加热不能完全杀死大肠杆菌 O157：H7。

微波辐射对微生物的杀灭作用与温度的升高有关。表面接种单增李斯特菌（1.6×10^6CFU/mL）的火鸡翅根鸡肉用微波加热 60s 后，其表面温度达到 74℃ 以上，可完全清除表面的李斯特菌污染。接种大肠杆菌 O157：H7（3.2×10^7CFU/cm²）的鲜切牛肉片在微波加热

30s 后，表面温度达到 70℃，其表面大肠杆菌 O157：H7 也被完全杀灭。研究表明，低剂量微波（2450MHz、1.6W/g）对大米中寄生曲霉的杀菌率随温度升高而增加。由此可见，微波对食品中微生物的杀灭程度与温度有密切的相关性。不同肉及肉制品采用微波杀菌处理后微生物杀灭效果如表 7-5 所示。

表 7-5　　　　　　　不同肉及肉制品采用微波杀菌处理后微生物杀灭效果对比

食物	微生物	起始菌落数	处理方式	微波处理条件	杀菌效果
鲑鱼和鳕鱼	大肠杆菌（Escherichia coli） 肠炎沙门菌（Salmonella enteritidis）	$10^6 \sim 10^7$ MPN/g （细菌总数）	无水	430kJ/g	完全杀灭
	肠球菌（Enterococcus spp.）	$10^6 \sim 10^7$ MPN/g	无水	140kJ/g	完全杀灭
	生孢梭菌孢子 （Clostridium sporogenes）	$10^6 \sim 10^7$ CFU/g	无水	1700kJ/g	完全杀灭
火鸡翅根肉	单增李斯特菌（Listeria monocytogenes）	1.6×10^7 CFU/mL	无水	处理时间 60s，微波处理结束表面温度达到 74℃	表面微生物全部杀灭
鲜切牛肉片	大肠杆菌 O157：H7（Escherichia coli O157：H7）	3.2×10^7 CFU/cm²	无水	处理时间 30s，微波处理结束表面温度达到 70℃	表面微生物全部杀灭

（二）　微波杀菌对肉类品质的影响

吴永年等对低温禽制品中的风鹅、烤鸭进行了微波杀菌保鲜实验，微波加助剂的综合保鲜工艺可使风鹅的保质期达 6 个月以上，显著地延长食品的保质期，被保鲜的食品都保持了原有的风味不变或变化在可接受范围内，满足了工业化生产的要求。冯璐等发现，用 670W 微波处理盐焗鸡翅根 5min 和用 80℃水浴处理盐焗鸡翅根 3h，随后将产品在 25℃条件下贮藏 30d，在整个贮藏中，肉质的弹性略有降低，但是微波杀菌产品的硬度和弹性均大于低温长时杀菌，说明微波杀菌产品的弹性较好，且肉质紧实，有嚼劲。杨家蕾等采用质地剖面分析法研究了微波杀菌对重组酱肉质构特性的影响，结果表明，与未经微波杀菌处理的重组酱肉相比，不同微波杀菌功率对重组酱肉的质构特性有一定影响，但影响不显著；不同微波杀菌时间对重组酱肉的质构特性也有一定影响，但除对弹性的影响显著外，对其他各项指标的影响均不显著，微波杀菌不会影响重组酱肉的质构特性，也不会降低其口感。

四、　微波技术在粮食及其制品中的应用

（一）　粮食的微波抑霉与灭虫

（1）微波抑霉　霉菌污染是影响粮食储藏品质的主要因素，世界粮农组织报告显示，全世界约有 25% 的谷物每年都受到霉菌和霉菌毒素的污染，其中 2% 由于严重感染而失去营养价值和经济价值。常用的防霉方法诸如化学熏蒸、低温贮藏、气调包装等仍存在食品安全、

环境污染、成本或无效等问题。微波技术已广泛应用于食品工业，微波技术具有安全、环保、节能、高效的特点，低剂量的微波辐射（2450MHz、1.5W/g）对于粮食中的霉菌、害虫具有杀灭作用，也能保持粮食的品质，可用于粮食贮存过程中的防霉处理。

（2）微波杀虫　正常的米、面等粮食制品在销售、贮藏过程中常常返潮发霉和虫蛀，均为制品灭霉、杀虫卵不彻底，或者说根本就没有达到灭霉、杀虫卵的要求，因此，在适宜环境时它们能复活和繁殖，导致粮食制品的霉烂变质，给人们的生活造成很大损失。

传统杀虫方法可能带来食品安全、环境安全问题，且杀虫不彻底。采用热杀虫法虽然不会带来额外的食品安全担忧，但米、面制品中心温度和时间常常达不到要求，根本难以杀灭它们。

微波处理大米，则可以同时杀灭有害昆虫的成虫、幼虫和虫卵，并起到灭酶的效果。由于昆虫和微生物的含水量大大高于粮食，微波加热的选择性能在粮食本身温度较低的条件下，处理较短时间，即可获得所需的消毒杀菌效果，从而使微波处理过程中粮食本身避免高温的损伤，保留其营养成分和较高的感官品质。采用微波技术处理过的米、面制品，贮藏期间无再次污染，一般不再发生霉变或虫蛀，而且贮藏时间可大大延长。

张民照等研究发现，微波处理裸成虫的死亡率随处理时间及功率增加而升高。成虫在中高火处理60s或高火处理50s以上则死亡率过半，为51.21%~99.92%。处理与红小豆混合的成虫死亡率随功率和时间变化趋势同相同处理的裸虫，但相同条件下与红小豆混合的成虫死亡率明显高于相同处理的裸虫。低火至中低火处理60s、解冻50s及中火至高火40s以上时间时成虫死亡都过半，为55.75%~100%，而中火处理70s、中高火至高火60~70s可使成虫全部死亡。微波处理具一定后续效应，处理的成虫虽没立刻死亡但随后死亡率仍比对照高。成虫高火处理50s后的第三天校正死亡率可达87.74%。微波处理还可降低绿豆象成虫产卵量、幼虫羽化率、卵孵化率及红小豆发芽率。成虫、卵和豆内幼虫对微波敏感性依次增高。红小豆在中低火处理60s、解冻50s、中火40s、中高火至高火30s以上时间时发芽率都低于一半，为0.21%~48.33%。

王殿轩等采用160，320，480，640，800W微波功率处理不同虫态米象5，10，15，20，25，30s，发现米象不同虫态对微波处理的敏感性由小到大依次为成虫、蛹、幼虫和卵，800W处理25s可立即完全致死米象成虫，但微波处理后小麦的发芽率显著降低。

李景奎等采用微波40℃处理4min，舞毒蛾死亡率达到67.44%；处理温度为60℃时，已经达到了98.21%；处理温度为75℃以上总死亡率可达100%。

Dilek等研究了70，150，300，600W微波处理对粮食害虫地中海粉螟的幼虫的影响，幼虫的死亡率与微波处理时间、微波成正比：70W微波处理50s即可完全杀死地中海粉斑螟的幼虫，300W的微波仅需要10s，而600W的微波只需5s。

（二）　粮食制品的微波杀菌

馒头、生鲜面等粮食制品面临的首要问题是贮藏、杀菌、保鲜。按照"安全、营养、方便"，在不影响其品质的前提下，尽可能使馒头、生鲜面在保质期内不发生营养流失和霉变。经实验结果表明：①面粉原始带菌量高的馒头、生鲜面，在相同的保藏期内，带菌量多，品质劣变很快。将制作馒头、生鲜面用的小麦粉经微波杀菌40s后，处理后的小麦粉菌落总数显著降低，微波穿透力很强，即面粉中的细菌及霉菌的灭菌率可达到100%。微波属低温杀菌、加热时间短，能避免因长时间的加热杀菌影响面粉的品质，较好地保持小麦面粉中原有物质成分和原有营养物质含量。②由于穿透性好的特点，可进行已包装、未包装杀菌。为避免加工后再污染，将装袋后的馒头、生鲜面在 36℃ 温度正常存放 2d，期间微生物的新陈代谢、生长发育、生殖遗传等生命活动都处于旺盛状态下，直至看见霉菌后入微波灭菌室加热杀菌，杀菌条件为：2450MHz、700W；在灭菌室的出口对整体加热后的馒头、生鲜面进行检测，发杀灭导致馒头、生鲜面变质的细菌、霉菌、酵母所需时间时间约 45s，其菌落总数和霉菌数杀菌率均能达到 99% 以上，几乎全部失活。有实验结果表明：通过微波杀菌技术处理过的食品的保质期可延长 3~8 倍。

蛋糕、面包等焙烤食品的保鲜期很短，其主要原因是常规加热过程中，制品内部的细菌没有被杀死，导致发霉。微波有很强的穿透力，能在烘烤的同时杀死细菌，使焙烤食品的保质期大大延长。瑞典卡洛里公司用 2450MHz、80kW 微波面包杀菌机，用于每小时生产 1993kg 的面包片生产线。经微波处理后，面包片温度由 20℃ 上升到 80℃，时间仅需 1~2min，处理后的面包片保鲜期由 3~4d 延长到 30~60d。国内也有报道，马蹄糕、面包等经微波杀菌后可大幅延长保藏期。另外，用微波设备对月饼、馅饼和带馅的糕点等厚实的食品杀菌，其保鲜期可达 3~6 月。研究表明，传统食品，如豆腐、腐竹、腐乳等，用微波杀菌均有良好效果。

一般粮油制品的保质期比较短，因其含有大量的营养物质，易滋生细菌而腐败变坏。一般的常规加热杀菌中，食品内部的细菌很难被杀死，从而导致其保质期变短且品质下降。微波具有极强的穿透性，能将制品表面和内部的细菌均杀死，而使其保鲜期增加数倍。

五、 微波技术在其他食品中的应用

（一） 调味品的微波杀菌与干燥

（1）液态调味品的微波杀菌　微波也可用于酱油的杀菌。在 600W 下，一般微波处理约 5min 就能完全杀灭大肠菌群。当灭菌温度达 60℃ 时已能显示灭菌效果。灭菌温度达 75℃，处理时间为 5min，在 28℃ 环境下贮存 2 个月无霉变现象，而同样处理条件的传统加热灭菌的对照组，仅 24h 就出现有霉菌生长情况。

（2）香料的微波干燥　目前，微波已成功用于香菜、薄荷（叶）、迷迭香、牛至、香菜叶、罗勒等香辛料的干燥，具体参数如表 7-6 所示。

表 7-6　　　　　　　　　不同绿叶香料的微波干燥最适条件

香料	最适条件	较稳定的品质参数
香菜	900W、3.5min	干燥速率，颜色
薄荷叶	900W、3min	干燥动力，活化能
迷迭香	700W、3.7min	干燥动力，矿物质含量，颜色
薄荷	真空干燥，1920W、12min 及 2240W、10min	干燥速率，颜色，复水性能
薄荷叶	700W、5.3min	干燥时间，总酚，色值，矿物质含量
迷迭香	采用对流预干燥和微波真空干燥，480W、46℃、84min	干燥动力，挥发性成分，感官
迷迭香	真空度 72~74kPa、360W、39min	干燥动力，挥发性成分，感官

续表

香料	最适条件	较稳定的品质参数
牛至	微波真空干燥，360W、4~6kPa、24min	干燥动力，挥发性成分，感官
香菜叶	180W、14min	干燥速率，颜色，复水性能
罗勒	对流预干燥和微波真空干燥，360W、40℃、250min	干燥动力，挥发性成分，感官

（二） 鸡蛋的微波杀菌

带壳鸡蛋的巴氏杀菌可以在微波的帮助下完成。蛋白比蛋黄具有更高的介电性能，鸡蛋壳微波加热对蛋清和蛋黄加热速率没有显著影响。增强内部加热可能是由于鸡蛋的几何形状，介电性能和大小的鸡蛋相结合。结果表明，微波灭菌的壳鸡蛋可以实现没有失去蛋壳完整性。此外，微波处理也可用于鸡蛋蛋黄中鼠伤寒沙门菌的杀灭。

（三） 茶叶的微波干燥与杀青

在茶叶加工方面使用微波技术已成为趋势，茶叶加工过程包括干燥、杀青等工序，微波加热优于传统热加工技术，主要有易操控、无残留、加热快和无污染等。微波不仅加热快，整体加热与蒸煮茶叶的作用类似。既减少加热时间，又提升生产效率，使茶叶保持在高温下时间得到缩短，对茶叶中的营养成分、维生素以及色泽有很好的保护效果。

（四） 气溶胶灭菌

微波场对气溶胶状态的微生物也有很好的杀灭作用。Latimer 等发现微波处理 5min 足以杀灭医疗废物中的病原菌；Wu 等采用 700W 的微波处理 3min，有效的杀灭了菌悬液形成的气溶胶中的枯草芽孢杆菌变种；Mima 等采用 650W 的微波处理 3min，完全杀灭了铜绿假单胞菌、金黄色葡萄球菌、白色念珠菌和枯草芽孢杆菌等多种细菌。

第七节　微波技术的安全性及展望

一、 微波技术的安全性

（一） 微波辐射对人体的影响

在电磁波谱图中，微波的频率介于低频的无线电波和高频的红外线及可见光之间，其能量较低，单光子能量在 $10^{-4} \sim 10^{-3}$ eV 之间，属于非电离辐射电磁波。尽管如此，长时间大能量的微波照射也会对人体健康带来不利影响，在微波应用中仍应合理选择微波频率并控制泄漏的微波功率密度，以保证从事微波加工工作人员的身体健康。微波辐射对人体健康的影响与微波的频率、暴露功率密度、受辐射部位、环境因素、辐射时间、辐射方式等有关。

（1）微波频率　多数西方国家认为采用微波频率高于 1000MHz 时 10mW/cm² 的功率密度不会明显热伤害，但在较低频率（低于 433.9MHz）下，超过一定功率密度的长达数小时的暴露可能会造成局部组织出现过热现象。研究表明，在微波频率较低时，全身连续暴露所容许的功率密度要降到 1mW/cm² 才合适。

（2）功率密度　若人体暴露于高于 $100mW/cm^2$ 以上功率密度的微波辐射中，会产生明显的不可逆病理变化。在高强度微波的辐射下，中枢神经系统易出现神经衰弱症候群和器质性损伤，人体组织易吸收微波能引起局部温度升高。当微波的功率密度小于 $10mW/cm^2$ 时，通常只引起体温缓慢升高，但人体自身的调节系统可进行调整，即使长期承受该剂量对人体也不会造成伤害。

（3）受辐射部位　身体不同器官对微波辐射的敏感程度不同。在同样的受辐射面积下，照射头部会造成全身性的生理反应，比照射其他部位的影响大。人体表面伤害最敏感的部位是眼睛和睾丸，眼睛水晶体没有脂肪层覆盖，缺乏血管散热，吸收的微波能产生的热量不能迅速耗散到身体其他部位，而致使晶体蛋白质凝固并引起其他生理反应。动物实验研究表明，高强度的微波照射眼部可引起白内障。

不同频率微波对人体各部位的影响具体如表 7-7 所示。

表 7-7　　　　　　　　　　　不同频率微波微波对生物体各部位的主要效应

频率/MHz	波长/	受影响的主要组织	主要的生物效应
<150	>200	—	透过人体，影响不大
150~1000	30~200	体内器官	体内组织过热，引起各器官损伤
1000~3000	10~30	眼睛水晶体，睾丸	组织的加热显著，特别是眼睛的水晶体
3000~10000	3~10	眼睛水晶体，皮肤表皮	有皮肤加热的感觉
>10000	<3	皮肤	表皮反射，部分吸收微波而发热

其他影响微波辐射对人体损害的因素包括：环境温度、湿度、辐射时间和微波的形式等。环境温度较低的情况下，微波的伤害作用比在高温、高湿度环境下轻得多；人体受辐射的时间越长，作用越显著；脉冲微波在同样的功率下，其伤害作用比连续微波大。

总之，在许可使用的频率范围之外，要严格防止微波泄漏，以减少功率浪费和对人体健康的危害。

（二）　微波辐射的安全标准

微波使用中应注意两项安全规则，具体如下。

（1）在微波工作环境中，人体可暴露的最大面积或微波最大吸收量　依据微波对人体产生的热效应，可估算人体暴露于微波中的限量。一些敏感的器官需要特别考虑，如眼睛有降低热平衡的可能性和视觉集中效应等。在大多数国家，一般认为人体暴露安全限量为距离辐射源 11.2cm 处，体表暴露量低于 $1mW/cm^2$。

通常用比吸收率（SAR），即入射微波能与体重的商，来表示人体暴露或吸收微波辐射的量。依据国际非离子辐射保护委员会（ICNIRP, 1998；IRPA, 1988）推荐，SAR 的最大值设定为 0.4W/kg，美国、加拿大、英国、法国、澳大利亚均据此制定微波辐射的安全标准。

（2）微波设备辐射或泄露最大量　距离微波辐射源 5cm 处是微波泄漏最大的地方。微波设备产生的最大辐射量应控制为：距离微波辐射源 5cm 处的辐射量不超过 $5mW/cm^2$。这样看，允许泄漏量高于暴露的最大限量，但是对于正常泄漏情况下，某处的非集中能量密度与到波源距离的平方的倒数成比例关系，因此该限量实际上是低于距离辐射源 11.2cm 处 $1mW/cm^2$

最大暴露限量。

世界各国对于微波辐射安全剂量的标准如表 7-8 所示。

表 7-8　　　　　　　　　　各国微波辐射安全剂量的标准

国家或组织	频率/MHz	工作条件	允许最大照射 平均功率密度（ mW/cm² ）
中国（GB 10435—1989）	300~300000	非固定辐射	400/t
		脉冲波固定辐射	200/t
		仅肢体辐射	4000/t
		短时暴露	5
美国（1991 年）	300~<1500	—	f/300 *
	1500~300000	—	10 *
波兰（1971 年）	300~300000	每天 8h	0.1
		整体工作	0.01
前苏联（1958 年）	300~300000	每天 15~20min（戴防护眼镜）	1.0
		每天 2~3h	0.1
		整天工作	0.01

注：t：每日暴露时间表中值适用于 0.1h<t<8h；t≤0.1h 时，安全限值取 t=0.1h 的值；t≥8h 时，安全限值取 t=8h 的值。f：微波频率；*：执行该标准的其他国家包括加拿大、英国、法国、澳大利亚。

美国 FDA 对小功率家用微波炉的泄漏标准规定，在售卖前功率密度不得超过 $1mW/cm^2$，在此后的使用中不得超过 $5mW/cm^2$；该值由炉内放入一个标准的 $275cm^2$ 的水负载，在炉外任一点处（距离 5cm）测量泄漏的辐射能量所得。对于工业用微波加工生产线，泄漏的功率密度最大值是 $10mW/cm^2$。

我国规定家用烹饪微波炉或工业微波加热设备的微波泄漏量为：在距离设备 5cm 处，微波功率密度小于 $5mW/cm^2$（2450MHz）和 $1mW/cm^2$（915MHz）。当需要在平均微波辐射剂量大于 $1mW/cm^2$ 的环境中工作时，必须使用个人防护用品，且日剂量不得超过 0.4（mW·h）/cm²，一般不允许在超过 $5mW/cm^2$ 的环境中工作。

（三）　防止微波能泄漏的安全技术措施

对于微波设备，尤其是连续型微波设备，如何避免在设备的产品进口和出口出现微波辐射泄漏的问题非常重要。依据工业设备的特点，可采用不同的安全措施：

（1）间接式装置　电炉式加热器及其磁控管微波源组成的批量系统（如家用式微波炉）的唯一泄漏点是门封。采用 1/4 波长的抗流系统能够很好地降低泄漏至可接受的极限。此外，在炉门设计上采用可靠的互锁装置，当炉门没有完全关闭、夹紧或锁住时，电源就断开。

（2）连续生产系统　连续操作的高频系统比批量系统产生的微波泄漏要大得多。在设计这些系统时，必须引入一个物料进出口，这些进出口必须设置适当的抗流，并吸收从加热室中辐射出来的剩余能量。通常这些系统的进出口应设计得尽量的小，可刚好适合被处理物料通过，以减少微波辐射的泄漏。在必要的场合，可采取对微波设备作封闭性屏蔽的方法，来避免微波辐射对人体的伤害；也可采用遥控等方法减少对操作人员的危害。带有不同产品进口和出口的带式连续式微波设备的进出口设计及微波能输入方式如图7-30所示。

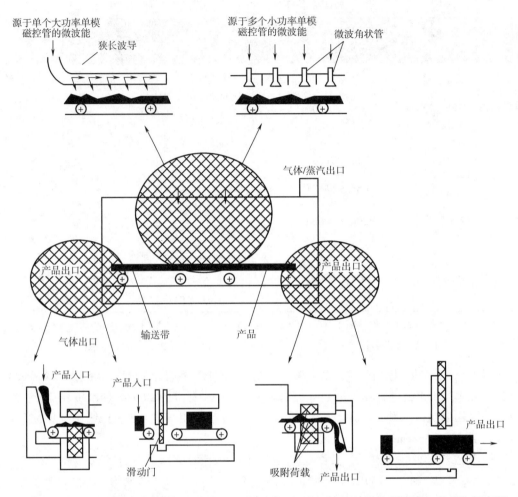

图7-30 连续带式微波设备，带有不同产品进口和出口及几种微波能量输入方式的示意图

此外，在特殊环境要求中，可采用附加屏蔽，如增设单层的或双层的夹有吸收材料的法拉第罩子；同时经常检查各种安全自动装置的可靠性；在最危险的地方设置标牌，警告人们当系统工作时，不要把手或物体伸进端口，或在微波设备区的周围设置警戒线，以防止其他非操作人员接近危险区；操作人员进入超过有害剂量的微波范围内，应采取戴防护眼镜、穿防护工作服等防止微波辐射的有效措施。

总之，为了正确有效地使用微波能，减少不必要的伤害，微波系统的设计及使用都需按严格的规定程序与标准进行。

（四） 微波处理与包装中化学物质的迁移

微波处理本身不会破坏化学键，不引起包装材料的降解。但近年来研究发现，微波产生的高温会造成包装材料中聚合物链、添加剂或黏合层的降解，产生苯、反式-（2，4-二叔丁基苯酚）、1，3-二丁基苯、棕榈酸、硬脂酸、2，6-二叔丁基苯酚、2，6-二叔丁基对苯醌等高分子降解产物，这些产物和添加在包装材料中的增塑剂、抗氧剂均会向食品材料迁移。

Anastasia 等发现聚二氯乙烯/聚氯乙烯薄膜中的增塑剂邻苯二甲酸二壬酯（DOA）、乙酰柠檬酸三丁酯（ATBC）可在微波烹调过程中转移到绞肉中，转移率与加热时间、肉类的脂肪含量以及薄膜中增塑剂的初始浓度有关，以 700W 微波加热 4min 后，转移到含脂肪 55% 的绞肉中的 DOA 和 ATBC 分别达到 275.35mg/kg、17.24mg/kg，该数值已超过欧盟所制定的最高安全限值。Riquet 等发现微波处理会导致聚丙烯（PP）薄膜断裂，断裂率约 12%；而添加增塑剂（Irgafos168、Irganox1076 和 Tinuvin326）的聚丙烯在采用微波［（1100±4）W 和（96±2）W］加热 7~10min（95℃）后，尽管断裂率下降，但会出现明显的增塑剂迁移，迁移率也超出了欧盟关于包装材料安全性的现行规定。体外细胞实验显示，添加增塑剂 Irganox1076 的 PP 在微波处理后产生的迁移物质，具有类雌激素样生物活性，微波处理 PP 产生的包装迁移物具有一定的干扰动物内分泌的作用。

因此，微波对食品包装材料安全性的影响，尤其是高分子聚合物薄膜包装材料安全性的影响，应受到关注，以便在微波加热过程中避免来自于包装材料的安全风险。针对微波处理后包装材料中高分子聚合物的变构、新化合物的产生、增塑剂的溶出等现象，对这些可能迁移到食品中的化合物的毒性开展研究，可以为微波处理提供更多的包装和工艺上的建议。而微波加热处理过程中，在线温度测定及控制等技术和手段的发展，对于评估、解决微波杀菌时，包装材料造成的安全性问题具有重要意义。

二、　微波技术展望

微波技术在食品杀菌中应用时，所需时间短，因而在食品营养成分的保持、质构的改善、能耗的节省、卫生的保证等方面均优于传统的加工方法。然而，微波杀菌技术则受到技术、经济和商业因素制约，杀菌过程缺乏有效的在线温度精准定位测定和控制等手段，目前还难以建立一套可靠的程序和依据来评估微波杀菌的效果和安全性。

此外，目前众多科研人员已经探讨了微波杀菌工艺参数对食品品质的影响，但是，目前的研究大部分都集中在实验室规模，要推广该技术在食品工业上的应用时还需加强微波杀菌装备的研发投入。随着科学技术不断的向前迈进，微波杀菌技术必将逐渐趋向于成熟完善。微波杀菌相对于传统杀菌方法的优势显而易见，但因为食品物料通常含有多种成分，微波加热的穿透吸收折反射会相互影响以及微波电场的棱角效应等因素，微波加热的不均匀性仍然是不可忽视的缺陷。目前的微波食品机械还不能有效地避免加热不均的缺陷，将微波杀菌技术与其他非热杀菌技术联合使用将是一个有前景的突破。

膜分离技术及其在食品保藏中的应用

第一节 概 述

膜分离技术是目前分离科学和技术中最重要手段之一，它具有分离、浓缩、纯化、精制等作用，以及高效、环保、节能、易于操作、自动化程度高等诸多优点；而且，在膜分离过程中，物质几乎不发生相变化。膜分离技术已被广泛应用于食品工业、生物发酵、水净化、制药业、石油、环保等很多领域，带来巨大的经济效益和社会效益。

膜分离现象在自然界中广泛存在，尤其是生物体内，但人类对它的认识和研究却经过了漫长而曲折的道路。1748 年，法国科研工作者 Abble Nollet 通过实验发现水能自然地扩散到装有酒精溶液的猪膀胱内，但受当时认知水平和科技条件的限制，该现象并没有引起人们的重视。1816 年，Schmide 首次提出超滤的概念；1864 年，Traube 成功研制出历史上第一片人造膜——亚铁氰化铜膜。但在此后很长一段时间，由于没有合适的用于加工膜的材料，膜的相关研究工作进入到瓶颈期，对膜及膜分离过程的相关研究没有取得任何突破性的进展。直到 1918 年，Zsigmondy 提出了商业微孔滤膜的制造法，并报道了微孔滤膜在分离和富集微生物、微粒方面的应用。1929 年，德国哥廷根的 Sartorius 工厂开始生产硝酸纤维素膜和醋酸纤维素膜，用于实验室研究。

膜分离技术的工业应用始于 20 世纪 60 年代的海水淡化。1960 年，来自加利福尼亚大学洛杉矶分校的科研工作者 Loeb 和 Souridjan 教授研制出了世界上具有历史意义的第一张高脱盐率、高透过水量的高性能膜——非对称醋酸纤维素反渗透膜，并首次成功应用于海水和苦咸水的淡化，使反渗透从实验室走向工业化应用，膜分离技术自此备受全世界关注。

我国膜分离技术的研究于 20 世纪 50~60 年代进入开创阶段，1958 年开始对离子交换膜进行研究，1965 年开始对反渗透进行探索。1967 年开始的全国海水淡化研究，极大促进了膜分离技术在我国的发展。20 世纪 70 年代，我国膜分离技术进入开发阶段，在此期间，微滤、电渗析、反渗透和超滤等各种膜和组器件都相继被研发出来。20 世纪 80 年代后，我国膜分离技术正式进入应用阶段。

第二节　膜分离技术概述

膜分离是以选择性透过膜为分离介质，在膜两侧施加一定的推动力，使原料中的某组分选择性地透过膜，从而使混合物得以分离，以达到纯化、浓缩等目的的分离过程。用于分离的膜可分为固相、液相和气相。

膜在分离过程中具有以下三种功能：一为物质的识别与透过，二为相界面，三为反应场。物质的识别与透过是使混合物中各组分实现分离的内在因素；作为相界面，膜可将透过液和截留液分为互不混合的两相。而作为反应场，膜表面及孔内表面含有与特定溶质具有相互作用的官能基团，通过物理作用、化学或生物化学反应提高膜分离的分离效率和选择性。

与蒸馏、萃取、层析和电泳等传统的分离技术相比，膜分离技术具有诸多优点，如易于操作和管理、分离精度高、环保等。正是由于这些优点，膜分离技术仅仅经过半个世纪就已经成为一种重要的分离纯化手段，并广泛应用于各个工业领域。目前主要的膜分离技术有微滤（microfiltration，MF）、超滤（ultrafiltration，UF）、纳滤（nanofiltration，NF）、反渗透（reverse osmosis，RO）、电渗析（electro dialysis，ED）、连续电脱盐（electro deionization，EDI）、渗透汽化（pervaporation，PV）、膜萃取（membrane extraction，ME）、膜蒸馏（membrane distillation，MD）、离子交换（ion exchange，IE）、液体膜分离技术（liquid membrane，LM）和气体分离（gas separating，GS）等。其中压力驱动的液体膜分离技术已在工业中被广泛应用，液体膜分离特性如图8-1所示。

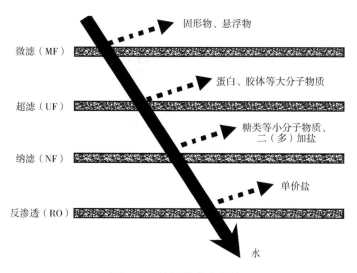

图8-1　液体膜分离特性

膜的分离特性主要取决于膜产品的截留相对分子质量（molecular weight cut-offs，MWCO）和膜孔径。截留相对分子质量是指溶质的稀溶液体系下表现截留率为90%所对应的电中性有机物的相对分子质量。在商业化膜产品中，供应商都会提供膜的孔径信息或截留相对分子质量信息。对于采用无机材料制成的微滤膜和部分超滤膜，供应商一般提供膜孔径信息；对于用有机材料制成的部分超滤膜和纳滤膜，供应商一般提供膜的截留相对分子质量。图 8-2 所示为不同膜的分离范围。

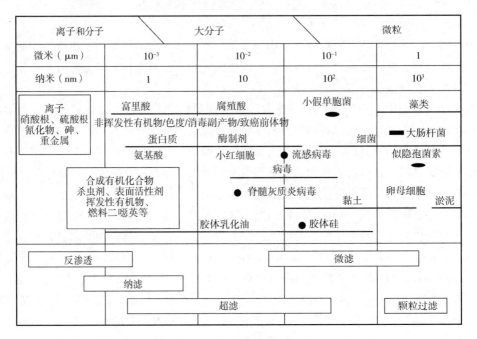

图 8-2　不同膜的分离范围

第三节　膜分离技术原理

一、　微滤和超滤

微滤能截留 0.08~10μm 大小的物质，微滤膜可有效截留悬浮物、细菌、部分病毒及大尺寸的胶体，微滤膜两侧的势差一般小于 $2×10^5$Pa。超滤能则截留 3~100nm 之间的物质，超滤膜能有效阻挡住胶体、蛋白质、微生物和大分子有机物，超滤膜两侧的势差一般为 $1×10^5~1×10^6$Pa，超滤膜的截留分子质量一般介于 1~500ku。

微滤、超滤均以压力为推动力，遵从立体阻碍的筛孔分离过程。微滤与超滤在分离原理上存在着很多共性。因此，在对膜分离过程及其机理的研究中，科研工作者常常将微滤、超滤中的一个作为研究对象。它们的分离过程一般会有以下几个阶段。

（1）粒径小的物质大量进入膜孔中，其中一部分被吸附于膜孔内，膜孔的有效直径被减小。此阶段，粒径大的物质被截留，在膜表面开始形成疏松多孔的滤饼层。

（2）当膜孔内吸附趋于饱和时，在膜表面构成疏松多孔滤饼层的粒径大的物质将被带走，逐步被粒径小的物质取代，滤饼层孔隙变小，且逐渐被压实。

（3）滤饼层厚度不断增加，膜内部粒径小的物质的比例逐渐增加，粒径更小的物质进入已形成的滤饼层孔中，膜孔的有效直径进一步变小。粒径小的物质已不能到达膜孔，最终在膜表面形成凝胶滤饼层，膜通量趋于稳定。

（一）　膜通量与膜结构参数之间的关系

纯水体系相对于颗粒悬浮液而言是非常理想的体系，不会有膜污染的发生。纯水膜通量随着操作压差、膜孔径和膜孔隙率的增大而增大；随着液体黏度的增大、体系温度的降低和膜层厚度的增大，膜通量减小。实际上，微滤开始的瞬间，此时膜通量仅由膜的结构参数、体系的浓度和跨膜压差决定。膜通量与传质推动力成正比，与溶液黏度、膜阻力成反比。膜污染程度增大，膜阻力增大，导致膜通量减小。

（二）　膜分离过程的主要模型

（1）全循环　为研究在一定料液浓度条件下，膜对溶质的分离特性，一般采用全循环（totol recycIe mode）或称全回流的操作模式（图8-3），以确保料液浓度的恒定。

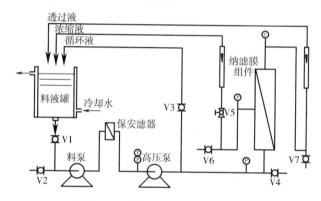

图8-3　纳滤膜全循环操作模式

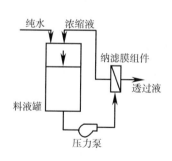

图8-4　渗滤操作示意图

（2）渗滤　渗滤（diafiltration，DF）是膜分离提取、纯化的基本操作模式。渗滤（图8-4）是1968年由Blatt等提出的概念。渗滤作为一种基本的工艺操作，最早被用于超滤分离体系，以及对其在膜性能评测和工艺优化等方面的研究。目前，渗滤也广泛应用于微滤、超滤和纳滤后的产物提取纯化，如纳滤后的低聚糖、多肽酶解液纯化等。在进行渗滤操作时，渗滤溶剂（纯水）的补给方式分为控制精确的恒流量补给（恒定体积）连续渗滤（continuous feed diafiltration，CFD）和操作简单的（变体积）间歇渗滤（intermittent feed diafiltration，IFD），以确保渗滤的正常运行。

二、　反渗透和纳滤

纯水和盐水被半透膜隔开时，纯水会自发地通过半透膜流向盐水一侧，这种自发的现象称为渗透。如果在盐水侧施以压力，纯水的流速将会被抑制而减小，当压力达到某一值时，纯水不再通过半透膜，即流量为零，这个压力称为渗透压。当施加在盐水侧的压力大于渗透压时，水的流向将被逆转，盐水中的水将流入纯水侧，这种现象则为反渗透。在反渗透过程中，在膜的低压侧得到透过的溶剂，即渗透液；在高压侧则得到浓缩的溶液，即浓缩液。若用反渗透处理海水，那么在膜的低压侧得到淡水，在高压侧得到卤水。

反渗透的操作需要的压力，可达到 $10^6 \sim 10^7 Pa$，泵能耗较高。随着技术的进步，目前反渗透的操作压力已降到 $4 \times 10^6 Pa$ 以下；甚至部分生产商制造的卷式反渗透膜在 $7 \times 10^5 Pa$ 操作压力下，其盐的截留率能保持在 99.2% 以上。

纳滤介于反渗透和超滤之间，截留分子质量大约在 $200 \sim 1000u$，孔径约为几纳米，分离对象的粒径约为 1nm。纳滤膜上或膜孔中存在带电基团，因此纳滤膜分离具筛分效应和电荷效应两个特征。相对分子质量大于膜孔径的物质，将被截留，反之则易透过，此即膜的筛分效应。纳滤膜表面分离层由聚电解质构成，膜表面带有一定的电荷，通过静电相互作用从而阻碍多价离子的渗透，使纳滤膜在较低的压力下仍可以有较高的脱盐性。

目前，反渗透脱盐的机理主要存在两种理论：优先吸附-毛细管流动和溶解-扩散理论。优先吸附-毛细管流动理论认为，水分子在膜表面形成纯水层，纯水通过膜上非常细小的孔透过膜。溶解-扩散理论认为，水分子通过膜中的分子节点从膜的一侧扩散到膜的另一侧。这两个理论都认为，水在固液界面上，水分子通过与膜表面形成弱的化学结合，优先被吸附并通过膜，而盐类和其他的物质被截留。

与超滤、反渗透等膜分离过程一样，纳滤也属于压力驱动的膜过程，但它们的传质机理有所不同。其分离机理主要为细孔模型和溶解-扩散模型两种理论。

（一） 优先吸附-毛细管流动模型

优先吸附-毛细管流动模型是由 Loeb 和 Sourirajan 提出。该模型指出反渗透过程的主要原理是界面现象，其中反渗透膜的表面层微孔性和非均相性是保障膜分离效果的主要因素。此外，在实际分离过程中，还有两个必要条件：

（1） 与溶液接触的膜表面要具有一定数目的合适尺寸的孔；

（2） 与溶液接触的多孔表面具有适当的化学性质，即它对于流体混合物中的某一组分具有优先吸附或者优先排斥的作用。

在此条件下，膜液界面上就会存在浓度梯度和优先吸附的流体层。因此，在此界面上的流体层通过膜的毛细管而不断地被移去，即可得到产品溶液。优先吸附可简单地归因于膜液界面上存在急剧变化的浓度梯度，在膜的两侧即存在浓度差，导致物质通过膜结构中的孔或毛细管发生迁移。

（二） 溶解-扩散模型

在该模型中，反渗透的活性表面层为致密无孔膜，且假设溶剂和溶质均可溶于非多孔膜表面层内，在因浓度或压力产生的化学势的推动下，扩散通过膜。具体过程为：第一步，溶剂和溶质在膜的料液侧表面外被吸附和溶解；第二步，溶剂和溶质间无相互作用，在各自化学势的推动下，以分子扩散通过反渗透膜的活性层；第三步，溶剂和溶质在膜的透过液侧表面解吸。溶剂和溶质通过膜所需的能量大小，受它们溶解度的差异及它们在膜相中扩散性的差异影响。透过速率取决于在上述过程中的第二步，即取决于溶剂和溶质在膜两侧形成的化学势大小。气体或液体混合物因膜的选择性而得以分离。其中，物质的渗透能力，主要由其扩散系数和其在膜中的溶解度决定。

（三）　细孔模型

细孔模型是在 Stokes-Maxwell 摩擦模型的基础上引入立体阻碍影响因素。该模型假定多孔膜具有均一的细孔结构，溶质为具有一定大小的刚性球体，且圆柱孔壁对穿过其圆柱体的溶质影响很小。该模型如果知道膜的微孔结构和溶质大小，即可计算出膜参数，从而得知膜的截留率与膜透过体积流速的关系。反之，如果已知溶质大小，并由其透过实验得到膜的截留率与膜透过体积流速的关系从而求得膜参数，也可借助于细孔模型来确定膜的结构参数。在该模型中孔壁效应被忽略，仅对空间位阻进行了校正，适合用于电中性溶液。

三、　离子交换膜

离子交换膜是一类功能高分子薄膜，是由具有活性的、可解离的功能基团构成，如磺酸基团（—$SO_3^-H^+$）和季铵基团 [—$CH_2N^+（CH_3）_3OH^-$] 等。美国学者 Juda 于 1950 年首次人工合成了这类膜。离子交换膜主要有两大类，一是阴离子交换膜，指膜的高分子链上有能与阴离子交换的活性基团，如—$CH_2N^+（CH_3）_3OH^-$；二是阳离子交换膜，指膜的高分子链上有能与阳离子交换的活性基团，如—$SO_3^-H^+$。不同的离子交换膜对不同电性离子具有选择透过性，即在直流电场作用下，阳离子交换膜能选择性地透过电解质溶液中的阳离子而阻止阴离子的透过，而阴离子交换膜能选择性地透过电解质溶液中的阴离子而阻止阳离子的透过。

离子交换膜主要用作电渗析的隔膜，以用于分离荷电物质（通常为电解质），此过程被称为电渗析除盐。电渗析除盐的基本原理，是利用离子交换膜的选择透过性，对目的溶液进行分离或浓缩，从而达到电解质溶液除盐的目的。

目前，由离子交换膜构成的电渗析主要用于海水、苦咸水和含盐物质的淡化和除盐。在除盐过程中，反离子的迁移是电渗析的主要过程，然而在此过程中，往往会有其他一些次要过程发生，如同离子迁移、浓差扩散、水的渗透、水的电渗析和压差渗透等，影响除盐效果，降低电流效率。以氯化钠水溶液的电渗析为例，在膜两侧的电极通直流电，通电后所发生的电渗析过程如图 8-5 所示。

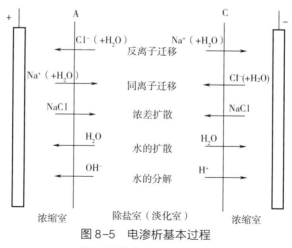

图 8-5　电渗析基本过程

A—阴离子交换膜　C—阳离子交换膜

四、 渗透汽化膜

渗透汽化是利用混合液中各组分被高分子膜选择性吸附溶解和在膜中扩散速度的不同，对有机混合物中的某一组分进行有效地分离或富集。Graham 等早在 1850 年首先利用这一原理对液体混合物进行了分离，但直至 20 世纪 50 年代，Binning、Lee 等才对渗透汽化过程进行了较系统的研究，20 世纪 70 年代爆发的能源危机则进一步加速了相关学者对渗透汽化过程的理论和应用研究。德国 GFT 公司于 1984 年在巴西建成了世界第一套渗透汽化装置。相关科研工作者也正在对渗透汽化中的膜迁移机理、膜材料制备与表征等方面进行深入研究。

目前，溶解-扩散过程是被公认的渗透汽化膜分离机理（图 8-6）。将分离的有机混合液样品置于渗透汽化膜的一侧，另一侧采用抽真空或惰性气体快速通过的方式，以保证分离的有机混合液样品中的各组分选择性地溶解、扩散透过膜，再经膜的透过侧表面汽化，从而达到分离浓缩的目的。

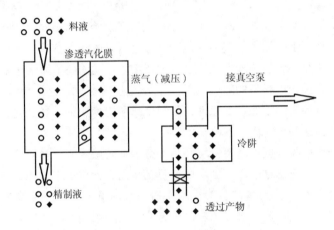

图 8-6　渗透汽化过程原理

渗透汽化过程的特征如表 8-1 所示。与反渗透等膜分离过程相比，渗透汽化具有操作简便、选择性分离系数高等优点。

表 8-1　　　　　　　　　　　　　　　　渗透汽化过程特征

项目	特征	共性
供给侧	有机液体混合物	
透过侧	蒸气（减压）	
渗透汽化侧	致密活性层	相变化（汽化潜热的供给）
透过的推动力	欲分离物质在膜内的浓度梯度	

五、膜　蒸　馏

膜蒸馏技术是一种从水溶液中分离出水的新型膜分离技术，在 20 世纪 60 年代中期诞生于美国。此技术主要用于食品工业中果汁和蔬菜的浓缩，以及生活和工业废水处理。根据膜两侧蒸汽冷凝方式的不同，可将膜蒸馏分为：直接接触式膜蒸馏（DCMG）、气隙式膜蒸馏（AGMD）、减压式膜蒸馏（VMD）和气扫式膜蒸馏（SGMD）等四种。

采用膜蒸馏技术回收废水中挥发性污染物的原理，以甲醛回收为例进行说明。在疏水膜材料两侧存在的甲醛浓度差的推动下，废水中的甲醛遵循亨利定律在膜表面挥发，并沿膜的微孔向膜的另一侧扩散，再冷凝下来，从而达到分离的目的，上述过程被称为膜蒸馏。若采用真空方式回收挥发性污染物，则称为真空膜蒸馏；若采用化学吸收剂回收挥发性污染物，则称为化学吸收膜蒸馏，简称为膜吸收（membrane absorption）。

膜蒸馏技术应用于料液的浓缩时，膜蒸馏浓缩过程不需要将被浓缩溶液加热至沸点温度，只需在膜两侧维持适宜的温差即可保障浓缩的顺利进行，因此又称为低温膜蒸馏浓缩技术。

第四节　膜分离技术工艺与设备

一、　膜分离技术的特点

不同的膜分离过程具有不同的机理，适用的对象和要求也不同。与传统的化工分离方法，如过滤、蒸发、蒸馏、萃取等过程相比较，膜分离过程具有如下特点。

（1）膜分离过程的能耗较低　大多数膜分离过程都不发生相态变化。由于避免了潜热很大的相变，膜分离过程的能耗比较低。另外，膜分离过程通常在常温附近的温度下进行，被分离物料加热或冷却所需的能耗很小。

（2）适合热敏性物质分离　膜分离过程通常在常温下进行，因而特别适合于热敏性物质和生物制品（如果汁、蛋白质、酶、药品等）的分离、分级、浓缩和富集。例如在抗生素生产中，采用膜分离过程脱水浓缩，可以避免减压蒸馏时因局部过热，而使抗生素受热破坏产生有毒物质。在食品工业中，采用膜分离过程替代传统的蒸馏除水，可以使很多产品在加工后仍保持原有的营养和风味。

（3）分离装置简单、操作方便　膜分离过程的主要推动力一般为压力，因此分离装置简单，占地面积小，操作方便，有利于连续化生产和自动化控制。

（4）分离系数大、应用范围广　膜分离不仅可应用于从病毒、细菌到微粒的有机物和无机物的广泛分离范围，而且还适用于许多特殊溶液体系的分离，如溶液中大分子与无机盐的分离，共沸点物或近沸点物的分离等。

（5）工艺适应性强　膜分离的处理规模根据用户要求可大可小，工艺适应性强。

（6）便于回收　在膜分离过程中，分离与浓缩同时进行，便于回收有价值的物质。

（7）无二次污染　膜分离过程中不需要从外界加入其他物质。既节省了原材料，又避免了二次污染。

二、　膜材料与膜组件

膜材料是决定膜性能的关键性因素，膜材料应具有良好的化学稳定性，包括耐水解、耐化学清洗、耐污染及良好的机械稳定性等。膜材料可分为无机膜材料和有机膜材料两大类，其中无机膜材料主要包括陶瓷膜、金属氧化物膜等；有机聚合物膜材料主要包括醋酸纤维膜、聚酰胺膜等。

（一） 无机膜

在工业应用上，与有机膜相比，无机膜具有强度高、化学性质稳定、耐高温、热稳定性好、可反复使用、易清洁等诸多优点。因此，无机膜日益受到科研工作者的关注。目前，对于无机膜的研究和应用，主要集中于膜的制备、分离膜的应用和膜催化反应三个方面。

无机膜材料的制备主要包括无机陶瓷类、碳、金属及金属氧化物类等膜材料的制备。目前，商业化的无机膜一般是非对称结构，以降低膜污染。制备无机膜方法主要有固态粒子烧结法、溶胶-凝胶法、碳化法、阳极氧化法、薄膜沉积法、辐射-腐蚀法和热分解法等。

目前，无机膜材料被广泛应用于微滤和超滤的分离领域。在纳滤膜领域上，将陶瓷材料用于制造纳滤膜的工艺非常复杂，且生产成本过高，导致无机膜材料并没有被广泛应用制造纳滤膜。然而，由于无机材料的诸多优势，对无机纳滤膜的研究开发仍是一个值得关注的研究方向。Benfer 等采用聚合溶胶-凝胶法制备的 TiO_2 材料纳滤膜对分子质量为 450u 的橘黄 G 染料和分子质量为 991u 的刚果红染料进行了分离，结果显示，该无机纳滤膜对橘黄 G 染料和刚果红染料的截留率分别达到 45% 和 97%。Gestel 等采用溶胶-凝胶法和浸涂制造 ZrO_2 和 TiO_2 材料的平板纳滤膜，其截留分子质量在 200～300u；该研究团队采用同样材料制造管式纳滤膜，其截留分子质量可达到 500～600u。以上研究表明，实验室规模制造的无机纳滤膜的分离范围与现有工业化有机纳滤膜分离范围的下限已非常接近。

（二） 有机膜

有机材料制造的膜涵盖了从反渗透到微滤的分离范围。目前，制造有机膜的材料主要有纤维素衍生物类、聚砜类、聚酰胺类、聚烯烃类、含氟聚合物、甲壳素类等。

（1）纤维素衍生物类　纤维素（图8-7）作为天然高分子的代表，来源丰富，从树木、棉花、麻类植物和其他农副产品都可以得到纤维素，是自然界中取之不尽用之不竭的可再生资源。纤维素及其衍生物作为分离膜材料可追溯到 100 年前，是研究和应用最早的超滤、微滤和反渗透膜材料。纤维素及其衍生物作为膜材料具有来源广、价格低、制膜工艺简单、成膜性能良好、成膜后选择性高、亲水性好、透水量大等优点。但是它们的缺点也不容忽视，例如，不耐微生物腐蚀、易降解、抗化学腐蚀性差、易被酸碱水解、抗压性差等。纤维素及其衍生物类膜材料的性能与取代基的种类和取代数量密切相关，可通过物理或化学改性的方式调节取代基的种类和数量，在一定程度上提高该类材料及由其所制得的膜的性能。目前，最常被用于制造膜材料的纤维素衍生物有醋酸纤维素和三醋酸纤维素等。

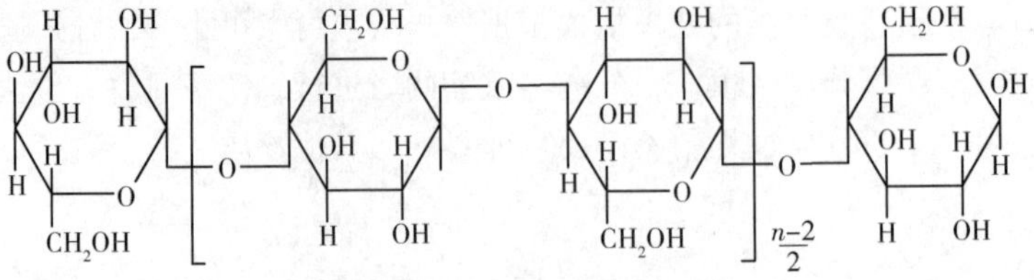

图8-7　纤维素结构式

（2）聚砜类

①聚砜：聚砜（图 8-8）是一类耐高温以及高机械强度的工程塑料，具有优异的抗蠕变性，而且在双酚 A 类聚砜材料出现后，成为继纤维素衍生物之后的生产量最大的制膜材料。聚砜类成膜材料大致可分为双酚 A 型聚砜、聚醚砜、聚芳砜、聚苯硫醚砜等，砜总体上呈线性大分子，分子链由砜基、亚苯基、二苯基砜、醚基及异丙基组成，不同的基团在分子链中被赋予不同的性能，主链上含有的这些砜基芳香族非结晶高性能热塑性工程塑料，因此具有良好的化学稳定性、力学稳定性、耐腐蚀性和热力学稳定性，常用做超滤膜以及复合膜的基膜。虽然聚砜膜材料具有较好的物理与化学性质，较高的热稳定性，较好的水解稳定性，较高的机械强度以及耐酸碱腐蚀等优点，但同时还有一些自身的缺点，例如抗污染性能差，对某些有机溶剂的抗溶剂性差以及聚砜膜的分离性能不够好等。这些问题可以通过对膜及膜材料的改善加以解决，其中主要的改进方式为：共混改性、表面改性以及通过合成新型树脂等。

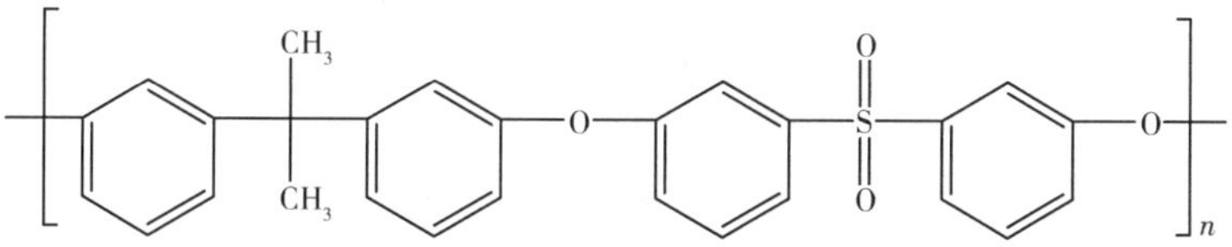

图 8-8　聚砜结构式

②聚醚砜和磺化聚醚砜：聚醚砜（PES）是一种性能优良的膜材料，其分子中同时具有苯环的刚性、醚基的柔性及砜基与整个结构单元形成的大共轭体系，整个分子稳定性好，机械性能及成膜性能优异，玻璃化温度高达 225℃，可在 140℃下长期使用，且具有耐燃、耐辐射、抗酸、抗氧化、抗溶剂等优良性能，主要用于制作超滤、纳滤膜材料。以聚醚砜制备的膜材料耐压、耐热、耐氧化性均较高，生物相容性也较其他的膜材料好，但耐候性和耐紫外线稍差。聚醚砜属于疏水性膜材料，可通过改性提高膜的分离性能，如在聚醚砜苯环上引入磺酸基进行磺化改性得到磺化聚醚砜（SPES，图 8-9），从而提高其亲水性。经磺化后的聚醚砜的玻璃化温度达到 235℃，已成为目前最常用的耐高温纳滤膜材料之一。

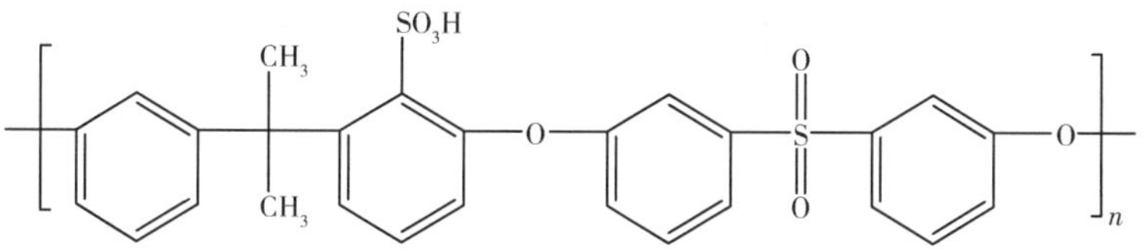

图 8-9　磺化聚醚砜结构式

（3）聚酰胺类　聚酰胺类高分子是含酰胺链段（—CO—NH—）的一系列聚合物。由于酰胺基团间存在较强的氢键作用，使得这类聚合物具有力学性能好、机械强度大、刚性大、硬度高、耐摩擦等特点，是一类重要的膜材料，适合制作高强度分离膜。

聚酰胺类膜材料主要有芳香族聚酰胺和聚哌嗪酰胺（图 8-10）两大类。芳香族聚酰胺是指主链含有苯环和酰胺键（—CO—NH—）的一类多功能聚合物材料。由于芳香族聚酰胺分子主链中存在苯环，所以由它制备的膜具有很好的耐压密性和热稳定性，同时该材料具有

化学稳定性好、耐有机溶剂等突出性能，这些基础
性能为其在膜领域的应用提供了极大的潜力，是目
前主要的商品化纳滤膜材料。但同时由于芳香族聚
酰胺材料本身结构与化学性质的限制，导致其制成
的膜有不耐酸、抗氧化性能较差、溶解性不好等缺
点。随着材料制备和膜改性技术的发展，许多研究
者对芳香族聚酰胺膜进行了一系列的改性研究，包

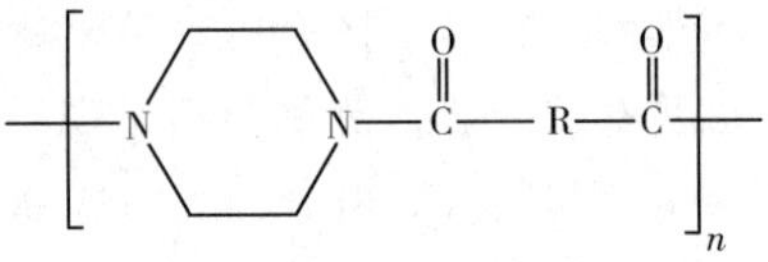

图 8-10　聚哌嗪酰胺结构式

括表面涂覆、接枝、共混、共聚等。在膜材料的功能方面，相关研究主要集中于纳滤、反渗
透、气体分离、渗透汽化等方向。而聚哌嗪酰胺则主要应用于纳滤膜。哌嗪中具有强碱性的
哌嗪环，使得此类高分子材料具有良好的耐高温、耐溶剂性的性能。

（4）聚烯烃类

①聚乙烯：聚乙烯（PE）是是以乙烯单体聚合而成的聚合物，聚乙烯无臭，无毒，手
感似蜡，具有优良的耐低温性能，化学稳定性好，能耐大多数酸碱的侵蚀，常温下不溶于一
般溶剂，吸水性小，电绝缘性优良。聚乙烯根据聚合方法、相对分子质量高低、链结构的不
同，分为高密度聚乙烯、低密度聚乙烯及线性低密度聚乙烯。低密度聚乙烯可通过热致相分
离和拉伸的方法制成膜；高密度聚乙烯可通过将其粉末或颗粒直接压制成管、板后，用于膜
的支撑材料，也可在其熔点附近烧结成微滤板或滤芯。

②聚乙烯醇：聚乙烯醇（PVA，图 8-11）是德国化学家 Herman 于 1924 年发现的一种无
色、无毒、可生物降解的水溶性高分子聚合物。聚乙烯醇具有严格的线性结构，化学性质比
较稳定，分子链中含有大量的侧羟基，因而具有良好的亲水性能，
同时还具有好的力学性能、耐热性、耐有机溶剂、抗有机物污染
和良好的成膜性能。形成的膜层有良好的韧性，抗拉伸强度也大。
聚乙烯醇制膜的关键为聚乙烯醇交联剂的选择及交联剂的浓度。
聚乙烯醇多用于制备超滤膜。

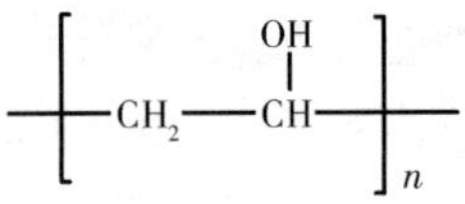

图 8-11　聚乙烯醇
结构式

③聚丙烯：聚丙烯（PP）是由丙烯聚合而制得的聚合物，按
甲基排列位置分为等规聚丙烯、无规聚丙烯和间规聚丙烯三种。
由于其具有较高的耐冲击性，机械性质强韧，抗多种有机溶剂和酸碱腐蚀，价格低廉等优
点，是一种性能优良的膜材料。可通过热致相分离和熔融拉伸法制膜，主要用于微滤膜的制
备。这类膜具有很好的耐酸碱性、耐溶剂性、耐热性、孔隙率高、纳污量大、可反冲和高温
消毒，耐压性好。

④聚丙烯腈：聚丙烯腈（PAN）由单体丙烯腈经自由基聚合反应而得到，具有优良的化
学稳定性、耐候性、耐微生物侵蚀性、价格低廉，且成膜性好，主要
用于制备超滤膜支撑材料-中空纤维分离膜。然而，其分子链中含有
极性很强的氰基，高分子链间作用力强、柔韧性小、机械强度小，限
制了聚丙烯腈膜材料的应用范围。为了改善聚丙烯腈膜的分离性能和
拓宽聚丙烯腈膜的应用范围，可通过共混、表面改性、复合等多种
方法对其进行改性，以提高聚丙烯腈的亲水性、溶解性、相容性、
抗氧化性、稳定性等性能。

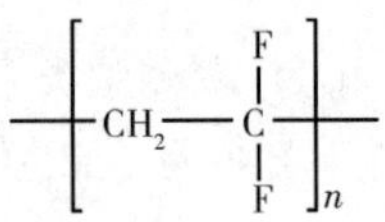

图 8-12　聚偏氟乙
烯结构式

（5）含氟聚合物

①聚偏氟乙烯：自20世纪80年代以来，已有多项研究报告了聚偏氟乙烯（PVDF，图8-12）膜的性能特点。与其他商业化的高分子聚合物材料相比较，聚偏氟乙烯作为一种膜材料，备受关注。这是由于聚偏氟乙烯材料具有优异的性能，如机械强度高、热稳定性好、耐化学性强、耐水性高等。聚偏氟乙烯由偏二氟乙烯聚合而成，抗氧化、耐化学性、耐紫外等性能均优良，可在-40~150℃下长期使用，韧性极佳。聚偏氟乙烯膜具有较高的耐热性，对有机和无机酸都具有良好的耐受性，同时具有优异的耐氧化性等优势，不易堵塞，易清洗，是高污染分离体系较理想的膜。

②聚四氟乙烯：聚四氟乙烯（PTFE）分子具有螺旋构象，一层致密的全氟的保护层，保护易受化学侵蚀的碳链骨架，使其具有其他材料无法比拟的化学稳定性和耐腐蚀性。除了熔融的碱金属、三氯化氟和氟气在高温高压下可腐蚀聚四氟乙烯之外，其他所有强酸、强氧化剂、还原剂和各种有机溶剂都对其无效。固态的聚四氟乙烯密度为 $2.1~2.3g/cm^3$，可通过本体聚合或溶液聚合法制备，耐热性好，结晶度极高，可在-40~260℃下长期使用。聚四氟乙烯耐溶剂性极强，属于无良溶剂，且热熔融温度高，可通过拉伸和热致相分离法制成高强度膜。聚四氟乙烯膜还具有很强的憎水性、耐热性和耐强酸强碱腐蚀，因此适合处理蒸气和腐蚀性液体。

（6）壳聚糖 壳聚糖是由天然高分子材料甲壳素经过脱乙酰化制得，壳聚糖无毒且易于进行化学改性。同时具有优异的生物相容性和可降解性，而且成膜性好，因此广泛应用于食品、环保、医药和功能膜材料等方面。以壳聚糖为膜材料，通过交联、共聚、离子化、共混等可制成不同用途的壳聚糖膜，如渗透汽化膜、超滤膜、纳滤膜。

（三）膜组件

膜分离过程通常需要膜装置实现。膜装置主要由膜组件、动力设备、管件、阀门等组件构成。其中，膜组件是所有膜装置的核心部分，是按一定技术要求将膜组装在一起的组合构件。在膜组件的开发设计过程中，必须满足如下的基本要求：内部无死角，保持良好留道；良好的机械性能、化学和热稳定性；装填密度大；造价低廉；易于清洗；便于拆换；压力损失小。目前，已商业化的膜组件主要包括板框式膜组件、管式膜组件、螺旋卷式膜组件、中空纤维膜组件等。从结构单元看，可将膜组件分为两种构造类型与六种结构形式，具体如表8-2所示。

表8-2 膜组件结构分类

管状膜膜组件	板式膜膜组件
管式膜组件	板框式
毛细管膜组件	螺旋卷式膜组件
中空纤维膜组件	旋转圆盘式膜组件

（1）板框式膜组件 板框式膜组件也称为平板式膜组件，可用于微滤、超滤、反渗透和渗透汽化等膜分离过程，类似于常规的板框式压滤装置。所有的板框式膜组件均由平板膜、支撑膜的平盘与进料边起流体导向作用的平盘组成。板框式膜组件的优点是易于拆卸，便于清洗，膜材料选择范围广，制作简便、膜面不易受损；缺点是膜组件内密封较困难、造价较

高、截留液经过的隔网易于污染，且当膜面积增大时，对膜的机械强度要求较高。

（2）管式膜组件　管式膜组件有无机膜组件和有机膜组件两大类，管式膜是众多膜的一种，是最早被研发出来的固态膜。从外形上看，管式膜是圆柱体或类圆柱体，内径在 3 ~ 25mm 左右。将若干根单根的管式膜整装成一束，固定在一个多孔的陶瓷（图 8-13）、不锈钢（图 8-14）或塑料管内，两端紧固，构成管式膜。目前，商业化的无机膜多以管式膜组件为核心部件制造，并采用料液走管程、透过液走壳程等内压式操作方式。

图 8-13　多通道陶瓷膜

管式膜具有诸多优点，包括：机械强度大，使用寿命长；过滤精度高，使用范围广；留道宽，压力损失小，不易污染；易于清洗和更换；适合处理悬浮物含量高、黏度大等易堵塞留道的溶液体系。此外，流动状态合理还可以防止浓差极化和污染。管式膜也有一些缺点，如投资和运行成本较高，单位体积内膜的面积较低，管口密封较难、膜的堆积密度较小。

图 8-14　不锈钢膜组件

（3）螺旋卷式膜组件　螺旋卷式膜组件（图 8-15）作为膜组件中最重要的类型，早在 20 世纪 60 年代就研制而成，到 70 年代被商品化。螺旋卷式膜组件又称卷式膜组件，用平板式膜旋卷制成的膜分离单元设备。其是由中间为多孔支撑材料，两边是膜的两层结构装配组成。用平板式膜制成三边密封的信封式膜袋，将多孔支撑材料插入膜袋中，袋口与中心集水管相接，袋外衬上起导流作用的料液隔网，二者一起在中心管外缠绕成一个膜卷，再装进圆柱形压力容器中，即构成螺旋卷式膜组件，这种组件分为一叶型（由一个膜袋构成）、多叶型（由多个膜袋构成）两种。螺旋卷式膜组件最早被应用于反渗透过程，目前也广泛用于超滤和纳滤膜分离过程。

螺旋卷式膜组件的优点为结构简单紧凑、装填密度大、造价成本低、耗能低，物料交换效果好；不足的是不易清洗、流动路径较长，以及原料的处理要求严格。

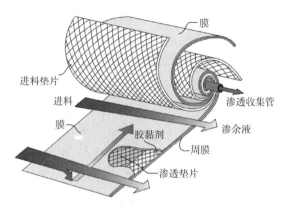

图 8-15　螺旋卷式膜组件

（4）中空纤维式和毛细管式膜组件　中空纤维膜是一种呈管状结构、具有自支撑作用的纤维式新型膜，管壁结构层中布满微孔，孔径的大小通过截留物质的相对分子质量表达，能够截留几千至几十万的相对分子质量。中空纤维式膜组件（图 8-16）是把多达几十万根外径为 80~400μm、内径为 40~100μm 的中空纤维膜丝组成的纤维束的一端或两端膜丝的外表面，通过有机树脂材料浇铸为封头（膜丝两端的内表面不被浇铸），再装入团筒形耐压容器内而形成的。目前，中空纤维膜的发展迅速，以其独特的结构、优良的性能被广泛关注，结构不同的中空纤维的应用领域不同，主要包括微滤、超滤、反渗透、膜反应器、气体分离等领域。

与管式膜、平板膜等不同的分离比较，中空纤维膜具有明显的优势。其优点在于：自支撑构造，不需附加支撑体；装填密度较大，具有在单位体积内比平板式和管式组件更大的有效面积；重现性好，容易放大。

毛细管式膜组件的装配方式与中空纤维式类似，区别是毛细管式组件由直径相对较大、耐压性能较弱的膜管组成。毛细管式膜组件是由管径 0.5~6mm 的非对称管式膜束构成的，耐压能力不及中空纤维膜组件。毛细管膜一般是不对称结构，内层为分离层，料液通过毛细管中心而滤出液沿毛细管壁下降。分离层被制备在内表面，采用内压式操作。与管式膜组件相比较，毛细管式膜组件具有较大的装填密度，单位体积中膜的比面积大。但由于料液在毛细管内的流动以层流为主，浓差极化较严重，所以物质交换能力较低。

（5）旋转圆盘式膜组件　旋转圆盘式膜组件（图 8-17）的膜固定在含有透过液出口的中空平板或圆盘的两面，含膜的圆盘不能转动，而在磨盘的两侧放置固定在中心棒可旋转的圆盘，通过旋转件旋转，使流体在膜面形成强烈错流，增大膜表面的剪切力，可有效地擦洗膜面，减少颗粒在膜表面的沉积，有效减少膜污染，提高膜通量。

图 8-16 中空纤维式膜组件

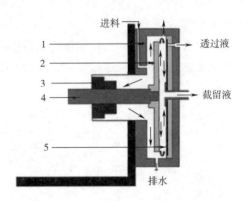

图 8-17 旋转圆盘式膜组件示意图
1—外罩 2—转盘 3—轴承 4—轴 5—膜

三、 影响膜分离技术效果的因素

（一） 膜

膜分离技术的应用对分离膜的性能有很高的要求，而膜材料及其性能是膜分离技术的核心，因此必须恰当地选择其材料。膜材料的选择要注意膜的材质和孔径两个方面。膜表面是液体和膜相互作用的界面，溶质和膜之间会有静电相互作用或电荷转移反应，因而膜表面的极性、溶液的 pH 等对膜分离效率影响很大，因此，选择适当的膜材质，有利于提高膜的分离效果。

根据膜的材料可将膜分为无机膜和有机膜。无机膜强度高、抗污能力强、使用寿命长，但价格较贵，而有机膜相对便宜，但强度低、易污染、使用寿命短。选择适宜的膜材质可保证所分离样品的稳定性，同时也可避免样品对膜的腐蚀所引起膜的破损脱落。按对水的亲和性可将膜材质分为疏水性和亲水性两类，膜的亲水性、荷电性会影响到膜与溶质间相互作用的大小，如醋酸纤维素、聚丙烯腈等亲水性膜材料对溶质吸附少，截留相对分子质量较小，但热稳定性差，机械强度、抗化学药品性、抗菌能力通常不高；聚砜等疏水性膜材料机械强度高、耐高温、耐溶剂，但膜透水性能、抗污染能力较低；无机材料膜的突出优点是耐高温，耐溶剂性能好，不易老化，可再生性强、耐细菌强度高。另外，同一种膜材料对不同样品的分离效果也不相同，应根据提取物和截留物的性质选择。

膜孔径或截留相对分子质量的选择是膜分离的关键，选择合适的孔径能有效截留杂质，保留有效成分。但分子的表观尺寸不仅与分子的构型和聚集状态有关，而且还与样品溶液的浓度有关。膜孔径、孔隙度越大，孔径越均匀，膜通量越大。膜表面的开孔率高，会有效降低运行时的跨膜压差，从而可采用较高的膜通量。多孔无机膜特别是陶瓷膜，其膜层的孔隙率一般为 20%~60%，支撑体孔隙率高于分离层；而就微滤膜，其孔隙率一般大于 30%。此外，不均匀的孔径可能造成运行过程中的膜孔内部堵塞，造成跨膜压差永久上升，从而导致膜通量衰减。

（二） 跨膜压差

对于压力驱动膜分离过程，跨膜压差是膜传质的驱动力。在一定料液浓度和温度的条件下，跨膜压差是影响瞬时膜通量和截留率的最主要因素，而膜通量和截留率则对膜的浓缩、渗滤等过程的结果起着至关重要的作用。

膜通量随跨膜压差的增大而增加，在料液体系中，膜通量会受到临界压力限制。这临界压力时，为压力控制区，膜通量与跨膜压差呈线性正相关；当压力高于此临界值时，为传质控制区，膜通量与跨膜压差不呈线性关系，膜通量不仅受跨膜压差的影响，还受到溶质在膜表面聚集效应的影响，即浓差极化的影响。临界压力是膜分离重要的操作参数之一，尤其是对微滤和超滤分离效果影响特别显著。此外，过高的跨膜压差会膜结构不断被压实，使膜自身阻力增大，膜两侧浓度差加大构成反向渗透压加大，又因膜上带电粒子增多致使荷电性增强，对离子的排斥性增强，使得分子或离子的截留率有所提高从而导致膜通量的减小和对溶质截留率升高，最终影响膜的分离效果。

（三）　pH

pH对膜分离技术效果影响主要包括以下两个方面：一是对膜表面电位、膜结构特性的影响，这与膜材料本身的化学性质密切相关；二是对处理样品中化合物电荷特性的影响，例如有机酸的解离、氨基酸的两性解离和蛋白质的絮凝沉降等。此外，大多数纳滤膜表面都带有一定量的电荷，pH会影响纳滤膜表面所带荷电量的正负和多少，进而影响膜表面电荷与溶液离子间的静电排斥作用；且溶液的pH会改变溶液中的溶质组成，从而影响溶质能否通过膜孔，改变膜对溶质的分离性能。

（四）　温度

一般而言，温度升高，料液黏度下降，扩散系数增加，可减少浓差极化的影响，增大溶液通透量；同时会增大溶液中部分组分的溶解度，形成大颗粒，膜污染增加，膜通透量下降。若温度过高，会使蛋白质、鞣质、淀粉等物质极易吸附、沉积在膜表面，进而加重膜污染，使得溶液通透量降低。因此，在实际生产应用中，应综合考虑膜通量、料液中成分的热稳定性和适宜工作温度，以有利于提高膜分离技术的效果。

第五节　膜分离技术在食品中的应用

一、　膜分离技术在乳制品中的应用

膜分离技术已应用于乳品工业的不同领域，包括延长牛乳保质期、乳清加工、干酪工业、乳蛋白加工和乳脂分馏、脱盐、去矿化等。

（一）　应用膜分离延长牛乳保质期

具有较长保质期的牛乳是经过一定方式处理的产品，这些处理包括减少超出正常微生物数量的巴氏杀菌、在非常卫生的条件下的包装处理，并在冷藏条件下进行贮藏，从而延长牛乳的保质期。微滤可替代热处理以减少细菌数量，提高乳制品的微生物安全性，并保持产品风味。微滤是从牛乳、乳清和干酪盐水中去除细菌和芽孢的一种非热处理方法，可延长产品保质期而不影响其感官特性。已有研究报道，使用孔径为$1.4\mu m$的微滤膜可显著减少乳制品中嗜温沙门菌和李斯特菌的数量。微滤膜可以使膜的微生物污染最小化，并防止嗜热芽孢萌发。Fristch 等分析微生物、化学和体细胞计数，以评估微滤对脱脂乳组成的影响，发现当速度从 5m/s 增加到 7m/s 时，渗透通量急剧增加。通过对膜结构、设计和组成的适当修改，可以使牛乳不含细菌。通过微滤技术从牛乳中除去细菌而制备具有长保质期的牛乳，组成没有发生任何变化，并且总蛋白质的减少可忽略（0.02%~0.03%）。

此外，热处理或热处理与膜过滤的组合技术可应用于生产具有长保质期的牛乳。阿法拉伐公司通过在膜过滤器的浓缩循环系统中加入均匀跨膜压力（uniform transmembrane pressure，UTMP）滤液循环系统，此装置可有效地将脱脂牛乳中的细菌总数降低至 0.03%。通过微滤分离脱脂牛乳中的细菌和芽孢，可将脱脂牛乳中所有细菌和芽孢保留在约为初始牛乳体积0.5%的滞留物中。将渗余物与适量的奶油混合，再经巴氏杀菌后，与过滤所得脱脂牛乳混合。由于仅有非常少量的牛乳经过热处理，牛乳的感官性质被较好的保持。经此装置处理后，在4℃贮藏可将牛乳的保质期延长 12~45d。它主要的问题则在于不能从牛乳中去除所有致病菌，因此仍然需要热处理。

患乳腺炎的泌乳奶牛的牛乳中体细胞计数增加，严重影响牛乳的组成和质量。通过应用微滤和高热处理的组合工艺，可以有效地降低牛乳中体细胞的数量，从而保障牛乳的品质。Damerow 报道通过联合应用微滤和高热处理，将冷藏牛乳的保质期从 12d 延长至 18d，且不影响其感官特性。微滤法去除细菌和芽孢比离心法除菌更有效。使用直接荧光过滤法（DEFT），可以在短时间内通过观测膜浓缩细菌细胞及其芽孢和体细胞，从而对牛乳中的细菌等进行定量，以判断并保证牛乳的质量。

（二） 膜分离在乳清加工中的应用

乳清是干酪、芝士和酪蛋白等乳制品生产过程中的副产品。Paneer 是一种印度乳制品，是一种通过用柠檬酸、乳酸或酒石酸凝固酪蛋白制备的软干酪。在乳酪加工中，乳清若被简单地倒掉，既造成宝贵营养物质的巨大损失，又会引起环境污染。用传统方法分离或浓缩乳清中的营养素麻烦且费时。通过应用不同的膜过滤技术，能够将乳清中的营养成分浓缩、分级或纯化成有价值的产品，如乳清蛋白浓缩物或分离物、α-乳清蛋白、β-乳球蛋白、乳糖和盐等。与传统的蒸发方法相比，使用反渗透浓缩乳清，燃料节省高达 60%；通过应用超滤和透析过滤，乳清蛋白浓缩物的蛋白质含量增加，总固形物含量可以增加 35%~85%；利用微滤去除乳清中的细菌和脂肪，乳清蛋白分离物的蛋白质含量同样增加，总固形物含量且可以增加至 90%。膜技术分离乳清蛋白中的细菌和芽孢，可避免乳清或血清蛋白的变性，从而保障乳清蛋白浓缩物和乳清蛋白分离物的高质量。这些乳清蛋白具有很高的生物价值，同时也能提高食品的功能特性（乳化性、起泡性和凝胶性），因而被用于食品工业。通过高效的膜技术去除乳清中尽可能多的脂质，可使乳清蛋白浓缩物保持良好的质量。目前，工业规模上的乳清蛋白浓缩物使用超滤膜技术制备。然而，膜污染也是超滤膜技术工业化制备乳清蛋白中一个值得关注的问题。

超滤和透析过滤目前已在浓缩乳清和乳清蛋白浓缩液生产中得到应用。在这些乳清产品中，由于脂质杂质酸败而引起异味是主要的问题。大量的研究表明，利用热钙沉淀法将钙在50℃加热 8min 以聚合磷脂，再用微滤和超滤去除沉淀，能获得较理想的产品。

通过使用膜分离技术，可以有效地浓缩和分离乳清蛋白，使其具有比传统甜干酪乳清更高的天然的、未变性乳清的功能特性。天然乳清蛋白浓缩物和天然乳清蛋白分离物是通过微滤浓缩天然乳清生产的，表现出优异的凝胶性、起泡性和冲调性。目前，这些天然乳清蛋白广泛用于人体营养，可作为完整的体重平衡产品，也可添加至婴儿食品以降低由于缺少糖巨肽、富含苏氨酸而引发过度苏氨酸血症的风险。

单个乳清蛋白也可以通过膜技术浓缩或分级。这有利于生产富集特定蛋白质或单一蛋白质的乳清蛋白浓缩物。乳清蛋白的组成与酪蛋白浓缩期间获得的膜渗透物的组成差别很小。Doyen 等报道，由于压力与通量状态无关，不同渗透性的膜的通量相当。典型的乳清微过滤过程是在约 24h 的长时间进行，这为细菌生物被膜的形成提供了时间，而一旦细菌生物被膜形成便会导致膜性能降低。

（三） 膜分离在干酪工业中的应用

膜过滤技术在干酪工业中有许多应用，例如改善营养品质、通过增加总固体含量改善成分控制并提高产量。在干酪制作之前浓缩牛乳，使成本降低并加速了整个干酪的制作过程，这为干酪行业开辟了新的途径。通过孔径为 $100\mu m$ 的膜过滤器可以很容易地保持干酪盐水的质量，以去除细菌和芽孢以及其他外来物质，并保持盐水的化学平衡，从而生产具有优良风味和保质期的高品质干酪。

（1）超滤在干酪制作中的应用 用于干酪加工的超滤技术能将牛乳浓缩 1.2 倍至 2.0 倍，并增加了酪蛋白的含量。增加酪蛋白与蛋白质的比例，这样可有利于降低加工设备的需求，更好地控制产品的组成和质量，并提高干酪的产量。与传统工艺相比，应用超滤工艺制备夸克干酪可节省 13%~14% 的脱脂乳。通过应用膜分离技术在牛乳浓缩过程中去除水分，可以制作不含乳清的干酪，从而不需要使用干酪缸，避免繁琐的乳清去除和排水加工步骤。Lipnizki 将超滤过程称为干酪制作的补充过程。随着超滤的应用，可以高产量地生产高品质且新鲜的盐水干酪。Maubois 等首先通过使用 MMV 方法（一种以其发明者 Maubois、Mocquot 和 Vassal 命名的方法）浓缩牛乳 5~7 次并在工业基础上获得高质量凝乳而获得生产干酪程序的专利。这种干酪原乳的黏度和缓冲能力的增加需要在制作干酪的过程中做一些程序上的修改。在生产半硬质和硬质干酪时，通过超滤牛乳增加盐和乳清蛋白浓度可节省成本，但由于过多的乳清蛋白降低凝乳酶作用，导致蛋白水解降低，从而引起感官品质和功能特性受损，且成熟速率较慢。由于传统膜很难处理酸度高的牛乳，因而超滤在酸化凝乳制作新鲜干酪方面的应用受到限制。发酵前增加 pH 会导致干酪感官品质变差，蛋白水解和矿物质含量增加。随着先进陶瓷和聚砜膜的引入，可以将超滤应用于 pH 为 4.4 至 4.6 的酸性牛乳中，以生产更好品质的新鲜干酪。基于浓缩因子和蛋白质含量，在超滤中可获得三种不同类型的渗余物：低浓度滞留物（low concentrated retentate，LCR），中浓缩滞留物（medium or intermediate concentrated retentate，MCR）和液体预干酪（liquid pre-cheese，LPC）。

（2）微滤在干酪制作中的应用 微滤酪蛋白浓缩牛乳非常适用于各种干酪的制作，因为它可以去除牛乳中的细菌和孢子，并优化牛乳成分。微滤干酪乳的预处理可改善凝乳的硬度，加速熟化，减少添加剂 $CaCl_2$ 的用量，并促进更高温度下的加热。此外，通过应用超滤技术，可补偿由于酪蛋白胶束电势降低，而在 κ-酪蛋白和 β-乳球蛋白之间形成复合物所引起的蛋白凝结障碍，减少用于超高温瞬时处理牛乳凝结的凝乳酶的量。

在未来，微滤可能用于干酪乳中蛋白质的标准化，并通过酪蛋白胶粒进行营养强化。在微生物质量方面，微滤联合高温处理比单独使用离心除菌更有效。但这种微滤后接高温处理的过程，改变了凝乳酶凝结性并增加了持水力，因而有必要在干酪制备期间对相关参数进行进一步的优化调整。

（四） 膜分离在乳蛋白加工中的应用

牛乳蛋白，特别是酪蛋白在牛乳的白色浑浊外观和黏度中起重要作用。超滤可在不添加任何外来的蛋白质的情况下，去除牛乳中的水分，调整牛乳中蛋白质含量的水平。这使得牛乳的成分、营养价值、理化性质和感官特性得以保持，而不受遗传和环境因素的影响。在脱脂牛乳中添加1%的富含蛋白质的超滤牛乳可改善脱脂牛乳的黏度和感官特性，使其类似于全脂乳。通过单独或组合使用微滤、超滤和透析过滤技术可制备具有良好功能特性的乳蛋白浓缩物。

通过应用膜技术可以实现乳蛋白的分级分离，从牛乳中分离出不同分子大小的各种牛乳成分，从而进一步提升乳制品的价值。Jimenez-Lopez 等认为膜孔径均匀性、浓差极化现象和膜污染可作为决定牛乳组分分级的主要因素。越来越多的牛乳蛋白浓缩物（产品中含有50%~85%的蛋白质）和浓缩牛乳（产品中含有超过85%的蛋白质）是通过微滤技术制备获得的。这些产品的成分组成、热稳定性、流变学性质和组织性质取决于所使用的膜的类型和主要的加工条件，例如温度、pH、加工时间。应根据牛乳蛋白浓缩物和牛乳蛋白的最终用途来选择合理使用这些加工条件。Novak 建议超滤在 50~60℃ 高流速下进行，使乳清蛋白的变性最小化而达到理想的流变特性。

膜分离技术在酪蛋白行业中的应用彻底改变了酪蛋白行业。单独使用具有所需孔径的不同类型的膜或与酶、层析技术组合使用，可对酪蛋白进行浓缩、分级和纯化。酪蛋白与膜相关的物理化学性质主要取决于离子强度和温度。在合适的离子强度下，采用微滤和超滤技术分离渗透液中的 β-酪蛋白和凝乳酶中的 α-酪蛋白、κ-酪蛋白；可在 5℃ 下在酪蛋白中浓缩分离 β-酪蛋白，在 4℃、pH4.2~4.6 的条件下在脱脂牛乳中分离获得相关酪蛋白产物。天然酪蛋白可以通过将脱脂牛乳经 0.2μm 孔径的微滤膜过滤而浓缩在保留物中。透析过滤可使酪蛋白浓度提高至 90%，以用于工业、制药和食用。浓缩酪蛋白和天然酪蛋白胶束可以通过不同通量的陶瓷膜制备。在流速 12.5m/s、跨膜压力 65kPa 的通量下，膜制备酪蛋白的效果显著改善。Papadatos 等发现，尽管北美微滤乳生产切达干酪和马苏里拉干酪的利润较高，但将酪蛋白的浓度从 2 倍增加至 3 倍，利润变化不大。在牛干酪蛋白浓缩过程中，由于酪蛋白中含有乳清蛋白，因此膜污染比对膜的选择性更令人担忧，从而影响干酪和乳清浓缩物的产量。利用膜分离和其他先进技术如与液相色谱联合使用，可纯化酪蛋白衍生的具有心血管和免疫刺激活性的类吗啡生物活性肽。

随着膜工艺新技术的进步，可以从乳清中回收生长因子。通过对微滤和超滤进行适当修改，从初乳中分离免疫球蛋白和生长因子，可开拓日益增长的健康食品市场。β-乳球蛋白通过膜分离过程，随后进行热处理。通过使用微滤和离心，再通过超滤、电渗析或透析过滤进行纯化，可以从脱脂乳清蛋白中分离出 γ-乳球蛋白。通过透析过滤从上清液中纯化 β-乳球蛋白，而通过使用膜分离技术从乳清蛋白浓缩物中分离免疫球蛋白。通过在中性 pH 下，将微滤渗余物经超滤处理可分离纯化 α-乳白蛋白。随着无机膜与聚乙烯咪唑衍生物的引入，可在滤液中获得纯的 α-乳清蛋白。乳清蛋白可以通过应用超滤或渗透过滤从乳清蛋白分离物中分离得到，且获得的乳清蛋白的纯度超过 99%。亲水性纤维素膜的使用使得低相对分子质量化合物与高相对分子质量化合物的分离成为可能。使用离子交换色谱可在工业规模上从脱脂乳清蛋白的浓缩物中回收乳铁蛋白和乳过氧化物酶。

（五） 膜分离在乳脂加工中的应用

传统上，利用能量密集型离心可将奶油从全脂乳中分离，其中较轻的脂肪球向中心移动，较重的脱脂乳在离心力作用下向周边移动。通过节能膜分离技术实现奶油分离，可以生产具有良好储存质量的脱脂牛乳，并改善奶油的感官属性，而不对脂肪球状膜造成任何损害。Goudedranche 等使用 2μm 尺寸的膜分离脂肪球。脂肪球的大小对奶油的纹理和感官特性有重大的影响，具有较小脂肪球的奶油比具有大脂肪球的奶油具有更好的质地和风味。

（六） 膜分离在脱盐、去矿化中的应用

去除乳清中的矿物质可增加其市场潜在价值。干酪乳清含有丰富的盐和酸，在使用前减少或去除乳清中的矿物质是必不可少的，并且可缓解其带来的环境污染。乳品工业中，脱矿作用通过电渗析和离子交换过程完成，以使矿物质减少 60%。通过反渗透或蒸发将样品预浓缩至干物质含量 20% 以上，可提高电渗析的效率。乳清的脱盐则是通过离子交换柱来实现的，并且离子的去除速率取决于柱中使用的树脂以及离子的类型。这项技术的主要局限性是需要大量的水和化学试剂来再生树脂。

截留分子质量在 200~1000u 之间的纳滤膜对盐和单价离子可渗透，但对有机化合物不可渗透，最适合用于乳清脱矿质。一般在酸性条件下，有机化合物的羧基与这些膜结合。该技术在浓缩乳清的同时去除矿物质，有助于节约成本、时间和水处理。纳滤比电渗析更经济，是乳清部分脱盐选择的方法，因为纳滤膜对水和单价离子具有高渗透性。应用纳滤技术除提高乳清浓度外，乳清中的矿物质含量降低了 35%，灰分含量减少为 1/4~1/3，而此类产品适用于患有心血管疾病的人群。通过使用渗透过滤，乳清的矿物质含量可进一步降低 45%。工业规模的乳清中矿物质含量的降低主要采用纳滤完成，而渗透过滤可更大程度地去除离子。

（七） 膜分离在乳制品工业中的其他应用

目前，借助膜分离技术，面向乳糖不耐症人群的无乳糖牛乳、低钙牛乳、无脂酸乳、高蛋白低乳糖冰淇淋、蛋白质强化低脂牛乳和乳清饮料等新型产品已进入市场。通过应用反渗透技术浓缩牛乳，可去除牛乳中约 70% 的水并保留所有其他组分，且不经过任何热处理。在制备干酪、酸乳和凝乳等发酵乳时，标准超滤乳的蛋白质和固形物比通过添加乳粉或淡乳制备具有更好的质地和营养特性。这种变化是由于乳糖和矿物质含量增加、渗透压升高、pH 变化、离子强度变化以及超滤乳中某些抑制性化合物的积累而导致的。只要很好地关注起始物和孵育或成熟条件的选择，如温度、时间和 pH，膜分离技术更容易控制牛乳的质构和组成特性。

膜技术可用于预浓缩牛乳，除去牛乳中的水和乳糖，或在原料运输前适当脱水，从而减少运输量，降低运输成本，同时不损害其感官特性。反渗透牛乳的渗透物中含有蛋白质和矿物质，而超滤牛乳产生由水和乳糖组成的渗透物。膜分离技术也被用于分离 κ-酪蛋白-糖巨肽。κ-酪蛋白-糖巨肽具有控制大肠杆菌与小肠壁黏附、防止流感、防止牙垢黏附到牙齿上的药物用途。

二、 膜分离技术在果汁加工中的应用

热蒸发是果汁浓缩最常用的技术之一。尽管具有经济可行性和技术性，但其应用于果汁浓缩时仍存在一些缺点。即使在真空条件下，操作温度仍然高得足以导致产品汁液明显劣化，如变色、营养损失以及"熟"味道的产生。脂质和抗坏血酸会被氧化，氨基酸和糖会发

生美拉德褐变反应，并且色素尤其是花青素、类胡萝卜素和叶绿素等易受热降解。由于蒸发的高温，果汁中的芳香化合物也会损失。膜技术已成为传统热加工技术的替代品，在乳品和饮料行业中的果汁澄清与浓缩中得到广泛应用。在食品工业应用过程中，与传统过滤技术相比，膜分离技术人工需求少，效率高且处理时间较短。使用膜分离工艺的运营成本显著低于传统工艺。研究人员多年来一直试图开发能保持浓缩物中鲜榨果汁的风味、香气、外观和口感，并最终在复原果汁中得以保留的方法。近年来，研究人员在开发香气保留、创新工艺控制和产品混合方法方面取得了能够让消费者满意的巨大成功，但还不能达到与新鲜果汁品质一致的水平。目前，研究人员采用超滤和反渗透技术在果汁澄清、浓缩方面做出了重大努力。虽然研究人员通过冷冻浓缩、升华浓缩等改进方法在果汁加工方面也取得了一定的进步。然而，根据最近的研究结果显示，膜浓缩是目前最受关注和认可的加工技术之一。最常用于果汁加工的压力驱动膜分离过程的类型有超滤和微滤，它们分别能分离大约 $1\sim100\mu m$ 和 $0.1\sim10\mu m$ 的颗粒。

近年来，研究人员在新的膜材料开发、工艺工程和集约化等方面取得的进步，有助于扩大膜分离技术的应用范围。其中，膜渗透蒸馏在内的新型膜工艺以及该技术的整合可能有助于提高果汁质量，并使其在工业水平上用于果汁加工具有经济可行性。根据膜工艺的优点，食品工业已经使用了包括管状、中空纤维和螺旋缠绕等多种膜组件，用于澄清和浓缩等生产过程，以及处理在废弃（下水道或地面排水）或重复使用之前产生的废水。

原料果汁含有较低相对分子质量的成分，如糖、酸、盐、风味和芳香化合物，同时还含有大相对分子质量物质，如果胶、纤维素、半纤维素、淀粉、悬浮固体、胶体颗粒、蛋白质和多酚等。因此，为了商业用途的长期储存，去除大分子化合物对于澄清是非常必要的。在传统工艺中，原汁的酶处理是在酶（果胶酶和淀粉酶）的帮助下进行的，用于降低果胶物质和淀粉含量，处理后再添加澄清剂。这种酶处理有助于降低浊度和黏度，从而使澄清过程更容易。另外，澄清剂如明胶、膨润土等的主要功能是加速形成絮凝物的沉降，然后通过常规过滤去除悬浮的固体、胶体颗粒、蛋白质等。通常使用硅藻土助滤剂促进过滤过程。上述提到的澄清果汁的传统方法是分批处理，劳动强度大且耗时，此外，还有一个主要问题是该方法不能从产品汁中完全除去影响果汁味道的澄清剂和助滤剂等添加剂。

膜分离技术用于果汁的澄清、浓缩中与传统技术相比，传统技术使用的是无出路模式操作的滤筒或袋式过滤器，这样会产生大量需要处理的介质，从而导致不必要的浪费。因此，与传统方法相比，膜分离技术如微滤和超滤，是一种应用于果汁澄清、生产高品质、无添加、具有天然新鲜口味果汁产品的有效替代技术。

（一） 运行参数对渗透通量的影响

由于浓差极化和污染、渗透通量随时间降低仍然是使用膜分离技术处理果汁的主要障碍。研究人员试图通过优化不同的操作条件来保持高通量水平，以获得最大效率。He 等对苹果汁超滤的不同参数进行了优化，并确定了压力 0.2MPa、流速 2.5m/s 和温度 50℃是苹果汁过滤的最佳条件。

（1）温度　DeBruijn 等比较了不同压力和速度下超滤苹果汁的通量和能量使用情况，但未找到独特的最佳操作条件。大多数研究人员发现温度升高对果汁澄清过程中的通量增强有积极作用。Youn 等在 25℃、1.5×10^5Pa 的操作压力和 200mL/min 的流速下进行了苹果汁的微滤处理，即使在 60min 后渗透通量的降低仍然小于 20%。Pagliero 等发现，在橙汁澄清过程中，在压力为 0.1MPa、流速为 1.25m/s 和温度为 25℃时，澄清的渗透通量达到最大值，最大值为 47L/（m² · h）。

此外，菠萝汁的渗透蒸发对温度的增加也有显著的通量增强作用。伴随温度的通量增加，在液-气界面处果汁测的水分压增加，这增加了水转移的驱动力。

（2）流速　流速的增加也有助于增加通量。在果汁的反渗透浓缩过程中，高压有助于维持高水平的通量。通常在果汁浓缩过程中随着体积浓度因子的增加，渗透通量呈下降的趋势。0.75MPa 的高操作压力导致菠萝汁超滤中的糖回收率更高。Laorko 等发现，由于膜表面上的壁剪切应力增加，菠萝汁澄清过程中通量的增加与横流速度的增加呈线性关系。有学者分别在西瓜汁微滤、黑桑、石榴和脐橙汁的澄清中也发现了类似的趋势。这种渗透通量的增加可能是使用更高的横向流动速度而导致的表面溶质颗粒的去除，从而导致了结垢的减少。

研究人员发现，随着果汁澄清过程中进料流速的增加，稳态渗透通量增加。Tasselli 和 Cassano 两个研究团队发现，在使用聚醚醚酮和聚偏氟乙烯两种材料的膜对猕猴桃汁进行超滤，结果发现 75kPa 和 90kPa 分别是两种材料膜的最佳操作压力。考虑到最大的渗透通量、最小的结垢和猕猴桃果汁的质量要求，这两个研究团队通过研究确定了温度为 25℃、压力为 90kPa 和流量为 700L/h 的最佳超滤条件。Nourbakhsh 等研究了横流膜系统中西瓜汁的微滤过程，结果表明当进料温度从 20℃升高到 50℃时，总渗透通量阻力约下降 54%。

（3）电场　Sakar 等研究发现在甜青柠汁的错流电超滤中，电场增加时，渗透通量增加。另外，研究人员已经注意到在果汁澄清、浓缩初始阶段时通量快速下降，他们推测此现象与果汁中存在的高相对分子质量化合物所形成的极化层的沉积和生长有关。

（二）　预处理对渗透通量和果汁品质的影响

物料预处理在增加渗透通量和整体工艺效率方面是非常重要的。多年来，研究人员尝试了各种预处理方法来增强果汁澄清、浓缩过程。酶处理已被广泛用作果汁加工工业的预处理。通过酶预处理降低果汁黏度和果胶物质含量有助于保持较高的通量水平。果胶分解酶成功地应用于在膜表面形成凝胶层的果胶的降解，果胶的去除有助于减少果汁黏度，最终提高渗透通量。结果显示，通过酶处理和巴氏灭菌法预处理苹果汁，可以提高苹果汁在超滤澄清过程中的通量水平。酶预处理不会显著改变汁液中的总可溶性固形物含量，但会提高果汁的澄清度。

明胶和膨润土也被用于果汁的预澄清，以减轻后续膜过滤过程中的负荷。这些澄清剂通过静电和吸附作用，将导致膜污染的悬浮固体（如酚类物质和蛋白质）作为较大的团聚体保留。De Bruijn 等发现，在超滤前，酶制剂的添加能够有效地水解多糖，例如果胶、淀粉、纤维素和半纤维素，从而改善膜在苹果汁澄清过程中的性能。

离心作为预处理技术也已被用于去除酶分子、大颗粒化合物等。使用过滤助剂如膨润土进行预处理，对于澄清果汁过程中增强后续膜滤液通量有促进作用。壳聚糖在预澄清中能够降低果汁浊度和黏度。此外，脉冲电场也可用于菊苣汁澄清的预处理，且结果令人满意。

（三）　膜处理对果汁品质的影响

（1）膜处理在果汁澄清中的应用

①苹果汁：微滤和超滤已被广泛用于近年来的果汁澄清。基于其相对分子质量截留值，超滤也用于浓缩。50ku 的聚醚砜超滤膜用于苹果汁生产，可生产出除去果胶、淀粉和热嗜酸细菌的，具有可接受的色泽、澄清度和浊度值的优质澄清苹果汁。De Bruij 等使用无机膜进

行苹果汁澄清，结果表明经无机膜处理后的苹果汁产品在颜色、透明度和浊度方面达到了类似产品的商业规格。较大截留相对分子质量膜对果汁的保质期有积极影响。至于澄清苹果汁中的可溶性固形物和酸，超滤处理与未处理前的没有显著性差异。Valdisavljevic 等分析超滤膜的截留相对分子质量降低时，苹果汁渗透液中的多酚含量降低。Zarate-Rodriguez 等观察到在使用较高截留相对分子质量超滤膜对苹果汁进行澄清过程中有褐变现象发生，主要是由于在储存过程中 PPO 的产生引起的。Youn 等的研究表明，用 30ku 超滤膜澄清苹果汁不会明显改变苹果汁的维生素 C 的含量。Warczok 等采用纳滤对苹果汁进行浓缩，使产品达到了很好的果糖浓度。反渗透使浓缩苹果汁的可溶性固形物含量增加了 3 倍，而随着渗透蒸发的进一步浓缩，可溶性固形物含量进一步增加，并升至 6 倍。Onsekizoglu 等使用超滤，然后通过渗透蒸馏、膜蒸馏或这些方法的组合，将苹果汁浓缩到 65°Bx。他们发现与原汁液相比，浓缩果汁具有类似的营养和感官特征，保持了浓缩物在热蒸发过程中会失去的明亮的自然色和令人愉悦的香气。虽然使用超滤膜进行果汁澄清会导致总酚含量降低，但在浓缩过程中并不会显著影响总酚含量。

②橙汁：微滤和超滤可除去悬浮固体，使果汁澄清并保留与膜分离前几乎相同量的可溶性固形物和酸。Cassano 等通过研究也发现了类似的结果，另外多酚在澄清的橙汁中也保存良好。Toker 等发现，经较高截留相对分子质量膜澄清的橙汁，维生素 C 和酚类含量较高。产品中具有较高总抗氧化活性值是非常必要的，因为它们能够减少由自由基氧化损伤引起的疾病风险。Galaverna 等评估了血橙汁在综合膜处理过程中的一些重要物理化学性质的变化。浓缩液中除花青素和维生素 C 外，抗氧化物质的含量几乎与加工过程前的进料果汁的含量相当，尽管浓缩液中花青素和维生素 C 的含量下降了 15%~20%，但浓缩液保持了其鲜红色和令人愉悦的风味。反渗透可产生高浓度可溶性固形物和维生素 C 的浓缩果汁，且随着压力增加，呈现出增加趋势。与热蒸发浓缩的果汁明显不同，反渗透浓缩液保留了果汁的特有香气。Mirsaeedghazi 和 Emam-Djomeh 成功地使用微滤来澄清苦橙汁，去除了几乎 98% 的浊度，最终产品中多酚含量也是可接受的。

③石榴汁：Mirsaeedghazi 等采用微滤澄清石榴汁，获得了良好的结果。悬浮固体被完全去除，浑浊度降低，同时保留了几乎所有可溶性固形物。Cassano 等使用超滤澄清石榴汁时也得到了类似的结果。比较微滤和超滤用于石榴汁澄清的效果，Mirsaeedghazi 等得出的结论是，微滤和超滤具有相似的化学物质组成，但从通量和污染因素考虑，微滤优于超滤。微滤后石榴汁中的酚类物质含量显著降低。Bagci 通过研究发现，石榴汁在超滤后，柠檬酸、苹果酸和奎宁酸等有机酸被完全保留，而澄清石榴汁的抗氧化能力下降，总花青素含量显著降低。Conidi 等对使用超滤和纳滤膜对石榴汁中酚类化合物浓度的影响进行了研究，结果显示，在滞留物部分保留了高比例的多酚含量（85%）。通过渗滤以回收渗透液和渗滤液部分中高比例的糖，该部分可以作为食品添加剂或作为软饮料的基料。

④其他：Carvalho 等研究了微滤和超滤在菠萝汁澄清过程中对糖组分的保留情况。研究人员发现糖的含量受膜的孔径和截留相对分子质量大小以及组件几何形状的影响。Laorko 等同时进行菠萝汁的微滤和超滤，发现微滤更适合菠萝汁的澄清，因为微滤对植物化学成分回收率最高，其中包括 94.3% 的维生素 C 回收率，93.4% 的总酚回收率，以及很好地保留了原汁的 DPPH 自由基清除能力（99.6%）；而超滤不影响菠萝汁的总可溶性固形物含量。

使用陶瓷膜的微滤可显著改善甜青柠汁的颜色和澄清度。然而，果汁的 pH、可溶性固形物、酸度、密度在微滤过程中没有发生显著变化。这些结果与 Rai 等使用聚合物膜澄清甜青柠汁的结果相符。电超滤可很大程度地实现甜青柠汁的澄清，随着电势的增加呈现出清晰度增加的趋势。

在柠檬汁中使用超滤技术，可显著降低柠檬汁的浊度（99%）和黏度（98%），随后达到高度澄清度。为了在食品工业中用作酸化剂或香料添加剂，Saura 等就微滤和超滤处理对澄清柠檬汁中的挥发性成分进行了研究，发现经处理后的果汁中的萜烯烃含量最丰富。通过微滤澄清的柠檬汁与未经处理的新鲜柠檬汁相比，可滴定酸度、pH 和总固形物几乎未发现变化。Chornomaz 的研究团队也发现了类似的结果。

用聚醚醚酮膜对猕猴桃汁进行超滤，可以生产出澄清的猕猴桃汁，且不含悬浮固体，果汁在颜色和澄清度方面有很大的改进，但可溶性固形物有 16% 的损失。Cassano 等使用聚偏二氟乙烯膜超滤澄清猕猴桃汁，得到了一种澄清的猕猴桃汁，但其总固形物损失 11%，抗坏血酸损失 16%。

（2）膜处理在果汁浓缩中的应用 Vaillant Jeanton 等采用一个含有 $10m^2$ 中空纤维模块的渗透蒸发设备，用于 30℃下西番莲果汁的浓缩，评估了该设备将西番莲果汁浓缩直至总可溶性固形物高于 60°Bx 的潜力。在 40°Bx 和 60°Bx 下，平均蒸发量分别为 0.65kg/（$m^2 \cdot h$）和 0.50kg/（$m^2 \cdot h$）。对于相同的通量值，这些浓缩值比在反渗透中获得的浓缩值低 10 倍。感官质量和维生素 C 的含量在浓缩汁中得到很好的保存。

Shaw 等采用 $10.3m^2$ 聚丙烯中空纤维的渗透蒸发器对橙汁和西番莲果汁进行浓缩，并分析了浓缩后两种果汁风味的保留情况。将两种果汁浓缩 3 倍，其可溶性固形物分别为 33.5°Bx 和 43.5°Bx 时，橙汁和西番莲果汁中挥发性化合物分别损失约 32% 和 39%。百香果汁的微滤工艺可降低进料汁的颜色和浊度，从而产生视觉上清澈的产品。De Oliviera 等通过微滤进行百香果澄清时也发现了类似的结果。

采用反渗透工艺获得高达 28.5°Bx 的葡萄汁。浓缩葡萄汁的总可滴定酸度、花青素和酚类化合物含量、颜色密度和指数与体积浓缩因子成比例增加。Cassano 等通过使用超滤处理葡萄汁，产品达到了很高的澄清度。

Vaillant 等对甜瓜汁进行了渗透蒸发，结果发现经处理的甜瓜汁中酚类化合物的含量降低了约 30%，推测其主要损失与加工过程中进料果汁中存在的多酚氧化酶有关。Bhattacharjee 等分析超滤对西瓜汁中糖和维生素 C 含量的影响，结果表明，随着超滤浓缩因子的增加，糖含量呈现出增加趋势，但维生素 C 含量有下降趋势。比较 1.6 和 2.5 的浓缩因子，认为 1.6 的浓缩因子对于获得较理想浓度的糖和维生素 C 更有效。

Bánvölgyi 等研究了反渗透浓缩对黑加仑果汁特性的影响。在反渗透过程中，30℃的低温能有效保留果汁中的功能性成分，如花青素、酚类、酸等和抗氧化能力。在反渗透浓缩物中，果汁的初始固体含量从 8~10°Bx 增加至 22~25°Bx。同一研究小组考察了不同膜处理浓缩液的物理化学性质。结果表明，微滤可以消除果汁悬浮液中的颗粒物，并减少渗透液中的果胶，从而产生无浊霾澄清的果汁；在滞留物中，蛋白质被部分浓缩，且糖的含量稍有增加。

研究表明，使用膜分离技术浓缩番茄红素是可行的，并具有应用于番茄红素工业化生产的潜力。番茄红素是西瓜汁中一种具有高抗氧化能力的类胡萝卜素。番茄红素的摩尔质量为 536.85u，可截留在膜的浓缩物侧。Rai 等使用微滤对西瓜汁的残留物进行处理，使得西瓜汁的残留物中番茄红素含量增加约 3 倍。Gomez 等采用微滤在最佳操作条件下，可使西瓜汁中的番茄红素增加 400%。在西瓜汁加工过程中，纳滤也可达到提高的番茄红素浓度的目的。

（四） 膜组件对整体工艺效率和果汁质量的影响

膜结构，即膜的几何形状及其相对于流体流动安装和定向的方式，对于确定整个加工过程的性能至关重要。在工业水平，果汁澄清的最常用配置是管状（内径 5~10mm）、毛细管（1~1.5mm）和板框式膜组件。管式和螺旋卷式膜组件比板式和框架式膜组件具有优势，因其提供均匀流过管腔的效率，符合工业化生产要求。He 等使用矩形设计的板框式错流膜单元进行苹果汁澄清，发现管式系统有几个优点，例如较低的资金和运营成本，由于板的独特设计而具有较高的通量率等。Layal 等开发了一种实验室规模的过滤模块，用于橙汁澄清中的除垢研究，与管状膜组件相比取得了很好的结果。De Barros 等研究了使用 0.01μm 的管状陶瓷膜和 10μm 聚砜中空纤维膜去果胶菠萝汁的横流超滤。在比较两种膜组件的通量时，发现管状膜组件比中空纤维膜组件提供更高的通量。其主要原因为，与中空纤维膜中形成滤饼的流量和层流相比，管式膜组件中湍流状态的流量增加了溶质从膜表面扩散到本体的速度，形成了更紧凑的滤饼，以及更高的渗透通量。采用管状膜组件对果汁进行澄清的决定因素包括：高湍流度、高通量、单位水量能耗、操作和清洗方便性，以及扩大规模的可能性。De Oliviera 等在百香果果汁微滤过程中，与中空纤维模块相比，显著提高了管状模块的通量。Sarkar 等使用电超滤系统来分析外部直流电对渗透通量的影响。结果显示，固定速度和跨膜压力的值，通过施加 400V/m 的电场，通量增加 35.8%，汁液的澄清度也显著提高。在苹果汁的纳滤浓缩过程中，Warczok 等发现平板膜中的不可逆污染比管状膜中的高 68%。认为管状膜组件更合适长期应用，因为它们具有更长的使用寿命，且更容易回收。

（五） 果汁的正渗透浓缩

正渗透是将具有不同渗透压的两种水溶液（进料溶液和汲取溶液）分开以作为驱动力。水通过半渗透膜从进料侧（低浓度）到汲取溶液侧（高浓度）开始，直到两侧之间的渗透压差接近于零。在果汁工业中，与热浓缩技术相比，在不降低产品质量的前提下，正渗透可有效地使产品达到可接受的物理化学和感官特性水平。

Wrolstad 等分析了使用玉米糖浆作为汲取溶液浓缩覆盆子汁的正渗透过程，得到最终浓度是 45°Bx 的果汁，结果显示正渗透浓缩的果汁与现有的商业样品相比，具有强烈的覆盆子香味和风味。Herron 等使用果糖（74°Bx）作为用正渗透浓缩橙汁的渗透剂，获得了 $4kg/(m^2 \cdot h)$ 的最大渗透通量，与热蒸发浓缩相比，最终获得的浓缩果汁质量更好。Petrotos 等使用氯化钠作为汲取溶液，使用正渗透成功将超滤澄清的番茄汁浓缩至 52°Bx。Babu 等使用 400g/L 的蔗糖和 120g/L 的氯化钠混合渗透剂对达到 60°Bx 菠萝汁进行正渗透，在直接渗透过程中，蔗糖-氯化钠组合能够克服蔗糖（低通量）和氯化钠（盐迁移）作为单一渗透剂的缺点。Garcia-Castello 等研究了在氯化钠作为汲取溶液时使用正渗透来浓缩橙汁溶液的潜力，液体的总固形物从 8°Bx 增加到 10.5°Bx。果胶是导致结垢的主要成分，会导致通量显著下降。Nayak 等使用正渗透进行菠萝和葡萄汁的浓缩。对于葡萄汁，花青素的浓度从 105mg/L 浓缩至 715mg/L；总固形物从 8°Bx 增加到 54.6°Bx，而菠萝汁中总固形物从 4.4Bx 增加到 55°Bx。Shalini 等使用正渗透浓缩原料甘蔗汁，使糖度从 17.6°Bx 升至 31.7°Bx。与热蒸发相比，该浓缩过程具有更好的浓缩结果，颜色和风味更优。

（六）　集成膜浓缩果汁工艺

创新膜技术与各种传统操作的整合能够直接或间接降低能耗，同时提高成品的感官特性。这些膜方法的整合有助于减少限制因素，降低废物产生量及能源消耗，提高经济可行性。

近年来，研究人员分析了用于处理各种果汁的基于膜整合的方法。Alvarez 等使用酶膜反应器（enzyme membrane reactor，EMR）澄清苹果汁，使用反渗透来预浓缩和香气回收，并使用常规蒸发将最终浓缩浓度升到 72°Bx。该方法成功地在预浓缩果汁中保留了高比例的糖和多酚，并且实现了高浓度的香气富集。Cassano 等对使用集成膜浓缩猕猴桃果汁的过程进行研究，通过超滤澄清和渗透蒸馏预澄清，最后获得了 60°Bx 和高浓度维生素 C 的浓缩果汁。Cisse 等使用微滤澄清橙汁，并使用渗透蒸馏浓缩澄清的果汁，在蒸发通量最小的条件下，果汁能浓缩至 62°Bx。Koroknai 等使用超滤澄清了苦莓、红浆果和樱桃三种红色果汁，并使用膜蒸馏和渗透蒸馏进行进一步浓缩，发现膜蒸馏和渗透蒸馏的耦合实现了驱动力的增加，从而实现水通量的增强，在果汁产品中保留了高比例的抗氧化活性。由此可见，膜蒸馏和渗透蒸馏的这种耦合操作比单独使用任何一种方法都更有效。Cassano 等使用超滤和渗透蒸馏澄清和浓缩香柠檬汁，发现浓缩汁能够有效地保留新鲜果汁的抗氧化特性。有学者对集成膜工艺用于澄清和浓缩热带果汁也进行研究，成功采用渗透蒸馏获得总固形物终浓度为 53~55°Bx，且不损失维生素 C 含量和抗氧化活性的最终产品。Sotoft 等分别使用反渗透-纳滤、直接接触式膜蒸馏和减压膜蒸馏分别对黑加仑果汁进行预浓缩和香气回收。通过将纳滤与反渗透的结合，能克服反渗透高渗透压的限制。直接接触式膜蒸馏步骤能将果汁浓缩至 70°Bx。Chaparro 等采用酶解浸渍、微滤、渗滤和离心的组合从西瓜汁中提取和纯化番茄红素，通过这几种综合工艺获得了番茄红素的天然提取物，其浓度和纯度比天然的果汁分别提高了 41 倍和 34 倍，且获得以干重计高达 2% 的全反式番茄红素提取物。Oliviera 等将微滤、渗滤和反渗透结合起来，成功地将番茄红素浓缩，产品汁的番茄红素含量比新鲜果汁高 17.7 倍，抗氧化能力也得到增加且糖含量降低。

三、　膜分离技术在发酵食品工业中的应用

发酵食品中往往含有生物活性的多肽、低聚糖、氨基酸、蛋白质，以及酶制剂等化合物，赋予了这类食品黏度大、目的产物浓度较低等特点。膜分离技术在发酵食品中，主要应用于调味品、酒、有机酸和氨基酸等相关产品，是提高发酵食品品质的首选方法。

（一）　膜分离技术在调味品工业中的应用

酱油和醋作为人们在日常饮食习惯中必备的调味品。经传统的澄清技术生产的产品存在浊度高、在长期放置过程中有大量沉淀产生、产品质量往往达不到国家规定的卫生标准等缺点。而采用超滤技术对酱油、醋进行处理，能有效地去除酱油、醋中的大分子物质，从而生产出澄清的产品，且产品风味得以保留，产品达到相关产品的卫生标准。

早在 20 世纪 80 年代，日本就已经使用超滤技术用于液态发酵醋的生产。20 世纪 90 年代，我国一些食醋生产企业也尝试将中空纤维超滤用于固态发酵醋的生产，但由于预处理工艺不合理，固形物含量高，超滤装置很容易受到污染，甚至被堵塞，导致清洗困难，膜难于恢复，从而影响了超滤技术的推广。北京食品研究所在国家"八五"攻关项目中，从预处理和膜清洗两个关键环节入手，对超滤技术进行了大量研究，最终得到了比较理想的结果，经

超滤处理后的样品总酸保留率大于99%，浊度从700降至0.2，菌落总数从9600CFU/mL有效地降低至10CFU/mL，而且经清洗后的膜的膜通量可完全恢复，可再利用。由于酱油具有较高的黏度和固形物含量，预处理对酱油品质的保障十分重要。通常先将酱油在60℃处理40min后，用直径3~5μm微滤过滤，再在45~50℃条件下进行超滤，从而保证最终产品的品质质量。

在酱油生产加工过程中，传统的热杀菌由于温度过高会影响酱油风味，温度过低会导致灭菌不彻底，从而影响产品的品质安全。而采用板框过滤会使产品产生部分沉淀，影响酱油品质。Chin和Been采用0.2μm孔径的陶瓷膜对酱油进行处理。结果表明，在操作条件为温度25℃、压力1.1MPa和流速861L/h下，陶瓷膜处理对酱油的总成分没有显著影响，但能显著地降低酱油产品的浊度和细菌数量。梁姚顺等研究了不同孔径的无机膜和有机膜对酱油澄清效果的影响。结果表明，孔径为1.2μm的无机膜是用于酱油过滤的最佳选择，能有效地去除微生物，去除率高达96.43%。Luo等对四种不同型号的纳滤膜对酱油生产过程中的脱盐效果进行了研究。结果显示，在通过沉淀、离心、微滤预处理以去除酱油中细菌和可见悬浮物后，NF270型纳滤膜表现出最佳的脱盐效果，不仅能有效地截留酱油中包括氯化钠在内的可溶性固形物，而且经该种膜处理后的渗透液可被重新用作浅色酱油的生产原料。

超滤分离技术作为一种在酱油和食醋生产中先进的后处理工艺，对于提升酱油和食醋产品的档次，开发新产品具有特殊且重要的意义。经研究开发出的滤膜对酱油的除菌率可达到99%以上，经超滤处理后的食醋能有效地防止产品返浑，并延长产品的保质期。

（二） 膜分离技术在酒类工业中的应用

图8-18所示为酒类生产中的膜分离装置方案。

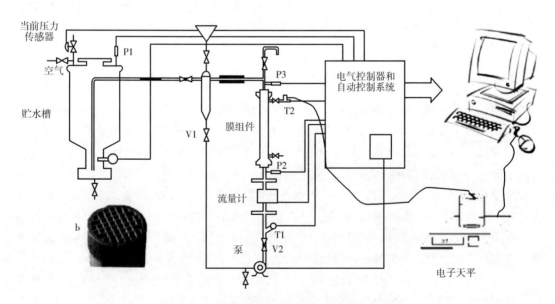

图8-18　酒类生产中的MF分离装置方案

P：压力传感器　T：温度传感器　V：阀门　b：膜组件图示

罗惠波等采用不同孔径的微孔膜过滤不同酒精度的白酒，发现采用孔径为 0.22μm 的膜过滤低度白酒的酒样和采用孔径为 0.45μm 的膜过滤高度白酒的酒样中，微量成分损失较少，理化指标和卫生指标都符合标准，而且各个酒样的自然稳定性和抗冷冻性也得到了增强。杨公明等发明了一种利用膜过滤提高香蕉果酒外观品质稳定性的方法，该方法能有效地改善香蕉果酒的品质，经此方法处理的香蕉果酒澄清透亮，透光率达 95% 以上，此方法还减少了产品中风味、营养成分和酒精含量的损失，避免了外来化学物质的添加，降低了果酒中的微生物数量，提高了酒液的生物稳定性，具有良好的应用前景。朱志玲等采用超滤分离技术有效地降低了白酒的浑浊和失光现象，而且酒中香味物质损失少，过滤效果好。膜分离技术在啤酒无菌过滤、鲜生啤酒的生产、无醇啤酒的生产以及酵母液中啤酒回收等方面都有着广泛的应用，并在提高啤酒的产量、品质等方面也起着重要的作用和广阔的应用前景。

葡萄酒的主要原料为葡萄，葡萄中存在较高浓度的酒石酸和酒石酸钾，若不及时去除，它们会在葡萄酒中产生白色的酒石酸氢钾，从而大量吸附色素和多酚类化合物，形成沉淀，最终影响葡萄酒的产品质量。此外，葡萄酒是一种低酒精度酒，酒精含量在 16% 以上，才具有较好的抑菌和杀菌作用，而一部分葡萄酒的酒精度小于 16%，这易导致灌装后的葡萄酒因再发酵发生品质变化。因此，在葡萄酒生产过程中需要进行严格过滤，保证绝对无菌。膜过滤在葡萄酒生产行业中应用最为广泛，是必不可少的操作单元之一。膜过滤的核心部件为膜滤芯，过滤介质由纤维、静电强化树脂组成，具有过滤精度高、效率高、可再利用等特点。目前，常采用反渗透和超滤技术澄清葡萄酒，以去除葡萄汁中的野生酵母和果胶等杂菌和固形物质。在葡萄酒过滤过程，一般采用 0.2~0.45μm 的滤芯，可有效滤除酒液中的酵母和细菌，从而防止杂菌在贮藏时的再次发酵。刘月华等采用超滤膜处理葡萄汁，结果表明，超滤膜处理能有效地去除葡萄汁中的杂菌和苦涩味成分，使酒质稳定。任石苟等的研究结果显示，超滤处理能有效率分离葡萄酒中的沉降物，同时具有除菌作用，而且经超滤处理后的葡萄酒澄清透明、口感良好。在邵文尧等的研究中发现，超滤对葡萄酒中单宁、色度的分离效果明显优于硅藻土过滤，且对微生物也有较好地过滤效果；超滤膜处理能较好地保留葡萄酒香气，增加成品酒产量。

（三）　有机酸的分离纯化

在谷氨酸生产中，采用超滤技术可有效地将谷氨酸与菌体蛋白分离，缩短生产工艺时间，提高提取率。杨士春等以质量分数为 11% 的谷氨酸发酵液为对象，研究了膜蒸馏技术对谷氨酸的分离、脱色效果和产水质量的影响。结果表明，利用膜蒸馏技术能显著提高谷氨酸滤液和谷氨酸脱色液中的谷氨酸质量分数，且膜蒸馏中的水可再利用于谷氨酸发酵罐中，从而降低了生产成本、减少能耗和污染、提高了产水利用率。

近年来，膜分离技术在 L-乳酸分离中也获得了广泛应用。采用膜分离技术预处理乳酸发酵液，以去除发酵液中的菌体、残糖、二价阳离子和蛋白质等，对乳酸的分离提取有重要意义。Kamoshita 等采用三氧化二铝陶瓷膜过滤器处理乳酸发酵液，经培养一段时间后，经陶瓷膜过滤以去除代谢废物，从而维持较高的细胞浓度和细胞活力，结果发现经陶瓷膜过滤处理，发酵培养 198h 所得的细胞质量浓度为 178g/L，细胞活力高达 98%。肖光耀利用纳滤回收乳酸蒸馏残液中的乳酸，回收率可达 95% 以上，而且产品的还原糖含量、色度均达到国标要求。

四、 膜分离技术在食品工业中的其他应用

（一） 膜分离技术在粮油制品中的应用

（1）膜分离技术在豆制品加工中的应用 由于超滤技术具有无相变、易操作、低能耗、设备简单等诸多优点，近年来在乳制品、饮料、豆制品等行业中有越来越广泛的应用。在大豆分离蛋白的生产过程中，传统采用碱溶酸沉水洗法，该方法存在很多弊端，如易造成资源浪费、产品纯度不高、液料比大、酸消耗量大、需要脱盐纯化等。大豆蛋白相对分子质量较大，膜分离技术有利于实现对大豆蛋白的分离，研究表明采用超滤技术生产大豆分离蛋白可大大提高产品品质。在实际生产中，将大豆蛋白液的 pH 调至 7~9，同时适当增加料液的温度以降低大豆蛋白液的黏度，提高扩散系数；另外，为防止膜表面的浓差极化和凝胶的形成，会适当加大膜面料液的流速，以保证在无相变的情况下对大豆蛋白进行分离提纯和浓缩。此外，还可将超滤技术应用于大豆乳清液和生产豆腐的副产品黄浆水的废弃物再利用中，这样不仅能有效地回收乳清蛋白和大豆低聚糖，还能避免废水排放造成的环境污染。

（2）膜分离技术在淀粉加工中的应用 淀粉作为一种植物性多糖，每年在全球产量达数千万吨，其中 40% 被用于食品行业。在淀粉生产过程中，会有大量的废水产生，在这些废水中含有很多可再利用的物质，如丰富的蛋白质等。如果直接排放这些废水，一方面会造成蛋白资源的浪费，另一方面也会对环境造成污染，因此对其进行回收再利用非常必要。研究表明，可先采用超滤技术对淀粉生产中的废水进行蛋白质等大分子物质的分离，再利用反渗透技术对超滤处理后的滤液进行再分离，分离回收的浓缩物既可作为饲料，也可用作生产活性肽的蛋白源。

（3）膜分离技术在油脂加工中的应用 采用膜分离技术的优势是便于油脂脱酸，这属于物理精炼工艺。与常规的碱炼相比，物理精炼具有投资低、能耗低，冷却水耗低、工艺过程补充水低、废水处理量低、精炼损耗低等诸多优点。另外，在油脂副产品的再利用中，使用膜分离技术从植物油中分离制备磷脂，能有效地降低传统工艺中的设备购置费用，而且得到的产品品质与传统方法制备的产品无显著差别。因此，将膜分离技术应用于油脂加工中，可有效地简化工艺、节约能耗、减少损失等，具有巨大的应用潜力。

（二） 膜分离技术在食品废水处理中的应用

（1）膜分离技术处理乳制品废水 随着生活水平的提高，消费者对乳制品的需求量越来越大，致使乳制品的总产量和乳制品加工企业的数量增多。相应的，在乳制品加工过程中产生的废水量也随之增加。乳制品废水中含有丰富的有机物，很有必要对其进行处理，以避免直接排放引起的环境污染问题。膜分离技术可有效地对乳制品加工过程中的废水进行处理。微滤可以有效地除去乳制品废水中的酵母菌和霉菌等真菌，而且可有效地拦截一定量的卤盐；采用适当孔径的超滤膜可有效地回收乳制品废水中的蛋白质、脂肪等物质。由于纳滤的截留相对分子质量更小，能对乳制品废水中的乳糖和用于清洗系统的酸碱废水进行有效回收。而采用反渗透技术则能对乳制品废水中绝大部分的化合物进行截留回收。

乳制品废水通过酸沉和絮凝离心预处理，采用微滤对预处理后废液进行分离，微滤条件为温度 30℃、压力 0.8MPa、流速 70L/h，可有效地去除废液中直径较大的菌体和悬浮固体等杂质。再采用超滤对微滤后的液体在 1.0MPa 压力下进行处理，可有效地对乳清蛋白和果胶等物质拦截。采用纳滤对超滤后的废液在 40~50℃ 的温度和 1.5MPa 压力条件下进行处理，

用以去除乳糖；用反渗透膜对纳滤后的滤液进行处理，处理条件为温度 35～45℃、压力3.0MPa、流速 20L/h，处理后的透过液经检测，可直接排放或回用于生产。

Chollangi 和 Hossain 采用三种不同规格的超滤膜对乳制品废水中乳蛋白和乳糖的截留效果进行了研究。结果显示，使用 10ku 尺寸的超滤膜在跨膜压差为 0.3～0.35MPa 时，可截留废水样品中绝大部分乳糖，且膜通量随温度的升高而增大；当操作温度从 18℃升至 30℃时，超滤膜的膜通量增大了 8%～10%，对乳糖的截留率也增加了 12%～18%；使用 10ku 尺寸的超滤膜在跨膜压差为 0.3～0.35MPa 时，可截留废水样品中 95% 的乳蛋白。

（2）膜分离技术处理豆制品废水　在豆腐、豆腐干等豆制品加工过程中，经压滤成型后排放出的废水被俗称为黄浆水。黄浆水中含有丰富的有机物，如蛋白质、脂肪、水苏糖、棉子糖、大豆皂苷、大豆异黄酮等，直接排放，会导致资源的浪费和环境污染。对黄浆水进行处理，可以提高豆制品加工过程中副废物的再利用，有利于生态环境保护。

顾建明和潘春云研究发现，对黄浆水进行调酸升温沉淀后，采用超滤处理沉淀后黄浆水，可有效地提高膜分离效率。赵冬梅等采用超滤、纳滤和反渗透组合膜对黄浆水进行处理，结果表明：在超滤截留液中，大豆异黄酮和大豆皂苷分别占总量的 26% 和 23%；在纳滤截留液中，大豆异黄酮和大豆皂苷分别占总量的 33% 和 23%；在反渗透截留液中，大豆异黄酮和大豆皂苷分别占总量的 40% 和 46%。徐朝辉等通过絮凝离心预处理后，采用超滤在流速70L/h 和温度 4～50℃条件下，对大豆乳清废水中的乳清蛋白进行截留回收；再在 1.50MPa压力条件下，采用纳滤膜对超滤后的废液中的低聚糖进行回收和脱盐处理；最后，采用反渗透膜在在流速 20L/h 和压力 2.80MPa 下对纳滤后的废液进行处理，可使原废水达到直接排放或回用于生产的要求。

Andrés M 等研究了不同分子截留量的超滤膜对大豆乳清废水中蛋白质的截留效果。结果显示，在一定的跨膜压差下，分子截留量为 10ku、30ku 和 50ku 的超滤膜，对大豆乳清废水中蛋白质的截留率分别为 70.5%、74.7% 和 63.7%。高温引起蛋白质的变性，会引起膜表面结垢，从而导致三种规格的超滤膜对蛋白质的截留效果变差。缪畅等研究了蛋白质浓度、操作压力、pH 对纳滤和反渗透组合膜处理大豆乳清废水效果的影响。结果显示，在 1～5g/L 的浓度范围内，随蛋白质量浓度的增加，纳滤膜对乳清蛋白的截留率均高于 88%；操作压力小于 0.7MPa 时，渗透通量随压力的增大而增大，当操作压力大于 0.7MPa 时，渗透通量基本保持不变；当 pH 大于大豆乳清废水的等电点 4.5 时，截留率和渗透通量随 pH 的增大而增大。

（3）膜分离技术处理调味品废水　味精作为一种重要的调味品，在加工生产过程中有废水产生，这些废水具有高有机物、高氨氮、高硫酸根、低 pH、处理难度大等特点。史志琴等采用超滤与反渗透组合膜处理味精加工废水。结果表明，超滤与反渗透组合膜处理对味精加工废水的脱盐率大于 95%，水的回收率高达 80%，且回收的水可再次用于生产。经处理后的废水的化学需氧量（chemical oxygen demand，COD）为 10mg/L、氨氮量小于 50mg/L，硫酸根离子的含量小于 100mg/L。Ren 等采用 0.2μm 的陶瓷膜对味精生产过程中的废液进行预处理，再使用电流密度为 17mA/cm² 的电渗析对预处理后的废液进行处理，经分析检测发现，采用陶瓷膜预处理结合电渗析的方法可有效回收废液中的硫酸铵，回收率约为 80%。

第六节 膜分离技术的应用前景

膜分离技术具有绿色、环保、节能、无相变等诸多优点，已被广泛应用于食品工业。根据不同生产工艺需求，可选择不同的膜分离技术。可通过微滤去除悬浮物以达到澄清的目的，采用超滤对溶液中含有的大分子物质进行提纯或分离，采用纳滤或电渗析对样品进行脱盐，以及采用反渗透对样品进行分级、浓缩。在过去几十年里，膜分离技术在食品行业中的应用以乳制品和果蔬汁加工领域最为常见。其在食品行业的其他领域也有一定的应用，如茶饮料行业、畜禽加工过程中功能因子的分离纯化、谷物蛋白分离、玉米成分提炼以及酶制剂提炼、天然成分提纯等。在所有膜分离技术中，超滤在当今食品行业中应用最广泛的。将来，随着膜材料、膜元件及膜工艺设计的不断优化改进，反渗透和微孔膜将会进一步扩大它们的应用范围。

膜分离技术要实现在食品工业中的规模化应用，还取决于其在膜污染机理研究，以及对性能优良、抗污染膜材料的开发研制等相关方面的研究进展。为了进一步提高食品质量、降低成本、提高生产效率，膜分离技术的高效集成化将是今后的一大研究趋势。多类型的膜分离技术在产品应用中协同应用，微滤、超滤、纳滤、反渗透等多种膜分离技术联用，取长补短，实行多级分离也是一大发展趋势。联合膜分离技术、膜蒸馏和渗透气化浓缩技术、膜分离技术结合传统的理化等分离方法也将更加成熟地在食品工业生产得到应用。同时，对食品生产过程中的膜分离工艺优化，建立膜通量衰减模型，明晰膜污染、堵塞过程和机理，研究制定更合理的膜清洗、防污染方案是膜分离技术的另一个研究重点。

随着科技的不断进步，对膜选择性、操作可行性、稳定性的研究的不断深入，以及高分子膜和无机膜等新型膜材料的不断涌现，膜分离技术在食品工业中的应用前景将更加广阔，也将进一步促进食品加工业在新时代、新时期下持续地向前发展。

参考文献

[1] 殷涌光，刘静波，林松毅．食品无菌加工技术与设备［M］．北京：化学工业出版社，2005.

[2] 李国柱．食品辐照保藏技术［M］．北京：中国农业科技出版社，2002.

[3] 施培新．食品辐照加工原理与技术［M］．北京：中国农业科学技术出版社，2004.

[4] 傅俊杰．农产品辐照加工及检测［M］．杭州：浙江大学出版社，2013.

[5] 陈其勋．中国食品辐照进展［M］．北京：原子能出版社，1998.

[6] 范家霖．农产品辐照加工技术及其应用［M］．郑州：郑州大学出版社，2010.

[7] 范林林，韩鹏祥，冯叙桥，等．电子束辐照技术在食品工业中的应用研究与进展［J］．食品工业科技，2004，35（14）：374-380.

[8] 贾倩．电子束和 γ 射线辐照在素鸡保鲜中的比较研究［D］．中国农业科学院，2012.

[9] 黄曼．电子束辐照在线杀虫/菌效果及对小麦品质影响的研究［D］．华南理工大学，2010.

[10] 曹阳，魏雷，赵会义，等．我国绿色储粮技术现状与展望．粮油食品科技，2015，23（S1）：11-14.

[11] 冯叙桥，徐方旭，刘诗扬，等．水产品辐射保鲜技术研究进展［J］．食品与生物技术学报，2013，32（2）：113-118.

[12] 曾新安，陈勇．脉冲电场非热杀菌技术［M］．中国轻工业出版社，2005.

[13] 陈锦全，等．食品非热力加工技术［M］．中国轻工业出版社，2010.

[14] 徐怀德，王云阳．食品杀菌新技术［M］．科学技术出版社，2005.

[15] 涂顺明，等．食品杀菌新技术［M］．中国轻工业出版社，2004.

[16] Barbosa-Canovas G V，Tapia M S，Cano M P 著，张慜等译．新型食品加工技术［M］．中国轻工业出版社，2010.

[17] 哈益明，等．现代食品辐照加工技术［M］．科学出版社，2015.

[18] 王剑平，黄康，余琳，等．在线监测电场强度和温度的高压脉冲电场灭菌处理室［P］．CN101999733A，2011-04-06.

[19] 王剑平，黄康，余琳，等．用于连续式液态食品灭菌的高压脉冲电场处理室．CN101502304B［P］．2009-08-12.

[20] 殷涌光，樊向东，刘凤霞，等．用高压脉冲电场技术快速提取苹果渣果胶［J］．

吉林大学学报（工学版），2009，39（5）：1224-1228.

[21] 殷涌光，赫桂丹．用高电压脉冲电场促进牛骨可溶性钙快速溶出［J］．吉林大学学报（工学版），2009，39（1）：249-253.

[22] 刘振宇，郭玉明．应用 BP 神经网络预测高压脉冲电场对果蔬干燥速率的影响［J］．农业工程学报，2009，25（2）：235-239.

[23] 王剑平，黄康，余琳，等．一种在线监测电场强度和温度的高压脉冲电场灭菌处理室［P］．CN201830844U，2011-05-18.

[24] 曾新安，于淑娟，韩忠，等．一种脉冲电场强化促进低温美拉德反应的方法．CN101584421［P］．2009-11-25.

[25] 黄小丽，杨薇．脉冲电场预处理胡萝卜片微波干燥试验［J］．农业工程学报，2010，26（2）：325-330.

[26] 黄小丽，杨薇，王妮．脉冲电场预处理对马铃薯微波干燥特性的影响［J］．农产品加工（学刊），2009（3）：189-192.

[27] 黄小丽．脉冲电场预处理对果蔬微波干燥特性的影响研究［D］．昆明理工大学，2010.

[28] 罗炜，张若兵，王黎明，等．脉冲电场辅助提取花色苷及其影响［J］．高电压技术，2009，35（6）：1430-1433.

[29] 白英，母智深，任发政．脉冲电场非热杀菌技术在乳品工业中的应用［J］．中国乳品工业，2009，37（7）：35-38.

[30] 罗炜，张若兵，陈杰，等．脉冲电场对脂肪氧化酶及多酚氧化酶构象影响的光谱分析［J］．光谱学与光谱分析，2009，29（8）：2122-2125.

[31] 陈杰，张若兵，王秀芹，等．脉冲电场对新鲜干红葡萄酒酚类物质和色泽影响的研究［J］．光谱学与光谱分析，2010，30（1）：206-209.

[32] 吴新，陈正行，丁开宇．脉冲电场对牛奶酪蛋白功能性质的影响［J］．食品工业科技，2009，30（5）：85-88.

[33] 吴新，陈正行．脉冲电场对酪蛋白功能性质影响的回复性研究［J］．食品科学，2009，30（13）：129-132.

[34] 曾新安，刘燕燕．脉冲电场对大豆分离蛋白溶液表面性质的影响［J］．华南理工大学学报（自然科学版），2009，37（4）：116-119+148.

[35] 吴亚丽，郭玉明．高压脉冲电场预处理对土豆真空冷冻干燥的影响［J］．山西农业大学学报（自然科学版），2010，30（5）：464-467.

[36] 王艳芳，杨瑞金，赵伟，等．高压脉冲电场对牛奶中风味物质的影响［J］．食品科学，2009，30（11）：43-46.

[37] 李静，肖健夫，陈杰，等．高压脉冲电场对苹果汁中大肠杆菌与金黄色葡萄球菌的钝化效果［J］．食品与发酵工业，2010，36（8）：41-45.

[38] 赵伟，杨瑞金，张文斌，等．高压脉冲电场对食品中微生物、酶及组分影响的研究进展［J］．食品与机械，2010，26（3）：153-157.

[39] 严志明，方婷．高压脉冲电场对微生物的致死动力学模型［J］．安徽农学通报（上半月刊），2009，15（19）：51-53.

［40］梁琦，杨瑞金，赵伟，等．高压脉冲电场对油酸的影响［J］．食品工业科技，2009，30（4）：86-89+92．

［41］殷涌光，闫琳娜，陶柳．高压脉冲电场法提取干松针总黄酮及其体外抗氧化性检测［J］．天然产物研究与开发，2009，21：1032-1035+1056．

［42］刘凤霞，孙建霞，李静，等．高压脉冲电场技术在食品加工中的应用研究新进展［J］．食品与发酵工业，2010，36（4）：138-142．

［43］平雪良，刘翠，杨瑞金，等．高压脉冲电场静态处理室的研制［J］．食品与生物技术学报，2010，29（2）：193-196．

［44］赵伟，杨瑞金，崔倩．高压脉冲电场对蛋清单增李斯特菌的杀灭效果［J］．农业机械学报，2009，40（5）：100-104+134．

［45］曾新安，刘燕燕，李云，等．高强脉冲电场和热处理对橙汁维生素 C 影响比较［J］．食品工业科技，2009，30（6）：123-124+129．

［46］赫桂丹，殷涌光，孟立，等．高电压脉冲电场下的牛骨胶原蛋白酶法提取［J］．农业机械学报，2010，41（11）：124-128．

［47］于庆宇，殷涌光，徐泽敏，等．高电压脉冲电场对果胶提取的影响［J］．农机化研究，2009，31（10）：150-152+219．

［48］李家辉．高导电性液体食品高压脉冲电场灭菌技术研究［D］．哈尔滨理工大学，2010．

［49］Zulueta A，Barba F J，Esteve M J，et al. Effects on the carotenoid pattern and vitamin A of a pulsed electric field－treated orange juice－milk beverage and behavior during storage［J］. European Food Research and Technology，2010，231（4）：525-534．

［50］Zulueta A，Esteve M J，Frigola A. Ascorbic acid in orange juice－milk beverage treated by high intensity pulsed electric fields and its stability during storage［J］. Innovative Food Science and Emerging Technologies，2010，11（1）：84-90．

［51］Zhao W，Yang R J. Experimental study on conformational changes of lysozyme in solution induced by pulsed electric field and thermal stresses［J］. Journal of Physical Chemistry B，2010，114（1）：503-510．

［52］Zhang Y，Sun J X，Hu X S，et al. Spectral alteration and degradation of cyanidin－3－glucoside exposed to pulsed electric field［J］. Journal of Agricultural and Food Chemistry，2010，58（6）：3524-3531．

［53］Soliva－Fortuny R，Balasa A，Knorr D，et al. Effects of pulsed electric fields on bioactive compounds in foods：A review. Trends in Food Science and Technology，2009，20（11-12）：544-556．

［54］Sobrino-Lopez A，Martin-Belloso O. Review：potential of high-intensity pulsed electric field technology for milk processing［J］. Food Engineering Reviews，2010，2（1）：17-27．

［55］Sagar V R，Kumar P S. Recent advances in drying and dehydration of fruits and vegetables：a review［J］. Journal of Food Science and Technology－Mysore，2010，47（1）：15-26．

［56］刘燕燕，曾新安，韩忠．Raman 光谱分析脉冲电场对大豆分离蛋白的影响［J］．光

谱学与光谱分析.2010, 30（12）：3236-3239.

［57］ Zhang Y, Gao B, Zhang M W, et al. Pulsed electric field processing effects on physicochemical properties, flavor compounds and microorganisms of longan juice ［J］. Journal of Food Processing and Preservation, 2010, 34（6）：1121-1138.

［58］ Pereira R N, Vicente A A. Environmental impact of novel thermal and non-thermal technologies in food processing ［J］. Food Research International, 2010, 43（7）：1936-1943.

［59］ Sun W W, Yu S J, Zeng X A, et al. Properties of whey protein isolate-dextran conjugate prepared using pulsed electric field ［J］. Food Research International, 2011, 44（4）：1052-1058.

［60］ Walkling-Ribeiro M, Rodriguez-Gonzalez O, Jayaram S, et al. Microbial inactivation and shelf life comparison of 'cold' hurdle processing with pulsed electric fields and microfiltration, and conventional thermal pasteurisation in skim milk ［J］. International Journal of Food Microbiology, 2011, 144（3）：379-386.

［61］ Sampedro F, Rodrigo D, Martinez A. Modelling the effect of pH and pectin concentration on the PEF inactivation of salmonella enterica serovar typhimurium by using the monte carlo simulation ［J］. Food Control, 2011, 22（3-4）：420-425.

［62］ Aguilo-Aguayo I, Soliva-Fortuny R, Elez-Martinez P, et al. Pulsed electric fields to obtain safe and healthy shelf-stable liquid foods ［J］. Advances in Food Protection：Focus on Food Safety and Defense, 2011：205-222.

［63］ Bermudez-Aguirre D, Dunne C P, Barbosa-Canovas G V. Effect of processing parameters on inactivation of bacillus cereus spores in milk using pulsed electric fields ［J］. International Dairy Journal, 2012, 24（1）：13-21.

［64］ Zhao W, Yang R J. Pulsed electric field induced aggregation of food proteins：ovalbumin and bovine serum albumin ［J］. Food and Bioprocess Technology, 2012, 5（5）：1706-1714.

［65］ Pina-Perez M C, Martinez-Lopez A, Rodrigo D. Cocoa powder as a natural ingredient revealing an enhancing effect to inactivate cronobacter sakazakii cells treated by pulsed electric fields in infant milk formula ［J］. Food Control, 2013, 32（1）：87-92.

［66］ Wiktor A, Iwaniuk M, Sledz M, et al. Drying kinetics of apple tissue treated by pulsed electric field ［J］. Drying Technology, 2013, 31（1）：112-119.

［67］ Abenoza M, Benito M, Saldana G, et al. Effects of pulsed electric field on yield extraction and quality of olive oil ［J］. Food and Bioprocess Technology, 2013, 6（6）：1367-1373.

［68］ Zhao W, Tang Y, Lu L, et al. Review：pulsed electric fields processing of protein-based foods ［J］. Food and Bioprocess Technology, 2014, 7（1）：114-125.

［69］ Boussetta N, Soichi E, Lanoiselle J L, et al. Valorization of oilseed residues：Extraction of polyphenols from flaxseed hulls by pulsed electric fields ［J］. Industrial Crops and Products, 2014, 52：347-353.

［70］ Chen J, Tao X Y, Sun A D, et al. Influence of pulsed electric field and thermal treatments on the quality of blueberry juice ［J］. International Journal of Food Properties, 2014, 17（7）：1419-1427.

［71］Gelaw T K, Espina L, Pagan R, et al. Prediction of injured and dead inactivated escherichia coli O157：H7 cells after heat and pulsed electric field treatment with attenuated total reflectance infrared microspectroscopy combined with multivariate analysis technique ［J］. Food and Bioprocess Technology, 2014, 7（7）：2084-2092.

［72］Terefe N S, Buckow R, Versteeg C. Quality-related enzymes in plant-based products：effects of novel food processing technologies part 2：pulsed electric field processing ［J］. Critical Reviews in Food Science and Nutrition, 2015, 55（1）：1-15.

［73］Sanchez-Vega R, Elez-Martinez P, Martin-Belloso O. Influence of high-intensity pulsed electric field processing parameters on antioxidant compounds of broccoli juice ［J］. Innovative Food Science & Emerging Technologies, 2015, 29：70-77.

［74］Yang N, Huang K, Lyu C, et al. Pulsed electric field technology in the manufacturing processes of wine, beer, and rice wine：A review ［J］. Food Control, 2016, 61：28-38.

［75］Panagopoulos D J. Pulsed electric field increases reproduction ［J］. International Journal of Radiation Biology, 2016, 92（2）：94-106.

［76］Tian M L, Fang T, Du M Y, et al. Effects of pulsed electric field（PEF）treatment on enhancing activity and conformation of alpha-amylase ［J］. The Protein Journal, 2016, 35（2）：154-162.

［77］Zeng F, Gao Q Y, Han Z, et al. Structural properties and digestibility of pulsed electric field treated waxy rice starch ［J］. Food Chemistry, 2016, 194：1313-9.

［78］张铁华, 殷涌光, 陈玉江. 高压脉冲电场（PEF）非热处理的加工原理与安全控制 ［J］. 食品科学, 2006, 27（12）：881-885.

［79］王丽平, 李苑, 余海霞, 等. 高压电场对生鲜食品保鲜机理研究进展 ［J］. 食品科学, 2017, 38（03）：278-283.

［80］李汴生, 阮征. 非热杀菌技术与应用 ［M］. 北京：化学工业出版社, 2004.

［81］陈复生, 张雪, 钱向明. 食品超高静压加工技术 ［M］. 北京：化学工业出版社, 2005.

［82］秦文, 曾凡坤. 食品加工原理 ［M］. 北京：中国质检出版社, 2011.

［83］殷涌光, 刘静波, 林松毅. 食品无菌加工技术与设备 ［M］. 北京：化学工业出版社, 2005.

［84］张晓, 王永涛, 李仁杰. 我国食品超高静压技术的研究进展 ［J］. 中国食品学报, 2015, 15（5）：157-165.

［85］文雅欣, 李汴生. 超高静压处理技术在果蔬制品加工中的应用 ［A］. 广东省食品学会年会、上海博华国际展览有限公司. "健康食品与功能性食品配料"学术研讨会暨 2017 年广东省食品学会年会论文集 ［C］. 广东省食品学会、上海博华国际展览有限公司：广东省食品学会, 2017：146-150.

［86］孙颜君, 孙颜杰. 超高静压技术在乳制品加工中应用的研究进展 ［J］. 中国乳品工业, 2016, 44（2）：26-30.

［87］袁小单, 马永昆, 王行. 超高静压处理对发酵桑椹酒香气的影响 ［J］. 食品与发酵工业, 2013, 39（2）：177-181.

［88］严蕊，张龙，马辉．超高静压处理对黑莓酒香气成分的影响［J］．中国酿造，2012，31（6）：56-60.

［89］游玉明，阚建全．超高静压处理对柚子酒香气成分的影响［J］．食品研究与开发，2010，31（7）：59-62.

［90］段振，朱彩平，刘俊义．超高静压技术及其在提取植物天然活性成分中的应用进展［J］．食品与发酵工业，2017，43（12）：245-252.

［91］Zhang S Q，Zhu J J，Wang C Z．Novel high pressure extraction technology［J］．International Journal of Pharmaceutics，2004，278（2）：471-474.

［92］Xi J，Shen D J，Li Y，et al．Micromechanism of ultrahigh pressure extraction of active ingredients from green tea leaves［J］．Food Control，2011，22（8）：1473-1476.

［93］Xi J，Luo S W．The mechanism for enhancing extraction of ferulic acid from radix angelica sinensis by high hydrostatic pressure［J］．Separation and Purification Technology，2016，165：208-213.

［94］Huang P，Wang L，Xia Q，et al．Impact of high hydrostatic pressure processing on fruit flesh quality of fruit containing carrot juice［J］．International Proceedings of Chemical，Biological and Environmental Engineering，2016，95：68-74.

［95］Rodrigo D，Jolie R，Avan L，et al．Thermal and high pressure stability of tomato lipoxygenase and hydroperoxide lyase［J］．Journal of Food Engineering，2007，79（2）：423-429.

［96］Katsaros G I，Katapodis P，Taoukis P S．Modeling the effect of temperature and high hydrostatic pressure on the proteolytic activity of kiwi fruit juice［J］．Journal of Food Engineering，2009，94（1）：40-45.

［97］Vercammen A，Vivijs B，Lurquin I，et al．Germination and inactivation of Bacillus coagulans and Alicyclobacillus acidoterrestris spores by high hydrostatic pressure treatment in buffer and tomato sauce［J］．International Journal of Food Microbiology，2012，152（3）：162-167.

［98］Kovač K，Diez-Valcarce M，Raspor P，et al．Effect of high hydrostatic pressure processing on norovirus infectivity and genome stability in strawberry puree andmineral water［J］．International Journal of Food Microbiology，2012，152（1-2）：35-39.

［99］Hernandez A，Harte F M．Manufacture of acid gels from skim milk using high-pressure homogenization［J］．Journal of Dairy Science，2008，91（10）：3761-3767.

［100］Liu Y．Application of ultrasonic sterilization technology in the milk processing［J］．Modern Animal Husbandry Science & Technology，2017（8）：22-33.

［101］Cao X，Zhang M．Effects of ultrasonic pretreatments on quality，energy consumption and masterilization of barley grass in freeze drying［J］．Ultrasonics Sonochemistry，2018，40（Pt A）：333-340.

［102］Liu L Y，Zhang X M．Application of ultrasound sterilization technique in food industry［J］．Food Science，2006，27（12）：778-780.

［103］Zhou H S，Xu X F．Research progress on ultrasonic sterilization technique［J］．Technical Acoustics，2010，29（5）：498-502.

［104］Lee Y，Kim H，Baek M．Research on ultrasonic sterilization effect of treatment equipments［J］．Journal of Manufacturing Engineening & Technology，2013，22（5）：818-823.

［105］Nam S H, Kim Y R. Morphological aspect of the attached bacteria by the sterilization ethod of the ultrasonic scaling tip［J］. Journal of Korean Society of Dental Hygiene, 2015, 15 (4): 713-718.

［106］Yu H, Chen S P. Synergistic bactericidal effects and mechanisms of low intensity ultrasound and antibiotics against bacteria: A review［J］. Ultrasonics Sonochemistry, 2012, 19 (3): 377-382.

［107］Ansari, Ahmed J. Investigation of the use of ultrasonication followed by heat for spore inactivation［J］. Food and Bioproducts Processing, 2017, 104 (4): 32-39.

［108］Seasl, Cenk N. Inactivation of escherichia coli and staphylococcus aureus by ultrasound ［J］. Journal of Ultrasound in Medicine, 2014, 33 (9): 1663-1668.

［109］Khandpur, Paramjeet. Evaluation of ultrasound based sterilization approaches in terms of shelf life and quality parameters of fruit and vegetable juices［J］. Ultrasonics Sonochemistry, 2016, 29 (123): 337-353.

［110］Luo H, Frank S. Viability of common wine spoilage organisms after exposure to high power ultrasonics［J］. Ultrasonics Sonochemistry, 2012, 19 (3): 415-420.

［111］Yang Y L, Ma C H. Experimental study on inactivation of microorganism in aqueous solution using ultrasound［J］. Journal of Beijing University of Technology, 2015, 41 (3): 446-451.

［112］Nowacka M, Tylewicz. Effect of ultrasound treatment on the water state in kiwifruit during osmotic dehydration［J］. Food Chemistry, 2014, 144 (SI): 18-25.

［113］Yang J F, Zhou Z. Study on water evaporation of ultrasonic vacuum freeze drying yogurt ［J］. Journal of Food Science and Technology, 2014, 32 (1): 53-58.

［114］Kowalski, Szadzinska J. Ultrasonic-assisted osmotic dehydration of carrot followed by convective drying with continuous and intermittent heating［J］. Drying Technology, 2015, 33 (13): 1570-1580.

［115］Chen Z G, Guo X Y. A novel dehydration technique for carrot slices implementing ultrasound and vacuum drying methods［J］. Ultrasonics Sonochemistry, 2016, 30 (5): 28-34.

［116］Baslar, Mehmet. Dehydration kinetics of salmon and trout fillets using ultrasonic vacuum drying as a novel technique［J］. Ultrasonics Sonochemistry, 2015, 27 (11): 495-502.

［117］Baslar, Mehmet. Ultrasonic vacuum drying technique as a novel process for shortening the drying period for beef and chicken meats［J］. Innovative Food Science & Emerging Technologies, 2014, 26 (12): 182-190.

［118］Tufekci S, Ozkal S G. Enhancement of drying and rehydration characteristics of okra by ultrasound pre-treatment application［J］. Heat & Mass Transfer, 2017, 53 (7): 2279-2286.

［119］Liu Y H, Sun Y. Drying characteristics of ultrasound assisted hot air drying of flos lonicerae［J］. Journal of Food Science & Technology, 2015, 52 (8): 4955-4964.

［120］储金宇等. 臭氧技术及应用［M］. 北京: 化学工业出版社, 2002.

［121］伍小红, 李建科, 惠伟, 等. 臭氧技术在食品工业中的应用［J］. 中国乳品工业, 2006, 34 (4): 42-45.

［122］杨家蕾，董全．臭氧杀菌技术在食品工业中的应用［J］．食品工业科技，2009，30（5）：353-355.

［123］李翠莲，黄中培，方北曙．臭氧杀菌消毒技术在食品工业中的应用［J］．湖南农业科学，2008（4）：119-121.

［124］张志国．应用在食品工业中的臭氧消毒灭菌技术［J］．食品科技，2000（3）：57-58.

［125］王启军，何国庆．臭氧技术在食品加工中的应用［J］．粮油加工与食品机械，2002（1）：33-35.

［126］于平，王向阳．臭氧在食品保鲜和加工中的应用［J］．食品研究与开发，2001，22（6）：70-73.

［127］朱庆庆，孙金才，倪穗．臭氧在果蔬保鲜及降解农药方面的研究进展［J］．中国野生植物资源，2017，36（1）：54-57.

［128］张宏康．臭氧在食品加工中应用的原理和特点［J］．粮油食品科技，2000，8（4）：12-14.

［129］安树林．膜科学技术实用教程［M］．北京：化学工业出版社，2005.

［130］Guzel-Seydim Z B, Greene A K, Seydim A C. Use of ozone in the food industry［J］. LWT-Food Science and Technology, 2004, 37（4）: 453-460.

［131］Pinto L, Caputo L, Quintieri L, et al. Efficacy of gaseous ozone to counteract postharvest table grape sour rot［J］. Food Microbiology, 2017, 66: 190-198.

［132］Glowacz M, Rees D. Exposure to ozone reduces postharvest quality loss in red and green chilli peppers［J］. Food Chemistry, 2016, 210: 305-310.

［133］Tiwari B K, Brennan C S, Curran T, et al. Application of ozone in grain processing［J］. Journal of Cereal Science, 2010, 51（3）: 248-255.

［134］Agriopoulou S, Koliadima A, Karaiskakis G, et al. Kinetic study of aflatoxins' degradation in the presence of ozone［J］. Food Control, 2016, 61: 221-226.

［135］Cravero F, Englezos V, Rantsiou K, et al. Ozone treatments of post harvested wine grapes: Impact on fermentative yeasts and wine chemical properties［J］. Food Research International, 2016, 87: 134-141.

［136］Mahapatra A K, Muthukumarappan K, Julson J L. Applications of ozone, bacteriocins and irradiation in food processing: A review［J］. Critical Reviews in Food Science and Nutrition, 2005, 45（6）: 447-461.

［137］Chen J, Hu Y, Wang J, et al. Combined effect of ozone treatment and modified atmosphere packaging on antioxidant defense system of fresh-cut green peppers［J］. Journal of Food Processing and Preservation, 2016, 40（5）: 1145-1150.

［138］Khadre M A, Yousef A E, Kim J G. Microbiological aspects of ozone applications in food: A review［J］. Journal of Food Science, 2001, 66（9）: 1242-1252.

［139］Karaca H, Velioglu Y S. Ozone applications in fruit and vegetable processing［J］. Food Reviews International, 2007, 23（1）: 91-106.

［140］Brodowska A J, Nowak A, S migielski K. Ozone in the food industry: Principles of ozone treatment, mechanisms of action, and applications: An overview［J］. Critical Reviews in

Food Science and Nutrition, 2017: 1-26.

［141］ Varga L, Szigeti J. Use of ozone in the dairy industry: A review ［J］. International Journal of Dairy Technology, 2016, 69 (2): 157-168.

［142］ Soghomonyan D, Trchounian K, Trchounian A. Millimeter waves or extremely high frequency electromagnetic fields in the environment: what are their effects on bacteria? ［J］. Applied Microbiology & Biotechnology, 2016, 100 (11): 4761-4771.

［143］ Li Z F, Raghavan G S V, Orsat V. Temperature and power control in microwave drying ［J］. Journal of Food Engineering, 2010, 97 (4): 478-483.

［144］ Kisselmina Y, Cyril D. Power density control in microwave assisted air drying to improve quality of food ［J］. Journal of Food Engineering, 2013, 119 (4): 750-757.

［145］ Koné K Y, Druon C, Gnimpieba E Z. Microwave-assisted food processing technologies for enhancing product quality and process efficiency: A review of recent developments ［J］. Trends in Food Science & Technology, 2017, 67 (9): 58-69.

［146］ Bhattacharya M, Basak T. A comprehensive analysis on the effect of shape on the microwave heating dynamics of food materials ［J］. Innovative Food Science and Emerging Technologies, 2017, 39 (2): 247-266.

［147］ Jeevitha G C. Application of electromagnetic radiations and superheated steam for enzyme inactivation in green bell pepper ［J］. Journal of Food Processing and Preservation, 2015, 39 (6): 784-792.

［148］ Nikmaram N, Leong S Y. Effect of extrusion on the anti-nutritional factors of food products: An overview ［J］. Food Control, 2017, 69 (9): 62-73.

［149］ Chandrasekaran S. Microwave food processing - A review ［J］. Food Research International, 2013, 52 (1): 243-261.

［150］ Guo Q, Sun D W, Cheng J H, et al. Microwave processing techniques and their recent applications in the food industry ［J］. Trends in Food Science & Technology, 2017, 67 (9): 236-247.

［151］ 马奭文, 王鲜艳, 李娟, 等. 超声波杀菌机理及其影响因素 ［J］. 西安邮电学院学报, 2011, 12 (16): 39-41.

［152］ 薛丁萍, 徐斌, 姜辉. 食品微波加工中的非热效应研究 ［J］. 中国食品学报, 2013, 13 (4): 143-148.

［153］ 苗文娟, 韦海阳, 徐斌. 食品中酶的微波钝化机制研究进展 ［J］. 中国农业科技导报, 2015, 17 (5): 121-126.

［154］ Schubert. h, Regier. M 著, 徐树来, 郑先哲译. 食品微波加工技术 ［M］. 北京: 中国轻工业出版社, 2008.

［155］ Pandir D. Effect of microwave radiation on stored product pest *Ephestia kuehniella* zeller (lepidoptera: pyralidae) larvae ［J］. Orijinal Arastima, 2014, 38 (2): 135-147.

［156］ Novotny M. Sterilization of biotic pests by microwave radiation ［J］. Procedia Engineering, 2013, 57 (1): 1094-1099.

［157］ Benlloch - Tinoco M. Quality and acceptability of microwave and conventionally pasteurised kiwifruit puree ［J］. Food Bioprocess Technol, 2014, 7 (11): 3282-3292.

[158] Salaramoli J, Heshmati A. Effect of cooking procedures on tylosin residues in chicken meat ball [J]. Journal für Verbraucherschutz und Lebensmittelsicherheit, 2016, 11 (2): 53-60.

[159] Khan A A. Impact of various processing techniques on dissipation behavior of antibiotic residues in poultry meat [J]. Journal of Food Processing and Preservation, 2016, 40 (1): 76-82.

[160] 杨文晶, 宋莎莎, 董福, 等. 5 种高新技术在果蔬加工中的应用与研究现状及发展前景 [J]. 食品与发酵工业, 2016, 42 (4): 252-259.

[161] 姜玉, 程新峰, 蒋凯丽. 不同漂烫处理对冷冻毛豆仁品质的影响 [J]. 食品工业科技, 2017, 38 (5): 108-114.

[162] 刘海玲. 电物性在食品加工应用中的研究进展与发展前景 [J]. 包装与食品机械, 2015, 33 (1): 41-44.

[163] 杨莉玲, 张绍英. 核桃采后杀虫技术现状与分析 [J]. 中国农机化学报, 2017, 38 (12): 48-54.

[164] 霍文兰. 苦菜经微波处理后营养成分分析 [J]. 信阳师范学院学报, 2006, 19 (2): 219-221.

[165] 李学鹏. 冷杀菌技术在水产品贮藏与加工中的应用 [J]. 食品研究与开发, 2011, 32 (6): 173-140.

[166] 王盼盼. 肉及肉制品保藏技术综述 [J]. 肉类研究, 2009 (9): 60-69.

[167] 王盼盼. 微波技术的应用 [J]. 肉类研究, 2008 (12): 57-63.

[168] 朱克庆, 邓奎力. 食品非热加工技术在面制主食品中的应用 [J]. 粮食加工, 2017, 42 (5): 16-18.

[169] 夏亚男. 食品干制技术与设备研究进展 [J]. 食品研究与开发, 2016, 37 (4): 204-209.

[170] 王玉川. 食品微波冻干技术及装备研究进展 [J]. 粮油食品科技, 2016, 24 (4): 1-6.

[171] 张增帅. 食品微波真空干制研究进展 [J]. 食品工业科技, 2012, 33 (23): 392-396.

[172] 李影球, 周光宏. 四种非热杀菌技术在肉类中的应用 [J]. 食品工业科技, 2013, 34 (17): 354-359.

[173] 郭玉霞. 探讨微波技术在食品加工中的应用 [J]. 农产品加工, 2017 (4): 61-62.

[174] 张民照, 金文林, 王进忠, 等. 微波处理对绿豆象的杀虫效果及对红小豆发芽率的影响 [J]. 昆虫学报, 2007, 50 (9): 967-974.

[175] 王殿轩, 刘炎. 微波处理对米象致死效果及小麦发芽率的影响 [J]. 核农学报, 2011, 25 (1): 105-109.

[176] 张玉芹. 微波处理和漂烫处理对叶菜主要营养成分的影响 [J]. 北方园艺, 2011 (20): 43-45.

[177] 豁银强, 汤尚文, 于博, 等. 微波的杀虫灭菌作用及其在食品加工保鲜中的应用 [J]. 湖北文理学院学报, 2017, 38 (8): 15-20.

[178] 苏慧, 郑明珠, 蔡丹, 等. 微波辅助技术在食品工业中的应用研究进展 [J]. 食

品与机械, 2011, 27 (2): 165-167.

[179] 徐煜, 刘振民, 游春苹. 微波对乳品品质影响及其在乳业中的应用研究进展 [J]. 乳业科学与技术, 2016, 39 (6): 33-40.

[180] 潘焰琼, 卓小芬. 微波干燥在食品工业中的应用及前景 [J]. 广东化工, 2013, 40 (17): 117-118.

[181] 龙尾, 吕春晖, 刘皓, 等. 微波技术在发酵食品加工技术中的应用 [J]. 工程技术, 2016, 8 (32): 112-113.

[182] 夏光辉, 王晓雅, 李冰. 微波技术在果蔬加工中的应用研究进展 [J]. 中国果菜, 2016, 36 (7): 4-8.

[183] 王荣发. 微波技术在食品工程中的应用 [J]. 民营科技, 2016 (2): 37.

[184] 石勇. 微波技术在食品加工中的应用 [J]. 现代食品, 2017 (7): 1-2.

[185] 周兵兵. 微波技术在食品加工中的应用 [J]. 食品安全导刊, 2017 (18): 69-71.

[186] 蔺芳. 微波加工对农产品营养成分的影响 [J]. 北方园艺, 2012 (9): 198-200.

[187] 栗克森. 微波加热对几种害虫的杀虫试验 [J]. 植物检疫, 1992 (2): 114-117.

[188] 田振坤. 微波灭酶技术在食品中药加工中的应用进展 [J]. 黑龙江医药, 2011, 24 (4): 537-539.

[189] 景伟东, 贾丽丽, 闵克勤. 微波杀虫灭菌机性能研究 [J]. 档案管理, 1999 (5): 36.

[190] 景卫东, 李珂. 微波杀虫灭菌性能效果及副作用比较研究 [J]. 档案学研究, 2001 (3): 45-49.

[191] 陈海英, 牟伟勋. 微波杀菌技术在不同形态食品领域的应用分析 [J]. 食品工业, 2016, 37 (10): 255-257.

[192] 郭辽朴, 李洪军, 杜杰. 微波杀菌技术在肉制品中的应用 [J]. 肉类工业, 2009 (2): 17-19.

[193] 沈海亮, 宋平, 杨雅利, 等. 微波杀菌技术在食品工业中的研究进展 [J]. 食品工业科技, 2012, 33 (13): 361-365.

[194] 李文丽, 曹小彦, 黄劲锋, 等. 微波杀菌在休闲熟食中的应用 [J]. 广西轻工业, 2009, 25 (9): 6-7.

[195] 孟丹丹, 甘晓露. 微波真空干燥技术在热敏性和含水率较高的食品中的应用 [J]. 工程技术, 2016, 3 (5): 116-119.

[196] 周琳, 李轶, 赵建新, 等. 物理场新技术在鱼糜制品加工中的应用 [J]. 食品科学, 2013, 34 (19): 346-350.

[197] 李景奎, 戚大伟. 物理辐照灭虫初步研究 [J]. 辽宁林业科技, 2007 (4): 26-29.

[198] 李景奎, 戚大伟. 物理灭虫方法及机理研究 [J]. 林业劳动安全, 2006, 19 (2): 20-23.

[199] Gabriel A A, Ugay M C C F, Siringan M A T, et al. Atmospheric pressure plasma jet inactivation of pseudomonas aeruginosa biofilms on stainless steel surfaces [J]. Innovative Food Science and Emerging Technologies, 2016, 36 (8): 311-319.

[200] Frederique P, Alexandros C S, Anastasios K, et al. Atmospheric cold plasma process

for vegetable leaf decontamination: a feasibility study on radicchio (red chicory, *Cichorium intybus* L.) [J]. Food Control, 2016, 60 (2): 552-559.

[201] Tappi S, Berardinelli A, Ragni L, et al. Atmospheric gas plasma treatment of fresh-cut apples [J]. Innovative Food Science and Emerging Technologies, 2014, 21 (4): 114-122.

[202] Gabriel A A, Colambo J C R. Comparative resistances of selected spoilage and pathogenic bacteria in ultraviolet-C-treated, turbulent-flowing young coconut liquid endosperm [J]. Food Control, 2016 (11), 69: 134-140.

[203] Hertwig C, Kai R, Ehlbeck J, et al. Decontamination of whole black pepper using different cold atmospheric pressure plasma applications [J]. Food Control, 2015, 55 (11): 221-229.

[204] Baier M, Foerster J, Schnabel U, et al. Direct non-thermal plasma treatment for the sanitation of fresh corn salad leaves: Evaluation of physical and physiological effects and antimicrobial efficacy [J]. Postharvest Biology and Technology, 2013, 84 (5): 81-87.

[205] Baier M, Ehlbeck J, Knorr D, et al. Impact of plasma processed air (PPA) on quality parameters of fresh produce [J]. Postharvest Biology and Technology, 2015, 100 (100): 120-126.

[206] Hertwig C, Leslie A, Meneses N, et al. Inactivation of salmonella enteritidis pt30 on the surface of unpeeled almonds by cold plasma [J]. Innovative Food Science and Emerging Technologies, 2017, 44: 242-248.

[207] Misra N N, Keener K M, Bourke P, et al. In-package atmospheric pressure cold plasma treatment of cherry tomatoes [J]. Journal of Bioscience and Bioengineering, 2014, 118 (2): 177-182.

[208] Kim J E, Oh Y J, Won M Y, et al. Microbial decontamination of onion powder using microwave-powered cold plasma treatments [J]. Food Microbiology, 2017, 62 (4): 112-123.

[209] Kim JE, Lee DU, Min SC. Microbial decontamination of red pepper powder by cold plasma [J]. Food Microbiology, 2014, 38: 128-136.

[210] Baier M, Görgen M, Ehlbeck J, et al. Non-thermal atmospheric pressure plasma: screening for gentle process conditions and antibacterial efficiency on perishable fresh produce [J]. Innovative Food Science and Emerging Technologies, 2014, 22 (4): 147-157.

[211] U Schnabel, R Niquet, O Schlüter, et al. Decontamination and sensory properties of microbiologically contaminated fresh fruits and vegetables by microwave plasma processed air (ppa) [J]. Journal of Food Processing and Preservation, 2015, 39 (6): 653-662.

[212] BuBler S, Ehlbeck J, Schlütera O K, et al. Pre-drying treatment of plant related tissues using plasma processed air: impact on enzyme activity and quality attributes of cut apple and potato [J]. Innovative Food Science and Emerging Technologies, 2017, 40 (4): 78-86.

[213] Gabriel AA, Aba RPM, Tayamora DJL, et al. Reference organism selection for microwave atmospheric pressure plasma jet treatment of young coconut liquid endosperm [J]. Food Control, 2016, 69 (11): 74-82.

[214] Kai R, Langer K, Hertwig C, et al. The impact of different process gas compositions on the inactivation effect of an atmospheric pressure plasma jet on bacillus spores [J]. Innovative Food Science and Emerging Technologies, 2015, 30 (8): 112-118.

［215］ Yan W，Yao M. Inactivation of bacteria and fungus aerosols using microwave irradiation ［J］. Journal of Aerosol Science，41（7）：682-693.

［216］ Brennan C，Brennan M，Derbyshire E，et al. Effects of extrusion on the polyphenols, vitamins and antioxidant activity of foods ［J］. Trends in Food Science & Technology，2011，22（10）：570-575.

［217］ 町田元気，折笠貴寛.ブロッコリの諸成分変化に及ぼすブランチングとマイクロ波加熱の影響 ［J］. Japanese Society for Food Science and Technology，2014，61（7）：278-285.

［218］ Chen J H，Ren Y，Seow J，at al. Intervention technologies for ensuring microbiological safety of meat：current and future trends ［J］. Comprehensive Reviews in Food Science and Food Safety，2012，11（2）：119-133.

［219］ Pitchai K，Chen J，Birla S，et al. A microwave heat transfer model for a rotating multi-component meal in a domestic oven：Development and validation ［J］. Journal of Food Engineering，2014，128（128）：60-71.

［220］ Cella MA，Akgul D，Eskicioglu C，et al. Assessment of microbial viability in municipal sludge following ultrasound and microwave pretreatments and resulting impacts on the efficiency of anaerobic sludge digestion ［J］. Applied Microbiology and Biotechnology，2016，100（6）：2855-2868.

［221］ Shiowshuh Sheen. Contamination and changes of food factors during processing with modeling applications-safety related issues ［J］. Journal of Food and Drug Analysis，2012，21（4）：411-414.

［222］ Pitchai K，Birla SL，Subbiah J，et al. Coupled electromagnetic and heat transfer model for microwave heating in domestic ovens ［J］. Journal of Food Engineering，2012，112（1-2）：100-111.

［223］ Chen J，Pitchai K，Jones D，et al. Effect of decoupling electromagnetics from heat transfer analysis on prediction accuracy and computation time in modeling microwave heating of frozen and fresh mashed potato ［J］. Journal of Food Engineering，2015，144（1）：45-57.

［224］ Fang Y，Hu J，Xiong S，et al. Effect of low-dose microwave radiation on aspergillus parasiticus ［J］. Food Control，2011，22（7）：1078-1084.

［225］ Tuta S，Palazoglu T K. Finite element modeling of continuous-flow microwave heating of fluid foods and experimental validation ［J］. Journal of Food Engineering，2017，192（1）：79-92.

［226］ Soysal Y，Arslan M，Keski·N M. Intermittent microwave-convective air drying of oregano ［J］. Food Science & Technology International，2009，15（4）：397-40.

［227］ Jermann C，Koutchma T，Margas E，et al. Mapping trends in novel and emerging food processing technologies around the world ［J］. Innovative Food Science and Emerging Technologies，2015，31（10）：14-27.

［228］ Chen J，Pitchai K，Birla S，et al. Modeling heat and mass transport during microwave heating of frozen food rotating on aturntable ［J］. Food and Bioproducts Processing，2016，99（7）：116-127.

［229］ Pitchai K，Chen J，Birla S，et al. Modeling microwave heating of frozen mashed potato in a domestic oven incorporating electromagnetic frequency spectrum ［J］. Journal of Food

Engineering, 2016, 173 (7): 124-131.

[230] Kosińska-Cagnazzo A, Bocquel D, Marmillod I, et al. Stability of goji bioactives during extrusion cooking process [J]. Food Chemistry, 2017, 230 (5): 250-258.

[231] Lee B U, Jung J H, Sun H Y, et al. Application of UVAPS to real-time detection of inactivation of fungal bioaerosols due to thermal energy [J]. Journal of Aerosol Science, 2010, 41 (7): 694-701.

[232] Shin W G, Mulholland G W, Pui D Y H. Determination of volume, scaling exponents, and particle alignment of nanoparticle agglomerates using tandem differential mobility analyzers [J]. Journal of AerosolScience, 2010, 41 (7): 665-681.

[233] Long Z, Yao Q. Evaluation of various particle charging models for simulating particle dynamics in electrostatic precipitators [J]. Journal of Aerosol Science, 2010, 41 (7): 702-718.

[234] Magnusson L E, Anisimov M P, Koropchak J A. Evidence for sub-3 nanometer neutralized particle detection using glycerol as a condensing fluid [J]. Journal of AerosolScience, 2010, 41: 637-654.

[235] 曾名涌. 食品保藏原理与技术 [M]. 北京: 化学工业出版社, 2011.

[236] Cyrs W D, Boysen D A, Casuccio G, et al. Nanoparticle collection efficiency of capillary pore membrane filters [J]. Journal of Aerosol Science, 2010, 41 (7): 655-664.

[237] Anttila T, Kerminen V M, Lehtinen K E J. Parameterizing the formation rate of new particles: the effect of nuclei self-coagulation [J]. Journal of Aerosol Science, 2010, 41 (7): 621-636.

[238] Kubra I R, Kumar D, Rao L J. Emerging trends in microwave processing of spices and herbs [J]. Critical Reviews in Food Science and Nutrition, 2016, 56 (13): 2160-2173.

[239] Tang M, Xia Q, Holland B J, et al. Effects of different pretreatments to fresh fruit on chemical and thermal characteristics of crude palm oil [J]. Journal of Food Science, 2017, 87 (12): 2857-2863.

[240] Qiu Z B, Li J T, Zhang Y J, et al. Microwave pretreatment can enhance tolerance of wheat seedlings to CdCl stress [J]. Ecotoxicology and Environmental Safety, 2010, 2011 (74): 820-825.

[241] Seo D H, Kim M, Choi H M, et al. Effects of millimeter wave treatment on the germination rate and antioxidant potentials and gamma-aminobutyric acid of the germinated brown Rice [J]. Food Science and Biotechnology, 2016, 25 (1): 111-114.

[242] Lin M, Ramaswamy H S. Evaluation of phosphatase inactivation kineticsin milk under continuous flow microwave and conventional heating conditions [J]. International Journal of Food Properties, 2012, 14 (1): 110-123.

[243] 程叶停, 刘元法, 李进伟, 等. 米糠近红外稳定化处理过程研究与评价 [M]. 油脂化学, 2016, 41 (12): 50-54.

[244] Pysz M, Polaszczyk S, Leszczyńska T, et al. Effect of microwave field on trypsin inhibitors activity and protein quality of broad bean seeds (Vicia faba var. major) [J]. Acta Scientiarum Polonorum. Technologia Alimentaria, 2012, 11 (2): 193-198.

［245］ Palma‑Orozco G, Sampedro JG, Ortiz‑Moreno A, et al. In situ inactivation of polyphenol oxidase in mamey fruit (pouteria sapota) Alimentaria by microwave treatment ［J］. Journal of Food Science, 2012, 77（4）：359‑364.

［246］ Latorre M E, Bonelli P R, Rojas A M, et al. Microwave inactivation of red beet (*Beta vulgaris* L. var. conditiva) peroxidase and polyphenol oxidase and the effect of radiation on vegetable tissue quality ［J］. Journal of Food Engineering, 2011, 109（4）：676‑684.

［247］ Patil S S, Kar A, Mohapatra D, et al. Stabilization of rice bran using microwave：process optimization and storage studies ［J］. Food and Bioproducts Processing, 2016, 99（7）：204‑211.

［248］ Xu B, Zhou S L, Miao W J, et al. Study on the stabilization effect of continuous microwave on wheat germ ［J］. Journal of Food Engineering, 2013, 117（1）：1‑7.

［249］ Zellal D, Kaddouri H, Grar H, et al. Allergenic changes in β‑lactoglobulin induced by microwave irradiation under different pH conditions ［J］. Food and Agricultural Immunology, 2011, 22（4）：355‑363.

［250］ Riquet A M, Breysse C, Dahbi L, et al. The consequences of physical post‑treatments (microwave and electron‑beam) on food/packaging interactions：A physicochemical and toxicological approach ［J］. Food Chemistry, 2015, 199（5）：59‑69.

［251］ Xu B, Wang LK, Miao WJ, et al. Thermal versus microwave inactivation kinetics of lipase and lipoxygenase from wheat germ ［J］. Journal of Food Process Engineering, 2015, 39（3）：247‑255.

［252］ Arjmandi M, Otón M, Artés F, et al. Continuous microwave pasteurization of a vegetable smoothie improves its physical quality and hinders detrimental enzyme activity ［J］. Food Science and Technology International, 2016, 23（1）：36‑45.

［253］ Akbar A, Anal A K. Isolation of Salmonella from ready‑to‑eat poultry meat and evaluation of its survival at low temperature, microwaving and simulated gastric fluids ［J］. Journal of Food Science and Technology, 2015, 52（5）：3051‑3057.

［254］ Ojha S C, Chankhamhaengdecha S, Singhakaew S, et al. Inactivation of Clostridium difficile spores by microwave irradiation ［J］. Anaerobe, 2016, 38（11）：14‑20.

［255］ Benlloch‑Tinoco M, Pina‑Pérez M C, Martínez‑Navarrete N. Listeria monocytogenes inactivation kinetics under microwave and conventional thermal processing in a kiwifruit puree ［J］. Innovative Food Science and Emerging Technologies, 2014, 22（4）：131‑136.

［256］ 梁蕊芳, 徐龙, 翁鸿珍. 超声波对食品污染性菌种破碎效果的影响 ［J］. 安徽农业科学, 2012, 40（10）：6180‑6182.

［257］ Andrasch M, Stachowiak J, Schlüter O, et al. Scale‑up to pilot plant dimensions of plasma processed water generation for fresh‑cut lettuce treatment ［J］. Food Packaging and Shelf Life, 2017, 41（8）：40‑45.

［258］ Kozempel M, Cook R D, Scullen O J, et al. Development of a process for detecting nonthermal effects of microwave energy on microorganisms at low temperature ［J］. Journal of Food Processing and Preservation, 2000, 24（4）：287‑301.

［259］谭海刚，李静，孙超．超声波对原料乳灭菌效果的研究［J］．中国乳品工业，2013，6（41）：59-61.

［260］闫坤，吕加平，刘鹭．超声波对液态奶中枯草芽孢杆菌的杀菌作用［J］．中国乳品工业，2010，38（2）：4-6.

［261］Zeng S W, Huang Q L, Zhao SM. Effects of microwave irradiation dose and time on Yeast ZSM-001 growth and cell membrane permeability［J］. Food Control, 2010, 46（12）：360-367.

［262］王湛．膜分离技术基础［M］．北京：化学工业出版社．2006.

［263］赵黎明．膜分离技术在食品发酵工业中的应用［M］．北京：中国纺织出版社．2011.

［264］魏诗瑶，郝丹．膜分离技术在果汁加工中的应用［J］．科技创新与应用，2015（23）：94-94.

［265］陆正清．膜分离技术及其在食品工业中的应用［J］．江苏调味副食品，2006，23（5）：1-4.

［266］陈龙祥，由涛，张庆文，等．膜分离技术在发酵及食品工业中的应用［J］．中国酿造，2009，204（3）：1-4.

［267］王立国，王生春，温建志．膜分离技术及其在食品工业中的应用［J］．食品工业科技，1999，20（6）：062.

［268］孙慧，林强，李佳佳，等．膜分离技术及其在食品工业中的应用［J］．应用化工，2017，40（3）：559-562.

［269］杨方威，冯叙桥，曹雪慧，等．膜分离技术在食品工业中的应用及研究进展［J］．食品科学，2014，35（11）：330-338.

［270］陆丽丽，陈舜胜，陈有容．液膜分离技术及其在生物，食品工业下游处理中的应用［J］．食品与发酵工业，2006，32（6）：92-96.

［271］郑瑞生，王则金．食品物理冷杀菌技术研究进展［J］．粮食与油脂，2011（2）：1-3.

［272］王艳晓，李峰．浅析膜分离技术在食品发酵工业中的应用［J］．化工设计通讯，2017，43（2）：53-53.

［273］王艳领，田春美．纳滤膜分离技术在食品中的应用［J］．农产品加工，2011（12）：63-64.

［274］Layal D, Christelle W, Julien R, et al. Development of an original lab-scale filtration strategy for the prediction of microfiltration performance：Application to orange juice clarification ［J］. Separation and Purification Technology, 2015, 156：42-50.

［275］Tzortzakis N, Chrysargyris A. Postharvest ozone application for the preservation of fruits and vegetables［J］. Food Reviews International, 2017, 33（3）：270-315.

［276］Kumar P, Sharma N, Ranjan R, et al. Perspective of membrane technology in dairy industry：A review［J］. Asian-Australasian Journal of Animal Sciences, 2013, 26（9）：1347.

［277］Ilame S A, V. Singh S. Application of membrane separation in fruit and vegetable juice processing：A review［J］. Critical Reviews in Food Science and Nutrition, 2015, 55（7）：964-987.

［278］Galanakis C M. Separation of functional macromolecules and micromolecules：from ultrafiltration to the border of nanofiltration［J］. Trends in Food Science & Technology, 2015, 42

（1）：44-63.

［279］Conidi C, Cassano A, Caiazzo F, et al. Separation and purification of phenolic compounds from pomegranate juice by ultrafiltration and nanofiltration membranes ［J］. Journal of Food Engineering, 2017, 195：1-13.

［280］Salehi F. Current and future applications for nanofiltration technology in the food processing ［J］. Food and Bioproducts Processing, 2014, 92 （2）：161-177.

［281］Samtlebe M, Wagner N, Brinks E, et al. Production of phage free cheese whey：Design of a tubular laboratory membrane filtration system and assessment of a feasibility study ［J］. International Dairy Journal, 2017, 71：17-23.

［282］Bhattacharjee C, Saxena V K, Dutta S. Fruit juice processing using membrane technology：A review ［J］. Innovative Food Science & Emerging Technologies, 2017, 43：136-153.

［283］张磊, 蔡华珍, 杜庆飞, 等. 超声波杀菌对小包装卤牛肉微生物及品质的影响 ［J］. 现代农业陕西农报, 2017 （24）：68-70.

［284］周红生, 许小芳, 王欢, 等. 超声波灭菌技术的研究进展 ［J］. 声学技术, 2010, 29 （5）：498-502.

［285］蒙丽丹, 黄批, 史昌蓉, 等. 超声波技术在制糖工业中的应用与研究进展 ［J］. 食品科技, 2015, 40 （5）：125-132.

［286］闫坤, 吕加平. 超声波技术在乳品加工中的应用 ［J］. 中国乳品工业, 2009, 37 （11）：28-32.

［287］郭丽娟, 丘泰球, 范晓丹. 超声波协同臭氧处理对梨汁菌落总数的影响 ［J］. 食品研究与开发, 2007, 128 （2）：1-3.

［288］李岩, 韦宇, 周晓薇, 等. 超声波杀菌作用在制糖工艺方面的研究 ［J］. 食品工业科技, 2010, 3 （1）：25-32.

［289］郭丽娟, 丘泰球, 范晓丹. 超声波协同臭氧处理对梨汁中微生物的影响 ［J］. 食品科技, 2007, 32 （5）：73-77.

［290］吴木生, 李爱梅, 姜新慧. 超声波紫外线协同杀菌技术在饮用天然水除菌中的应用研究 ［J］. 食品工业科技, 2015, 15：126-129.

［291］克洛福德, A. E. 著. 杜连耀, 应崇福译. 超声工程 ［M］. 北京：科学出版社, 1959.

［292］王薇薇, 孟廷廷, 郭丹钊, 等. 食品加工中超声波生物学效应的研究进展 ［J］. 食品工业科技, 2015, 36 （2）：379-383.

［293］金长善. 超声工程 ［M］. 哈尔滨：哈尔滨工业大学出版社, 1989.

［294］刘丽艳, 张喜梅, 李琳, 等. 乳清分离蛋白对超声杀菌效果的影响研究 ［J］. 现代食品科技, 2012, 28 （8）：903-905.

［295］冯中营. 空化及其在杀菌中的应用 ［J］. 科学技术与工程, 2010, 10 （5）：1207-1211.

［296］李申, 马亚, 李楠楠, 等. 基于声化学效应探究低频超声处理对温州蜜柑汁杀菌及其品质的影响 ［J］. 食品与发酵工业, 2017, 43 （5）：106-112.

［297］朱秀菊, 王嫣, 余加林, 等. 高强度聚焦超声对体外铜绿假单胞菌生物被膜的杀菌作用及其空间结构的影响 ［J］. 中国超声医学杂志 2011, 27 （2）：97-101.

[298] 李廷盛，尹其光．超声化学［M］．北京：科学出版社，1995.

[299] 刘丽艳，张喜梅，李琳，等．大肠杆菌在超声场作用下的活性研究［J］．现代食品科技，2012，28（6）：610-614.

[300] 胡晓花．超声水处理装置设计［J］．制冷与空调，2009，23（2）：46-50.

[301] 胡文容，王士芬，高廷耀，等．超声强化 O_3 杀菌能力的实验研究［J］．中国给排水，1999，15（4）：58-61.

[302] 冯中营，吴胜举，周凤梅，等．超声及其联用技术的杀菌效果［J］．声学技术，2007，10（5）：882-888.

[303] 江玉龙，赵兵．超声非热加工技术在食品行业中的应用［J］．农产品加工，2012（9）：6-7.

[304] 周丽珍，李冰，李琳．超声非热处理因素对细菌杀菌效果的影响［J］．食品科学，2006，27（12）：54-59.

[305] 刘丽艳，张喜梅，李琳．超声处理对啤酒酵母的影响研究［J］．食品科技，2012，37（7）：2-5.

[306] 周丽珍，李冰，李琳．超声处理对酵母细胞的致死及相关影响［J］．华南理工大学学报，2007，35（12）：121-125.

[307] 邹华生，吕雪营．超声场协同强化饮用水杀菌效果研究［J］．华南理工大学学报，2016，44（6）：76-81.

[308] 林祎，丁甜，刘东红，等．声热复合对沙门氏菌的杀菌效果研究［J］．生物工程，2017，38（7）：121-125.

[309] 孙星炯．低频超声的作用和研究前景［J］．神经损伤与功能重建，2001，21（3）：120-123.

[310] 彭跃莲．膜技术前沿及工程应用［M］．北京：中国纺织出版社，2009.

[311] 杨座国．膜科学技术过程与原理［M］．上海：华东理工大学出版社，2009.

[312] 陈利，沈江南，林龙，等．纳滤分离机理及应用于高含盐溶液脱盐的进展［J］．过滤与分离，2009，19（4）：9-12.

[313] 李学林，张娜娜．影响膜分离技术效果因素的探讨［J］．中医研究，2010，23（10）：29-31.

[314] 王海龙，王晓愚，高庆国，等．影响纳滤膜分离性能的因素研究综述［J］．新疆环境保护，2018，40（3）：20-23.

[315] 张远志．微波真空冷冻干燥中试装置改进探讨［J］．食品安全质量检测学报，2018，9（1）：63-67.